高职高专"十一五"规划教材

塑料成型工艺

杨中文　主编

桑　永　主审

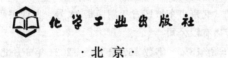

化学工业出版社

·北京·

本教材是根据高分子材料加工技术专业的人才培养方案及课程教学大纲的要求编写的。全书共分为九章，主要内容有绪论、塑料成型基本理论、塑料成型用物料的准备、挤出成型工艺、注射成型工艺、压延成型工艺、泡沫塑料成型工艺、其他塑料成型工艺和塑料的二次加工。各章分别以其所述的塑料成型工艺过程为主线，详细介绍了各自的工艺方法、工艺原理、工艺过程控制及工艺问题分析。为便于教学，各章后均附有一定量的思考题，为配合教学内容并提高学生的综合职业能力，附录中介绍了四个基本的塑料成型工艺试验。

本书可作为三年制、五年制高职"高分子材料加工技术专业"的教材，也可供塑料行业有关人员作为培训教材。

图书在版编目（CIP）数据

塑料成型工艺/杨中文主编 . —北京：化学工业出版社，2009.1（2024.8 重印）
高职高专"十一五"规划教材
ISBN 978-7-122-04584-3

Ⅰ. 塑… Ⅱ. 杨… Ⅲ. 塑料成型-工艺-高等学校：技术学院-教材 Ⅳ. TQ320.66

中国版本图书馆 CIP 数据核字（2009）第 000372 号

责任编辑：于 卉 提 岩　　　　　文字编辑：李 玥
责任校对：郑 捷　　　　　　　　装帧设计：于 兵

出版发行：化学工业出版社（北京市东城区青年湖南街 13 号　邮政编码 100011）
印　　装：北京虎彩文化传播有限公司
787mm×1092mm　1/16　印张 16¼　字数 462 千字　2024 年 8 月北京第 1 版第 8 次印刷

购书咨询：010-64518888　　　　　售后服务：010-64518899
网　　址：http://www.cip.com.cn
凡购买本书，如有缺损质量问题，本社销售中心负责调换。

定　　价：40.00 元

前　言

本教材是根据高分子材料加工技术专业的人才培养方案及课程教学大纲的要求编写的，主要供三年制、五年制高职"高分子材料加工技术专业"及其相关专业选用，也可供塑料行业有关人员作为培训教材。

本教材是以常见塑料成型工艺为主线，重点介绍塑料成型工艺过程与基本原理、工艺操作，理论本着以"必需、够用"为原则，注重加工理论与成型工艺实际的结合，注重学生职业能力的培养。以成熟加工工艺内容为主的同时，也适当介绍了塑料加工新工艺、新技术及各种工艺的发展趋势。

本教材共分九章：第一章绪论，介绍大塑料工业的概念及塑料成型在塑料工业中的地位，塑料成型工业的发展过程，成型工艺的分类及本课程的主要内容与要求；第二章介绍塑料成型加工的基本理论，重点介绍塑料的加工性能及塑料成型工艺中物料发生的物理与化学变化；第三章介绍塑料成型用物料的准备，重点介绍物料的配制、物料的工艺性能及配制过程中的工艺问题；第四章介绍挤出成型工艺，对挤出工艺原理、挤出工艺的操作及各种常见挤出制品的成型工艺进行了较详细的讨论，挤出中空吹塑也安排在这章之中；第五章介绍的是注射成型工艺，对注射工艺过程、原理及工艺因素进行了分析，通过常见塑料的注射分析来加深学生对注射成型工艺的理解，注吹工艺及热固性塑料的注射成型也作了适当介绍；第六章介绍的是压延成型工艺，对压延工艺的过程、原理、操作工艺因素进行了讨论；第七章介绍泡沫塑料成型的工艺；第八章简要介绍了模压与传递成型、层压成型、搪塑成型、滚塑成型、冷压烧结成型、塑料的热成型及涂覆成型工艺；第九章为塑料的二次加工，主要内容是塑料的机械加工、连接加工与修饰加工。为便于教学，每章后均附有一定量的复习思考题；为配合教学内容并提高学生的综合职业能力，附录中介绍了四个基本的塑料成型工艺实验。

本教材第一章、第二章、第九章及附录由湖南科技职业学院杨中文编写；第三章、第四章、第六章由湖南科技职业学院刘西文编写；第五章由广东轻工职业技术学院李建钢编写；第七章、第八章由长江大学田英编写；全书由湖南科技职业学院杨中文主编并统稿，由安徽职业技术学院桑永主审。

本书编写过程中，得到了全国化工高等职业教育材料加工类专业教学指导委员会、化学工业出版社以及有关兄弟院校的大力支持，保证了编写工作的顺利完成，在此谨致以衷心地感谢。

由于编者水平所限，再加上时间仓促，书中难免有不妥之处，我们恳切希望使用本书的读者提出批评和指正。

编者

2008 年 10 月

目 录

第一章 绪 论

【学习目标】

了解塑料制品生产的结构组成；了解国内外塑料工业发展状况；熟悉塑料制品的主要应用领域。

第一节 塑料成型加工在塑料工业中的地位

大塑料工业包括树脂合成工业、塑料助剂工业、塑料成型加工工业、塑料机械工业及塑料模具工业。通常塑料工业是指塑料成型加工业，它是塑料工业的核心，但其他几种工业显然必不可少，没有树脂合成及塑料助剂生产，塑料成型加工业就没有了原料，塑料机械及塑料模具是塑料工业的载体，只有借助于机械与模具，塑料原料才能变成塑料制品。因此，以上五个工业门类共同组成了大塑料工业系统，它们之间的关系密不可分，相互依存，相互制约，相互促进，共同发展。图1-1为大塑料工业生产组成示意。

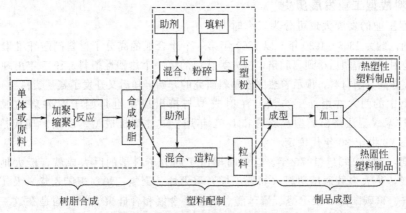

图 1-1 大塑料工业生产组成示意

树脂合成是让单体通过聚合反应生产塑料加工所需的主要原料，我国现一般在大中型石油化工企业完成，少数塑料在成型的过程中进行化学合成反应，如聚氨酯泡沫塑料的生产、浇铸尼龙。

塑料配制是将树脂与各种助剂按规定配方进行混合、混炼，得到能满足塑料加工的粉料或粒料，我国一般在塑料成型加工企业完成（部分在树脂生产企业完成）。

塑料成型是将配制好的原料在一定的温度和压力下熔融塑化，在能够发生变形与流动的情况下通过塑料成型设备与模具成为所需的形状，再经冷却（或交联固化）并保持其形状，得到塑料制品。

塑料制品的加工是对成型后的产品进行必要的机械加工或处理，通常称为二次加工。为成型过程不能完成或完成不准确而作的一些加工，如进行车削、钻孔等，以便于装配与使用。

塑料成型加工企业生产塑料制品一般可分为两大过程、五个步骤，两大过程为成型与加工，五个步骤分别是原料准备、成型、机械加工、修饰、装配。其中成型是必不可少的，其他四个步骤可根据需要进行选择，并不是每个塑料制品都要经过第一步与后三个步骤。塑料制品的生产组成如图1-2所示。

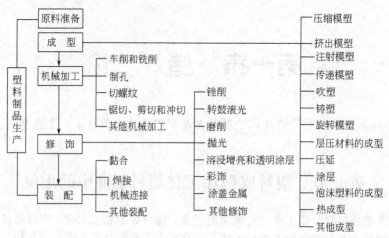

图 1-2　塑料制品的生产组成

第二节　塑料成型工业的发展

一、塑料成型工业发展历史

塑料成型工业的发展大致可分为三个时期。

初创时期，约为 1869～1930 年。以 1869 年第一个半合成的高分子材料硝酸纤维素出现为标志，硝酸纤维素是用樟脑增塑后得到赛璐珞，是人类获得的第一个热塑性塑料。1907 年出现的酚醛树脂，是第一个合成的高分子材料，预示着热固性塑料研究的开始。随后又开发了氨基塑料。

塑料成型中的两大常用加工方法，注射成型与挤出成型也是始于赛璐珞的成型加工。即 1870 年用的柱塞式湿法挤出成型赛璐珞和 1892 年用立式注射机成型赛璐珞。现代挤出机和注射机的原型约在 20 世纪 30 年代确定。

扩展时期，约为 1931～1970 年。这一时期由于高分子科学的巨大成就，极大地促进了塑料加工业的发展，绝大多数通用塑料（如聚乙烯、聚丙烯、聚氯乙烯、聚苯乙烯）及工程塑料（如 ABS、聚酰胺、聚碳酸酯、聚甲醛、聚苯醚、聚砜、含氟和含硅聚合物）均是在这一时期相继问世并实现工业化，1948 年出现的机械共混法生产的 ABS 是第一个高分子合金。塑料成型机械及模具在这一时期也得到了长足发展，目前塑料制品生产企业广泛采用的注射、挤出、压延及中空吹塑等成型技术均是在这一时期发展起来的。

变革时期，约为 1971 年至今。主要表现在高分子合金塑料不断出现，功能塑料不断发展，塑料机械及模具更加高速、精密、低耗等。塑料原料新品种在这一阶段出现趋缓，主要是对原有塑料品种进行改性，或通过催化剂（如茂金属）的改进合成新品级、具有可设计性能的或综合性能更优的塑料原料，更加注重塑料助剂的研发与应用，更为普遍的使用塑料助剂来提高塑料的品质，高分子合金化及其技术、反应性加工技术、高分子化合物/无机物复合技术以及纳米技术成为新技术的重点，人类更加重视环境友好、本着资源节约的原则来发展塑料工业，废旧塑料的回收利用已引起了全人类的关注，要以科学发展观来指导塑料工业已经成为大家的共识，从而保证塑料工业的健康可持续发展。

二、塑料成型工业发展现状及趋势

塑料作为一种新型材料，其产量按体积统计早已超过了钢材，由于其优异的性能，使其在国民经济及人们的生活中占有重要地位。塑料在工程上的应用领域越来越多，用量增长迅速，所以塑料成型工业是各国大力发展的朝阳产业。从当前发展现状来看，仍是以德国、日本、意大利、美国等西方发达国家技术水平较高，主要表现在原材料质量高，专用品级的原料较多；塑料助剂性能高，塑料机械装备好，模具制造精度高。结果是生产出来制品的质量好，能满足具有较高要求的使用场所。产品应用主要仍是以包装、建材、交通、电子电器、化学工业等作为主要领域，其次是农业、医疗、日用、体育及国防等领域，塑料工业在全世界范围内已经是一个专业化强、规模大、发展快而且前景广阔的产业。

塑料成型工业的发展趋势是节约资源型生产工艺及设备的应用，达到节能、节料的目的；注重消除污染、防止公害，实现清洁生产；加深对塑料成型过程基本理论的研究，简化成型工艺或开发新的工艺、提高塑料制品质量、缩短成型周期；塑料改性的研究、制备满足各种使用要求的塑料合金，研发各类高效无毒的塑料助剂；实现生产的连续化、自动化、最佳化和柔性化。

三、我国塑料工业发展概况

我国塑料工业是新中国成立后才发展起来的，新中国成立前基本没有塑料工业，塑料工业的快速发展是改革开放后，随着我国国民经济整体稳定健康发展，塑料工业在我国实现了跨越式的发展，主要体现在以下几点：

① 1997～2007年连续十年塑料工业经济指标稳步大幅递增，全行业不断发展壮大，总产值居轻工行业第三、出口居第五位，已经成为我国国民经济持续繁荣的重要支柱产业之一；

② 我国塑料机械工业生产位居世界第一，已经由设计制造大国发展成为先进的自主开发强国；

③ 塑料合成树脂生产位居世界第二，已由大量依靠进口逐步转变为立足国内生产，满足市场需求；

④ 塑料制品加工居世界第二，由低附加值加工提升到拥有自主知识产权的中国品牌，塑料加工业的创新能力得到了增强；

⑤ 塑料工业在我国已经构建了若干个区域性的高新技术产业群，企业技术研发中心数量不断增多，研发能力不断增强；

⑥ 塑料工业技术水平与国际发达国家的差距正在逐步缩小，某些方面已经达到世界先进水平，现在已经进入从塑料大国向塑料强国迈进的可持续发展的关键时期。

我国塑料工业发展中也还存在一些亟待解决的问题，主要是塑料原料专用料的生产满足不了塑料使用的需要，各类高效无毒、方便使用的塑料助剂研发不够，塑料降解技术的研究及市场推广不力，塑料工业产业结构调整压力大，中小塑料加工企业技术改造资金不足，导致大量落后设备仍在使用、能耗大、劳动生产率低、利润小、效益差、市场竞争力不强，不利于行业的技术进步与发展。国家规定自2008年6月1日起禁止生产、销售、使用厚度小于0.025mm的塑料袋，导致一批企业必须进行产品结构调整，给一些塑料加工企业带来较大压力。塑料也并不是一种十全十美的材料，塑料工业中存在的这些问题只有通过科学技术进步才能彻底解决，问题的存在一定程度上反映了我国塑料加工研究人才缺乏、科研经费不足、科研力量分散的问题。加强高职塑料成型加工专业人才的培养必将为解决我国塑料工业存在的问题打下良好的基础。

第三节 塑料成型工艺分类

一、按成型加工操作方式分类

根据塑料成型加工过程中操作方式的不同，可将其分为连续式、间歇式与周期式三种类型。

1. 连续式成型加工

这种工艺的共同特点是其成型加工过程一旦开始，就可以不间断地进行下去。用这类成型加工方法制得的塑料产品长度可不受限制，因此管、棒、型材、单丝、板、片、膜等产品可用这类方法生产。典型的连续式塑料成型工艺有各种型材的挤出、薄膜及片材的压延、薄膜的流延和涂覆人造革的成型等。

2. 间歇式成型加工

这类工艺的共同特点是成型过程中的操作不能连续进行,各个制品成型加工操作时间并不固定。有时具体的操作步骤也不完全相同,一般来说,这类成型加工技术的机械化和自动化程度都不高,手工操作占有重要地位。用移动式模具的压缩模塑和传递模塑、冷压烧结成型、层压成型、静态浇铸、滚塑以及大多数二次加工技术均属此类。

3. 周期式成型加工

这一类成型加工每个制品均以相同的步骤,每个步骤均以相同的时间,以周期循环的方式完成工艺操作。主要依靠成型设备预先设定的程序完成制品的成型加工操作,因而成型加工过程可以没有或只有极少量的手工操作。全自动控制的注射成型和注坯吹塑,以及自动生产线上的片材热成型和蘸浸成型等是这类工艺的典型代表。

二、按成型所属加工阶段分类

按各种成型加工技术在塑料制品生产中所属成型加工阶段的不同,可将其划分为一次成型、二次成型和二次加工三个类别。

1. 一次成型

一次成型是指能将塑料原材料转变成具有一定形状和尺寸制品或半成品的各种成型工艺操作方法。用于一次成型的塑料原料常称作成型物料,通常是粉状、粒状、纤维状和碎屑状固体塑料以及树脂单体、低分子量的预聚体、树脂溶液和增塑糊等。这类成型工艺多种多样,目前生产上广泛采用的挤出、注射、压延、压制、浇铸和涂覆等重要成型工艺均属于一次成型。

2. 二次成型

二次成型是指既能改变一次成型所得塑料半成品(如型材和坯件等)的形状和尺寸,又不会使其整体性受到破坏的各种工艺操作方法。目前生产上采用的只有双轴拉伸成型、中空吹塑成型和热成型等少数几种二次成型工艺。

3. 二次加工

这是一类在保持一次成型或二次成型产品硬固状态不变的条件下,为改变其形状、尺寸和表观性质所进行的各种工艺操作方法。由于是在塑料完成全部成型过程后实施的工艺操作,因此也将二次加工工艺称作"后加工工艺"。生产中已采用的二次加工工艺多种多样,但大致可分为机械加工、连接加工和修饰加工三类。

一切塑料产品的生产都必须经过一次成型,是否需要经过二次成型和二次加工,则由所用成型物料的成型工艺性、一次成型技术的特点、制品的形状与结构、对制品表观的使用要求、批量大小和生产成本等多方面的因素决定。

三、按成型加工伴随的变化类型分类

根据这一特征,可将塑料成型加工工艺分为以物理变化为主、以化学变化为主和兼有物理变化与化学变化的三种类别。

1. 以物理变化为主的成型加工

塑料的主要组分聚合物在这一类工艺过程中,主要发生相态与物理状态转变、流动与变形及机械分离之类物理变化。在这类工艺的成型加工过程中,有时也会出现一些聚合物力降解、热降解和轻度交联之类化学反应,但这些化学反应对成型加工过程的完成和制品的性能都不起重要作用。热塑性塑料的所有一次成型和二次成型,以及大部分的塑料二次加工都属于此类。

2. 以化学变化为主的成型加工

属于这一类的成型工艺,在其成型加工过程中,聚合物或其单体有明显的交联反应或聚合反应,而且这些化学反应进行的程度对制品的性能有决定性影响。加有引发剂的甲基丙烯酸甲酯预聚浆和加有固化剂液态环氧树脂的静态浇铸、聚氨酯单体的反应注射成型，以及用液态热固性树脂为主要组分的胶黏剂粘接塑件的技术，是这类成型加工技术的实例。

3. 物理变化和化学变化兼有的成型加工

热固性塑料的传递模塑、压缩模塑和注射成型是这类成型工艺的典型代表，其成型过程的共同特点是都需要先通过加热使聚合物从固态变到黏流态，黏流态物料流动取得模腔形状后，再借助交联反应使制品固化。用热固性树脂溶液型胶黏剂和涂料处理塑件的技术，由于需要先使溶剂充分蒸发，然后才能借助聚合物交联反应形成粘接接头或涂膜，故也应属于这一类别的加工技术。

第四节 本课程的主要内容及要求

本课程是为已具有高分子材料化学基础、高分子化学及物理、机械基础、塑料材料等基础知识的学生开设的专业课程，与其相互支撑与补充的还有塑料成型模具、塑料成型设备、塑料原材料分析及塑料性能检测。

本教材的主要内容是阐述塑料制品重要成型方法的原理、特点、工艺过程、主要工艺参数的选定及其对塑料制品性能的影响。对工艺过程的叙述重在成型环节。

学习过程中，要求在密切结合工艺过程的前提下尽可能地对每种工艺所依据的原理、生产控制因素以及在工艺过程中塑料所发生的物理与化学变化和它们对制品性能的影响具有清晰的概念，并进一步理解各种成型工艺所能适应的塑料品种及其优缺点。

对所用的设备和模具没有进行介绍或只概略地提出对它们的主要要求而不作详细的叙述，是因为还有与本门课程配合设立的两门独立课程。

塑料成型工艺是一门实践性很强的课程，除了课堂教学外，还需在实验、实习中联系生产实际去理解和掌握，所以要特别重视在实践中学习，本教材附录中编入了塑料成型工艺的基本实验，务必认真完成。有些生产实际操作还需在劳动实践中逐步去学会，这样学到的知识才是可以灵活运用的。

复习思考题

1. 大塑料工业体系由哪五个部分组成？它们之间有何关系？
2. 塑料制品生产由哪几步组成？
3. 塑料成型加工发展经历了哪三个时期？
4. 为什么要对塑料成型加工工艺进行分类？
5. 按一次成型、二次成型和二次加工对塑料成型加工工艺进行分类有什么优缺点？

第二章　塑料成型基本理论

【学习目标】

掌握聚合物的温度、力学状态与成型加工的关系；掌握聚合物流变特性；掌握塑料成型过程中发生的物理变化与化学变化；掌握影响聚合物熔体黏度的主要因素；掌握成型条件对塑料制品性能的影响，能通过查询工艺手册制定较合理的成型工艺条件。

第一节　概　　述

塑料成型是将塑料原料转变成为实用材料或塑料制品的一门工程技术。在成型过程中发生的有塑料的流动与变形，塑料的结构形态变化，塑料成型单元操作中动量、质量、能量的传递以及塑料成型中热量的传递。这些理论的学习对充分认识塑料在成型过程中所发生的物理化学变化，合理的设计配方、发展新的成型工艺及对设备、模具设计均有很大的指导作用。

根据高职高专的教学要求，本章主要介绍聚合物的加工性质、流变性质、加热与冷却及其在成型过程中的物理与化学变化，以作为在后续各章的理论基础。

第二节　聚合物的加工性质

一、聚合物的聚集态与成型

由于聚合物的大分子结构和分子热运动特点，可以将其划分为玻璃态（或结晶态）、高弹态、黏流态等聚集态。聚合物聚集态的多样性导致其成型加工的多样性，聚合物在不同的聚集态下可选用与之相适应的工艺方法对其进行成型加工，聚集态与成型加工方法适应性的关系如图 2-1 所示。

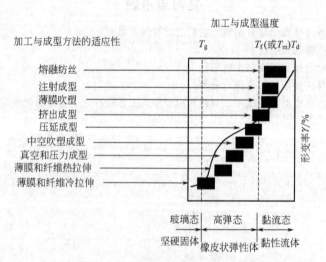

图 2-1　聚合物的聚集态与成型加工方法的关系

聚合物可以从一种聚集态转变为另一种聚集态，这种转变取决于聚合物的分子结构、体系的组成以及所受应力和环境温度。当聚合物及其组成一定时，聚集态的转变主要与温度有关。了解这些转变的本质和规律对合理选择成型方法和正确制定工艺条件是必不可少的。

在玻璃化温度以下，聚合物处于玻璃态（或结晶态），是坚硬的固体。此时，由于分子运动能量低，链段运动被冻结，只能使主链内的键长和键角有微小的改变；在宏观上表现为聚合物在受力方向上有很小的普弹性变形，由于弹性模量高，形变值小，所以处于玻璃态的聚合物只能进行一些车、铣、钻、刨等机械加工。这一聚集态也是聚合物使用时的状态，材料使用的下限温度称为脆化温度，低于脆化温度时，材料受力容易发生断裂破坏。

在玻璃化温度（T_g）与黏流温度（T_f）之间，聚合物处于高弹态。此时，分子热运动能量增加，虽然整个分子的运动仍不可能，但链段可以通过主链中的单键的内旋转而不断改变构象，甚至可使部分链段滑移。由于高弹性模量比普弹性模量小 4～5 个数量级，所以对某些材料可进行加压、弯曲、中空或真空成型。由于高弹形变比普弹形变大 10000 倍左右，且属于与时间有依赖性的可逆形变，所以在成型加工中为求得符合形状、尺寸要求的制品，往往将制品迅速冷却到玻璃化温度以下。对结晶型聚合物，可在玻璃化温度至熔点的温度区间内进行薄膜吹塑和纤维拉伸。

继续升温至黏流温度（或熔点 T_m）以上，聚合物大分子链相互滑移而转变为黏流态。呈黏流态的聚合物熔体在黏流温度以上稍高的温度范围内，常用来进行压延成型和某些挤出、吹塑成型。比黏流温度更高的温度，使聚合物大分子热运动大大激化，产生不可逆黏性形变占绝对优势，这一温度范围常用于进行注射、挤出、吹塑等成型加工。过高的温度使聚合物黏度降低，会给成型带来困难，并使产品质量变劣；当温度高到分解温度时，会引起聚合物的分解。

二、聚合物的可挤压性

可挤压性是指聚合物通过挤压作用形变时获得一定形状并保持这种形状的能力。在塑料成型过程中，常见的挤压作用有物料在挤出机和注射机料筒内、压延机辊筒间以及在模具中所受到的挤压作用。

衡量聚合物可挤压性的物理量是熔体的黏度（剪切黏度和拉伸黏度）。熔体黏度过高，则物料通过形变而获得形状的能力差（固态聚合物是不能通过挤压成型的）；反之，熔体黏度过低，虽然物料具有良好的流动性，易获得一定形状，但保持形状的能力较差。因此，适宜的熔体黏度是衡量聚合物可挤压性的重要标志。

聚合物的可挤压性不仅与其分子结构、相对分子质量和组成有关，而且与温度、压力等成型条件有关。评价聚合物挤压性的方法是测定聚合物的流动度（黏度的倒数），通常简便实用的方法是测定聚合物的熔体流动速率，熔体流动速率与一定条件下熔体流动度成正比，熔体流动速率测定仪如图 2-2 所示。在给定温度和剪切应力（定负荷）下，10min 内聚合物经出料孔挤出的克数，以 MFR 表示。由于实测的熔体流动速率其剪切速率仅为 10^{-2}～10^{-1} s^{-1}，远比实际注射或挤出成型中通常的剪切速率（10^2～$10^4 s^{-1}$）要低，因此，MFR 不能说明实际成型时聚合物的流动情况。由于方法简便易行，对成型塑料的选择和适用性有参考价值。表 2-1 列出某些成型方法与熔体流动速率的对应关系。

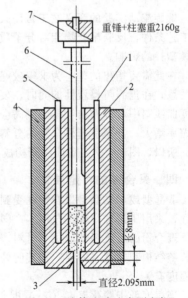

图 2-2 熔体流动速率测定仪

1—热电偶测温管；2—料筒；3—出料孔；4—保温层；5—加热器；6—柱塞；7—重锤

重锤+柱塞重2160g

8mm

直径2.095mm

三、聚合物的可模塑性

聚合物在温度和压力作用下发生形变并在模具型腔中模制成型的能力，称为可模塑性。注射、挤出、模压等成型方法对聚合物的可模塑性要求是：能充满模具型腔获得制品所需尺寸精度，有一定的密实度，满足制品的使用性能等。

表 2-1　成型方法与熔体流动速率的关系

成型方法	产品	所需材料的 MFR 值	成型方法	产品	所需材料的 MFR 值
挤出成型	管材	<0.1		胶片（流延膜）	9～15
	片材、瓶、薄壁管材	0.1～0.5	注射成型	模压制件	1.0～2.0
	电线、电缆	0.1～1.0		薄壁制件	3～6
	薄片、单丝（纯）	0.5～1.0	涂覆成型	涂覆纸	9～15
	多股丝或纤维	1.0	热成型	制件	0.2～0.5
	瓶（玻璃状）	1.0～2.0			

可模塑性主要取决于聚合物本身的属性（如流变性、热性能、物理机械性能以及热固性塑料的化学反应性能等）、工艺因素（如温度、压力、成型周期等）以及模具的结构尺寸。

聚合物的可模塑性通常用图 2-3 所示的螺旋流动实验模具来判断。聚合物熔体在注射压力作用下，由阿基米得螺旋形槽模具的中部进入，经流动而逐渐冷却硬化为螺旋线，以螺旋线的长度来判断聚合物流动性的优劣。

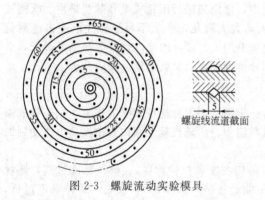

图 2-3　螺旋流动实验模具

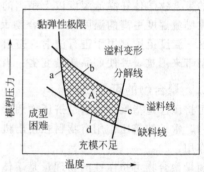

图 2-4　模塑压力-温度曲线
A—成型区域；a—表面不良线；b—溢料线；
c—分解线；d—缺料线

螺旋流动实验的意义在于帮助人们了解聚合物的流变性质，确定压力、温度、模塑周期等最佳工艺条件，反映聚合物相对分子质量和配方中各助剂的成分和用量以及模具结构尺寸对聚合物可模塑性的影响。

在此需要指出的是：为求得较好的可模塑性，要注意各影响因素之间的相互匹配和相互制约的关系；在提高可模塑性的同时，要兼顾到诸因素对制品使用性能的影响。从图 2-4 模塑压力-温度曲线图中可以看出：压力过高会引起溢料，压力过低则会导致充模不满；温度过高会使制品收缩率增大，甚至引起聚合物的分解，温度过低则物料流动困难，交联反应不足，制品性能变劣。所以，图 2-4 中四条曲线所构成的面积，才是模塑的最佳区域。

四、聚合物的可延展性

非晶型或半结晶型聚合物在受到压延或拉伸时变形的能力称为可延展性。利用聚合物的可延展性，采用压延和拉伸工艺可生产塑料片材、薄膜和纤维。

聚合物的可延展性取决于材料产生塑性变形的能力和应变硬化作用。形变能力与固态聚合物的长链结构和柔性（内因）及其所处的环境温度（外因）有关，而应变硬化作用则与聚合物的取向程度有关。

当温度低于脆化温度（T_b）时，材料呈脆性，拉伸时无明显的屈服现象，此时断裂应力与屈服应力基本相同，玻璃态塑料不能发生强迫高弹形变，只能发生因分子键长、键角变化所引起小于 10% 的高模量微小变形，这种小变形属于可恢复的普通弹性变形。

当温度在脆化温度（T_b）与玻璃化温度（T_g）之间时，材料具有韧性，此时断裂应力根据塑料品种不同可能出现小于或大于屈服应力的情况，在外力作用下，被冻结的高分子链段开始运动，出现了强迫高弹态所具有的不可恢复的大变形。

塑料的可延展性从本质上来说是来自线形聚合物大分子的长链结构和柔顺性。固体聚合物在$T_g \sim T_f$（或T_m）温度范围内受到大于屈服强度的拉力作用时，就产生塑性延伸变形，在变形过程中聚合物结构单元（链段、大分子和微晶）因拉伸而开始取向。随着取向程度的提高，大分子间作用力增大，引起聚合物黏度升高而出现"硬化"的倾向，变形亦趋于稳定而不再发展，这种现象称为"应力硬化"现象。当拉伸应力增大时，聚合物因不能承受应力的作用而破坏，这时的应力称为拉伸强度或极限强度。变形的最大值称为断裂伸长率，聚合物在不同温度下的应力-应变关系如图2-5所示。

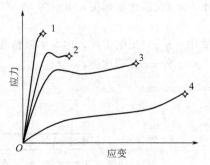

图 2-5　聚合物在不同温度下的应力-应变关系
1—温度低于T_b；2,3—温度在$T_b \sim T_g$之间；4—温度在$T_g \sim T_f$之间

塑料的主要组分是聚合物，所以其可延展性由聚合物的可延展性决定，也取决于其本身产生塑性变形的能力和应变硬化作用。变形能力与固体聚合物所处的温度有关，在$T_g \sim T_f$（或T_m）温度区间聚合物分子在一定拉伸应力作用下能产生塑性流动，以满足拉伸过程材料截面尺寸减小的要求。对于半结晶型聚合物，拉伸在稍低于T_m以下的温度进行，无定形聚合物在接近T_g的温度进行。适当升高温度，塑料的可延展性进一步提高，拉伸比可以更大，甚至一些延展性较差的聚合物也能进行拉伸。通常把室温至T_g附近的拉伸称为"冷拉伸"，在T_g以上的拉伸称为热拉伸。在拉伸过程中，聚合物发生应力硬化后，将限制聚合物分子的流动，从而阻止了拉伸比的进一步提高。

此外，塑料还具有可纺性，它是指塑料具有通过成型而形成连续固态纤维的能力。它主要取决于塑料的流变性、熔体黏度和强度、熔体的热稳定性和化学稳定性。利用塑料的可纺性，通过挤出成型，从安装在机头的喷头可制得单丝和扁丝（打包带）等。

第三节　聚合物的流变性能

一、聚合物的流动特性

塑料的主要组分是聚合物，所以研究聚合物的流动特性可以了解塑料在成型过程中的流变规律。塑料在成型过程中一般都要发生流动与变形，即在外力作用下表现出黏性、弹性和塑性，其中塑性可以看作黏性与弹性的组合。塑料的流动与变形主要依赖于塑料材料内部结构和成型的外在条件。因此，研究聚合物流变行为与温度、压力、时间、作用力等外在条件之间的依赖关系，是塑料成型过程中的重要内容。

在塑料成型过程中，除少数几种工艺外，均要求塑料处于液态（包括熔体和分散体），以便改善其流动性和易于变形。塑料随受力性质与作用位置的不同而产生不同类型的应力、应变和应变速率，其中对塑料成型影响最大的是切应力，因为成型时液态塑料在模具中流动的压力降、所需能量以及制品质量等都要受到它的制约；其次是拉应力，它经常与切应力同时出现，如用吹塑法或拉幅法生产薄膜时，熔体是在变截面导管中的流动；在成型时流体静压力对流体性质影响相对较小，可忽略不计，但它对黏度有影响。

1. 牛顿流体及其黏度

低分子流体在平直导管中流动时，当其雷诺数$Re < 2100$时为层流，超过此值时为湍流；当$Re = 2100 \sim 4000$时为层流转为湍流的过渡区，与导管材料性质有关。聚合物熔体在成型过程中流动时，其雷诺数一般小于10，分散体也不会大于2100，因此其流动均为层流。但由于塑料有弹性，有时会引起湍流，此时称为弹性湍流。

塑料熔体在加工过程中的流动基本上属于层流，为研究方便，可将层流流体视为一层层彼此相邻的流体在切应力 τ 作用下的相对滑移，如图 2-6 所示。层流可以用牛顿流体流动定律来描述：在一定温度下，施加于相距 dr 的液层上的切应力 τ（单位为 N/m^2）与层流间的剪切速率 dv/dr（又称速度梯度，单位为 s^{-1}）成正比，其表达式为：

$$\tau = \eta(dv/dr) = \eta\gamma$$

式中　η——比例常数，称为牛顿黏度，$Pa \cdot s$；

　　　γ——剪切速率，s^{-1}。

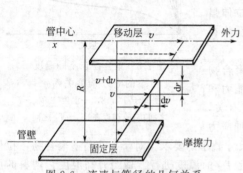

图 2-6　流速与管径的几何关系

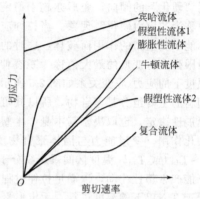

图 2-7　各种流体的流动曲线

牛顿黏度 η 是流体本身所固有的属性，仅依赖于流体的分子结构和流体所处的温度，而与切应力和剪切速率 γ 无关。凡属层流的流体，均符合式 $\tau = \eta(dv/dr) = \eta\gamma$ 关系，通称为牛顿流体。牛顿流体流动定律可用图 2-7 所示的牛顿流体流动曲线来表示。流动曲线表明，剪切应力与剪切速率成正比关系，通过坐标原点直线的斜率就是流体的黏度，它为一常数，说明牛顿流体的黏度不随剪切速率而变化。牛顿流体的应变具有不可逆性质，应力解除后，应变以永久变形保存下来，这是理想流体的流动特点。

2. 非牛顿流体及其表观黏度

牛顿流体流动定律是研究低分子流体的流动行为时得出的结论。对于塑料熔体、分散体和溶液，除少数几种塑料与牛顿流体相近外，绝大多数塑料只能在切应力很小或很大时表现为牛顿流体。塑料在成型过程中处于宽广的剪切速率范围内，其切应力与剪切速率不再成正比关系，流体的黏度也不是一个常数。此时，塑料流体的流变行为不服从牛顿流体流动定律，凡是流体流动时不服从牛顿流体流动定律的，通称为非牛顿流体。

根据应变时有无弹性和应变对时间有无依赖关系，非牛顿流体又可分为黏性流体、黏弹性流体和有时间依赖性流体三种类型。在常用塑料中，只有少数塑料的溶液呈时间依赖性，所以这里不作讨论。

黏性流体又分为宾哈流体、膨胀性流体和假塑性流体三种，这几种流体的流动曲线如图 2-7 所示，下面分别作简要讨论。

(1) 宾哈流体　这种流体的流动曲线是不通过坐标原点的直线，如图 2-7 所示，它的非牛顿黏度为一常数。其流动方程为：

$$\tau - \tau_0 = \eta_p(dv/dr) = \eta_p\gamma$$

式中　η_p——刚度系数。

宾哈流体与牛顿流体的不同点在于它的流动只有当剪切应力高于某一屈服应力 τ_0 时才开始。这一现象表明，宾哈流体具有某种凝胶结构。当应力值小于 τ_0 时，这种结构能承受有限应力的作用而不引起任何连续的应变。在塑料成型过程中，几乎所有的塑料在其良性溶剂中的浓溶液和凝胶性糊塑料的流变行为都与这种流体很接近。

（2）**假塑性流体** 这种流体的流动特征是剪切速率的变化要比切应力的变化快得多，表观黏度 η_a 随剪切速率的增大而减小，即体系在不断增大的剪切应力作用下变稀，流动曲线的斜率变小（图 2-7）。假塑性流体表观黏度 η_a 虽不是常数，但为了与牛顿流体相比较，仍可用下式表示：

$$\tau = \eta_a(\mathrm{d}v/\mathrm{d}r) = \eta_a\gamma$$

实践证明，当剪切应力或剪切速率的范围缩小到一定程度，则流动曲线将更为逼近直线。因此，在任何给定的范围内，剪切应力与剪切速率的关系可用指数定律来描述，即：

$$\tau = k(\mathrm{d}v/\mathrm{d}r)^n = k\gamma^n$$

式中 k——常数，流体的稠度，相当于牛顿流体中的黏度 η，流体越稠，k 值越大；

n——非牛顿指数，用以表征流体偏离牛顿型流动的程度。

当 $n=1$ 时，流体为牛顿型流体，n 值离整数 1 越远时，流体的非牛顿性就越强。假塑性流体的 n 值一般在 $0.2\sim1$ 之间。

一般来说，聚合物在加工时多为假塑性流体，表 2-2 列出了六种聚合物用于指数定律时的 n 值，表 2-3 所示的是六种塑料在成型时的剪切速率范围值。

表 2-2　六种聚合物用于指数定律的 n 值

聚合物 剪切速率/s⁻¹	聚甲基丙烯酸甲酯 （230℃）	共聚甲醛 （200℃）	聚酰胺 66 （285℃）	乙丙共聚物 （230℃）	低密度聚乙烯 （170℃）	未增塑聚氯乙烯 （150℃）
10^{-1}	—	—	—	0.93	0.7	—
1	1.00	1.00	—	0.66	0.44	—
10	0.85	1.00	0.96	0.46	0.32	0.62
10^2	0.46	0.80	0.91	0.34	0.26	0.55
10^3	0.22	0.42	0.71	0.19	—	0.47
10^4	0.18	0.18	0.40	0.15	—	—
10^5	—	—	0.28	—	—	—

表 2-3　塑料成型时的剪切速率范围

熔体的成型		糊塑料的成型	
成型方法	剪切速率范围/s⁻¹	成型方法	剪切速率范围/s⁻¹
压制成型	$1\sim10$	涂层	$10^2\sim10^3$
混炼与压延	$10\sim10^2$	浇铸与浸渍	约 10
挤出	$10^2\sim10^3$		
注射	$10^3\sim10^4$		

塑料熔体的黏度约在 $10\sim10^7\mathrm{Pa\cdot s}$ 范围，而分散体的黏度约在 $1\mathrm{Pa\cdot s}$。如果通过实验求得给定材料在其成型时的剪切速率范围内的黏度数据，则对该种塑料在指定操作方法难易程度就能作出初步判断。如注射和挤出成型时的剪切速率范围在 $10^2\sim10^4\mathrm{s}^{-1}$，相应黏度为 $10^2\sim10^4\mathrm{Pa\cdot s}$，当超过 $10^4\sim10^5\mathrm{Pa\cdot s}$ 时，成型会变得非常困难；压延和模压成型时的剪切速率约为 $1\sim10^2\mathrm{s}^{-1}$ 时，其相应黏度应是低于 $10\mathrm{Pa\cdot s}$；浇铸、浸渍所需黏度约为 $1\mathrm{Pa\cdot s}$。

（3）**膨胀性流体** 这种流体的流动曲线也是非直线的，不存在屈服应力，其流动行为与假塑性流体正好相反，即其表观黏度随剪切应力的增大而上升，如图 2-7 所示，曲线斜率是递增的。大多数固体含量高的悬浮液都属于这一类流体，如处于高剪切速率下的聚氯乙烯糊以及其他含有填料的塑料熔体等。膨胀性流体的"切力增稠"现象可解释为当剪切速率增大时，破坏了原体系中粒子间的"紧密堆砌"，粒子间的空隙增大，悬浮体系的总体积增大，此时流体不能再充满增大了的空隙，粒子间移动时的润滑作用受限，阻力增大，流体表观黏度增大。

前面讨论"黏性流体"时，都是在忽略弹性的前提下进行的，而在某些塑料（如聚乙烯等）

的黏性流动中，弹性行为是不能忽略的，称为黏弹性流体。这类流体在受到外力作用时，其非牛顿性是黏性与弹性行为的综合，即流动过程中包含有不可逆变形（黏性流动）和可逆变形（弹性回复）两种成分。

二、影响聚合物熔体黏度的因素

黏度是描述塑料熔体流变行为的最重要的量度，在给定剪切速率下，塑料的黏度主要取决于实现分子位移和链段协同跃迁的能力以及在跃迁链段的周围是否有可以接纳它跃迁的空间（自由体积）两个因素。凡是能引起链段跃迁能力和自由体积增加的因素都能导致聚合物黏度的下降。所以除前面所述的剪切应力与剪切速率外，塑料分子结构因素及外在成型温度、压力、模具结构等因素都将使其发生变化，了解这些因素对黏度的影响趋势将为合理选材、制定成型工艺参数、设计模具结构等提供依据。

1. 温度

研究结果已证实，在黏流态，随着温度的升高，塑料的黏度下降。这是因为温度升高时，塑料的自由体积和链段的活动能力增加，但不同的塑料其黏度对温度变化的敏感性不同。一般情况下，刚性高分子和分子引力大时（如醋酸纤维素、聚碳酸酯和聚甲基丙烯酸甲酯等）比柔性高分子（如聚乙烯、聚丙烯、聚甲醛等）的黏度对温度更敏感，几种聚合物的黏度与温度的关系如图 2-8 所示。

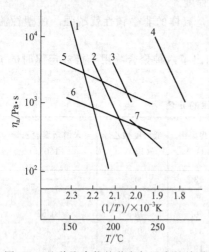

图 2-8 几种聚合物的黏度与温度的关系
1—醋酸纤维素；2—聚苯乙烯；3—聚甲基丙烯酸甲酯；4—聚碳酸酯；5—聚乙烯；6—聚甲醛；7—聚酰胺

工业上常用在给定剪切速率下，温度相差 40℃ 的黏度比值来表示聚合物黏度的温度敏感性；在给定温度下剪切速率相差 10 倍（$10^2 \sim 10^3 \text{s}^{-1}$）的黏度比值来表示聚合物黏度的剪切速率敏感性。熔体黏度对温度敏感的塑料称为温敏性塑料，熔体黏度对剪切速率敏感的塑料称为剪敏性塑料。表 2-4 列出了几种聚合物表观黏度对温度和剪切速率的敏感性，从表中可以看出，共聚甲醛、高密度聚乙烯、聚丙烯等黏度对温度的敏感性不大，而相对来说对剪切速率敏感性更大些，所以它们属剪敏性塑料；而聚碳酸酯、聚酰胺 66 的黏度对剪切速率敏感性不大，而相对来说对温度敏感性更大些，所以它们属温敏性塑料。在成型过程中需要调节塑料熔体黏度时要考虑该塑料黏度敏感类型，以便采用更有效的措施来调节其黏度。

表 2-4 几种聚合物表观黏度对温度和剪切速率的敏感性

聚合物	熔体流动速率 /(g/10min)	熔体温度 T_1/℃	在 T_1 和给定剪切速率下的黏度 $\eta/10^{-2}$Pa·s		熔体温度 T_2/℃	在 T_2 和给定剪切速率下的黏度 $\eta/10^{-2}$Pa·s		黏度对剪切的敏感性指标 $\dfrac{\eta(10^2 \text{s}^{-1})}{\eta(10^3 \text{s}^{-1})}$		黏度对温度的敏感性指标 $\dfrac{\eta(T_1)}{\eta(T_2)}$	
			10^2s^{-1}	10^3s^{-1}		10^2s^{-1}	10^3s^{-1}	T_1/℃	T_2/℃	10^2s^{-1}	10^3s^{-1}
共聚甲醛（注射级）	9	180	8	3	220	5.1	2.4	2.4	2.1	1.55	1.35
聚酰胺 6（注射级）	—	240	2.9	1.75	280	1.1	0.8	1.6	1.4	2.5	2.4
聚酰胺 66（注射级）	—	270	2.6	1.7	310	0.55	0.47	1.5	1.2	4.7	3.5
聚酰胺 610（注射级）	—	240	3.1	1.6	280	1.3	0.8	1.9	1.6	2.4	2.0
聚酰胺 11（注射级）	—	210	5.0	2.4	250	1.8	1.0	2.0	1.8	2.8	2.4
高密度聚乙烯											
挤出级	0.2	150	38.0	5.0	190	27	4.0	7.6	6.8	1.4	1.25
注射级	4.0	150	11	3.1	190	8.2	2.4	3.5	3.4	1.35	1.3

续表

聚合物	熔体流动速率/(g/10min)	熔体温度 T_1/℃	在 T_1 和给定剪切速率下的黏度 $\eta/10^{-2}Pa \cdot s$		熔体温度 T_2/℃	在 T_2 和给定剪切速率下的黏度 $\eta/10^{-2}Pa \cdot s$		黏度对剪切的敏感性指标 $\dfrac{\eta(10^2 s^{-1})}{\eta(10^3 s^{-1})}$		黏度对温度的敏感性指标 $\dfrac{\eta(T_1)}{\eta(T_2)}$	
			$10^2 s^{-1}$	$10^3 s^{-1}$		$10^2 s^{-1}$	$10^3 s^{-1}$	T_1/℃	T_2/℃	$10^2 s^{-1}$	$10^3 s^{-1}$
低密度聚乙烯											
挤出级	0.3	150	34	6.6	190	21	5.1	5.1	4.2	1.6	1.3
	2.0	150	18	4.0	190	9.0	2.3	4.5	3.9	2.0	1.7
注射级	2.0	150	5.8	2.0	190	2.0	0.75	2.9	2.6	2.9	2.7
聚丙烯	1	190	21	3.8	230	14	3.0	5.5	4.7	1.5	1.3
	40	190	8.0	1.8	230	4.3	1.2	4.4	3.6	1.8	1.5
抗冲聚苯乙烯	—	200	9	1.8	240	4.3	1.1	5.0	3.9	2.1	1.6
聚碳酸酯		230	80	21	270	17	6.2	3.8	2.7	4.7	3.0
聚氯乙烯											
软质		150	62	9	190	31	6.2	6.8	5.0	2.0	145
硬质		150	170	20	190	60	10	8.5	6.0	2.8	2.0
聚苯醚		315	25.5	7.8	344	9.4	3.0	3.2	3.1	—	—

2. 压力

压力对熔体黏度的影响来自熔体的可压缩性，因为在加压时塑料的自由体积减小，熔体分子间的距离减小，使分子间作用力增大，导致熔体黏度增大。与低分子流体相比，塑料因其大分子形状复杂，分子链堆砌密度较低，所以在受压时体积变化较大。塑料的成型压力通常都比较高，例如注射成型时，塑料在150℃下受压达350～3000kPa，其压缩性是很可观的。塑料的黏度对压力的依赖性，表明单纯通过压力来提高塑料的流动性是不恰当的，过大的压力会造成功率消耗过大和设备的磨损，致使塑料熔体变得像固体而不能流动，不易成型。因此，在没有可靠依据的情况下，将低压下的数据任意外推到高压是不可靠的，甚至是错误的。即使在相同压力下的同一种塑料熔体，如果在成型时所用的设备不同，其流动行为也会因受剪切应力的不同而有差异。

3. 剪切速率

成型时塑料熔体多属假塑性流体，其黏度随着剪切速率的增加而降低，但不同塑料其黏度降低的程度不同。一般而言，柔性链聚合物的黏度随剪切速率的增加而明显下降，刚性链聚合物则下降不多。因为柔性链分子容易通过链段运动而取向，而刚性链分子链段较长，在极限情况下只能整个分子链取向，但这种整个分子链的取向作用由于受到很大的摩擦阻力而难以实现。

在塑料成型中，为了改善塑料的流动性，分别采用调整剪切速率和温度的方法来改善聚合物的黏度是行之有效的，如表2-4所示。但应指出，黏度对剪切速率或温度敏感的聚合物，往往会在剪切速率或温度波动时造成制品质量上明显的差别。对溶液和低剪切速率下的溶胶塑料的流动行为可视为牛顿流体；当剪切速率较高时，后者表现为假塑性流动行为；剪切速率更高时，可出现膨胀性流动行为。

4. 时间

塑料完成熔融过程以后，流变性质应不随时间而改变。但实际上，许多塑料的黏度均随时间而逐渐变化。引起这种变化的原因，其中有塑料的热降解和热氧化降解，或塑料与低分子杂质之间的反应降解（如聚碳酸酯的水解）等。因此，在成型过程中，塑料熔体处于注射喷嘴、挤出口模或喷丝头高温区域的时间应尽可能缩短，否则黏度将会降低，喷嘴处常见的流延现象就是由此引起的。塑料溶液在储存期时，由于溶剂的自然减少也会使其黏度上升。

5. 聚合物分子结构

聚合物分子链的刚性及分子间相互作用力越大，其黏度也越高，且黏度对温度的敏感性也越大；反之，分子链的柔性越大，缠结点越多，链的解缠和滑移越困难，其黏度对剪切应力也越敏感。相对分子质量增大，熔体黏度也就越高。成型时对聚合物相对分子质量的选择，存在着成型加工所需要的流动性与制品的力学性能之间的矛盾。因此，针对不同用途和不同加工方法，选择适当相对分子质量的聚合物是十分重要的。相对分子质量分布对聚合物黏度也有很大影响，随着相对分子质量分布幅度的变宽，聚合物的黏度迅速下降，对剪切速率的敏感性增大，非牛顿性增强，假塑性流动区加宽；反之，相对分子质量分布变窄时，熔体的黏度上升，对温度的敏感性增大，表现出更多的牛顿性特征。

三、聚合物熔体流动过程中的弹性行为

具有黏弹性的聚合物熔体，在外力作用下除表现出不可逆形变和黏性流动外，还产生一定量的可恢复的弹性形变，这种弹性形变具有大分子链特有的高弹形变本质。聚合物熔体的弹性，可以通过许多特殊的和"反常"的现象表现出来。在塑料的成型过程中，聚合物熔体在流动过程中产生的弹性形变及其随后的松弛过程，不仅影响到成型设备生产能力的发挥和工艺控制的难易，也影响制品外观、尺寸稳定性和内应力的大小。聚合物熔体流动过程中最常见弹性行为表现是端末效应和不稳定流动。这两种现象均属不正常流动，会给塑件的成型带来缺陷。

1. 端末效应

如图 2-9 所示，塑料流体经储槽或大管进入小管入口端出现收敛流动，使压力降突然增大，

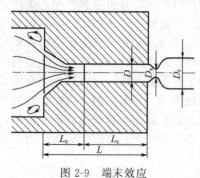

图 2-9 端末效应

在入口端需先经过一段不稳定流动的过渡区域，然后才进入稳定流动区，此现象称为入口效应。L_e 表示不稳定区的长度大小，称为入口效应长度。对于不同的聚合物和不同直径的流道，入口效应区长度并不相同，常用入口效应区长度 L_e 与流道直径的比值（L_e/D）来表征产生入口效应范围的大小。实验测定表明，在层流条件下的牛顿型流体，L_e 约为 $0.05DRe$；对于非牛顿型流体中的假塑性流体，L_e 在（$0.03\sim0.05$）DRe 的范围内。其中，Re 为雷诺数。当塑料熔体由导管流出时，料流的直径有先收缩后膨胀的现象，称为离模膨胀，又称为巴拉斯（Barus）效应，如图 2-9 所示。入口效应和离模膨胀统称为端末效应。

产生端末效应的原因与聚合物在流动过程中的弹性行为有关。在入口端，塑料流体以收敛流动的方式进入小管时，必须增大剪切速率，以便调整流速保持稳定流量；同时，它必须以变形来适应其在新的有压缩的流道内流动，为此，必须消耗适当的能量来抵偿由于切应力和动能的增加以及弹性势能的储存所需的能量，这就是入口效应区压力降很大的原因。塑料熔体流出导管时，因脱离导管的约束，由料流径向流速不等的剪切层流而自行调整为相等的流速，就会发生料流直径的收缩。由于离模膨胀的原因，收缩现象往往不易发现。关于塑料熔体继收缩之后膨胀的原因，普遍认同的解释是由塑料的弹性行为所致。塑料熔体在管道进口区的收敛流动使大分子因受拉伸而伸展，沿着拉伸变形，在稳流区的一维剪切流动使大分子因受剪切而取向产生剪切弹性变形，黏弹性流体在一维流动时与切应力相垂直的正应力间存在差值。这样，在塑料流体由导管流出时，随着引起速度梯度的应力的消除，伸展和取向的大分子将恢复其卷曲构象，产生弹性恢复；同时，正应力差将使流体在管口发生垂直于流动方向的膨胀。当流道的长径比很大时（$L/R>16$），则流道中流体由于切应力与法向应力差产生的弹性恢复是主要的；当流道的长径比较小时，则流体在入口处由于拉伸变形而产生的弹性恢复是主要的。可见，离模膨胀不仅与塑料的类型有关，也受流道尺寸、入口形状及在导管内的

流速等的影响。

2. 不稳定流动

不稳定流动会给产品带来两种缺陷,即鲨鱼皮症与熔体破碎。

(1) 鲨鱼皮症　是发生在挤出物表面上的一种缺陷,其特点是在表面上形成很多细微的皱纹,类似于鲨鱼皮,随不稳定流动程度的差异,这些皱状呈人字形、鱼鳞状至鲨鱼皮状。产生鲨鱼皮的起因是口模对挤出物表面所产生的周期性的张力和熔体在管壁上摩擦的结果。即管壁处的料流在出口处必须加速到与其他部位挤出物一样高的速度,这个加速度会产生很高的局部应力,这样在管口壁对挤出物时大时小的周期性的拉应力作用下,挤出物表面的移动速度也时快时慢,从而产生了鲨鱼皮症。鲨鱼皮症不同于熔体破裂,它基本上不受拉伸速率的影响,即不依赖于模的进口角度和直径,而是依赖于挤出物出口时的线速度。对相对分子质量低的、相对分子质量分布宽的材料,在高温和低挤压速率下挤出,不易出现此症。鲨鱼皮症与口模的材料和口模的表面粗糙度关系不大。

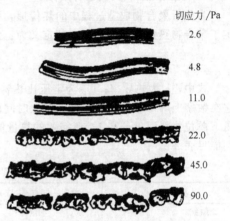

切应力 /Pa

2.6

4.8

11.0

22.0

45.0

90.0

图 2-10　聚甲基丙烯酸甲酯在 170℃ 不同切应力下发生不稳定流动的挤出试样

(2) 熔体破裂　塑料熔体在导管中流动时,如剪切速率大于某一极限值,往往会产生不稳定流动,挤出物表面出现凹凸不平或外形发生竹节状、螺旋状等畸变,以致支离、断裂,统称为熔体破裂,图 2-10 为聚甲基丙烯酸甲酯在 170℃ 不同切应力下发生不稳定流动情况。

产生熔体破裂的机理尚不十分清楚。一种理论认为,熔体在管壁上的摩擦是熔体破裂的原因。摩擦破坏了料流在导管中的层流状态,流体流速在某一位置上的瞬间增大是弹性效应所致。在圆形导管中,如果产生这种周期性弹性湍流的不稳定点沿着管的周围移动,则挤出物呈螺旋状;若不稳定点在整个圆周上产生时,就得到竹节状的挤出物。另一种理论认为,熔体在导管内流动时,因料流各质点所受应力作用不尽相同,在离开导管后所出现的弹性恢复就不可能一致,一旦弹性恢复的力超过某一临界值,熔体就出现不稳定流动,直至熔体破碎。

3. 不稳定流动的影响因素

不稳定流动的影响因素主要有三点,即树脂相对分子质量及其分布、温度以及流道结构。

(1) 树脂相对分子质量及其分布　聚合物的相对分子质量及其分布对不稳定流动均有影响。通常,聚合物相对分子质量越大,相对分子质量分布越宽,则出现不稳定流动的临界应力越小,即聚合物的非牛顿性越强,则弹性行为越突出,临界应力越低,熔体破裂现象越严重。

(2) 温度　提高塑料的温度则出现不稳定流动时的临界应力提高。因此,对塑料进行注射成型时,可用的温度下限不是流动温度,而是产生不稳定流动的温度。

(3) 流道结构　在大管进入小管时,减小流道的收敛角,并使过渡的内壁呈流线状时,可以提高出现稳定流动的剪切速率。如图 2-11 所示是流道结构的优化过程,其优化效果依次增强。

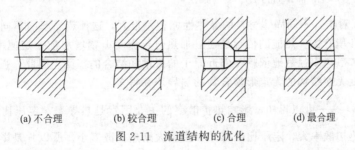

(a) 不合理　　　(b) 较合理　　　(c) 合理　　　(d) 最合理

图 2-11　流道结构的优化

第四节 聚合物成型过程中的加热与冷却

聚合物的大多数成型加工过程都有加热与冷却的需要，加热和冷却就是向系统输入和从系统中取出热量的过程。向聚合物输入和从其中取出热量，不仅与热量传递方式有关，而且也与聚合物所固有的热物理性能和热力学性质有关。因此，了解聚合物的热物理性质及热量的传递知识是从事聚合物成型必不可少的内容。

一、热扩散率及其影响因素

为分析聚合物成型过程中的热传递，引入热扩散率的概念，它是物料的固有性能，其大小决定了聚合物热量传递的速度。其定义为：

$$\alpha = \frac{k}{C_p \rho}$$

式中，k 为热导率；C_p 为定压比热容；ρ 为密度。热导率是表征材料热传导能力的物理量，它在数字上等于单位温度梯度在单位时间内经单位导热面所传递的热量；定压比热容是表征在定压下单位物料温度升高 1℃ 所需要的热量值；密度即单位容积所占有的物料质量。某些材料的热性能见表 2-5。

表 2-5 某些材料的热性能（常温）

材　　料	$C_p/[\text{cal}/(\text{g} \cdot \text{℃})]$①	$k/[10^{-4}\text{cal}/(\text{cm} \cdot \text{s} \cdot \text{℃})]$②	$\alpha/(10^4\text{cm}^2/\text{s})$
聚酰胺	0.40	5.5	12
高密度聚乙烯	0.55	11.5	18.5
低密度聚乙烯	0.55	8.0	16
聚丙烯	0.46	3.3	8
聚苯乙烯	0.32	3.0	10
硬聚氯乙烯	0.24	5.0	15
软聚氯乙烯	0.3~0.5	3.0~4.0	6.0~8.5
ABS 塑料	0.38	5.0	11
聚甲基丙烯酸甲酯	0.35	4.5	11
聚甲醛	0.35	5.5	11
聚碳酸酯	0.30	4.6	13
聚砜	0.30	6.2	16
酚醛塑料（木粉填充）	0.35	5.5	11
酚醛塑料（矿物填充）	0.30	12	22
脲甲醛塑料	0.40	8.5	14
密胺塑料	0.40	4.5	8
醋酸纤维素	0.40	6	12
玻璃	0.2	20	37
钢材	0.11	1100	950
铜	0.092	10000	1200

① $1\text{cal}/(\text{g} \cdot \text{℃}) = 4186.8\text{J}/(\text{kg} \cdot \text{K})$。

② $1\text{cal}/(\text{cm} \cdot \text{s} \cdot \text{℃}) = 418.68\text{W}/(\text{m} \cdot \text{K})$。

从表 2-5 可以看出，不同固体材料的导热性能相差很大，这种热导率的不同主要与材料的分子结构及所在的环境有关。热能的传导是通过加热时热振动振幅增加依一定速率向对面扩散的，对聚合物来说，扩散速率强烈地依赖于邻近原子的振动和结合的基团。因此，强烈共价键构成的结晶结构，比极度无序结构的无定形聚合物的热导率高得多。

根据关系式 $\alpha = \dfrac{k}{C_p \rho}$ 可以得知，影响热扩散率的主要因素是热导率、定压比热容及物料的密度，热导率高则热扩散率大，定压比热容大、密度大则热扩散率小。所以凡是影响热导率、定压比热容及密度的因素均会对热扩散率产生影响，其中温度是影响各热性能的重要因素，要计算不同温度下的热扩散率相当复杂，但从实验数据进行分析，在较大温度范围内各种聚合物的热扩散率变化幅度通常都不足两倍，总的趋势是随着温度的升高，聚合物由玻璃态向熔融态转变的过程中，其热扩散率是逐渐下降的，在熔融态的较大温度范围内却几乎保持不变，原因可解释为在熔融态下比热容随升温而增大的趋势恰好与密度随升温而下降的趋势所抵消。

从表 2-5 中的数据及相关知识可以得出以下六点：①固态聚合物的热导率相差不大，聚苯乙烯最小为 3×10^{-4} cal/(cm·s·℃) [1cal/(cm·s·℃)=4186.8J/(kg·K)]，高密度聚乙烯最大为 11.5×10^{-4} cal/(cm·s·℃)；②结晶型聚合物比非结晶型聚合物的热导率高；③多数结晶型聚合物的热导率随着密度和结晶度的增大而增大；④非结晶型聚合物的热导率随着链长的增加而增加；⑤由于聚合物的拉伸取向，会引起热导率的各向异性；⑥聚合物的热导率比玻璃及金属材料都低得多，是热的不良导体。

二、聚合物加热与冷却过程中应注意的问题

如前所述，聚合物在成型过程中一般离不开加热与冷却，而聚合物是热的不良导体，对其加热与冷却都较困难。加热与冷却的过程不但影响工艺操作，而且影响到制品的质量及成本，所以要对成型加工过程中的加热与冷却予以特别注意。

聚合物在成型过程中进行加热与冷却实际上就是要进行热量传递，通常称为换热。换热有三种方式，即传导、对流与辐射，这三种基本的换热方式很少单独出现，往往是相互伴随同时发生，只不过在不同的过程中可能以其中一种方式或两种方式为主，传导换热在塑料加工过程中应用最为普遍，无论采用哪种方式进行换热，都有以下几点需要注意：

① 加热过程中注意温差的控制，从传热的角度来说，提高温差对传热有利，但过高的温度会导致物料降解，影响制品的性能，甚至导致烧料；加热温差过大也会给冷却装置带来更大的冷却压力，冷却时间增长影响生产效率；加热温度过高还会提高生产中的能源成本。

② 注意成型加工过程中产生的各种摩擦热，这部分热量是由机械能转化而来，包括物料之间的摩擦及物料与设备接触面的摩擦，物料产生摩擦热的多少与物料表观黏度及剪切速率有关。在许多场所摩擦热不能被忽视，挤出与注射成型时螺杆与料筒相对旋转运动使物料产生的摩擦热是摩擦热利用的典型实例，此过程中使熔体烧焦的可能性不大，因为表观黏度常随温度的升高而降低，还有利于提高塑化效率，使物料塑化均匀；而在注射成型时物料快速通过注射喷嘴产生摩擦热，可能会导致熔体温度升高过大引起物料烧料。

③ 对结晶型聚合物在成型过程中需要输入更多的热量，原因是有结晶熔解相变热的存在，同样的理由，在对结晶型塑料进行冷却时需要带走更多的热量，要有更强的冷却效果。

④ 成型过程中无论是对聚合物进行加热还是冷却，都要保持均匀，否则会影响成型加工工艺的顺利实施。如加热不均匀会使制品不同部位受热历史不一样，性能会出现差异。冷却也是同样的道理，聚合物熔体在冷却时也不能使冷却介质与熔体之间温差太大，否则会因为冷却过快而使其内部产生内应力。因为聚合物熔体在快速冷却时，皮层的降温速率远比内层快，这样就可能使皮层温度已经低于玻璃化温度而内层依然在这一温度之上，此时皮层就成为坚硬的外壳，弹性模量远远超过内层（大约 10^3 倍以上）。当内层获得进一步冷却时，必会因为收缩而使其处于拉伸的状态，同时也使皮层受到应力的作用。这种冷却情况下的塑料制品，其物理机械性能，如弯曲强度、拉伸强度等都比应有的低，严重时，制品会出现翘曲变形甚至开裂成为废品。

第五节　聚合物成型过程中的结晶与取向

聚合物在成型过程中伴随着加热、冷却及加压等作用，这会使聚合物的聚集态结构发生变化，从而影响最终产品的性能。发生的聚集态变化主要是大分子进行有序排列，在一维或二维方

向进行有序排列称为取向（如树脂中有纤维状填料，还要考虑纤维状填料的取向），大分子在三维空间进行有序排列并排入晶格称为结晶，根据制品性能要求来控制取向与结晶的发生及发生的程度，对塑料成型实际生产有着重大意义。

一、成型过程中的结晶

1. 聚合物的结晶能力

线型高聚物可分为结晶型高聚物（如聚乙烯、聚丙烯、聚酰胺、聚甲醛、聚对苯二甲酸乙二酯等）与非结晶型（又称无定形）高聚物（如聚苯乙烯、聚氯乙烯、聚砜等）。在通常条件下所获得的结晶高聚物并不是 100％ 的完全结晶，其结晶能力首先是与分子链结构有关，其次也与成型条件、后处理方式及添加成核剂等有关。

聚合物能否结晶的重要因素是其分子结构的规整性。大量研究表明，高聚物分子链的化学构型是规整的或接近规整的就容易结晶，例如聚乙烯、聚偏二氯乙烯、聚四氟乙烯等。但是这并不表明分子链必须有高度的对称性，许多结构对称性不强而空间排列规整的聚合物同样也能结晶。同时也允许分子链在空间可有若干部分的不规整，但不规整部分不能多，规整序列应该占绝对优势，而且要有合理的长度，才有利于聚合物结晶。化学结构规整有利于高聚物结晶。反之，任何破坏结构规整性的因素，如支化、共聚、交联，都将导致高聚物难结晶甚至不结晶。如将乙烯与丙烯进行共聚，得到乙烯-丙烯共聚物，它的化学结构相当于在大分子链上引入若干甲基支链，大分子结构的规整性被破坏，其结晶度也降低了。分子链节小和柔顺性适中有利于结晶。链节小易于形成晶核，柔顺性适中一方面不容易缠结，另一方面使其具有适当的构象才能排入晶格，形成一定的晶体结构。

此外，规整的结构只能说明分子能够排列成整齐的阵列，但不能保证该阵列在分子热运动下的稳定性。因此要保证规整排列的稳定性，分子链节间须有足够的分子间作用力。这些作用力包括偶极力、诱导偶极力和氢链等。分子间作用力越强，结晶结构越稳定，而且结晶度和熔点越高。

不同聚合方法得到的聚合物，结晶能力和结晶度大小是不相同的，虽然许多缩聚物具有规整的构型并且能够结晶，但它们有一点与加聚高聚物不同，即一般结晶比较困难，这是因为缩聚物的重复结构单元通常都比较长的缘故。

2. 聚合物的结晶度

由于聚合物大分子链结构的复杂性，不可能从头至尾保持一种规整结构。另外如果聚合物链足够长，则同一分子的链段能结合到一个以上的微晶中去。当这些链段以这种方式被固定时，则分子的中间部分不可能再有足够的运动自由度而排入晶格。所以聚合物是不可能完全结晶的，仅有有限的结晶度，而且结晶度依聚合物结晶的历史不同而不同。表 2-6 是常见聚合物的结晶度范围。

表 2-6 常见聚合物的结晶度范围

聚　合　物	结晶度/％	聚　合　物	结晶度/％
低密度聚乙烯	45～75	聚对苯二甲酸乙二酯	20～60
高密度聚乙烯	65～95	纤维素	60～80
聚丙烯	55～60		

测定聚合物结晶度的常用方法有量热法、X 射线衍射法、密度法、红外光谱法以及核磁共振波谱法等。最为简单的方法是密度法，所费时间和所需样品均不多。采用密度法时，应预先知道聚合物完全结晶和完全非晶时在任何参照温度下的密度，然后测出样品的密度，最后按下式算出样品的结晶度。

$$C = \frac{\rho_1}{\rho}\left[\frac{\rho - \rho_2}{\rho_1 - \rho_2}\right]$$

式中，ρ_1 和 ρ_2 分别为完全晶体和完全非晶时的密度；ρ 为测定样品的密度。通常完全晶体的密度可从 X 射线衍射分析中求出晶格中单位晶胞的尺寸计算出。完全非晶时的密度是将熔体密度与温度关系图上曲线外推而得到的。X 射线衍射法是通过结晶衍射峰面积积分同总的衍射峰面积积分的比来求得结晶度。宽谱线核磁共振谱也适用于测量样品中非晶态与结晶态的比例。因为非晶区中聚合物可运动的链段比晶区中不能运动的链段产生的信号要窄。聚合物样品的组合光谱可分解为结晶和非晶成分，从而确定一个平均结晶度。许多聚合物的红外吸收光谱含有代表大分子在晶区和非晶区中的谱带。结晶和非晶特征谱带的吸收比例与样品的结晶和非晶比例有关。如果能算出结晶和非晶态聚合物在熔融温度下的比焓，平均结晶度就可从单位质量聚合物的熔融焓的测量推断出。

应注意的是，上述方法测出的都是平均结晶度，而且是一个相对值，其值的大小与测试方法有关。因此，在谈到聚合物结晶度时，应指出所采用的测试方法。表 2-7 列出了几种常用聚合物的完全结晶和完全非晶的密度。

表 2-7　几种常用聚合物的完全结晶和完全非晶的密度

高　聚　物	$\rho_1/(\text{g/cm}^3)$	$\rho_2/(\text{g/cm}^3)$	ρ_1/ρ_2
聚乙烯	1.00	0.85	1.18
聚丙烯	0.95	0.85	1.12
聚丁烯	0.95	0.84	1.13
聚异丁烯	0.94	0.86	1.09
聚戊烯	0.92	0.85	1.08
聚丁二烯	1.01	0.89	1.13
顺聚异戊二烯	1.00	0.91	1.10
反聚异戊二烯	1.05	0.90	1.17
聚乙炔	1.15	1.00	1.15
聚苯乙烯	1.13	1.05	1.08
聚氯乙烯	1.52	1.39	1.10
聚偏氟乙烯	2.00	1.74	1.15
聚偏氯乙烯	1.95	1.66	1.17
聚三氟氯乙烯	2.19	1.92	1.14
聚四氟乙烯	2.35	2.00	1.17
聚酰胺 6	1.23	1.08	1.14
聚酰胺 66	1.24	1.07	1.16
聚酰胺 610	1.19	1.04	1.14
聚甲醛	1.54	1.25	1.25
聚氧化乙烯	1.33	1.12	1.19
聚氧化丙烯	1.15	1.00	1.15
聚对苯二甲酸乙二酯	1.46	1.33	1.10
聚碳酸酯	1.31	1.20	1.09
聚乙烯醇	1.35	1.26	1.07
聚甲基丙烯酸甲酯	1.23	1.17	1.05

注：ρ_1 为完全结晶体的密度；ρ_2 为完全非晶体的密度。

3. 结晶形态

聚合物的晶体以各种形式存在，如单晶、球晶、串晶、柱晶和伸直链晶等。下面分别讨论。

(1) 单晶　凡是能够结晶的聚合物，在适当的条件下都可以形成单晶。培养聚合物单晶是十分细致的工作。单晶只能从极稀的聚合物溶液（浓度一般低于 0.01%），加热到聚合物熔点以上，然后十分缓慢地降温制备。得到的单晶只是几个微米到几百微米大小的薄片状晶体，但是具有规则外形。单晶的晶片厚度约为 100Å（1Å＝0.1nm），且与聚合物的相对分子质量无关，只取决于结晶时的温度和热处理条件。晶片中分子链是垂直于晶面方向的，而聚合物分子链长度一般有几百纳米以上，因此认为晶片中分子链是折叠排列的。

（2）球晶　聚合物从浓溶液或熔体冷却时，往往形成球晶，为一种多晶聚集体。依外界条件不同，可以形成树枝晶、多角晶等。球晶可以生长得很大，最大可达到厘米级，用光学显微镜很容易在正交偏振光下观察到球晶呈现的黑十字消光图形，球晶中分子链总是垂直于球晶半径方向。

（3）纤维状晶体　在应力作用下的聚合物结晶，一般不一定形成球晶，而是形成纤维状晶体。这种晶体中心为由伸直链构成的微束原纤结构，周围串着许多折叠链片晶。随着应力的增大和伸直链结构的增多，其力学强度提高。具有这种结构的制品，由于没有球晶那种散射作用而呈透明状。

（4）柱晶　聚合物熔体在应力作用下冷却结晶时，若是沿应力方向成行地形成晶核，由于晶体生长在应力方向上受到阻碍，不能形成完善的球晶，只能沿垂直于应力方向生长成柱状晶体。

（5）伸直链晶体　聚合物在极高的压力下结晶，可以得到完全由伸直链构成的晶片，称为伸直链晶体。实验发现，在 0.5GPa 压力下、200℃时，使聚乙烯结晶 200h，则得到晶片厚度与分子链长度相当的晶体，晶体密度为 0.994g/cm³。由于伸直链可能大幅度提高材料的力学强度，因此，提高制品中伸直链的含量是使聚合物力学强度接近理论值的一个途径。

4. 结晶对性能的影响

结晶对性能的影响主要有拉伸强度、弹性模量、冲击强度、耐热性（热变形温度）、耐化学腐蚀性、吸水性、透明性、气体透过性及成型收缩率等。聚合物结晶度增大后使某些性能上升，而某些性能下降。具体来说，结晶度增大会使材料密度增大，强度、刚度增大，硬度增大，弹性模量提高，韧性下降，断裂伸长率下降，冲击强度下降，耐应力开裂性下降，耐热性上升，熔点上升，热变形温度提高，透明性下降，耐化学溶剂性提高，抗液体、气体透过性提高，成型收缩率增大。

另外，聚合物结晶度提高后，材料的力学性能对温度的依赖性下降，也就是说，结晶度高的聚合物在较宽的温度范围内其力学性能变化不大。

结晶对聚合物性能的影响，理论上应该用一种聚合物在晶态和非晶态下的性能对比说明。但是，完全结晶和完全非晶的试样很难得到，而且有关这方面的数据很少，因此只能用不同结晶度的同一种聚合物比较。非晶态的聚对苯二甲酸乙二酯在室温下呈透明状，玻璃化温度为 67℃，密度为 1.33；而晶态的试样，除很薄外，是不透明的。玻璃化温度为 81℃，密度为 1.46。又如比较结晶度为 60％与 80％的聚乙烯试样可知，它的弹性模量从 230MPa 增至 700MPa。其他如表面硬度和屈服应力的变化趋势也一样。再如聚四氟乙烯，当结晶度从 60％变至 80％时，它的弹性模量从 560MPa 增至 1120MPa。总之，结晶态聚合物抵抗形变的能力优于非晶态下的同一聚合物，结晶度高的又优于结晶度低的。

绝大多数结晶聚合物，在其玻璃化温度与熔点之间的温度区域内会出现屈服点。典型的应力-应变曲线见图 2-12。图中曲线 1 为高结晶度试样，表现出明显的屈服点；而曲线 2 则没有。凡具有明显屈服点的试样，在拉伸时一定出现细颈化；没有屈服点的试样，在拉伸时均匀伸长，没有细颈现象。

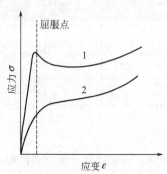

图 2-12　聚合物的应力-应变曲线
1—高结晶度的试样；2—中等结晶度的试样

5. 结晶过程与结晶速率

将具有结晶能力的聚合物熔体经过急冷，使其温度骤然降低到玻璃化温度以下，大分子链在尚未能排成有序阵列就丧失了运动能力，所以是无序的，成为非结晶体。当然，这种急冷需要一定的时间，加之制件内部温度不能立即降到玻璃化温度以下，因此制件中难免仍有晶体存在。若聚合物的熔体不是急冷，而是缓慢冷却，则可得到结晶态聚合物。

聚合物熔体冷却时发生的结晶过程，是大分子链段重新排入晶格并由无序变为有序的松弛过程。大分子的热运动有利于分子的重排运动，而分子的内聚能又是形成结晶结构所必需的，两者有适当的比值是大分子进行结晶所必需的热力学条件。因此，结晶过程只能发生在玻璃化温度和熔融温度之间。

聚合物从高于熔点温度冷却时，其局部的分子链便开始有序排列形成时散时结的晶胚，呈一动态平衡的稳态，只能短时间的存在；随着温度的降低，晶胚长大；当温度刚冷至熔点以下时，晶胚仍然有时散时结的情况，如能在时间上给予保证，某些晶胚就能在时散时结的情况下变大，乃至达到临界尺寸，变为晶核。晶核与晶胚均为大分子的局部有序排列，区别在于晶核尺寸（达到某一临界尺寸）比晶胚大，从而使这一有序排列趋于稳定并自发地进行晶体的生长。晶核的生成和生长要依赖于晶胚的大小，而晶胚的大小又直接受温度和时间的影响。

结晶温度从熔点向玻璃化温度降低的整个过程，晶核的生成速率（图 2-13 曲线 1）会出现两头小中间有极大值的高峰，对应的横坐标是最大晶核生成速率时的温度 T_0。在 $T_0 \sim T_m$ 的一段温度区域内，由于温度较高，大分子热运动能量大，晶胚易被分子热运动所破坏，晶胚生成晶核的主要矛盾是"散"，因此，温度在 T_m 时晶核生成速率为零；随着温度的降低，内聚能逐渐增加，降温到 T_0 时出现晶核生成速率的峰值。在 $T_g \sim T_0$ 段温度区域内，由于温度较低，大分子内聚能较大，分子链段的运动越来越迟钝，晶胚长大生成晶核的主要矛盾是"结"，所以随着结晶温度的降低，晶核生成速率逐渐减小，到玻璃化温度 T_g 时分子链冻结，晶胚的生长、晶核的生成全部停止。

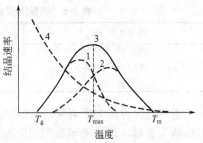

图 2-13　聚合物结晶速率对温度的关系
1—晶核生成速率；2—晶体成长速率；
3—结晶总速率；4—黏度

晶体生长速率则主要取决于链段向晶核扩散和规整堆砌的速率，随着温度的降低，熔体黏度增大，链段活动能力也降低，晶体生长速率下降（图 2-13 曲线 2）。

结晶是受晶核生成和晶体生长两部分控制的，结晶的总速率应为晶核生成速率与晶体生长速率叠加之和（图 2-13 曲线 3），出现最大结晶速率温度 T_{max}。在 $T_g \sim T_{max}$ 段温度区域，结晶总速率受晶体生长速率的控制；而在 $T_{max} \sim T_m$ 温度区域内，则受晶核生成速率的控制。

根据各种聚合物的实验数据，最大结晶速率温度的估算公式如下：

$$T_{max} = 0.36T_m + 0.37T_g - 18.5$$

或
$$T_{max} = (0.80 \sim 0.85)T_m$$

除结晶温度外，影响结晶速率的根本原因是分子结构的差异。大量事实说明，链的结构越简单，对称性越高，取代基的空间位阻越小，链的立体规整性越好，则结晶速率越大。对同一种聚合物来说，相对分子质量对结晶速率有显著影响，在相同结晶条件下，相对分子质量低时，结晶速率大。

此外，在晶核生成过程中，如果熔体中有外来的杂质（成核剂），则能促进结晶，成为异相成核，炭黑、氧化硅、氧化钛、滑石粉和聚合物粉末都可作为成核剂；当然，也有阻碍结晶作用的杂质。

施加外力同样对结晶作用产生影响，这是因为外力作用会使聚合物熔体大分子取向，而取向也是大分子的有序排列，对产生晶核有利，从而会对结晶产生促进作用。

熔融温度和熔融时间会影响聚合物中可能残存的晶核的数量。若成型温度高，聚合物中原有的结晶结构破坏越多，残存的晶核越少；反之，成型温度低，则熔体中就可能残存较多的晶核。这样，在熔融温度高和熔融时间长的情况下，结晶时晶核的生成主要是均相成核，结晶速率慢；

当熔融温度低和熔融时间短时，则体系中残存的晶核引起异相成核作用，所以结晶速率快。

由于结晶时分子链的高度有序排列，聚合物的晶态密度比非晶态密度要大，因此，可以利用其在结晶过程中体积的收缩来测定结晶速率。测定方法是将聚合物与惰性液体装入一膨胀计中，加热到聚合物的熔点以上，使之成为非晶态熔体，然后将膨胀计移入预先控制好的恒温槽中，使聚合物冷却到预定的温度。观察膨胀计毛细管内液柱的高度随时间的变化，若以 ΔV_∞、ΔV_0 分别表示试样完全结晶与完全无定形的体积变化，ΔV_t 表示试样在结晶过程中体积随时间 t 的变化，则可参照低分子物质结晶过程的研究方法，用下面的式子来描述等温结晶过程（阿夫拉米方程）：

$$1-w_t=1-\Delta V_t/\Delta V_\infty=\exp(-Kt^n)$$

或

$$\ln(1-w_t)=-Kt^n$$

式中 t——结晶时间；

　　K——等温条件下的结晶速率常数；

　　w_t——t 时间内转变为晶体的质量分数，其值为 $\Delta V_t/\Delta V_\infty$，而 $1-w_t$ 为未转变为晶体的百分率；

　　n——与晶核生成和晶体生长过程以及晶体形态有关的常数（表 2-8）。

表 2-8　结晶时成核晶体生长与晶体形态对结晶常数 n 的影响

晶体生长方式	均相成晶	异相成核
一维生长（针状体）	$n=2$	$1<n<2$
二维生长（片状体）	$n=3$	$2<n<3$
三维生长（球状体）	$n=4$	$3<n<4$

若用阿夫拉米方程对聚丙烯的结晶过程作图，可得图 2-14 和图 2-15。图 2-14 表明，结晶速率曲线为 S 形，结晶速率在中间阶段最快，结晶后期和结晶初期较缓慢。结晶初期，其速率缓慢是由于聚合物由熔融状态冷却到 T_m 以下出现结晶有一诱导时间。诱导时间依赖于结晶温度，随温度的升高而增长。

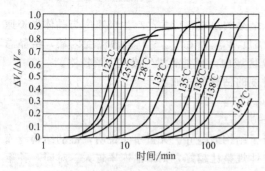

图 2-14　聚丙烯于不同温度下
结晶时的体积变化

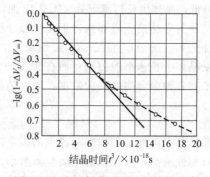

图 2-15　聚丙烯在 128℃ 时结晶速率
按阿夫拉米对数方程所作的图

图 2-15 中，取 $n=3$，曲线后面部分有些偏高，可能是发生了另一种结晶过程（如二次结晶），使 n 值有了变化。

结晶温度对聚合物晶体生长方式有很大影响，实际上同一种聚合物在不同的温度下结晶，其晶体生长方式也不相同。

6. 成型对结晶的影响

前已阐述了结晶对聚合物性能的影响，成型过程有哪些因素影响到结晶度呢？了解这点对制订成型工艺条件以期获得所需性能的塑件具有重要指导意义，即可以通过控制成型条件或后处理方式，在可能的范围内改变结晶聚合物的材料性能。

具有结晶倾向的聚合物，在成型后的制品中能否形成结晶、结晶度多大、结晶形态和尺寸如何、制件各部分的结晶情况是否一致，这些问题在很大程度上取决于冷却速率。缓慢冷却（熔体与冷却介质温差小）实际上接近于静态等温过程，使生产周期延长，易生成大的球晶，使制品发脆，力学性能降低。快速冷却时，大分子链段重排的松弛过程滞后于温度变化的速度，致使聚合物的结晶温度降低，结晶不均匀，制品中出现内应力。制品中的过冷液体和微晶都具有不稳定性，后结晶会改变制品的力学性能和形状尺寸。中等冷却程度是将冷却介质温度控制在 $T_g\sim T_{max}$ 之间，能够获得晶核数量与其生长速率之间最有利的比例关系，晶体生长好，结晶完整，结构稳定。总之，随着冷却速率的提高，聚合物的结晶时间减小，结晶度降低。

如前所述，熔融温度高和熔融时间长，则结晶速率慢，结晶尺寸大；相反，熔融温度低，时间短，则结晶速率快，晶体尺寸小而均匀，有利于提高制品的力学性能和热变形温度。

应力对结晶的结构和形态也有影响。在剪切应力和拉伸应力作用下，熔体中往往生成一长串纤维晶体。压力也能影响球晶的形状和大小，低压下易生成大而完整的球晶，高压下则生成小而形状不规则的球晶。成型中熔体受力方式也影响球晶的形状和大小，如螺杆式注射机生产的制品具有均匀的微晶结构，而柱塞式注射机生产的制品中则有小而不均匀的球晶。

应变和流动诱导聚合物结晶，如聚丙烯、聚甲醛-乙缩醛共聚物和其他高聚物的硬弹性膜及纤维的成型，通过熔体挤出并使之在高压下结晶，外部施加应力导致熔体大分子链拉伸并使之按与形变相同的方向排列，由此大大降低了结晶时大分子规则排列的阻力，从而加快了结晶速率。

因此，成型时应按制品的性能要求，选择合适的成型工艺，控制不同的结晶度。如用作薄膜的聚乙烯，要求韧性、透明性好，结晶度低些；而作为塑料制品使用时，拉伸强度和刚性是主要指标，结晶度应该高些。又如通常情况下高结晶度的聚甲醛是白色不透明的，结晶度在 70%～80% 之间，强度较大，但在制作薄制品，成型后采用快速冷却，使其在非结晶性条件下固化，则可得到透明且柔软的材料。

同一聚合物通过控制成型工艺条件，可使其具有不同的晶型。如等规聚丙烯有 α 晶型、β 晶型、γ 晶型、δ 晶型和拟六方晶型五种晶型，它们的出现与成型条件有关，如表 2-9 所示。

表 2-9　聚丙烯的晶型与成型条件的关系

晶　　型	形态与特征
α 晶型	单斜晶系，通常成型条件主要形成此种晶体，最常见，热稳定性好
β 晶型	六方晶系，与熔融温度、冷却方式、结晶温度有关，熔体快速冷却到 130℃ 以下，产生 β 晶型，80～90℃ 时有少量 β 晶，120℃ 主要是 β 晶，如固定淬火温度，在 190～230℃ 间熔融，主要生成 β 晶，在 240℃ 时 α 晶、β 晶各占一定比例，250℃ 以上生成 α 晶，当采用适当的成核剂等温结晶，最多可达到 95% 的 β 晶；一定条件下 β 晶可转化为密度更高、稳定性更大的 α 晶，但尺寸稳定性下降，性能变差，冲击强度降低；与 α 晶相比，β 晶弹性模量、屈服强度低，拉伸强度高，有明显的应力硬化现象和较高的冲击强度，在高速拉伸下表现出较高的韧性和延展性，不易脆裂
γ 晶型	三斜晶系，仅在特定条件下生成，如相对分子质量低、但等规度较高时才能得到，在低于熔点温度下加热 α 晶不能形成 γ 晶；熔点比 α 晶低 10℃
δ 晶型	仅能在含无定形多的试样中观察到
拟六方晶型	等规 PP 急冷或冷却后才能观察到，其结构不稳定，70℃ 以上热处理就会转变成 α 晶，这种晶型在薄膜冷加工或成型中可以见到，且表面为拟六方晶而内容仍为单斜晶，形成拟六方晶后，硬度、刚度降低，冲击强度、透明性提高

热处理也要影响到制品的结晶，热处理的方法有退火与淬火，退火是将试样加热到熔点以下某个温度（一般控制在制品使用温度以上 10～20℃ 或热变形温度以下 10～20℃ 为宜），以等温或缓慢变温的方式使结晶逐渐完善的过程。淬火是指熔融状态或半熔融状态的结晶性聚合物在该温度下保持一段时间后快速冷却使其来不及结晶的过程，目的主要是提高制品的韧性。这两种不同

的热处理方式会给塑件性能带来不同的影响，它们还会影响到塑件的二次结晶、后结晶及后收缩。二次结晶是指一次结晶后，在残留的非晶区和结晶不完整的部分区域内，继续结晶并逐步完善的过程（这个过程相当缓慢，有时可达几年甚至几十年）；后结晶是指一部分来不及结晶的区域，成型后继续结晶的过程，在这一过程中不形成新的晶区，而是在原有晶体单元上使晶体进一步长大，是初结晶的继续；后收缩是指制品脱模后在室温下存放 1h 后所发生的到不再收缩为止的收缩率，如 PP 注射制品的收缩率为 1%～2%。制品在室温存放时会发生后收缩，其中后收缩的 90% 约在制品脱模后 6h 内完成，余下 10% 约在十天内完成。通常制品脱模后 24h 可基本定型。

二次结晶、后结晶及后收缩会引起晶粒变粗、产生内应力，造成制品翘曲、开裂等问题，冲击韧性变差。因此在成型加工后，为消除热历史引起的内应力，防止后结晶及二次结晶，提高结晶度，稳定结晶形态，改善和提高制品性能和尺寸稳定性，有必要进行退火处理。例如，PA 的薄壁制品采用快速冷却（淬火或骤冷），为微小的球晶，结晶度仅为 10%；对注射制品，采用缓慢冷却再退火，可得到尺寸较大的球晶，结晶度在 50%～60%。

所以，热处理可以使非晶相转变为晶相，提高结晶度和使小晶粒变为大晶粒。适当的热处理可提高聚合物的使用性能，解除冻结应力。但要注意晶粒完善粗大后有可能使聚合物变脆，还能摧毁制品中分子定向作用。

二、成型过程中的取向

聚合物分子和某些纤维状填料，由于结构上悬殊的不对称性，在成型过程中受到剪切应力或受力拉伸时不可避免地沿受力方向作平行排列，称为取向作用。取向态与结晶态都与大分子的有序性有关，但它们的有序程度不同，取向是一维或二维有序，而结晶则是三维有序。取向有单轴取向和双轴取向之分。

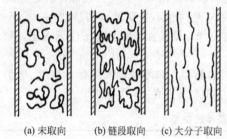

(a) 未取向   (b) 链段取向   (c) 大分子取向

图 2-16 非晶聚合物的取向

聚合物大分子的取向（包括流动取向和拉伸取向）有链段取向和分子链取向两种类型，如图 2-16 所示。链段取向可以通过单键的内旋转造成的链段运动来完成，在高弹态就可进行；而整个大分子链的取向需要大分子各链段的协同运动才能实现，只有在黏流态才能进行。取向过程是链段运动的过程，必须克服聚合物内部分子间的黏滞阻力。链段与大分子链两种运动单元所受的阻力大小不同，因而取向过程的速度也不同。在外力作用下最早发生的是链段的取向，进一步才发展成为大分子链的取向。

取向过程是大分子链或链段的有序化过程，而热运动却是使大分子趋向紊乱无序，即解取向过程。取向需靠外力场的作用才得以实现，而解取向却是一个自发过程。取向态在热力学上是一种非平衡态，一旦除去外力，链段或分子链便自发解取向而恢复原状。因此，欲获得取向材料，必须在取向后迅速降温到玻璃化温度以下，将分子链或链段的运动冻结起来。当然，这种冻结属于热力学非平衡态，只有相对的稳定性，时间增长、特别是温度升高或聚合物被溶剂溶胀时，仍会发生解取向。

对结晶聚合物来说，除了非晶区可能发生分子链或链段的取向外，也可能发生晶区的取向。

1. 流动取向和拉伸取向

取向过程可分为两种，一是取向大分子链、链段和纤维填料在剪切流动过程中沿流动方向的流动取向，另一种是分子链、链段、晶片、晶带等结构单元在拉伸应力作用下沿受力方向的拉伸取向。

(1) 流动取向   流动取向是伴随聚合物熔体或浓溶液的流动而产生的，无论哪种成型方法，影响取向的外界因素以及因取向在制品中造成的后果基本上是一致的，下面以热塑性塑料的注射成型为例来说明流动取向现象。

图 2-17 所示是注射模塑长方形制品采用双折射法实测的取向分布规律。在矩形试样的纵向，取向程度从浇口起顺着料流方向逐渐升高，达最大点（靠近浇口一边）后又逐渐减小；在矩形试样的横向，取向程度由中心向四周递增，但取向最大处不是模壁的表层，而是介于中心与表层的次表层。

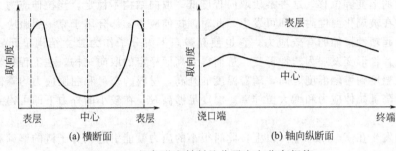

图 2-17 长条形注射制品分子定向分布规律

如前所述，流动取向是由与剪切应力有关的流动速度梯度诱导而成的，当外力消失或减弱时，分子的取向又会被分子热运动所摧毁，聚合物大分子的取向在各点上的差异是这两种对立效应的净结果。当塑料熔体由浇口压入模腔时，与模壁接触的一层因模温较低而冻结。从纵向看，由于导致塑料流动的压力在入模处最高，而在料流的前锋最低，因而由压力梯度所决定的剪切应力势必将诱导大分子的定向程度在模腔纵向呈递减分布。但取向最大处却不在浇口四周，而在距浇口不远的位置上，因为塑料熔体注入模腔后最先充满此处，有较长的冷却时间，冻结层形成后，分子在这里受到的剪切应力最大，所以取向程度也最高。从横向看，由于剪切应力的横向分布规律是靠壁处最大，中心处最小，其取向程度的分布本应在靠壁处最大，中心处最小，但由于取向程度低的前锋料遇到模壁被迅速冷却而形成无取向或取向甚小的冻结层，从而使得横向取向程度最大处不在表层而是次表层。

为了改善制品的性能，在聚合物中常加入一些纤维状填料，由于这些填料几何形状的不对称性，在注射模塑或传递模塑的流动过程中，纤维轴与流动方向总会形成一定夹角，其各部位所处的剪切应力不同，导致填料的长轴方向与流动方向完全相同为止而取向。关于纤维状填料的取向，以压制扇形片状试样为例来说明，如图 2-18 所示。经测试表明，扇形试样在切向方向上的拉伸强度总是大于径向方向上的，而在切向方向上的收缩率和后收缩率又往往小于径向。基于实测和显微分析的结果，可推断出填料在模压过程中的位置变更情况是按图 2-18 中的（a）～（f）的顺序进行的：含有纤维状填料的流体的流线自浇口处沿半径方向散开，在模腔的中心部分流速最

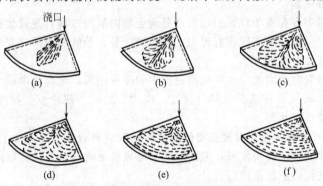

图 2-18 注射成型时聚合物熔体中纤维状
填料在扇形制件中的流动取向过程

大，当熔体前沿遇到阻断力（如模壁）后，其流动方向改变为与阻断力垂直，最后填料形成同心环似的排列。

（2）拉伸取向　聚合物在拉伸应力作用下的普弹形变是由其分子的键角扭变和分子链的伸长所造成的，在应力消除后形变马上消失，是一种形变值较小的可逆形变（虎克弹性），在拉伸取向时可忽略不计。

高弹拉伸发生在玻璃化温度附近及拉伸应力小于屈服应力（$\sigma < \sigma_y$）的情况下，拉伸时的取向主要是链段的形变和位移，这种链段取向程度低，取向结构不稳定。当拉伸应力大于屈服应力时，塑性拉伸在玻璃化温度附近即可发生，此时，拉伸应力 σ 部分用于克服屈服应力，剩余应力（$\sigma - \sigma_y$）是引起塑性拉伸的有效应力，它迫使高弹态下大分子作为独立结构单元发生解缠和滑移，使材料由弹性形变发展为塑性形变，从而得到高而稳定的取向结构。在工程技术上，塑性拉伸多在玻璃化温度到熔融温度之间，随着温度的升高，材料的模量和屈服应力均降低，所以在较高的温度下可降低拉伸应力和增大拉伸率。温度足够高时，在较小的外力下即可得到均匀而稳定的取向结构。

黏性拉伸发生在 T_f（或 T_m）以上，此时很小的应力就能引起大分子链的解缠和滑移；由于在高温下解取向发展很快的缘故，有效取向程度降低。黏性拉伸与剪切流动引起的取向作用有相似性，但两者的应力与速度梯度的方向不同：剪切应力作用时，速度梯度在垂直于流线方向上；拉应力作用时，速度梯度在拉伸方向上。

拉伸过程中，材料变细，沿拉应力方向上的拉伸速度是递增的，聚合物的三种拉伸机理见图 2-19。

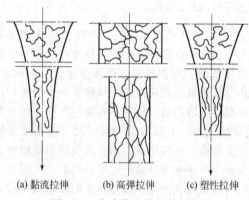

(a) 黏流拉伸　(b) 高弹拉伸　(c) 塑性拉伸

图 2-19　聚合物三种拉伸机理

结晶聚合物拉伸取向通常在结晶速率最大的温度以上和熔点之间进行，比如纯聚丙烯的结晶速率最大温度约为 150℃（工业用的聚丙烯的结晶速率最大温度低达 120℃），熔点为 170℃（也有低至 165℃的），所以拉伸温度在 150～170℃ 之间进行。由于结晶聚合物成型时要生长球晶，所以结晶聚合物的拉伸过程实际上是球晶的形变过程。在受力初期弹性形变阶段，球晶形变成为椭球形。继续拉伸则为不可逆形变阶段，此时球晶变为带状，拉伸应力一方面使晶片之间产生滑移、倾斜并使部分片晶转而取向；另一方面将链状分子从片晶中拉出（球晶对形变的稳定性与片晶中链的方向和拉应力之间形成的夹角有关，当晶轴与拉应力方向相平行时，即链方向与拉应力方向垂直时，最不稳定），使这部分结晶熔化，并部分重排和重结晶，与已经取向的小晶片一起形成非常稳定的纤维结构。

由于结晶结构模型存在着争议，所以对结晶聚合物的取向过程首先发生在晶区还是在非晶区仍未取得一致意见。但是，从实验研究得出的一致看法是，晶区的取向比非晶区发展快，而且拉伸时所需的应力晶区比非晶区大。

（3）影响聚合物取向的因素　由于成型过程中的种种原因，聚合物中的结构单元不可能完全取向，取向的主要影响因素有成型条件（温度、应力、时间、骤冷度、拉伸比、拉伸速率等）、聚合物的结构以及模具形状等。

① 温度对取向的影响。温度对聚合物的取向和解取向有着相互矛盾的作用，当温度升高分子热运动加剧，可促使形变很快发展，但同时又会缩短松弛时间，加快解取向过程。聚合物的有效取向决定于两个过程的平衡条件。

当温度高于黏流温度 T_f（或熔点 T_m）时，聚合物处于黏流态，流动取向（如聚合物在注射模腔中的流动取向）和黏流拉伸取向（如纺丝熔体流出喷丝孔）均发生在这一温度区间。取向结构能否冻结下来,主要取决于冷却速度。冷却速度快,则松弛时间短,不利于解取向过程的发展,尤其是骤冷能冻结取向结构。聚合物从成型温度降低到凝固温度(非晶态聚合物凝固温度为 T_g,结晶聚合物凝固温度为 T_m)时,其温度区间的宽窄、冷却速度的大小(主要取决于冷却介质的温度、聚合物的比热容、结晶潜热、热导率等)以及聚合物本身的松弛时间,都直接影响聚合物的取向度。

在玻璃化温度 T_g 到黏流温度 T_f 之间,聚合物可通过热拉伸而取向,这个温度段是聚合物取向的最佳温度段,因为大分子在玻璃化温度以上才具有足够的活性,在拉应力作用下大分子从无规线团中被拉开,拉直并在分子之间发生移动。所以,热拉伸可以减小拉应力,增大拉伸比和拉伸速率。为增加分子的伸直变形减小黏性形变,拉伸温度应在 $T_g \sim T_f$(或 T_m)这一温度范围内选得越低越好(一般取比 T_g 稍高的温度)。结晶聚合物所取的拉伸温度要比非晶态聚合物高一些,这是因为含有晶相的聚合物,在拉伸时不易提高其定向程度。

在室温附近进行的拉伸通称为冷拉伸。冷拉伸时,由于温度低,聚合物松弛速度慢,只能加大拉伸应力,应力超过极限时容易引起材料的断裂。所以冷拉伸只适用于拉伸比较小和材料的玻璃化温度较低的情况。

在确定具体拉伸温度时,应注意到有时拉伸过程是在温度梯度下降的情况下进行的,这样可使制品的厚度波动小些。因为在降温和拉伸同时进行过程中,原来厚的部分比薄的部分降温慢,较厚的部分就会得到较大的黏性变形,从而降低了厚度波动的幅度。有结晶倾向的聚合物在拉伸时会产生热量,所以拉伸定向即使在恒温室内进行,当被拉的中间产品厚度不均或散热不良,则整个过程就不是等温的,由非等温过程制得的制品质量较差。因此,拉伸取向最好是在温度梯度下降的情况下进行。

拉伸后的单丝或薄膜,在重新加热时将会沿着分子取向的方向发生较大的收缩。如果将拉伸制品在张紧的情况下进行热处理,即在高于拉伸温度而低于熔点的温度区域内某一适宜温度下处理一定的时间(通常为几秒钟)而急冷至室温,即可降低制品的收缩率。热处理对非结晶与有结晶倾向的两类聚合物减少制品收缩率的原因有本质的区别:前者是通过热处理使已经被拉伸取向的制品中的短链分子和分子链段得到松弛,但不能扰乱主要定向部分(这决定于热处理的温度,在满足短链分子和分子链段松弛的前提下尽量低);而后者则是通过热处理以达到能限制分子运动的结晶度。

纤维状填料的取向虽不会像大分子那样因分子热运动的加剧而解取向,但温度将通过聚合物的黏度对纤维状填料的取向产生影响。几种常用聚合物的拉伸取向温度如表 2-10 所示。

表 2-10 几种常用聚合物的拉伸取向温度

聚合物	产品	T_g/℃	T_m/℃	拉伸温度/℃	热定型温度/℃
聚对苯二甲酸乙二酯	薄膜 纤维	87(无定形) 81(结晶)	267	78~80(无定形) 80~90(结晶)	180~230
等规聚丙烯	薄膜 纤维	-35	165~180	120~150	150
聚苯乙烯	薄膜	100	—	105~155	
高密度聚乙烯	纤维	-80	136	90~105	
聚酰胺6	纤维	45	228	室温~150	100~180
聚酰胺66	纤维	45	264	室温	100~190
聚丙烯腈	纤维	90		80~120	110~140

② 应力和时间对取向的影响。如上所述,由剪切流动所形成的分子链、链段和纤维状填料的取向,是由于流动速度梯度诱导而成的;否则,细而长的流动单元势必以不同的速度流动,这是难以想象的。但速度梯度又依赖于剪切应力的大小,因此,在注射模塑、传递模塑等剪切速率

较大的成型方法中，都会出现不同程度的剪切流动取向。

在拉伸取向过程中，拉伸应力与拉伸温度是配合使用的，应力与温度对取向所起的作用有等效的意义。在室温下冷拉伸时，由于温度低，必须加大拉应力。在 $T_g \sim T_f$ 温度范围内，以较大的应力和较长的作用时间，可产生类似熔体的不可逆形变，称为塑性形变，其实质是高弹态条件下大分子的强制性流动。增大应力，类似于降低了聚合物的流动温度，迫使大分子发生解缠、排直和滑移。因而，塑性形变与黏性形变有相似的性质，但习惯上认为前者发生于聚合物固体，后者发生于聚合物熔体。随着温度的升高，聚合物的塑性黏度降低，当拉伸形变固定时，屈服应力和拉伸应力也随温度升高而降低，见图 2-20 和图 2-21。

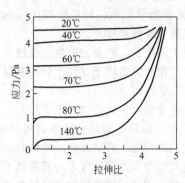

图 2-20 聚酯在不同温度下的拉伸曲线

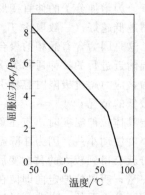

图 2-21 聚酯屈服应力与温度的关系

拉伸速度对拉伸取向的影响，实际上包含有时间的因素。如果在分子伸直变形已相当大而黏性形变仍然较小时（黏性形变在时间上落后于分子伸直变形）将取向制品骤然冷却，这样就能在黏性形变（分子间滑移）较小的情况下获得较大程度的取向度。不管拉伸情况如何，骤冷的速率越大，能保持取向的程度就越高。

③ 拉伸比和拉伸速率对取向的影响。在一定温度下，材料在屈服应力作用下被拉伸的倍数（拉伸后与拉伸前的长度比）称为自然拉伸比。拉伸比越大，则材料的取向程度也越高。各种聚合物的拉伸比不同，这与它们的分子结构有关。结晶聚合物的拉伸比大于非结晶聚合物，多数聚合物的自然拉伸比约为 $4 \sim 5$。在拉伸温度和拉伸比一定的前提下，拉伸速率越大，取向程度也越高。因为拉伸速度越大，单位距离内的速度变化（即速度梯度）也越大；在拉伸比和拉伸速率一定的前提下，拉伸温度越低（不低于玻璃化温度），拉伸强度越高，如图 2-22 所示。

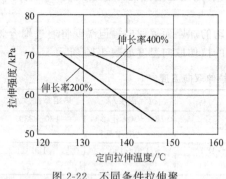

图 2-22 不同条件拉伸聚苯乙烯薄膜的拉伸强度

④ 聚合物的结构及添加物对取向的影响。在相同的拉伸条件下，一般结构简单、柔性大、相对分子质量低的聚合物或链段的活动能力强、松弛时间短，取向比较容易；反之，则取向困难。晶态聚合物比非晶态聚合物在取向时需要更大的应力，但取向结构更稳定些。一般取向容易的，解取向也容易，复杂结构的聚合物取向较难，但解取向也难，当施以较大应力拉伸取向后结构稳定性也好。除非这种聚合物能够结晶，否则取向结构稳定性差，如聚甲醛、高密度聚乙烯等。取向困难的，需要在较大外力下取向，其解取向也困难，所以取向结构稳定，如聚碳酸酯等。

由于成型及性能的需要，在聚合物中常加入一些低分子物（如增塑剂、溶剂等）能降低聚合物的玻璃化温度，缩短松弛时间，降低黏度，有利于加速形变，易于取向；但解取向速度也同时增大，取向后去除溶剂或使聚合物形成凝胶都有利于保持取向结构。

⑤ 模具结构对取向的影响。在模塑制品中，大分子链、链段和填料的取向多属于剪切流动取向。由于模具浇口的形状能支配物料流动的速度梯度，所以浇口的形状和位置是流动取向程度和取向方向的主要影响因素。在设计模具时，要考虑到制品在使用时受力方向应与塑料在模腔内的流动方向相同。为减少分子定向程度，浇口最好设在型腔深度较大的部位。增加浇口长度，则料流充模时间长，即受力时间长，料温下降不易解取向，从而增大取向度。

模腔深度大（即制品厚）则相对冷却时间长（这与模温、料温升高造成的解取向同理），不利于大分子取向。

（4）取向对聚合物性能的影响　对于未取向的高分子材料，其中链段取向是随机的，没取向的聚合物材料的物理机械性能各向是同性的。在取向高分子材料中，大分子链、链段或填料在某些方向上是择优取向的，因此材料呈现各向异性。

对于某些制品的使用性能来说各向异性是有益的，如单丝和薄膜的取向提高了制品沿取向方向上的拉伸强度。但对许多厚度较大的制品（如模塑制品），取向或取向程度的不均都会给制品使用性能带来不利的影响。

非晶聚合物拉伸取向后，大分子链沿应力方向取向后大大提高了取向方向的物理机械性能，如拉伸强度、冲击强度、断裂伸长率均随取向度的提高而增大，如图 2-23 所示。

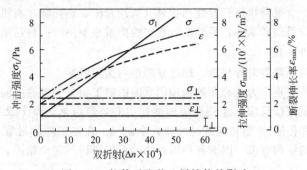

图 2-23　拉伸对聚苯乙烯性能的影响

对于有结晶倾向的聚合物，只取向而不结晶或结晶度不足，则制品收缩率大，若只结晶而不取向，则制品性脆且缺乏透明性。因此，为改善结晶聚合物制品的性能，不仅需要结晶，而且需要取向。

结晶聚合物拉伸取向后的力学强度主要依赖于连接晶片的伸直链段数量，伸直链段越多，其力学强度也越高。晶片间伸直链段的存在还能使结晶聚合物的韧性和弹性得到改善。随着取向度的增加，结晶聚合物的密度和结晶度提高，强度也相应增加，而断裂伸长率则下降。

双轴取向可以克服单轴取向时力学强度弱的方面，使薄膜或薄片在平面内两个方向上都具有单轴取向的优良性质。拉伸取向能提高聚合物的韧性，而使聚苯乙烯、聚甲基丙烯酸甲酯等脆性聚合物的韧性也有增加，并扩展其用途。剪切流动取向所引起的力学强度的变化与拉伸取向相似，即制品沿流动方向的力学强度高于垂直方向上的强度。例如在注射模塑制品中，沿流动方向的拉伸强度约为垂直方向上的 1～3 倍，而冲击强度则为 1～10 倍。

取向的结果导致聚合物材料的其他性质也发生了变化。例如取向使光学的各向异性出现了双折射现象，从而改善了透明性，取向还使材料的玻璃化温度升高，高度取向和高结晶度的聚合物，其玻璃化温度可提高 25℃。此外，由于取向，也使线膨胀系数、弹性模量均出现各向异性。

并非所有聚合物都适宜拉伸取向，目前经拉伸取得良好效果的有聚氯乙烯、聚对苯二甲酸乙二酯、聚偏二氯乙烯、聚甲基丙烯酸甲酯、聚乙烯、聚丙烯、聚苯乙烯及苯乙烯的某些共聚物。

第六节　聚合物的降解与交联

一、聚合物的降解

聚合物在成型、储存或使用过程中，由外界因素如物理的（热、力、光、电等）、化学的（氧、水、酸、碱、胺等）及生物的（霉菌、昆虫等）作用下所发生的聚合度减小的过程，称为降解。降解严重时，使聚合度极度降低，主要产物为单体和低聚物，将其称为解聚。降解和解聚通称为裂解，裂解是聚合物合成反应的逆过程。

聚合物在成型过程中的降解比在储存过程中遇到的外界作用要强烈，后者降解过程进行比较缓慢，又称为老化。但降解的实质是相同的，降解的化学反应会产生活化中心，它将引起一系列的化学变化，如断链、交联、主链化学结构改变、侧基改变以及上述四种情况的综合作用。

随着聚合物的降解，材料的性能变劣，变色、变软发黏甚至丧失机械强度，严重的降解会使聚合物炭化变黑，产生大量的分解物质，从加热料筒中喷出，使成型过程不能顺利进行。老化过程中，由降解所产生的活性中心往往会引起交联，使材料丧失弹性、变脆、不熔、不溶。

总之，降解对聚合物起破坏作用，但有时为了某种特殊需要而使聚合物降解，如对天然橡胶的"塑炼"就是通过机械作用降解以提高塑性的。机械作用降解还可以使聚合物之间进行接枝或嵌段聚合制备共聚物，对聚合物进行改性和扩展其应用范围，热降解在有机玻璃边角废料的回收过程中得到利用，可以得到其单体，另外聚合物可控降解是解决"白色污染"的根本措施。

1. 聚合物降解的机理

一般认为聚合物的降解有两种机理，即连锁降解与无规降解。

连锁降解一般是指在热、力、光照等物理因素的影响下使分子链的中间或末端的某一处发生断裂后引起的自由基型连锁反应。连锁反应的活化中心是自由基，整个反应包括自由基的引发（产生）、链增长（也称传播）、链传递和链终止几个阶段。在连锁降解过程中所生成的自由基及其活性都与原聚合物的结构有关，因而各种聚合物的反应历程不完全相同。现以聚苯乙烯的热降解为例说明如下。

(1) 自由基的引发　由聚合物大分子主链上任一化学键断裂而产生初始自由基：

(2) 链增长　初始自由基使相邻 C—C 键断裂，形成新自由基和末端有双键的降解产物：

(3) 链传递

(4) 链终止　自由基重合而使链终止，并伴随聚合物的结构变化形成降解产物：

$$R \cdot + R' \cdot \longrightarrow R—R' \text{（聚合物）}$$

连锁反应的特点是：反应速度快，分子链上降解一经开始，反应高速进行；反应速率与相对分子质量无关；中间产物不能分离，活性中心瞬时传递，直至链终止而生成相对分子质量不同的降解产物；产物一般为小分子。

无规降解通常是在高温及有水、酸、碱等化学试剂的作用下，有选择地发生于大分子的碳-杂主链（如 C—N、C—O、C—S、C—Si）处。这种选择性是因为杂链连接的两种原子极性不同，对化学试剂不稳定而易发生降解反应。而碳-碳键相对地较为稳定，因此，饱和碳链的聚合物产生无规降解的倾向较小，除非存在强烈的外加条件或有降低主链强度的侧链存在。

在杂链大分子中，结构相同的弱键，其裂解活化能的平均值相同，具有相同的裂解概率。因此，断裂的部分是任意的和独立的（第一次断裂与第二次断裂没有联系，中间产物稳定），称为无规降解。无规降解反应的特点是：反应部分是无规的、任意的，服从统计学规律；反应逐步进行，每一步反应都具有独立性，中间产物稳定，断裂的机会随分子量的增大而增加，产物的平均聚合度逐渐下降，但不一定解聚。

2. 影响聚合物降解的因素

聚合物在加工过程中发生降解的主要影响因素有聚合物的结构及其质量、热量的作用、应力的作用、氧与水分等。

（1）聚合物结构和质量　聚合物是否容易发生降解，主要取决于其自身的分子结构。降解往往是从分子中最弱的化学链开始，主链中碳-碳键的强度依次为：

$$C-\overset{\displaystyle\cdot}{C}-C > C-\overset{\displaystyle\cdot}{\underset{\displaystyle C}{C}}-C > C-\overset{\displaystyle C}{\underset{\displaystyle C}{C}}-C$$

以上自左至右带"·"号的碳原子分别称为"仲碳原子"、"叔碳原子"和"季碳原子"。因此，大分子链中凡是和叔碳原子或季碳原子相邻的键都是不稳定的，受热时易由此断裂而发生降解。例如主链上含有叔碳原子的聚丙烯比聚乙烯的稳定性差，易发生降解。主链上碳-碳键的强度还受侧链上的取代基和原子的影响：极性大和分布规整的取代基能增强主链上碳-碳键强度，提高聚合物的稳定性；不规整的取代基则使聚合物的稳定性降低，如聚氯乙烯主链上不对称的氯原子易与相邻碳上的氢原子发生脱除氯化氢的反应，降低了稳定性，因此它在140℃时就能分解放出氯化氢。主链含有芳环、饱和脂肪环和杂环的聚合物以及具有等规立构和结晶结构的聚合物，稳定性好，较难于降解。大分子链中含有—O—、—O—CO—、—NH—CO—、—NH—CO—O—等碳-杂链结构时，一方面由于键的强度较弱；另一方面这些结构对水、酸、碱、胺等极性物质有敏感性，因而稳定性差。

聚合物中如存在某些杂质，例如在聚合过程加入的引发剂、催化剂、酸、碱等去除不尽，或在储存运输过程中吸收水分、混入各种化学或机械杂质都会降低聚合物的稳定性。因为这些杂质实际上起着催化降解的作用。例如易分解出游离基的物质能引起链锁降解反应，而水、酸、碱等极性物质则能引起无规降解反应。

（2）热量的影响　在成型温度下，聚合物中结构不稳定的分子最先分解。只有在过高的成型温度和过长的加热时间内其他的分子才会降解。由过热而引起聚合物的降解称为热降解。热降解属自由基型链锁反应。

热降解的反应速度随温度的升高而加快，因此在塑料成型过程中，将成型温度控制在适当的温度范围内是很重要的，它不仅保证了成型的顺利进行，而且使制得的产品具有优良的质量。

（3）氧的影响　在常温下，多数聚合物都能与氧发生极为缓慢的作用，在热或其他能源的作用下，氧化作用进行显著。通常把热和氧联合作用下的降解称为热氧降解。图2-24为聚甲醛在单纯加热和有氧存在下的热降解动力学曲线，图2-25为聚氯乙烯在氧气、空气和氮气中的热降解曲线，通过这两个图可以看出氧的存在能大大增加热降解的速度。

氧化降解和联合作用下的降解（如热氧降解）的反应机理被认为都是自由基的链锁反应。前者是氧直接与聚合物分子链结构中的薄弱环节发生作用而生成自由基，或者由氧化作用生成的过氧化物分解而生成自由基：

$$RH + O_2 \longrightarrow R\cdot + \cdot OOH$$
$$ROOH \longrightarrow RO\cdot + \cdot OH$$

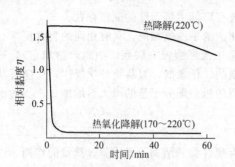

图 2-24 未稳定的聚甲醛在单纯加热和
有氧存在下的热降解动力学曲线

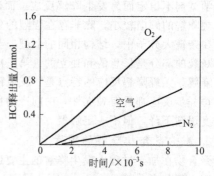

图 2-25 聚氯乙烯在氧气、空气和氮气
中的热降解曲线（190℃）

后者则是聚合物在热或其他能源的联合作用下，首先引发形成自由基，接着自由基与氧作用形成过氧化自由基，过氧化自由基再与聚合物作用形成过氧氢化物和另一个自由基：

$$RH \longrightarrow R\cdot + H\cdot$$
$$R\cdot + O_2 \longrightarrow ROO\cdot$$
$$ROO\cdot + R'H \longrightarrow ROOH + R'$$

最后是两个自由基歧化活性消失而链终止：

$$R\cdot + R'\cdot \longrightarrow 稳定生成物$$
$$ROO\cdot + R'\cdot \longrightarrow 稳定生成物$$
$$ROO\cdot + R'OO \longrightarrow 稳定生成物$$
$$RO\cdot + R'\cdot \longrightarrow 稳定生成物$$

氧化降解的速率和产物与聚合物的结构有关。饱和聚合物氧化很慢，且不易生成过氧化物。而很多主链上含有双键的聚合物则相反，容易氧化生成过氧化物自由基，即容易发生氧化降解。无极性取代基时，不饱和聚合物的氧化降解能力主要取决于双键的数目，而与聚合物的结晶度关系不大。值得指出的是，在无氧条件下，饱和与不饱和聚合物的热降解温度差是较小的。杂环聚合物中，元素有机高分子对氧化极为稳定，如聚氨酯只在剧烈条件下才能发生缓慢氧化。随着含氧量的增加、温度的升高、受热时间的延长，聚合物的热降解更严重。

（4）应力的影响　聚合物成型过程中常与设备接触（如粉碎、搅拌、混炼、挤压、注射等）而反复受到剪切应力与拉伸应力的作用。当应力大于聚合物分子的化学键所能承受的强度时，则大分子断裂。通常在单纯应力作用下引起的降解称为力降解。事实上，力降解常伴随有热量的产生，在成型过程中，往往是力、热、氧等诸因素的联合作用。

由应力产生的降解通常都是自由基的连锁反应，反应的难易程度，除与聚合物的结构有关外，还与材料所处的物理状态有关，大体上可归纳为以下几点：

① 含不饱和双键的聚合物比饱和聚合物容易断裂。

② 聚合物相对分子质量越大，越容易发生力降解。

③ 剪切应力或剪切速率越大，降解速率也越大，而最终生成的断裂分子链段也越短。一定大小的应力，只能使聚合物分子链断裂到一定长度。

④ 在较低的温度下，聚合物黏度高，流动性差，所受的剪切作用越强烈，大分子力降解也越强烈。

⑤ 聚合物中加入溶剂或增塑剂时，其流动性增大，力降解也减弱。

（5）水分的影响　在成型温度下，聚合物含微量水分所引起的降解反应称为水解。水解作用主要发生在聚合物大分子的碳-杂原子键上。聚合物中含有可水解的化学基团，如酰胺类（—CO—NH—）、酯类（—CO—O—）、腈类（—CN）、聚醚类（—C—O—C—）、缩醛类

（—O—CHR—O—）以及某些酮类，或者当聚合物由于氧化而具有可水解的过氧化基团（如—COO·—、—CO—等）时，都可能为水所降解。

水解产物的分子结构和相对分子质量与发生水解时断链的位置有关，当水解基团位于侧链上时，聚合物水解发生化学组成的改变，对相对分子质量影响不大；当水解基团位于主链上时，则降解的聚合物的平均相对分子质量将降低，从而较大地影响聚合物的性能。H^+ 或 OH^- 的存在能加速水解作用，所以酸和碱是水解过程的催化剂。缩聚高分子聚合物水解属无规降解过程。

成型过程中对降解的利用与避免：在成型过程中可以利用聚合物的降解来改善塑料的性能，扩大塑料的用途，如通过机械降解作用，使聚合物之间或聚合物与单体之间进行接枝或嵌段聚合制备共聚物，混炼型 ABS 即是通过这种方法制得。当然还可以通过废旧聚合物的降解来制备单体，聚合物的降解也是解决塑料的使用导致环境压力的根本措施。

除利用降解作用来对聚合物进行改性外，一般降解都使聚合物制品的外观变劣、使用性能下降、寿命缩短。因此，在成型过程中，应采取各种措施，尽量避免和减少聚合物的降解。通常采取以下措施：

① 树脂进厂时，进行严格的检验，使用合格的原材料，高质量的聚合物可避免各种杂质引起的降解作用；

② 对水敏感的原材料，在成型前进行干燥，特别是像聚酯、聚醚和聚酰胺类塑料在存放过程中容易从空气中吸收水分，一般在使用前就使水分含量降低到 $0.01\% \sim 0.05\%$ 以下；

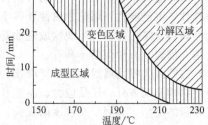

图 2-26 硬聚氯乙烯成型温度范围

③ 确定合理的工艺条件，针对各种聚合物对热和应力的敏感性的差异，合理选择成型温度、压力和时间，使各工艺条件达到最优匹配，这对那些热稳定性较差的塑料或成型温度与分解温度接近的塑料尤其重要，例如绘制其成型温度范围图（图 2-26）有助于确定合适的加工条件，一般成型温度低于聚合物的分解温度，表 2-11 列出了几种聚合物的成型温度与分解温度；

④ 设计模具和选用设备要求结构合理，尽量避免流道中存在死角及流道过长，改善加热与冷却装置的效率；

⑤ 为增强聚合物对降解反应的抵御能力，在配方中加入适量的稳定剂。

表 2-11 常见聚合物的成型温度与分解温度

聚 合 物	成型温度/℃	分解温度/℃	聚 合 物	成型温度/℃	分解温度/℃
聚苯乙烯	170～250	310	聚丙烯	200～300	300
聚氯乙烯	150～190	170	聚甲醛	195～220	220～240
聚甲基丙烯酸甲酯	180～240	280	聚酰胺 6	280～290	360
聚对苯二甲酸乙二酯	260～280	380	聚酰胺 66	260～280	—
高密度聚乙烯	220～280	320	氯化聚醚	180～270	290

二、聚合物的交联

线型大分子链之间以新的化学键连接，形成三维网状或体型结构的反应称为交联。热固性树脂在未交联前与热塑性树脂相似，同属于线型聚合物，前者在分子链中带有反应基团（如羟甲基、羧基等官能团）或反应活性点（如不饱和键等），成型时大分子链通过自带的反应基团的作用或反应活性点与交联剂（硬化剂）的作用而发生交联。

通常热固性酚醛树脂、环氧树脂、聚氨酯树脂、不饱和聚酯树脂、离子交换树脂等是通过缩聚反应（如酚醛树脂或脲醛树脂等）或加聚反应（如二胺类为固化剂使环氧树脂交联的反应）等化学方法来实现交联的。当然，对于热塑性塑料并非不能进行交联反应。有时为了改善聚烯烃等热塑性塑料的性能，以满足某些特殊的性能要求，可通过辐射交联（物理交联）使聚烯烃分子链间产生一定的交联结构。如在高能辐照下，电离辐射或紫外线照射都会引起聚乙烯化学键的断裂，由此使大分子产生自由基便可导致聚合物的交联，如聚乙烯、聚丙烯、聚酯、聚酰胺、聚二甲基硅氧烷等都可以进行辐射交联。

交联反应的程度用交联度来衡量。交联度是指在交联反应中已经发生作用的基团或活点数目与原有的反应基团或活点数目的比值。交联度随着交联反应的发展而增大。工业上习惯将热固性树脂交联过程分为三个阶段：①甲阶，此阶段树脂具有良好的可溶、可熔性；②乙阶，分子间产生部分交联键和形成交联，此时树脂的可溶、可熔性下降，但仍然可塑；③丙阶，此阶段大分子具有网状结构，树脂达到不溶、不熔的深度交联。事实上，交联反应是很难全部完全进行的。因为随着交联反应过程的进展，未发生作用的基团之间或反应活性点与交联键之间的接触机会越来越少，以至变为不可能；同时，反应气体副产物也会阻止反应的进行。

在塑料成型工业中，常用硬化或熟化来代替交联一词。所谓"硬化得好"或"熟化得好"，并不意味着交联度达到100%，而是指交联度发展到一种最为适宜的程度（此时的硬化度为100%，显然交联度仍小于100%），以致制品的物理机械性能达到最佳的境界。当硬化不足（欠熟）时，塑料中常存有比较多的可溶性低分子物，而且交联作用也不够，使得制品的机械强度、耐热性、电绝缘性、耐化学腐蚀性等下降；而热膨胀、后收缩、内应力、受力时的蠕变量增加；制品表面变暗，容易产生裂纹或翘曲等，吸水量增大。硬化过度（过熟）时，会引起制品变色、起泡、发脆、力学强度不高等。

过熟或欠熟均属成型时的交联度控制不当。交联度和交联反应进行的速度除依赖于反应物本身的结构及配方外，还受应力、温度及固化时间等外界条件的影响。聚合物反应基团或反应活性点数目的增加，有利于交联度的提高。成型过程中由于应力的作用，诸如使物料流动、搅拌等扩散因素的增加，都能增加反应基团或反应活性点间的接触，从而有利于加速交联反应和提高交联度。酚醛塑料的注射模塑比压缩模塑周期短，其原因就在于此。固化温度和固化时间是交联过程中两个重要的控制因素。随着固化温度的升高，聚合物的交联时间稍短（即交联速度提高，见图2-27），而固化时间则会延长。聚合物的硬化时间对交联度的影响见图2-28。

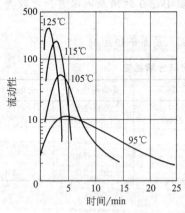

图2-27　注射成型用酚醛塑料粉加热时流动性
与温度和时间的关系（注射压力为10GPa）

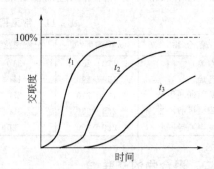

图2-28　热固性塑料硬化时间对交联度的影响
（温度 $t_1 > t_2 > t_3$）

应力对大分子的交联也有一定影响，这是因为在成型过程中由于剪切应力的作用，黏性物料通过流动和搅拌等增加了反应官能团或活性点接触的概率，有利于加速交联反应速度。同时，剪切应力还具有应力活化作用，降低了聚合物分子间的反应活化能，提高反应速度。例如酚醛塑料采用注射成型方法加工能加快交联反应速度。

不难理解，温度过高时，由于固化速率过快，物料来不及充满模腔就已经固化，或传热不均造成固化不均；温度过低不仅会延长成型周期，还会造成制品的欠熟。因此对固化温度和固化时间等工艺条件的匹配优化，对交联反应是至关重要的。

交联聚合物和线型聚合物相比，其力学强度、耐热性、耐溶剂性、化学稳定性和制品的形状稳定性均有所提高。通过模压、铸塑、模塑等成型方法，生产各种热固性塑料制品，使热固性塑料得到广泛的应用。通过交联，对某些热塑性聚合物进行改性，也获得发展。如高密度聚乙烯的长期使用温度在 100℃ 左右，经辐射交联后，使用温度可提高到 135℃（在无氧条件下可高达 200~300℃）。此外，交联还可以提高聚乙烯的耐环境应力开裂的性能。

复习思考题

1. 聚合物流体可分为哪些类型？其流变行为有何不同？
2. 影响聚合物熔体流动的因素有哪些？如何影响？
3. 简单解释"鲨鱼皮症"和"熔体破裂"现象。
4. 为什么聚合物加热和冷却不能有太大的温差？
5. 简述结晶度与性能的关系。
6. 将聚丙烯丝拉伸至相同伸长比，分别用冰水或 90℃ 热水冷却后，再分别加热到 90℃ 的两个聚丙烯丝试样，哪种丝的收缩率高，为什么？
7. 聚合物熔体在剪切流动过程中有哪些弹性表现形式？在塑料成型过程中可采取哪些措施以减少弹性表现对制品质量的不良影响？
8. 聚合物很低的热导率和热扩散系数对塑料成型加工有哪些不利影响？
9. 取向度和取向结构的分布与哪些因素有关？
10. 取向度对注塑制品的力学性能有何影响？
11. 冷却速率、应力、成核剂如何影响结晶？
12. 如何分析流动取向？
13. 影响拉伸取向的因素有哪些？
14. 聚合物的降解主要有哪几种？PVC 主要发生哪种降解？

第三章　塑料成型用物料的准备

【学习目标】

了解塑料配料的必要性与重要性；掌握塑料成型用物料配制的机理、评价；掌握塑料成型加工用粉料及粒料的制备工艺；掌握塑料糊及聚合物溶液的配制。

第一节　概　　述

塑料工业生产中成型用的物料有粉料、粒料、溶液及塑料糊等，无论哪种物料，一般来说都不是单一的合成树脂，而是由树脂与各种添加剂组成。成型加工前为满足制品成型工艺性能及使用性能要求，须将树脂与各组分进行配制，得到能满足加工工艺的粉料、粒料、溶液及塑料糊，配制过程中要通过混合使其成为均匀的复合物。本章主要对配制方法、配制过程、混合原理及对混合的评价进行介绍，由于塑料中树脂及添加剂另有专门的课程讲授，热固性塑料的配制大多在合成树脂生产过程中进行，故本章不讨论塑料中各组分及其作用与热固性塑料的配制，只讨论热塑性塑料的配制。

第二节　粉料与粒料的配制

一、物料混合原理

1. 混合种类

几乎所有的塑料制品生产都会在不同的工序、不同程度上涉及成型物料的混合。这种使物料体系均一化的过程，不仅是成型物料的配料、着色、加入其他添加剂和树脂共混改性等预处理操作的关键所在，而且也对挤出和注射等成型设备中物料的均匀塑化起重要作用。

在塑料制品生产过程中，采用的混合方法多种多样，通常按混合物料物理状态的不同，将常用的混合方法归纳为干掺混、捏合和塑炼三种方式。干掺混也称简单混合，是指两种或两种以上粉、粒状固体物的非强烈混合，但有些物料的干掺混也允许加入少量的液体组分。干掺混主要用于制备粉状成型物料，也常用作造粒的预混操作，常用的干掺混设备是转鼓式混合机、桨叶式混合机和螺带式混合机。捏合是指将少量粉状添加剂或液状物与大量粉体介质、纤维状固体介质以及糊状介质的较强烈混合。捏合主要用于湿粉状、纤维状和糊状成型物料的制备，最常用的捏合设备是 Z 形捏合机和高速混合机。塑炼也称混炼，是指大量的塑性状态聚合物与较少量的液状、粉状和纤维状添加剂的塑性混合。塑炼作业不仅广泛用于要求组分均一性高的热固性模塑料和多组分热塑性粒料的配制，而且是聚合物共混改性和成型中物料塑化必不可少的操作，目前生产中广泛采用的塑炼设备是二辊开炼机、密炼机和各种类型的塑化挤出机。

在上述的三种混合方式中，干掺混与捏合多在低于聚合物熔点或流动温度的条件下进行，促使物料均匀化的外部强制作用比较缓和，在混合后的物料中各组分本质上无变化；而塑炼是在高于聚合物熔点或流动温度的条件下进行，促进物料均匀化的外部强制作用比较强烈，塑炼后的物料各组分在物理性质或化学性质往往会出现一定的改变。一般来说，在塑料成型加工过程中干掺混与捏合多用作成型物料的预混合，物料的充分混合多依靠塑炼实现。

混合可以从不同的角度进行分类，根据混合过程中是否有分散粒子尺寸变小可分为非分散混合（简单混合）与分散混合。在混合中仅增加粒子在混合物中分布均匀性而不减小粒子初始尺寸的混合过程称为非分散混合或简单混合，如前所述的干掺混（图3-1）。非分散混合是通过重复地排列各组分，在原理上可减少非均匀性。这种混合的运动基本形式是通过对流来实现的，可以通过包括塞形流动和不需要物料连续变形的简单体积排列和置换来达到。它又分为分布性混合和层状混合。分布性混合主要发生在固体与固体、固体与液体、液体与液体之间，它可能是无规的，如发生在将固体与固体混合的混合机中；也可能是有序的，如发生在将熔体与熔体混合的静态混合器中；层状混合发生在液体与液体之间。

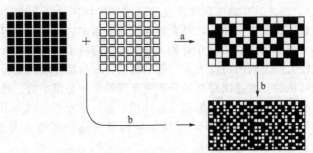

图 3-1　非分散混合与分散混合
（a—非分散混合；b—分散混合）

在简单混合过程中，混合物的熵不断增加。当粒子在混合物中的分布达到统计学随机状态时，熵达到最大值。但在实际中并不是计算混合物的熵，而是采用可以直接测定的概率这一准则，例如计算一定容积中某种添加剂浓度的离散程度。

分散混合是指在混合过程中发生粒子尺寸减小到极限值，同时增加相界面和提高混合物组分均匀性的混合过程。在塑料加工中，有时要遇到将呈现出屈服点的物料混合在一起的情况，如将固体颗粒或结块的物料加到聚合物中。例如填充或染色，以及将黏弹性聚合物液滴混合到聚合物熔体中，这时要将它们分散开来，使结块和液滴破裂。分散混合的目的是把少数组分的固体颗粒和液滴分散开来，成为最终粒子或允许的更小颗粒或液滴，并均匀地分布到多组分中，这就涉及少组分在变形黏性流体中的破裂问题，这是靠强迫混合物通过窄间隙而形成的高剪切区来完成的。

分散混合过程是一个复杂的过程，可以发生各种物理机械和化学的作用，如图3-2所示。

分散混合主要有以下六种作用：

① 把较大的添加剂团聚体和聚合物团块破碎为适合于混合的较小粒子；

② 在剪切热和传导热的作用下，使聚合物熔融塑化，以降低聚合物相的黏度；

③ 粉状或液状的较小粒子组分克服聚合物的内聚能，渗入到聚合物内；

④ 使较小粒子组分分散，即在剪应力的作用下，把添加剂聚集体或团聚体的尺寸减小到形成聚集体之前初始粒子的最小尺寸；

⑤ 固相最终粒子分布均化，使粒子发生位移，从而提高物料的无规程度、随机性或均匀性；

⑥ 聚合物和活性填充剂之间产生力-化学作用，使填充物料形成强化结构。

在讨论分散混合时，主要讨论固相在液相熔体中的分散，把液相视作层流混合，把液相的黏性拖曳对固相施加

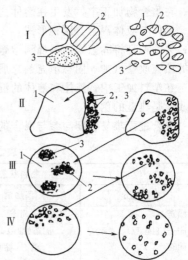

图 3-2　分散混合时主要现象和流变现象
Ⅰ—使聚合物与添加剂粉碎；Ⅱ—使粉末状
和粒状添加剂渗入聚合物中；
Ⅲ—分散；Ⅳ—分布变化
1—聚合物；2，3—任何粒状
和粉状固体添加剂

的力视作剪切力。对固体结块来说，当剪切对其形成的黏性拖曳在结块内产生的应力超过某个临界值时，结块就破裂。而固体结块是由很多更小的微粒靠它们之间的互相作用力（黏附力、内聚力、静电吸引力等）而聚集在一起的。这种相互作用力有一定的作用半径，只有这些微粒被分散得使其相互间的距离超过作用半径，才不会重新聚集，否则被分散的微粒又可能重新聚集在一起。

分散混合主要是通过剪切应力起作用，为了获得大的剪切应力，混合机的设计应引入高剪切区（即设置窄的间隙），保证所有露体颗粒重复地通过高剪切区。分散度取决于混合器内最大有效剪切速率和通过次数，剪切速率越高，混合料通过次数越多，分散程度越好。

剪切应力的大小与粒子或结块的尺寸有关，分散能力随粒子或结块的大小而变化。在混合初始，由子粒子或结块较大，受到的剪应力大，易于破裂，故初始分散速度将取决于大粒子或结块的数量，而小粒子或结块的分散速度对总的分散速度起的作用是很小的。随着大粒子或结块黏度的降低，小粒子或结块对分散速度越来越起主导作用，但由于小粒子或结块受的剪切应力变小，分散变得困难了，分散速度下降。而当粒子或结块的黏度达到某个临界值时，分散就完全停止了。

剪切应力大小与物料的黏度有关，黏度大，局部剪应力大，粒子或结块易破裂。而黏度又与温度有关，温度越高，黏度越低，因此希望在较低的温度下进行分散混合。

提高混合机的转速可以提高剪切速度，因而能增加分散能力。在间歇式混合机中，提高转速还可以使物料更频繁地通过最大剪切区，有利于提高分散混合的效果。

还可按物料状态分类，混合可分为固体与固体混合、液体与液体混合和液体与固体混合三种情况。

固体与固体的混合主要是固体聚合物与其他固体组分的混合。聚合物通常是粉状、粒状与片状，而添加剂通常也是粉状。在塑料加工过程中，大多数情况下，这种混合都先于熔体混合，也先于成型。这种混合通常是无规分布性混合。

液体与液体混合分为两种情况，一种是参与混合的是低黏度的单体、中间体或非聚合物添加剂；另一种情况是参与混合的是高黏度的聚合物熔体，这两种情况的混合机理和动力学是不同的。在聚合物加工中，发生在熔体之间的是层流混合。

固体与液体混合有两种形式，一种是液态添加剂与固态聚合物的掺混，而不把固态转变成液态；另一种是将固态添加剂混到熔融态塑料中，而固态添加剂的熔点在混合温度之上，塑料加工中的填充改性（加入固态填充剂）属这种混合。

在塑料加工中，液体和液体的混合、液体与固体的混合是主要的混合形式，聚合物共混及填充改性是典型的例子。

混合过程难易程度与参与混合的各组分的物理状态和性质有关，参见表 3-1。

表 3-1　物料混合难易程度的比较

物料状态			混合难易程度
主要组分	添加剂	混合物	
固态	固态	固态	易
固态（粗颗粒）	固态（细粒、粉）	固态	相当困难
固态	液态（黏）	固态	困难
固态	液态（稀）	固态	相当困难
固态	液态	液态	难易程度取决于固体组分粒子大小
液态	固态	液态（黏）	易→相当困难
液态	液态（黏）	液态	相当困难→困难
液态（黏）	液态	液态	易→相当困难
液态	液态	液态	易

2. 混合与分散过程

广义的混合作用包括混合与分散两个基本过程。

混合或称单纯混合，是指多组分体系内各组分在其组成单元无本质变化的情况下，相互进入其他组分单元所占空间位置的过程，即在整个体系所占的全部空间内，各组分单元趋向均匀分布的过程。图 3-3 是混合过程中两种组分单元所占空间位置的变化。

由图 3-3 可以看出，混合作用使体系内各组分单元由起始的非无序分离的分布状态，向更加无序、更加均匀分布的状态转变。

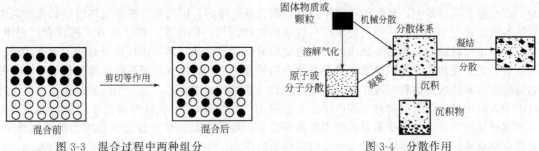

图 3-3　混合过程中两种组分
单元所占空间位置的变化

图 3-4　分散作用

分散是指多组分体系内的至少一种组分在混合过程中发生了基本单元尺寸减小的变化，即这是一种不仅有组分单元空间位置变化，而且有组分单元本身细化的混合过程。组分单元本身的细化，在原则上可达到分子级的程度。图 3-4 是分散作用，由图可以看出，物料在进行分散的同时，还伴随有凝聚和沉淀等反分散过程的发生。这就是很多物料单元在分散过程中很难细化到微细粒子程度的一个重要原因。

通常也将无明显分散作用的混合称为非分散混合，而将伴随有明显分散作用的混合称为分散混合。在实际的混合操作中，非分散混合与分散混合往往是同时发生，不过应了解过程中哪一种混合方式占主导地位。

3. 混合机理

混合过程中各组分单元分布非均匀性的减少和某些组分单元的细化，只能通过各组分单元的物理运动来实现。发现这种物理运动所采取的形式，就是认识混合机理的过程。目前对混合机理尚未获得统一的认识，但一般认为多组分物料的混合是借助分子扩散、涡旋扩散和体积扩散三种基本运动形式实现的。

(1) 分子扩散　这是一种由浓度梯度为动力，能够自发进行的物理运动，借助分子扩散而实现的混合常称作分子扩散混合。分子扩散混合时，各组分单元由其浓度较大的区域不断迁移到其浓度较小的区域，最终达到各组分在体系内各处的均匀分布。分子扩散机理在气体和低黏度液体的混合中占支配地位。气体与气体之间的混合，分子扩散能以较高的速率进行；液体与液体或液体与固体间的混合，分子扩散也能以比较显著的速率进行，但比气体间的扩散速率小得多；而在固体与固体之间，分子扩散的速率一般都非常小。塑料成型过程中常需将几种熔体物混匀，由于聚合物熔体的黏度都很高，熔体与熔体之间的分子扩散速率也很小，因而这种混合机理对熔体体系的均一化无实际意义，即聚合物熔体间的混合不能靠分子扩散来实现。但若参与熔体混合的组分中有低分子物（如有机染料、抗氧剂和发泡剂等），分子扩散就成为将这些组分在熔体中混匀的重要因素。在除去塑料中的挥发物和汽提时，分子扩散机理也起重要作用。

(2) 涡旋扩散　涡旋扩散也称湍流扩散，在一般化工作业过程中，流体间的混合主要是依靠体系内产生湍流来实现。在塑料的成型过程中，由于塑料熔体的流速低而黏度又很高，流动很难达到湍流状态，故很少能依靠涡旋扩散来实现物料的均一化。因为要使黏度很高的熔体达到湍流状态，就必须使其具有很高的流速，这势必要对熔体施加极大的剪切应力，而过高的剪切应力不可避免地会造成聚合物大分子的力降解，这在实际生产中显然是不能允许的。

（3）体积扩散　体积扩散又称对流扩散，是指在机械搅拌等外力的推动下，物料体系内各部分间发生相对位移，从而促使各组分的质点、液滴或固体微粒由体系的一个空间位置向另一个空间位置运动，以达到各组分单元均匀分布的过程。在塑料成型的许多操作中，这种物理运动的混合机理常占有主导地位。由体积扩散所引起的对流混合通常可通过两种方式发生，一种称为体积对流混合，另一种称为层流对流混合或简称为层流混合。体积对流混合仅涉及对流作用使物料各组分单元进行空间的重新排布，而不发生物料的连续变形，这种可多次重复进行的物料单元重新排布，可以是无规的，也可以是有序的。在干掺混机中，粉、粒状固体间的体积对流混合是无规的；而在静态混合器中，塑性物料的体积对流混合是有序的。层流混合涉及流体因层状流动而引起的各种形式变形，这是一种主要发生在塑性物料间的均一化过程，在这种方式的混合过程中，多组分体系物料的均一化主要是靠外部所施加的剪切、拉伸和压缩等作用而引起的变形来实现。

剪切是促使塑性物料实现层流混合最重要的外部作用，大部分的塑炼操作就是依靠多次重复的剪切作用而使成型物料实现充分的分散与混合。常见的剪切方式，是介于两平行面间的塑性物料由于面间相对运动而使物料内部产生永久变形的"黏性剪切"。在这种情况下，剪切混合效果与外部所施加剪切力的大小和力的作用距离有关。一般情况是剪切力越大而作用力的距离越小，混合效果就越好。如果物料仅受一个方向剪切力的作用，往往只能使其在一个平面层内流动，只有不断变换剪切力作用的方向，才能造成层间的交流，从而大大增强混合与分散的效果。若塑性物料在承受剪切作用之前先承受一定的压缩作用，使物料的密度适当增大，就能使剪切时的剪切作用增强，而且在物料被压缩时，物料内部发生的流动会产生因压缩变形而引起的附加剪切作用。外部拉力可使塑性物料产生伸长变形，从而减小料层厚度并增加界面面积，这也有利于增强层流作用所产生的分散与混合效果，物料在剪切作用下的变形如图 3-5 所示。从图 3-5 可知，如果在物料 ［图 3-5（a）］上施加一力作用于上平面使其位移，由于下平面不动遂使物料块发生变形，偏转与拉长［图

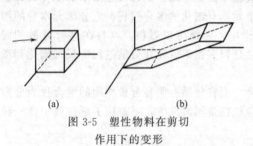

（a）　　　　　　（b）

图 3-5　塑性物料在剪切
作用下的变形

3-5（b）］，在这个过程中，物料块本身体积没有变化，只是截面积变小，向倾斜方向伸长，并使表面积增大和扩大了物料分布区域，所以剪切作用可以达到混合的目的。

（4）混合状态评定　混合操作完成好坏，混合物料的质量是否达到了预定的要求，混合终点如何判断等，这一切都涉及混合状态的评定，即涉及分析与检验混合体系内各组分单元分布的均匀程度。

为了分析与测定混合体系内各组分单元的均匀分布程度，有必要先明确两个相关的概念：一个是"检验尺度"，另一个是抽取检验用"试样的大小"。所谓均匀分布的检验尺度，是指考查多组分混合物料均一化程度时所依据的基本组元尺寸。例如，用目测检验仅经过初步混合的粉状物料体系，也许会作出物料已达到均一化状态的判断；但改用显微镜来检验时，因可分辨的组元尺寸大为减小，就会发现物料仍呈现为非均匀状态；而当以分子大小为检验尺度时，任何固体粒子的混合物都呈现非均匀状态。由此不难看出，混合物料体系的均匀程度的评定，与所选用的检验尺寸大小有密切关系。试样的大小是指为检验物料混合均匀程度而抽取试样的量，相对于整个混合料的量和相对于基本单元的比例。为考察混合料中各组分分布均匀程度而抽取试样时，试样量的大小与整个混合料的量相比应当很小，而与组分基本单元相比则应当很大。

对混合状态的评定，有直接描述和间接描述两种方法。

① 直接描述法。这种评定混合状态的方法，是直接从混合后的物料中取样并对其混合状态进行检测，检测可用视觉观察法、聚团计数法、光学显微镜法、电子显微镜法和光电分析法等进行。用这些方法进行检测时，一般是将观察所得的混合料形态结构、各组分微粒的大小及分布情

况，与标准试样进行对比，或经过统计分析后，以定性或定量的方式表征各组分分布的均一性与分散程度。

所谓分布的均一性，是指所抽取试样中混入物（通常为小组分物料）占试样量的比例与理论的或总体的比例之间差异的大小。当测得的结果表明二者有相同的值时，由于实际混合情况十分复杂，仍需作进一步的考查。图 3-6 是两种固体粒子混合物取样检测所得比例与混合料总体比例有相同值时可能呈现的三种混合状态。

从图 3-6 可以看出，若这一混合料中甲、乙两组分在总体量中各占一半，而且用黑、白二色分别代表甲、乙两组分时，理想的分布情况应如

(a)　　　　　　(b)　　　　　　(c)

图 3-6　两组分固体粒子混合情况

(a) 所示，但这种高度均一化的分布在实际生产中很难达到，而（b）、（c）所示的两种分布情况却很可能出现。若一次抽取试样的量足够多，则图 3-6 中（a）、（b）、（c）所示三种试样的检测结果均可得出甲、乙两组分在所抽取试样中各占一半的结论；而在每次抽取的试样量虽不多，可是取样的次数足够多时，对每次所抽取的试样检测得到的比例值会有所出入，但取多个试样检测结果的平均值时，仍然可以得出从（a）、（b）、（c）所示三种混合状态的物料中所取试样内两组分均为各占一半的结论，然而从三种混合料中两组分的分散程度来看则相差甚远。因此，在评定固体物料和塑性物料的混合状态时，还必须考虑各组分在混合料内的分散程度。

分散程度涉及混合料体系中各个混入组分的粒子在混合后的破碎程度，而破碎程度的高低直接影响混合料中各组分单元微观分布的均匀性。破碎程度大，粒径小，其分散程度就高；反之，则分散程度就低。分散程度常用同一组分的相邻粒子间平均距离来描述，一般情况是，这一平均距离越小就表明分散程度越高，而同一组分的相邻粒子间距离的大小又与各组分粒子自身的大小有关。粒子自身的体积越小或在混合过程中其体积能不断减小，粒子微观分布可能达到的均匀程度就越高。从概率的概念出发，亦可说明同样重量或体积的试样中粒子的体积越小，相当数量的同一组分粒子集中于某一局部位置的可能性就越小。

② 间接描述法。所谓混合状态的间接描述，是指不直接检测混合物料，而检测由混合料所成型的塑料制品或标准试件的物理性能、力学性能和化学性能等，再用这些性能的检测结果间接地表征多组分体系的混合状态，这是因为由制品或标准试样测得的性能与混合料的混合状态有密切关系。例如，两种聚合物共混产物的玻璃化温度与两聚合物组分分子级的混合均匀程度有直接关系。若两聚合物真正达到分子级的均匀混合，共混物是均相体系，就只有一个玻璃化温度，而且这个温度值由两组分的玻璃化温度值和各组分在共混物中所占的体积分数所决定。如果两组分聚合物共混体系完全没有分子级的混合，共混物就可测得两个玻璃化温度，而且这两个测得值分别等于两种聚合物独立存在时的玻璃化温度。当两组分聚合物共混体系中有部分的分子级混合时，共混物虽仍有两个玻璃化温度，但这两个玻璃化温度测定值与两种聚合物独立存在时测得的玻璃化温度相比更加靠近，而且相互靠近程度与共混物所达的分子级混合程度密切相关。据此，只要测出两聚合物共混产物的玻璃化温度及其变化情况，即可推断两种聚合物所达到的分子级混合程度。又如，用填料改性聚合物所得填充塑料的力学性能，除与被填充聚合物的种类及其所占体积分数，以及是否使用偶联剂和偶联剂的种类与用量等一系列因素有关外，也与填充塑料中聚合物与填料的混合状态有关。一般来说，聚合物与填料混合越均匀，填充塑料的力学性能指标就越高。同样，用增强剂改性聚合物时，如果加入的增强剂与聚合物混合不均匀，就会在增强塑料制品中产生强度上的薄弱点，使测得的强度值偏低。因此，通过测定填充塑料和增强塑料的强度性能，即可间接判定在这种塑料中聚合物与填料或增强剂的混合状态。

很显然，在塑料成型加工过程中，物料混合的均匀性会直接影响制品的性能，特别是物理机械性能。例如，加入增强填料能在很大程度上提高制品强度，但如果填料分散不均匀，则会在塑

料制件上出现薄弱点，在某些情况下将会带来严重的问题。在许多时候，常常需要预计制品的强度，混合的均匀性将是一个重要的因素。塑料制品生产中应视物料的种类和使用要求来掌握混合的程度，要求尽量做到以下三个方面：第一是在混合过程中要尽量增大不同组分间的接触面，减少物料的平均厚度；第二是各组分的交界面（接触面）应相当均匀地分布在被混合的物料中；第三是要使在混合物的任何部分，各组分的比例和整体的比例相同。

二、粉料的配制

塑料成型加工时所用的物料大多使用粉料与粒料，制备粒料往往也是先制得粉料，再用粉料进行塑化造粒。所以我们首先学习粉料的配制。

粉料的配制一般分两个过程：即原料的准备和原料的混合。

1. 原料的准备

原料的准备主要有的预处理、称量及输送。

由于树脂的装运或其他原因，原料树脂有可能混入一些机械杂质。为了生产安全、提高产品质量，最好进行过筛、磁铁吸铁屑处理除去杂质。在润性物料的混合前，应对增塑剂进行预热，以加快其扩散速率，强化传热效果，使聚合物加速溶胀，以提高混合效率。目前采用的某些稳定剂、填充剂以及一些色料等，其固体粒子多在 $0.5\mu m$ 左右，常易发生凝聚现象，为了有利于这些小剂量物料的均匀分散，事先最好把它们制成浆料或母料后再投入到混合物体系中。母料系指事先配制成的含有高含量助剂（如色料、填料等）的塑料混合物。在塑料配制时，用适当的母料与聚合物（或聚合物与其他助剂的混合物）掺合，以便能达到准确的最终浓度和均匀分散。制备浆料的方法是先按比例称取助剂和增塑剂，而后进行搅匀，有的须再经三辊研磨机研细。而制备母料的方法大都是先将各成分均匀混合、塑化、造粒而得到。

称量是保证粉料或粒料中各种原料组成比例精确的步骤，袋装或桶装的原料，通常虽有规定的质量，但为保证准确性，有必要进行复称。配制时，所用称量设备的大小、形式、自动化程度及精度等，常因操作性质的不同而有很多变化，应予注意。

原料的输送对液态原料（如各种增塑剂）常用泵输送到高位槽储存，使用时再定量放出。对固体粉状原料（如树脂）则常用气流输送到高位储料仓，使用时再向下放出，进行称量。这对于生产的密闭化、连续化及生产环境的改善都是非常有利的。

2. 原料的混合

混合是依靠设备的搅拌、振动、空气流态化、翻滚、研磨等作用完成的。以往混合多是间歇操作的，因为连续化生产不易达到控制要求所需要的准确度。目前由于技术的进步，有些已采用连续化生产，具有分散均匀、效率高等优点。

如前所述，混合终点的测定理论上可通过取样进行分析，要求是任意各组分的差异降低到最小程度。显然分析时取样应适当，即要比混合物微粒大得多，但又远小于混合物的整体。但是工厂中的混合过程一般都以时间或混合终了时物料的温度来控制，而终点大多靠经验断定，对于聚氯乙烯混合料来说，基本要求是混合物疏松不结块，表面无油脂，手捏有弹性，所以在混合的均匀度要求上不免粗糙些。事实上也不可能十分精确，因为混合的均匀性是属于偶然性变化范畴内的事物。必须指出，采用各种原料的密度和细度应该很接近，不然将难达到目的。

对于加入液体组分（主要是增塑剂）的润性物料，除要取样分析结果符合要求外，还要求增塑剂既不完全渗入聚合物的内部，又不太多地露在表面。因为前一种情况会使物料在塑化开炼时不易包住辊筒，从而降低塑化的效率；而后一种情况又常能使混合料停放时发生添加剂与树脂的分离，以致失去初混合的意义。

混合工艺随工厂的具体情况不同而有所变化，但大体上是一致的。对非润性物料的初混合，工艺程序一般是先按聚合物、稳定剂、加工助剂、冲击改性剂、色料、填料、润滑剂等的顺序将称量的原料加入混合设备中，随即开始混合，如采用高速混合设备，则由于物料的摩擦、剪切等所作的机械功，使物料温度迅速上升；如采用低速混合设备，则在一定时间后，通过设备的夹套中油或蒸汽加热使物料升至规定的温度，以期润滑剂等熔化及某些组分间的相互渗透而得到均匀的混合。热混合达到质量要求时即停止加热及混合过程，进行出料。为防止加料或出料时的粉尘飞扬，应用密闭装置及适当的抽风系统。混合好的物料应由相应的设备（如带有冷却夹套的螺带式混合机）一边混合，一边冷却，当温度降至可储存温度以下时，即可出料备用。对润性物料的初混合采用较低速的设备（如捏合机）时可采用的一种工艺步骤有以下五步：第一步是将聚合物加入设备内，同时开始混合加热，物料的温度应不超过 100℃。这种热混合需进行十多分钟，其目的是驱出聚合物中的水分以便它更快地吸收增塑剂。如果因为聚合物吸收增塑剂过快或聚合物中水分过多，用热混合反而会造成混合不均或不当，可结合具体情况改用低温混合或冷混合。当所用增塑剂量较多时，则最好将填料的一部分随同聚合物加入设备中。第二步是用喷射器将预先混合并加热至预定温度的增塑剂混合物喷到翻动的聚合物中。第三步是加入由稳定剂、染料和增塑剂（所用的数量应计入规定的用量中）调制的浆料。第四步是加入颜料、填料以及其他助剂（其中润滑剂最好也用少量的增塑剂进行调制，所用增塑剂的量也应计入规定用量内计算）。第五步是混合料达到质量要求时，即行停车出料。

所出的料即可作为成型用的粉料。对聚氯乙烯塑料来说，由于它直接用于成型，因此尽管其中加有增塑剂，仍然要求它在混合后能成为自由流动、互不黏结的粉状物。为此应注意以下几点：①选用的聚氯乙烯应是易于吸收增塑剂的疏松型聚氯乙烯；②聚氯乙烯粒子吸收的增塑剂应力求均匀，否则会出现质量不均一，特别不允许存在没有吸收增塑剂的粒子，因为它将给制品带来"鱼眼"斑，在选定原料的情况下，控制聚氯乙烯吸收增塑剂的因素是料温和混合设备的搅拌速率；③最好选用剪切速率较大且能变速的混合设备；④混合后的物料应冷却至 40～60℃始能存放。

粉料的主要优点是：原料在配制中受热历程短，对所用设备的要求较低，生产周期短。它的主要缺点是：对原料的要求较高，混合均匀度较差，不能用于增塑剂含量高的物料和成型工艺性能较差。原因是高含量的增塑剂物料中增塑剂不能完全为树脂所吸收造成混料困难，成型工艺性差主要表现在物料的压缩率较大。

对于干性物料的混合，其混合过程大体与上述润性物料相同。但目前一般都采用高速混合机进行。操作中主要应注意混合机的电流变化及料温的升高，出料温度可达 110～130℃，通常即以此作为出料时间。原因是混合开始时，混合机的起始温度并不一致，新启动开车时，混合机的温度常为室温。因此混合料要达到出料温度的时间较长，而运行一段时间后，混合机的温度逐渐升高（例如可大于 80℃），因此，混合料要求达到出料温度的时间较短。规定必须达到出料温度的目的在于在这一混合过程中，不仅能使各组分分散均匀，且能使某些添加剂（如润滑剂、某些加工助剂及冲击改性剂等）熔化而均匀包复或渗入到已成高弹态的聚氯乙烯粒子中。经过高速混合好的混合料，应进入冷混合器中迅速搅动冷却（有时在冷混合器的夹套中通入冷却水），通常到 40℃以下后出料备用。这种混合物料既可直接供挤出或注塑用，也可通过塑化造粒成为粒料供制品生产用。

3. 常用初混设备

能用于初混合的设备类型较多，主要有转鼓式混合机、螺带式混合机、捏合机及高速混合机。

(1) 转鼓式混合机　这类混合机的形式很多（图 3-7），其共同点是靠盛载混合物料的混合室的转动来完成的，混合作用较弱且只能用于非润性物料的混合。为了强化混合作用，混合室的内壁上也可加设曲线型的挡板。以便在混合室转动时引导物料自混合室的一端走向另一端，混合室一般用钢或不锈钢制成，其尺寸可以有很大的变化。目前只用于两种或两种以上树脂粒料并用时或粒料的着色等混合过程。

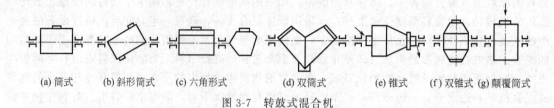

(a) 筒式　　(b) 斜形筒式　(c) 六角形式　　(d) 双筒式　　(e) 锥式　(f) 双锥式 (g) 颠覆筒式

图 3-7　转鼓式混合机

（2）螺带式混合机　这种混合机（图 3-8）混合室（筒身）是固定的。混合室内有结构坚固、方向相反的螺旋带两根。当螺旋带转动时，两根螺旋带就各以一定方向将物料推动，以使物料各部分的位移不一，从而达到混合的目的。混合室的外部装有夹套，可通入蒸汽或冷水进行加热或冷却。混合室的上、下均有开口，用以装卸物料。开口的位置不一定在中间。

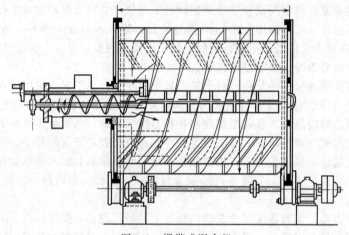

图 3-8　螺带式混合机

为加强混合作用，螺旋带的根数也可以增加，但须分为正、反方向的两套，此时同一方向螺旋带的直径常是不相同的。螺带式混合机的容量可自几十至几千升不等。

这类设备以往用于润性或非润性物料的混合，目前已很少使用，而多用在高速混合后物料的冷却过程，也称作冷混合机。也有一些冷混合机的结构与下述的高速混合机相同，只是使用时在夹套通冷却水并以较慢的速度转动使混合料冷却。

（3）捏合机　这类混合设备可兼用于润性与非润性物料的混合，其主要结构部分是一个带有鞍形底的混合室和一对搅拌器（图 3-9）。搅拌器的形状变化很多，最常用的是 S 形和 Z 形。混合

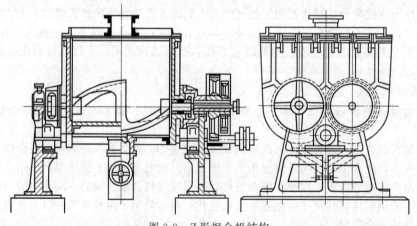

图 3-9　Z 形捏合机结构

时，物料借搅拌器的转动（两个搅拌器的转动方向相反，速度也可以不同），沿混合室的侧壁上翻而在混合室的中间下落。这样物料受到重复折叠和撕捏作用，从而使混合物得到均匀的混合。捏合机除可用外附夹套进行加热和冷却外，还可在搅拌器的中心开设通道以便冷、热载体的流通。这样就可使温度的控制比较准确、及时。必要时，捏合机还可在真空或惰性气氛下工作（降低挥发组分含量及保证物料不被氧化）。捏合机的卸料一般是靠混合室的倾斜来完成的，但也可在底部开设卸料孔来完成。捏合机的混合效率虽较螺带混合机提高，但仍存在混合时间长、均匀性差等缺点，目前已较多的被高速混合设备所代替。

（4）高速混合机　这种混合机不仅兼用于润性与非润性物料，而且更适宜于配制粉料。该机型主要是由一个圆筒形的混合室和一个设在混合室内的搅拌装置组成（图 3-10）。搅拌装置包括位于混合室下部的旋转叶轮和可以垂直调整高度的挡板。叶轮根据需要不同可有 1～3 组，分别装置在同一转轴的不同高度上。每组叶轮的数目通常为两个，叶轮的转速一般有快慢两挡，两者的转速比为 2：1。转速约为 860r/min，但视具体情况不同也可以有变化。混合时物料受到高速搅拌。

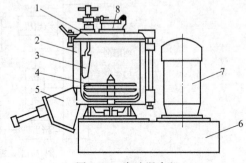

图 3-10　高速混合机

1—回转盖；2—容器；3—挡板；4—快转叶轮；
5—出料口；6—机座；7—电动机；8—进料口

在离心力的作用下，由混合室底部沿侧壁上升，至一定高度时落下，然后再上升和落下，从而使物料颗粒之间产生较高的剪切作用和热量。因此，除具有混合均匀的效果外，还可使塑料温度上升而部分塑化。挡板的作用是使物料运动呈流化状，更有利于分散均匀。高速混合机是否外加热，视具体情况而定。外加热时，加热介质可采用油或蒸汽。油浴升温较慢，但温度较稳定；蒸汽则相反，如通冷却水，还可用作冷却混合料。冷却时，叶轮转速应减至 150r/min 左右。高速混合机的加料口在混合室顶部，进出料均有由压缩空气操纵的启闭装置。加料应在开动搅拌后进行，以保证安全。

高速混合机的混合效率较高，所用时间远比捏合机短，在一般情况下只需 8～10min。实际生产中常以料温升至某一点（例如硬聚氯乙烯管材的混合料可为 120～130℃）时，作为混合过程的终点。因此，近年来有逐步取代捏合机的趋势，使用量增长很大。高速混合机的每次加料量为几十至上百千克。目前有的高速混合机已可全自动操作，加料时不需将盖打开，树脂和量大的添加剂由配料室送入混合机，其余添加剂由顶部加料口加入。混合时，先在低速下进行一短段时间（如 0.5～1min），然后自动进入高速混料。

近年来，国内塑料行业还从其他工业部门引用管道式的连续混合机，可以提高生产效率，同时更能保证混合料质量的均一，有利于实现生产的自动控制。

除了上述几类机械式的初混合设备外，近年来还有静电混合法的研究。就是使所需混合的两种粉料粒子带上相反的等量电荷，然后将两种粉料进行混合。由于不同粒子带有相反的电荷而互相吸引并中和掉所带电荷，从而使这两种粉粒的粒子能够间隔排列成为理想的"完全"混合物。显然这样的混合物可视为十分均匀，而不是像上述各种方法所作的无规分散，同时这种混合也保持了粒子原来的尺寸而不使其改变。因此，这种方法今后可能会有一定的发展。

三、粒料的制备

粒料与粉料在组成上是一致的，不同的只是混合的程度和形状。粒料的制备实际上首先是将树脂与各类添加剂进行初混合制成粉料（粉碎过筛后再生料，有时也需造粒），再经过塑炼和造粒而成，工业上称为造粒。粒料具有较高的密度和较低的挥发物含量，既方便于机械输送，也有利于挤出机或注射机等成型机械的均匀加料。

1. 造粒工艺

热塑性塑料的造粒全过程通常由备料、塑炼和成粒三个基本工序组成。备料工序的内容视物料的情况而定，用于造粒的物料常见的是新配制的粉料和回收后经过粉碎过筛的再生料。再生料的备料工作比较简单，主要是粉碎与过筛；新配粉料的备料工作包括各组分的预处理、计量和在捏合机内搅拌混匀。成型前的造粒主要用于新配制的聚氯乙烯粉料，如聚氯乙烯料的粒化，其工艺流程如图3-11所示。

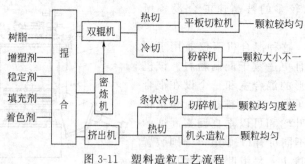

图3-11 塑料造粒工艺流程

将预混后的粉状物料再进行塑炼的目的是使树脂浸渍各无机物组分并使各组分更充分地分散和混合，也为了将物料辊轧成片或挤成料带和料条作准备。从图3-11所示的造粒工艺流程可知，造粒所用的主要设备有双辊筒机（开炼机）、密炼机、挤出机、切粒机、粉碎机等。

2. 开炼机轧片造粒

预混料经开炼机塑炼或先经密炼机再经开炼机塑炼后的塑性物料，直接用开炼机轧制成的料片，可用切粒和粉碎两种方法制成粒料。

切粒法成粒多在平板切粒机上进行，经过风冷或水冷的轧制料片进入切粒机后先被上、下圆辊切刀纵切成矩形断面的窄条。窄料条再被回转刀横切成方块状的粒子。改变料片的厚度、圆辊切刀的间距和横切时料条的牵引速度，可得到形状和尺寸不同的粒子。用这种方法成粒时，要注意控制料片送进切粒机时的温度。温度高，料片的韧性大，会导致切割困难，而且切成的粒子也容易出现粘连；温度过低，会引起切刀的磨损加速，在料片冷却至半硬状态时送进切料机较为适宜。

轧制料片的粉碎法成粒，一般是先将冷硬后的料片破碎成小片，然后再用适宜的脆性物料粉碎机磨碎。磨碎后的料一般要经过两次筛分，第一次先将过大的粒子筛出，第二次再筛出过小的粒子。过大的粒子可再次磨碎，过小的粒子可送往开炼机重新塑炼。与切粒法相比，粉碎法所得粒料的粒子形状和尺寸的一致性都很差，所以这种方法仅适合批量小且对粒料质量要求不高的成型物料的粒化处理。

开炼机轧片造粒的主要优点是对粉料的预混均匀性要求不高，粉料中的气体和低分子挥发物在开炼时很容易逸出；其缺点是设备庞大、劳动条件差。

3. 挤出机造粒

用挤出机为主机的预混料造粒工艺，可采取热切粒和冷切粒两种方法将挤出的料条或料带切割成粒子。

热切粒法是用装在挤出机机头前的旋转切刀，切断由多孔口模挤出的高温圆截面料条。在这种情况下，刚从口模挤出的料条是在近于熔融状态下被切断，为避免切成的粒子又相互粘连，应加强粒子的冷却。为此，常将旋转刀和挤出机头封闭在套箱内，用强力鼓风机往套箱内送入高速气流，气流不仅可快速将切下的热粒子冷硬，而且可挟带冷硬后的粒子沿风管进入旋风分离器等粒料的收集装置，风冷热切粒装置如图3-11所示。聚烯烃类塑料用挤出机挤出造粒时常采取水下热切法，在这种方法中挤出机机头和旋转切刀浸没在循环流动的温水中，这可使切下的料粒在水中快速冷却并输送到收集与干燥装置。水下热切粒机头如图 3-13 所示。

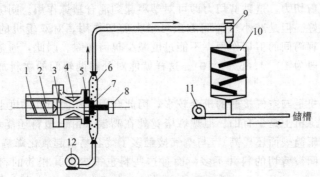

图 3-12　风冷热切粒装置

1—料筒；2—螺杆；3—过滤板；4—机头；5—多孔模板；6—玻璃罩；
7—切刀；8—皮带轮；9—旋风分离器；10—冷却箱；11、12—鼓风机

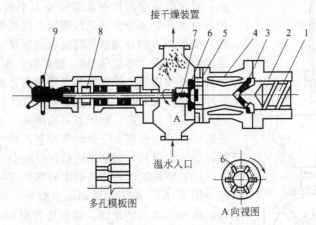

图 3-13　水下热切粒机头

1—螺杆；2—料筒；3—过滤板；4—机头；5—多孔模板；
6—切刀；7—弹簧；8—皮带轮；9—调节手柄

冷切粒法是在口模挤出的料条或料带冷却后，再将其切割成粒的工艺操作。常用的冷却方法是将挤出的条、带浸没在冷水中，也可用吹冷风和喷淋水冷却。若挤出的是一定宽度的料带，可采用与开炼机辊轧的料片相同的先纵切后横切法成粒；若挤出的是圆形截面的细料条，用仅有横切刀的切粒机即可将其切成一定长度的粒子。

4. 塑化造粒设备

如前所述，塑化造粒设备主要有开炼机、密炼机、挤出机、切粒机、切碎机与粉碎机等，现分述如下。

(1) 开炼机　开炼机又称双辊筒塑炼机或开启式塑炼机，如图 3-14 所示。机中起塑炼作用的主要部件是一对能转动的平行辊，多由冷铸钢铸成，表面硬度很高，以减少工作中的磨损。辊筒靠电动机经减速箱、离合器，然后由两个互相啮合的齿轮带动。其长径比为2.5 左右，辊间间隙可调。辊筒内有循环加热或冷却载体的通道。两辊的转动轴系位于同一水平面上并作相向的转动，一般为 17～20r/min。为避免间隙中落入硬性物料而损害设备或发生意外，在操作空间上部应有紧急

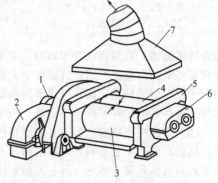

图 3-14　开炼机结构

1—电动机；2—减速箱；3—前辊；4—后辊；
5—机架；6—速比齿轮；7—排风罩

刹车装置，以便临时停车。双辊机的生产能力与辊筒直径大小有关。由于在辊筒间的物料中存在速度梯度，即产生了剪切力。这种剪切力即可对塑料起到混合塑炼作用。间隙越小时，剪切作用越显著，塑化效果越好。但是减小辊筒间隙虽可增大剪切作用，对双辊机的生产能力则有所降低。生产中为了加大辊筒间的剪切作用，不能过度减少辊筒间隙。因此，通常是采用两辊转速不等的办法，其速比一般为 1:(1.05~1.10)。这样就能对处在两辊间的物料加大剪切作用，以提高混合塑炼的效果。

由于塑料在双辊机上与空气接触的机会较多，因此会因冷却而使其黏度上升，从而增加剪切的效果，这在其他塑炼机上是少有的。但塑炼毕竟处在高温（由于塑料还能从内摩擦取得热量，所以它的温度有时比辊筒表面还要高），与空气接触多了就容易引起氧化降解。

在双辊上每一瞬间被剪切的料并不多，而且这些料也很少和其相邻的料发生混合，也就是说，它的主要作用在于单方向的剪切，而很少有对流作用，这从辊出的片状物料所显示的颜色差别就可以看出。所以双辊机对物料在大范围内的混匀效果不理想。为了克服这一缺点，可在塑炼中用切割装置或小刀不断地划开辊出的物料，而后再使其交叉叠合并进行辊压。这样做的目的是不断改变物料受剪切力的方向以提高混合的效果。这种操作在生产中常称作翻料或"打三角包"。塑炼时，辊筒的温度不能太高，如果是在慢速辊上操作则其温度应调得高一些，以便物料能成片的包住慢速辊，而有利于划开工作的进行。如果填料和润滑剂的含量较高，则辊温不妨稍高。双辊机的特点是投资较低，但劳动强度大，劳动条件差，粉尘及排出的低分子物料污染大，因此，近年来使用有所减少。

（2）密炼机　密炼机的主要部件是一对转子和一个塑炼室（图 3-15）。转子的横切面呈梨形，并以螺旋的方式沿着轴向排列。当其转动时，被塑炼物料的移动不仅绕着转子，而且也顺着轴向。两个转子的转动方向相反，转速也略有差别，而两个转子的侧面顶尖以及顶尖与塑炼室内壁之间的间距都很小。因此，转子在这些地方扫过时都对物料施有强大的剪切力。塑炼室的顶部设有由压缩空气操纵的活塞，以压紧物料而使其更有利于塑炼。密炼机的特点是能在较短的时间内给予物料以大量的剪切能，而且是在隔绝空气下进行工作的，所以在劳动条件、塑炼效果和防止物料氧化等方面都比较好。

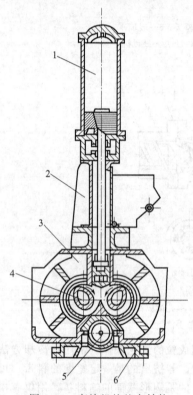

图 3-15　密炼机的基本结构
1—压料装置；2—加料斗；3—混炼室；
4—转子；5—卸料装置；6—底座

密炼机塑炼室的外部和转子的内部都开有循环加热或冷却载体的通道，以加热或冷却物料。由于内摩擦生热的原因，物料除在塑炼最初阶段外，其温度常比塑炼室的内壁高。当物料温度上升时，黏度随即下降，因此，所需剪切力亦减少。如果塑炼中转子是以恒速转动，而且所用电源的电压保持不变，则常可借电路中电流计的指引来控制生产操作。密炼后的物料一般呈面团状，为了便于粉碎或粒化，还需用双辊机将它辊成片状物。

（3）挤出机　挤出机的主要部件是螺杆和料筒（其基本结构将在第四章中介绍），图 3-16 是挤出机造粒生产工艺过程。当初混物投入料斗后，物料即被转动的螺杆卷入料筒。一方面受筒壁的加热而逐渐升温与熔化，另一方面则绕着螺杆向前移动。挤出机料筒内物料的塑炼就是在外加热与剪切摩擦热的作用下完成的，挤出料条通过冷却水槽冷却，脱水后进入切粒机进行切粒，最后得到塑料粒料。物料在挤出机中的对流作用不大，因此它对物料在大范围内的混匀是不好的，所以挤出机一般都须用初混物作为进料。

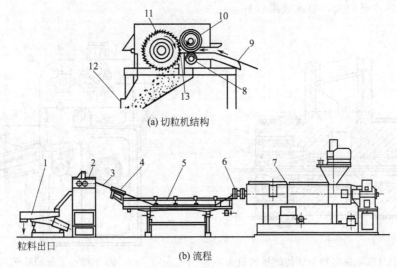

(a) 切粒机结构

粒料出口

(b) 流程

图 3-16 挤出机造粒生产工艺过程

1—振动筛；2—切粒机；3，9—料条；4—脱水辊；5—冷却水槽；6—机头；7—挤出机；

8—下加料辊；10—上加料辊；11—切粒机；12—出料口；13—固定刀

除单螺杆挤出机外还可用多螺杆挤出机及行星螺杆挤出机（图3-17）进行塑炼。它的优点是螺杆长径比较小，物料在机内塑化质量较好，受热时间短，因而产生降解作用较少。由挤出机塑炼成的物料一般可使其成为条状或片状，以便直接将其切断而得到粒料，与双辊机相比，挤出机是连续作业，在动力消耗、占地面积、劳动强度上都比较小。以塑炼用的挤出机与成型用的挤出机相比，前者常是较大型的，而且螺槽偏浅，以增大剪应力。剪应力的大小还可通过改变螺杆转速来调整。作为造粒用的挤出机，机头前方常带有转刀进行切粒。

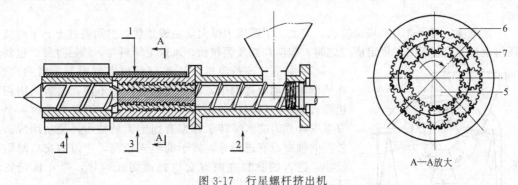

A—A放大

图 3-17 行星螺杆挤出机

1—加热器；2—加料段；3—塑化段；4—挤出段；5—中心螺杆；6—料筒；7—行星螺杆

用玻璃纤维增强热塑性塑料造粒时，如果采用短玻璃纤维，则在制造上也可将它作为一般填充剂看待，而通过前述的初混合和塑炼及粉碎和粒化制成。使用短纤维法的缺点是密闭不好时玻璃纤维容易飞扬，使劳动条件恶化；在初混合和塑炼中易使玻璃纤维断裂，从而降低增强效果；设备磨损较大。所以现在用长纤维增强热塑性塑料的较多，其中一种方法就是用挤出机来制造。其方法与上述用挤出机塑化造粒很相近，只是将挤出机机头换成如图3-18所示的结构。生产时将经过脱浆和表面处理的成束的玻璃纤维从机头一端引进，这样，长玻璃纤维就会连续地和热塑性塑料被挤出机挤成条物而向机外排出。条状物是玻璃纤维为塑料紧密充实和包裹的复合物，经切粒后即成粒状的玻璃纤维增强热塑性塑料。近年来在高聚物的共混改性及纤维增强热塑性塑料的制备等过程中大量使用了各种类型的双螺杆挤出机，其螺杆的长径比可在22～48的范围内变动。作为聚烯烃与其他高聚物的共混改性及用作纤维增强塑料时，通常都用长径比较大的同向双螺杆挤出机，其产量较大，混炼效果较好。

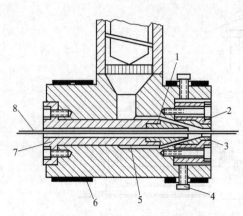

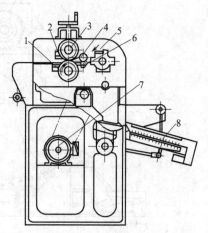

图 3-18　玻璃纤维增强塑料条状物的挤出机头

1—导嘴；2—口模夹持套；3—口模；4—定位螺栓；
5—型腔；6—加热器；7—芯模；8—玻璃纤维束

图 3-19　平板切粒机

1—下侧流板；2—上侧流板；3—切条圆辊刀；
4—压料辊；5—甩刀；6—底刀；7—电
动机；8—筛斗

（4）切粒机　切粒与切碎都是减小固体尺寸的操作，一般来说切粒得到的颗粒较整齐且具有固定的形状，而粉碎所成的颗粒大小不一。由于塑料大多是韧性或弹性物料，所以必须通过具有切割作用的专用设备使物料粒化或粉碎。其中切粒机即为对物料进行粒化的专业设备。

塑料切粒可分为热切与冷切两大类，热切法可分为干热切、水下热切及空中热切，冷切法可分为拉片冷切、挤片冷切及挤条冷切，各种方法针对不同的塑料进行选择。挤出水下热切及风冷热切前面已经作了介绍，这里主要介绍冷切过程中用的平板切粒机。平板切粒机的结构如图 3-19 所示。

一定宽度的料片进入平板切粒机，经上、下圆辊刀纵向切割成条状，然后通过上、下侧流板经压料辊送入回转甩刀与固定底刀之间，横向切断成颗粒状，风送至储料斗，然后过秤、包装。

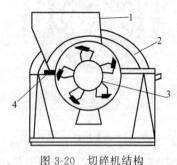

图 3-20　切碎机结构

1—料斗；2—外壳；
3—转子；4—固定刀

（5）切碎机与粉碎机　切碎与粉碎主要用于塑料的回收，在废旧塑料回收过程中，由于塑料的外形不同，通常采用切碎机进行粉碎。切碎机的结构如图 3-20 所示。切碎机是由一个带有系列叶片刀的水平转子和带有固定刀的柱形外壳所组成。沿外壳的轴向设有进料斗，转子的转速较高，片刀的交口间距则较小，进入的物料在两刀交口处被切成碎片，碎片从壳底部排出。

粉碎机是靠转动而带有波纹或沟纹的表面将夹在其中的碎片磨切成粉状物，其结构大体与盘磨相同，通用的锤磨机和轮辊机用得不多，因为这些设备对具有韧性的塑料粉碎效果不好。

由于生产条件不同，各地各行业所用的设备常有差别，同时习惯用的名称也各不相同。如我国轻工系统的塑料制品厂中，常将挤出塑化后加旋刀切粒的设备称作造粒机，将双辊机辊压放片后再行切粒的设备称作切粒机，将薄膜等废塑料切碎的设备称作切碎机。

四、粉料和粒料的工艺性能

了解粉料和粒料（包括热固性塑料）的工艺性能对正确控制采用这类原料的成型作业和提高制品质量，无疑是很重要的。以下将按热固性塑料和热塑性塑料分别讨论其工艺性能。为了说明各种性能，先引出"模塑（成型）周期"的定义是必要的，它是指循环而又按一定顺序的模塑作业中，由循环的某一特定点进至下一循环同一点所用的时间。例如，从粉料或粒料加入模具中起，经加热加压、硬化到解除压力、脱出制品、清理模具到重新开始加料为止所需的总时间。

1. 热固性塑料的工艺性能

热固性塑料的工艺性能主要有以下六种。

(1) 收缩率 以粉料或粒料生产塑料制品常是在高温熔融状态下在模具中成型的。当制品冷却到室温后，其尺寸将发生收缩。收缩率的定义是由下式规定：

$$S_L = (L_0 - L)/L_0 \times 100\%$$

式中，S_L 为塑料的收缩率；L_0 为模具型腔在室温和标准压力下的单维尺寸；L 为制品在相同情况下与模具型腔相应的单维尺寸。如果制品上各维的 S_L 分别有零、相等与不相等的变化，则制品的形样即会分别相应地对应于模具型腔相等、相似与不相等也不相似的变化。为了保证制品的准确性，在规定模具型腔的尺寸时，即不得不结合各维上的 S_L 值而定出适当的放大系数。但这一问题是很难得到满意的解决的，因为影响因素复杂，各维上的 S_L 各次成型中也不一定是定值。所以在实际工作中都采用实测 S_L 的平均值，这样，制品就有一定的公差范围。可以看出，塑料的收缩率实际应是塑料在成型温度下的单维尺寸与在室温下的单维尺寸间的差值计算得到的。但是由于高温下尺寸的测定困难，且这种数据在工艺及模具设计等方面的用处不大，因而采用了上式中定义的收缩率。

成型收缩率大的制品易发生翘曲变形，甚至开裂。导致热固性塑料制品收缩的因素很多，首先是热固性塑料在成型过程中发生了化学交联，其分子结构由原来的线型或支链型结构变化为体型结构，密度变大，产生收缩；其次是由于塑料和金属的热膨胀系数相差很大，故冷却后塑料的收缩比金属模具大得多；第三是制品脱模后由于压力下降，产生弹性回复和塑性变形，使制品的体积发生变化。

影响制品收缩率的因素主要有成型工艺条件、制品的形状大小及塑料本身固有性质。常见热固性塑料的成型收缩率如表 3-2 所示。

表 3-2 常见热固性塑料的成型收缩率与压缩率

模塑原料	密度/(g/cm³)	压缩率	成型收缩率/%
PF+木粉	1.32~1.45	2.1~4.4	0.4~0.9
PF+石棉	1.52~2.0	2.0~14	
PF+布	1.36~1.43	3.5~18	
UF+α-纤维素	1.47~1.52	2.2~3.0	0.6~1.4
MF+α-纤维素	1.47~1.52	2.1~3.1	0.5~1.5
MF+石棉	1.7~2.0	2.1~2.5	
EP+玻璃纤维	1.8~2.0	2.7~7.0	0.1~0.5
PDAP+玻璃纤维	1.55~2.0	1.9~4.8	0.1~0.5
UP+玻璃纤维			0.1~0.2

测定收缩率用的试样是：直径 100mm±0.3mm、厚 4mm±0.2mm 的圆片或每边长为 25mm±0.2mm、厚 4mm±0.2mm 的立方体。试样应采用该塑料牌号所规定的成型条件。试样脱模后应在恒温（20℃±1℃）下放置 16~24h，再测定其尺寸。测定的准确程度应达到±0.02mm。

(2) 压缩率 压缩率是指制品的相对密度与原料表观相对密度的比值。由于热固性模塑料一般是粉状或粒状料，模塑料模压前后的体积变化很大，所以压缩率总是大于1。压缩率越大，所需模具的装料室也越大，这不仅耗费模具钢材，而且不利于压制时的加热。此外，压缩率越大，装料时带入模具中的空气就越多，如需排出空气，便会使成型周期增长。工业上降低压缩率的通用方法是对原料进行预压。

（3）硬化速率　硬化速率也称固化速率，它是指用塑料压制标准试样（一般用直径为100mm、厚为5mm±0.2mm的圆片）时使制品物理机械性能达到最佳所需时间与试件厚度的比值（s/mm厚度）来表示。此值越小时，硬化速率就越大。

硬化速率依赖于塑料的交联反应性质，并在很大程度上决定于成型时的具体情况。采用预压、预热及提高成型温度和压力时均会使硬化速率增加。

硬化速率应有一适当的值，过小时会使成型周期增长，过大时又不宜用作压制大型或复杂的制品，因为在塑料尚未充满模具时即有硬化的可能。

塑料的硬化速率是通过一系列标准试样来确定的。试样压制的条件，除时间外，其他都保持不变。各个试样按逐次增加10s压成。压成后，检定各试样的某一性能指标，并绘出性能与压制时间的曲线。从曲线上即可确定最好的硬化时间，从而标出硬化速率。

（4）流动性　热固性塑料的流动性是指其在受热受压作用下充满模具型腔的能力。流动性首先与塑料本身的性质有关，包括热固性树脂的性质和模塑料的组成。树脂相对分子质量低，反应程度低，填料颗粒细小而又呈球状，低分子物含量或含水量高则流动性好。其次与模具和成型工艺条件有关，模具型腔表面光滑且呈流线型，则流动性好，在成型前对模塑料进行预热及模压温度高无疑能提高物料的流动性。

不同的模压制品要求有不同的流动性，形状复杂或薄壁制品要求模塑料有较大的流动性。流动性太小，模塑料难以充满模腔，造成缺料；但流动性也不能太大，否则会使模塑料熔融后溢出型腔，而在型腔内填充不紧密，造成分模面发生不必要的黏合，而且还会使树脂与填料分头聚集，导致模塑制品的质量下降。

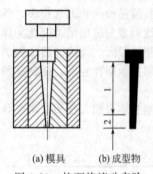

(a) 模具　(b) 成型物

图 3-21　拉西格流动实验
用模具及成型物

1—光滑部分；2—毛糙部分

塑料流动性的测定方法有三种：测流程法、测流动时间法及流程时间测量法。测流程法是在特定的模具中，于固定温度、压力及施压速率下，测定塑料在模具中的流动距离；测流动时间法是测定从开始对模具加压至模具完全关闭所需的时间。流动性即以此时间表示；流程时间测量法是将前两种方法结合起来，即用流动速度来表示流动性。三种方法中以测流程法最简单，故使用较多。在具体应用时，各国采用的模具并不完全相同，所定的标准也不一样，我国通用拉西格法。图 3-21 即为拉西格法流动性实验模具与成型物。

拉西格法系将定量的塑料，在一定的温度与压力下，用图 3-21 (a) 所示的模具在规定的时间内压成图 3-21(b) 所示的成型物。然后以成型物"细柱"长度（仅算其光滑部分）的毫米数来表示塑料的流动性。按流动性的大小，一般将热固性塑料分为三级：1 级 35～80mm，2 级 81～130mm，3 级 131～180mm。

工厂中为了保证大量塑料具有相同的流动性，常采用并批的方法（即将多批塑料在大型混合设备中进行混合）。

（5）水分与挥发分　塑料中通常会含有一些水分与挥发分。水分是大气中渗入的水汽或在制造塑料时没有排完的游离水分。挥发分是指塑料受热受压时所放出的低分子物，如氨、甲醛与结合水等。

引起水分与挥发分过多的原因有树脂相对分子质量偏低、塑料在生产时未得到充分干燥、存放不当，特别是吸水量大的塑料，如脲醛树脂等。

塑料中水分与挥发分过多时，会使其流动性过大（水分有增塑作用）；成型周期增长，制品收缩率增大，多孔以及易于出现翘曲、表面带有波纹和闷光等现象。不仅如此，更重要的是降低了制品的电性能和力学性能。绝对干燥的塑料也是不适用的，因其流动性较低，从而使预压和压制发生困难。所以各种塑料的水分和挥发分均有一定的技术指标。常用塑料的水分和挥发分含量标准在相关手册上均可以查得。

生产中常常是测定水分和挥发分的总量。测定方法一般是取称准的试样（约 5g）在 100～

105℃的烘箱内烘 30min，烘后的重量损失率即为水分与挥发分的含量。

（6）细度与均匀度 细度是指塑料颗粒直径的毫米数，均匀度是指颗粒间直径大小的差数。细度与塑料的比体积有关。颗粒越细，比体积就越大。颗粒小的塑料能提高制品的外观质量。在个别情况下，还能提高制品的介电性能和物理机械性能。颗粒太小的塑料并不是很好的，因为它在压制中所包入的空气不容易排出，这不仅会延长成型周期（空气的热导率比塑料的更小），甚至还会使制品在脱模时起泡。

均匀度好的塑料，其比体积较一致，因此在预压或成型中可以采用容量法计量，在压制时受热也比较均匀，使制品质量有所提高，不同时间生产的制品性能也比较一致。均匀度差的塑料原料，在运转、预压或自动压机中受机械的振动，常会使颗粒小的聚集在容器或料斗的底部，这样在生产制品时就会出现制品性能的前后不一致。

细度和均匀度通常是用过筛分析来衡量的。根据技术要求的不同，各种塑料常订有一定的指标。例如在生产酚醛塑料时，粉碎后的粒子不会是同一直径的，其粒度常是多分散性的。将这种塑料粉进行筛分，则在不同筛号有不同百分率的残留物。

造粒与压锭可以提高颗粒的均匀性，达到提高制品质量、消除粉尘飞扬、改善生产环境的目的。

2. 热塑性塑料的工艺性能

热塑性塑料的工艺性能除硬化速率（热塑性塑料在成型时的硬化是物理的冷却过程，与模具的冷却速率有关）外，其他项目都与热固性塑料相同，在此仅补充两点。

（1）收缩率 与热塑性塑料收缩最密切的是塑料体积与温度和压力的关系。前者表现为热收缩，后者则为弹性恢复。

聚合物体积随温度变化的关系中牵涉到时间因素。图3-22为无定形聚合物加热与冷却时的比体积-温度典型曲线。曲线 AB 表示一个原在平衡状态的试样由低于熔化温度 T_m 按等速升温时比体积变化的情况，曲线 BC 则为它的逆过程。随后，已经冷却的试样体积再在等温情况下沿直线 CA 又回至原来的平衡态，但由 C 到 A 要经过一段相当长的时间（数天）。就指定的试样而论，经历 CA 过程所需的时间并非恒定，而是依赖于加热和冷却的速率。如果两者都进行得极为缓慢，则 AB 与 BC 两曲线就可以重合。

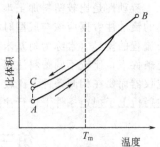

图 3-22　无定形聚合物加热与冷却时的比体积-温度关系典型曲线

收缩在时间上滞后的原因是：无定形聚合物在局部结构上常有一定数量类似晶体般的排列，但这种结构都不很大。围绕这些有序区域的分子则是一种混乱的排列，其中带有许多空孔，在较高的温度下，无序的程度会有所增加，也就是带有空孔区域的比例得到增长。由温度变化所引起的空孔消胀是需要经历一段时间的，消胀的机理可能与扩散作用或黏滞流动有关。

具有结晶行为的聚合物，其中晶区的比体积较非晶区的要小，因此在考虑体积温度关系时还存在着结晶度的问题。我们知道，聚合物的结晶度是依赖于聚合历程和结晶时的温度变化、压力、时间等因素，所以，结晶聚合物的收缩比无定形聚合物更为复杂，在收缩率上要大得多。必须指出，结晶聚合物的收缩同样也存在时间效应。

基于同样的理由，聚合物体积与压力的关系也牵涉到时间效应的问题。值得注意的是，一般固体与液体的体积随压力的变化都是比较小的，甚至可以忽略不计。但对聚合物来说，体积随压力的变化在成型过程中常常是不可忽视的。

（2）流动性 热塑性塑料的流动性是它在熔融状态下的黏度的倒数。与黏度一样，流动性不仅依赖于成型条件（温度、压力、剪切速率），而且还依赖于塑料中聚合物和助剂的性质。

热塑性塑料的流动性，除可用通用流变仪测定其黏度而求得外，工业中常通过熔体流动速率（melt flow rate）的测定来反映某些热塑性塑料的流动性能。它是在规定的试验条件下，一定时间内挤出的热塑性物料的量。按照我国国家标准"热塑性塑料熔体流动速率试验方法"（GB 3682—83）来测定，其仪器称为熔体流动速率测定仪，它主要由试料挤出系统和加热控制系统构成，加压方式是在柱塞（压料杆）上加荷重。仪器的主要技术数据如下：

压料杆所加负荷	325g 1200g 2160g 5000g
装料筒直径	$\phi 9.55mm \pm 0.025mm$
活塞杆头部与装料筒配合间隙	$0.075mm \pm 0.015mm$
出料口直径	$\phi 2.095mm \pm 0.005mm$
出料口长度	$8.000mm \pm 0.025mm$

测控温度　　　室温至400℃连续可调，125℃、150℃、190℃、200℃、210℃、230℃、235℃、265℃、275℃、300℃、372℃、400℃这12种温度可定点测温。

使用该仪器时，由于试料不同而规定了不同的测试温度，如聚乙烯为190℃，聚丙烯为230℃等。在规定的温度、压力下，每10min内通过上述指定尺寸毛细管的试料总质量（克数），即为该材料的熔体流动速率（MFR），单位是g/10min。聚合物的熔体流动速率越大，表明物料的流动性越好。此外，也可用图3-21(a)的模具来完成，但在具体做法上略有不同。测定时，先将模具装在两个等高的金属支座上，而且下面还垫上一块抛光的金属板。然后将定量的塑料放入模槽中，并在定温下对阳模施加规定的压力。此时应注意模具下孔有无塑料流出，当塑料开始流出时即记取时间。经过1min后，将流下的塑料刮下并称准至0.001g。流动性的单位用mg/s表示。

流动性是比较塑料加工难易的一项指标，但从它与它所依赖的变量的关系来说，比较时所用的流动性数据应该与成型时相近或相同的为准，否则所得结论是不足为凭的。工业上也有用一长流程的模具（常称为阿基米得螺旋线模），模腔为螺旋形，流道断面为圆形。测定时在同样工艺条件下，比较不同塑料注塑充模后所得螺旋形试样的长度以说明其流动性的大小。如果没有测定仪器而要在相同条件下比较不同塑料的流动性，则可用型腔流道较长的模具（如梳子模具）在注射机上于规定条件下进行注射即可。

第三节　塑料溶液及塑料糊的配制

一、塑料溶液的配制

1. 溶液的组成及选择

用流延法生产薄膜、胶片及生产某些浇铸制品时常常使用聚合物的溶液作为原料。溶液的主要组分是溶质与溶剂，作为成型用的溶液中的溶质是聚合物和除溶剂外的有关添加剂，而溶剂通常则是指烃、芳烃、氯代烃类、酯类、醚类和醇类。所以塑料溶液的主要组成是作为溶质的合成树脂及各种添加剂和作为溶剂的有机溶剂。溶剂的作用是为了分散溶解树脂，使得到的塑料溶液获得流动性。溶剂对制品是没有作用的，只是为了加工而加入的一种助剂，在成型过程中必须予以排出。

对溶剂的选择有以下要求：

① 对聚合物有较好的溶解能力，这可以由聚合物和溶剂两者溶度参数相近的法则来选择，当然，结晶和氢键对聚合物在溶剂中的溶解不利；

② 无色、无臭、无毒、不燃、化学稳定性好；

③ 沸点低，以便在成型加工中易挥发；

④ 成本低，因为溶剂最终是排除的，价格过高会影响塑料制品的成本。

其中，溶剂对聚合物的溶解性是最重要的，采用混合溶剂是一种有效的方法，有时两种溶剂均不溶解聚合物，但它们混合后却能实现对聚合物溶解。

此外，溶液组成中还可含有增塑剂、稳定剂、着色剂和稀释剂等，前三种添加剂的作用同其他塑料配方一样。稀释剂往往是有机性的非溶剂，其作用可以与溶剂组成混合溶剂，降低溶液的黏度，提高流动性，有利于成型；也可以提高溶剂的挥发性或降低成本。

用于溶液成型的树脂种类并不多，一般为某些无定形树脂，结晶型的应用较少。例如，三醋酸纤维素的熔融黏度较高，难以采用一般的薄膜加工方法来成型，往往配成溶液，以便进行流延成膜，广泛用作照相底片和电影胶片。某些树脂如酚醛树脂的乙醇溶液可用来浸渍连续片状填料，然后经压制成型生产层压塑料。

2. 聚合物的溶解

无定形聚合物与溶剂接触时，由于聚合物颗粒内和分子链间存在空隙，溶剂小分子会向空隙渗透，使聚合物分子逐渐溶剂化，聚合物颗粒逐渐膨胀，这就是溶胀。此时聚合物颗粒即呈黏性小团，小团间通过彼此黏结而成大团。为了加快聚合物的溶解，应采取必要的措施来加速溶胀和大分子的相互脱离及扩散，最终溶化成溶液。例如采用颗粒较小和疏松的聚合物为原料，通过加热和机械搅拌等都能有利于聚合物的溶解。

结晶型聚合物的分子排列规整，分子间的作用力大，其溶解要比无定形聚合物困难很多，往往要提高温度，甚至要升高到其熔点以上，待晶型结构被破坏后方能溶解。

聚合物溶液的黏度与溶剂的黏度、溶液的浓度、聚合物的性质和相对分子质量以及温度等因素有关。

溶剂性质不同，温度对溶液黏度的影响也不同。对良溶剂而言，由于溶剂的黏度随温度的上升而下降，则溶液的黏度随温度的上升而下降。在不良溶剂中，虽然溶剂的黏度也随温度的上升而下降，但当温度上升时，聚合物分子会从卷曲状变为比较舒展状而使溶液的黏度上升。

3. 溶液的制备工艺

塑料溶液配制时所用的设备是带有强烈搅拌的加热夹套的溶解釜，釜内往往有各式挡板，以增加搅拌作用。工业上常用下面两种配制方法。

（1）慢加快搅法　先将溶剂置于溶解釜内加热至一定温度，而后在恒温和不断搅拌的作用下，缓慢加入固体聚合物，直到加完为止。加料速度以聚合物在溶剂中未完全分散之前不出现结块为宜，而快速搅拌则是为了加速聚合物的分散和扩散作用。

（2）低温分散法　先在溶解釜内将溶剂的温度降到其对聚合物失去溶解的活性温度为止，而后将聚合物一次性投入釜中，并使其很好地分散在溶剂中，再在不断搅拌下将温度升到溶剂具有溶化聚合物的活性，这样就能使已经分散的聚合物很快地溶解。

不论采用哪一种方法，溶解釜内的温度应尽可能低一些，以防在溶解过程中溶剂挥发损失，造成环境污染和影响生产安全。另外，溶解过程时间过长，在过高的温度下会造成聚合物降解，过于激烈的搅拌作用产生的剪应力也会促使聚合物发生力化学降解。

配制的溶液都要经过过滤和脱泡，去除溶液内可能存在的杂质和空气，然后才可用于成型。

适用于不同成型方法的溶液的主要控制指标是固体含量和黏度。

二、溶胶塑料的配制

1. 溶胶塑料概述

溶胶塑料又称糊塑料，是固体树脂稳定地悬浮在非水液体介质中形成的分散体（悬浮体）。在溶胶塑料中，氯乙烯聚合物或共聚物应用最广，通常称为聚氯乙烯糊。

溶胶塑料中的非水液体主要是在室温下对树脂溶剂化作用很小而在高温下又很易增塑树脂的增塑剂或溶剂，是分散剂。有时还可加入非溶剂性的稀释剂，甚至有时加入热固性树脂或其单体。除此之外，溶胶塑料还因不同的要求加入胶凝剂、填充剂、表面活性剂、稳定剂、着色剂等各种添加剂，因此，溶胶塑料的组成是比较复杂的，其在室温下是非牛顿液体，具有一定流动性。

溶胶塑料可适合多种方法成型加工，成型时经历塑型和烘熔两个过程。塑型是利用模具或其他设备，在室温下使塑料具有一定的形状，这一过程不需要很高的压力，所以塑型比较容易。烘熔则是将塑型后的坯料进行高温热处理，使溶胶塑化，并通过物理或化学作用定型为制品。

溶胶塑料用途较广，常用的聚氯乙烯糊可用来制造人造革、地板、涂层、泡沫塑料、浸渍和搪塑制品等。

2. 溶胶塑料分类

根据组成不同，有四种不同性质的溶胶塑料。

(1) 塑性溶胶　由固体树脂和其他固体添加剂悬浮在液体增塑剂里而成的稳定体系，其液相全是增塑剂。为保证流动性，一般增塑剂含量较高，故主要制作软制品，这类溶胶应用较广。

(2) 有机溶胶　在塑性溶胶基础上加入有挥发性而对树脂无溶胀性的有机溶剂，即稀释剂，也可以全部用稀释剂而无增塑剂。稀释剂的作用是降低黏度，提高流动性并削弱增塑剂的溶剂化作用，便于成型，适用于成型薄型制品与硬质制品。

(3) 塑性凝胶　在塑性溶胶基础上加入胶凝剂，如有机膨润黏土和金属皂类等。胶凝剂的作用是使溶胶变成具有宾哈流体行为的凝胶体，可降低其流动性，这种流体只有在一定剪切作用下才发生流动，使凝胶在不受外力和加热情况下，不因自身的重量而发生流动。这样，在塑型后的烘熔过程中，型坯不会形变，可使最终制品的型样保持原来的塑型。

(4) 有机凝胶　在有机溶胶的基础上加入胶凝剂。有机凝胶与塑性凝胶的区别和有机溶胶与塑性溶胶的区别相同。

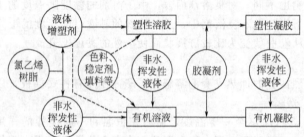

图 3-23　溶胶塑料的分类与组成

从以上所述可以看出这四类之间存在一定的联系，如图 3-23 所示。图中非水挥发性液体是指溶剂或/和稀释剂，圆形表示组分，矩形表示糊塑料，虚线箭头表示可加可不加的组分。

三、溶胶塑料的组成及作用

溶胶塑料的组成有树脂、分散剂、稀释剂、胶凝剂、稳定剂、填充剂、着色剂、表面活性剂以及为特殊目的而加入的其他助剂等，表 3-3 为四种溶胶塑料的典型配方。必须指出，工业上所用的配方，按要求不同，在分量和所用材料的品种上有出入，组分也可以不同。

表 3-3　四种溶胶塑料的典型配方

组成名称	材料品种	塑性溶胶/份		有机溶胶/份	塑性凝胶/份	有机凝胶/份
		1号	2号			
树脂	乳液聚合聚氯乙烯（成糊用的）	100.0	100.0	100.0	100.0	100.0
分散剂						
增塑剂	邻苯二甲酸二辛酯	80	50	40	40	40
	环氧酯	—	50	—	40	—
挥发性溶剂	二异丁酮	—	—	70	—	40
稀释剂	粗汽油（沸程 155～193℃）	—	—	70	—	10
稳定剂	二碱式亚磷酸铅	3	3	3	3	3
填充剂	碳酸钙	—	20	—	—	—
色料	镉红	2	2	—	—	—
	二氧化钛	—	—	—	—	—
	炭黑	—	—	—	0.9	0.9
胶凝剂	有机质膨润黏土	—	—	—	5.0	5.0

对配方中各组分作用分述如下。

1. 树脂

采用的树脂应具有成糊性能。对其粒度的要求是：用于塑性溶胶和塑性凝胶的，直径约 $0.20\sim2.0\mu m$；在其他两类中用的则为 $0.02\sim0.20\mu m$。颗粒太大时，容易在所配制的分散体中下沉，而且在加热处理后不易得到质量均匀的制品；反之，颗粒太小时，在室温下常会因过度的溶剂化而使溶胶塑料的黏度偏高，同时还不耐存放。但从成糊的难易程度来说，小颗粒是较易成糊的，由于有机溶胶和有机凝胶中液相物的黏度一般偏低，因此，为防止沉淀而选用颗粒偏小的树脂。在颗粒形状上，常希望呈球形，因为球形体的表面系数小，可以防止室温下过多溶剂化。溶剂化多时，分散体易成膨胀性液体的流动行为，反之则易成假塑性流体的流动行为。最能符合上述要求的树脂是用乳液聚合法生产的。用作成糊的乳液聚合树脂又分为拌入型与磨入型两种，前者颗粒较大，而且较为疏松，更大的特点是树脂颗粒表面上沉积的表面活化剂较多，因而易于分散；后者则恰好相反，但成本较低。此外，由于乳液聚合的树脂相对分子质量高，因此它能适当地阻止溶剂化，还能为制品带来较为优良的物理机械性能。由于以往国产乳液树脂较少，有些工厂曾研究过用悬浮聚合树脂部分或全部代替乳液树脂，起到了一定的作用。

2. 分散剂

分散剂包括增塑剂和挥发性溶剂两类，这两类物质都是极性的。

增塑剂的黏度对所配溶胶塑料的黏度有直接的影响，即黏度高的，所配溶胶塑料的黏度也高。增塑剂的溶解能力大小常反映在配制溶胶塑料的存放时间上，溶解能力越大的，越不利于久放，因为存放时其黏度增长快。用邻苯二甲酸酯类作分散剂时，溶胶塑料的黏度较适中，存放时也比较稳定。磷酸酯的溶解能力一般偏高，尤其当其中芳基多时为甚。己二酸或二元脂肪酸的酯类，如果连接两个酯基之间的链是烷基，则烷基链越长时，溶解能力越小。环氧油类和聚合体型增塑剂只与其他增塑剂伴用，且使用的浓度偏低。环氧油类在黏度与溶解能力方面与邻苯二甲酸酯类相仿。聚合体型增塑剂的溶解能力接近于零。所有辅助增塑剂的溶解能力相对来说都很小，配用时对黏度的降低和存放都有利。

挥发性溶剂的黏度和溶解能力对所制溶胶塑料的影响与增塑剂相同。常用的溶剂以酮类为多，如甲基异丁基甲酮和二异丁基甲酮等，其他还有某些酯类和二醇醚类。所用溶剂的沸点应在 $100\sim200℃$。

3. 稀释剂

使用稀释剂的目的在于降低溶胶塑料的黏度和削弱分散剂的溶剂化能力。作为稀释剂用的物质是烃类，它们的沸点亦应为 $100\sim200℃$，但所用稀释剂的沸点均应低于分散剂。这样，在热处理时，稀释剂就会先逸出，从而使余存的分散剂能够充分地发挥溶剂的作用而为制品带来较好的性能。应该指出，芳烃对聚氯乙烯树脂是略具溶胀作用的，萘烃几乎没有，而脂烃则完全没有。

4. 胶凝剂

胶凝剂的作用是使溶胶体变成凝胶体。当溶胶体中加有胶凝剂时，即能在静态下形成三维结构的凝胶体。这种三维结构是以物理力结成的，在外界应力大至一定程度后即被摧毁，以致胶凝体又重新表现液体的行为，而当应力解除后又恢复其三维结构。常用的胶凝剂有金属皂类和有机质膨润土，后一类比前一类效果好，但无前一类兼有的润滑作用。胶凝剂的使用量约为树脂的 $3\%\sim5\%$。

5. 填充剂

用作填充剂的物质有磨细或沉淀的碳酸钙、重晶石、煅烧白土、硅土和云母粉等。含水量高的物质，如纤维素与木粉等，一般不用作填充剂，因为在加热处理时易起泡。填充剂颗粒的直径应为 5~10μm，颗粒大小和形状对填充剂的分布均匀性和制品的性能具有一定的影响。对填充剂的吸油量应该引起重视，吸油量越大时所配制的溶胶塑料的黏度增加越大（显然，采用大量色料时也会引起这种问题）。吸油量的大小与填充剂的种类和所用非水液体的类型有关，而用同一种填充剂时，如果其他情况不变，则颗粒大的吸油量偏小，这是因为表面系数小的缘故。所以，在填充剂用量高而要使配制的溶胶塑料的黏度偏小时，可采用颗粒偏大的填充剂。填充剂的用量一般不超过树脂的 20%。

6. 表面活化剂

这类物质是用来降低或稳定溶胶塑料的黏度的。常用的有三乙醇胺、羟乙基化的脂肪酸类和各种高分子量的烷基磷酸钠等。表面活化剂的用量一般不超过树脂的 4%。

7. 其他助剂

这一类助剂在溶胶塑料的组成中都是较次要的，种类很多，重要的有：为增加制品表面黏性而加入的氧茚-茚树脂；为增加制品硬度而加入的各种热固性树脂单体和热固性树脂；为使溶胶塑料能够用作制造泡沫塑料而加入的发泡剂；以及在粉料与粒料中已说明其作用的稳定剂、润滑剂、阻燃剂、色料、驱避剂等。总之，加入这类助剂的目的，是有利于成型操作，提高制品性能和使用价值，扩大溶胶塑料的应用范围等。

四、溶胶塑料的配制工艺

溶胶塑料的配制，关键是将固体物料稳定地悬浮分散在液体物料中，并将分散体中的气体含量减至最小。配制工艺通常由研磨、混合、脱泡和储存等工序组成。

1. 研磨

首先将颗粒较大的而又不易分散的固体配合剂（如颜料、填料、稳定剂等）与部分液体增塑剂在三辊研磨机上混匀成浆料，研磨的作用一方面使附聚结团的粒子尽可能分散，另一方面使液体增塑剂充分浸润各种粉体料的粒子表面，以提高混合分散效果。

2. 混合

这是配制溶胶塑料的关键工序，为求得各组分均匀分散，要求混合设备对物料有一定的剪切作用。常用的设备为调漆式混合釜、捏合机和球磨机等。塑性溶胶通常用捏合机或行星搅拌型的立式混合机；有机溶胶则常用球磨机在密闭条件下进行，可防止溶剂的挥发。钢制球磨机因钢球密度大，可获得较大的剪切效率，混合效果好；瓷球球磨机则可使树脂避免因铁质而引起降解作用。

溶胶配制时，将树脂、分散剂和其他添加剂以及上述在三辊研磨机上混匀的浆料加入混合设备中进行混合。增塑剂含量较大时，宜分步加入。但对有机溶胶或有机凝胶，增塑剂应一起加入，以免有机溶剂挥发。

为了避免混合过程中树脂溶剂化而增大溶胶的黏度，混合温度不得超过 30℃。由于混合过程温度会升高，设备最好附有冷却装置。搅拌作用要均匀，不宜过快，防止卷入过多的空气。混合终点视配方和要求而定，一般混合在数小时以上。混合操作质量一般通过测定溶胶的黏度和固体粒子的细度来检验。

3. 脱泡

溶胶塑料在配制过程中总会卷入一些空气，所以配制后需将气泡脱除。常用的方法是抽真空或利用离心作用排除溶胶中的气体，也有将混合后的溶胶塑料再用三辊研磨机以薄层方式再研磨 1~2 次。

4. 储存

溶胶塑料在通常情况下是稳定的，但随着储存时间的延长或储存温度较高，由于分散剂的溶剂化作用，溶胶的黏度会慢慢增加。因此储存时的温度不宜超过 30℃，也不可直接与光线接触。在较低温度下，一般可储存数天至数十天。此外，溶胶盛放时应避免与铁、锌等接触，以免树脂降解，储存容器以搪瓷、玻璃等器具为宜。

复习思考题

1. 塑料成型物料配制中混合及分散原理是什么？
2. 物料的混合有哪三种机理？塑料成型时熔融物料的混合以哪一种机理为主？
3. 为什么在评定固体物料的混合状态时不仅要比较取样中各组分的比例与总比例间的差异，而且还要考查混合料的分散程度？
4. 粉料与粒料分别如何制造？它们之间有何异同？
5. 塑料粉料的混合设备有哪些，适用性如何？
6. 用开炼机扎片再切粒与用挤出机热切造粒各有什么特点？
7. 塑料糊可分为哪几类？各如何配制？
8. 试述粉料与粒料的工艺性能。
9. 如何描述热固性塑料与热塑性塑料的流动性？
10. 简述溶胶塑料的配制工艺。

第四章 挤出成型工艺

【学习目标】

掌握挤出成型的定义、分类；掌握挤出机的基本结构及工作原理；掌握挤出成型工艺的一般操作；掌握几种典型挤出产品的成型工艺；掌握挤出中空吹塑成型工艺；了解挤出成型技术的发展。

第一节 概　　述

挤出成型是塑料加工领域中变化众多、生产率高、适应性强、用途广泛、所占比重较大的成型加工方法。它是使塑料熔体（或黏弹流体）在挤出机的螺杆或柱塞的挤压作用下通过一定形状的口模而连续成型，所得的制品为具有恒定断面形状的连续型材。

挤出成型几乎能成型所有的热塑性塑料，也可用于热固性塑料，但对热固性塑料仅限于酚醛塑料等少数几个品种，且可挤出成型的热固性塑料制品种类也很少。塑料挤出的制品有管材、板材、片材、薄膜、单丝、电线电缆包覆层、各种异型材以及塑料与其他材料的复合物等。目前约有50％的热塑性塑料制品是用挤出成型生产的。此外，挤出工艺也常用于着色、混炼、塑化、造粒及塑料的共混改性等。以挤出为基础，配合吹胀、拉伸等技术则发展为挤出吹塑成型和挤出拉幅成型，这两种工艺常用来生产中空制品和双轴拉伸薄膜等制品，所以挤出成型是塑料成型最重要的工艺方法之一。

挤出设备有螺杆挤出机和柱塞式挤出机两大类，前者为连续挤出，后者为间歇式挤出。螺杆挤出机又可分为单螺杆挤出机和多螺杆挤出机及无螺杆挤出机，目前单螺杆挤出机是生产上用得最多的挤出设备，也是最基本的挤出机。多螺杆挤出机中双螺杆挤出机近年来发展最快，其应用也逐渐广泛；无螺杆挤出机应用极少。柱塞式挤出机是借助柱塞的推挤压力，将事先塑化好的或由挤出机料筒加热塑化的物料从机头口模挤出而成型的。物料挤完后柱塞退回，再进行下一次操作，操作是不连续的，而且挤出机对物料没有搅拌混合作用，故生产上较少采用。但由于柱塞能对物料施加很高的推挤压力，在熔融黏度很大及流动性极差的塑料挤出成型时使用，如聚四氟乙烯或超高分子量聚乙烯等的挤出。

本章主要讨论生产上应用较多的单螺杆挤出机及双螺杆挤出机，其他类型的挤出机因其应用极少，故对其挤出工艺不予讨论。

第二节 挤出机及机头的基本结构

一、单螺杆挤出机的基本结构

单螺杆挤出机是由传动系统、挤出系统、加热冷却系统、控制系统等几部分组成。此外，每台挤出机都有一些辅助设备。其中，挤出系统是挤出成型的关键部分，对挤出成型的质量和产量起重要作用。挤出系统主要包括加料装置、料筒、螺杆、机头与口模等几个部分，如图4-1所示。

二、双螺杆挤出机的基本结构

双螺杆挤出机是指在一根两相连孔道组成"∞"截面的料筒内由两根相互啮合或相切的螺杆所组成的挤出装置。双螺杆挤出机由传动装置、加料装置、料筒和螺杆等几部分组成，如图4-2所示。各部件的功能与单螺杆挤出机相似。但在众多双螺杆挤出机中，最重要的差别是螺杆结构的设计。第一，两根螺杆是啮合的还是非啮合的；第二，在啮合型双螺杆中，螺杆是同向转动还是异向转动；第

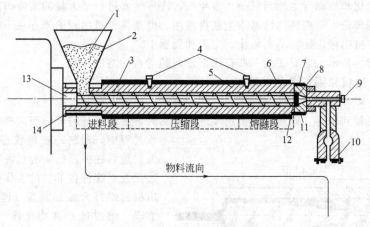

图 4-1　单螺杆挤出机结构

1—树脂；2—料斗；3—硬衬垫；4—热电偶；5—机筒；6—加热装置；7—衬套加热器；8—多孔板；
9—熔体热电偶；10—口模；11—衬套；12—过滤网；13—螺杆；14—冷却夹套

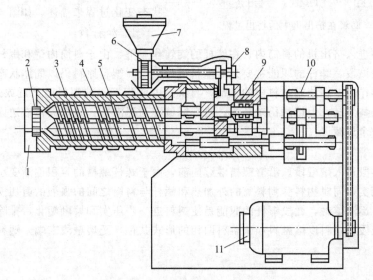

图 4-2　双螺杆挤出机结构

1—机头连接器；2—多孔板；3—料筒；4—加热器；5—螺杆；6—加料器；7—料斗；
8—加料器传动机构；9—推力轴承；10—减速箱；11—电动机

三，螺杆是圆柱形（平行双螺杆）还是锥形；第四，实现压缩比的途径：①变动螺纹的高度或导程，②螺杆根径由小变大或外径由大变小，③螺纹的头数由单头变成二头或三头等；第五，螺杆是整体的还是组合的。所有这些表明，双螺杆挤出机的结构要比单螺杆挤出机复杂得多。

　　从图 4-2 可以得知，双螺杆挤出机从外形上看与单螺杆挤出机相似，但其结构与工作原理相差很大。不同类型的双螺杆挤出机其工作原理也不完全相同，各自表现出独特的性能。

第三节　挤出机的工作原理

一、单螺杆挤出机的工作原理

　　在挤出成型过程中，塑料经历了固体-弹性体-黏流体的状态变化过程，在螺杆和料筒之间，塑料沿螺槽向前流动。在此过程中，塑料有温度、压力、黏度甚至化学结构的变化，因此挤出过程中塑料状态变化和流动行为相当复杂。多年来，许多学者进行了大量的实验研究，提出了多种描述挤出过程的理论，有些理论已基本上获得应用。但是各种挤出理论都存在不同程度的片面性和缺点，因此，挤出理论还在不断修正、完善和发展中。

本节着重对与挤出工艺有关的一些挤出理论问题进行简略的介绍。

（一）挤出过程和螺杆各段的职能

一般来说，高聚物存在三种物理状态，即玻璃态、高弹态和黏流态，在一定条件下，这三种物理状态会发生相互转变。固态塑料由料斗进入料筒后，随着螺杆的旋转而向机头方向前进，在

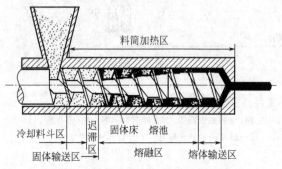

图 4-3 塑料在挤出机中的挤出过程

该过程中，塑料的物理状态是发生变化的。根据塑料在挤出机中的三种物理状态的变化过程及对螺杆各部位的工作要求，通常将挤出机的螺杆分成加料段（固体输送区）、压缩段（熔融区）和均化段（熔体计量输送区）三段。对于这类常规全螺纹三段螺杆来说，塑料在挤出机中的挤出过程可以通过螺杆各段的基本职能及塑料在挤出机中的物理状态变化过程来描述，如图 4-3 所示。

1. 加料段

塑料自料斗进入挤出机的料筒内，在螺杆的旋转作用下，由于料筒内壁和螺杆表面的摩擦作用向前运动，在该段，螺杆的职能主要是对塑料进行输送，塑料原料仍以固体状态存在。虽然由于强烈的摩擦热作用，在接近加料段的末端，与料筒内壁相接触的塑料已接近或达到黏流温度，固体粒子表面有些发黏，但熔融仍未开始。这一区域称为迟滞区，是指固体输送区结束到最初开始出现熔融的一个过渡区。

2. 熔融段

塑料从加料段进入熔融段，沿着螺槽继续向前，由于螺杆螺槽的容积逐渐变小，塑料受到压缩，进一步被压实，同时物料受到料筒的外加热和螺杆与料筒之间的强烈的剪切搅拌作用，温度不断升高，物料逐渐熔融，此段螺杆的职能是使塑料进一步压实和熔融塑化，排除物料内的空气和挥发分。在该段，塑料以熔融料和未熔料两相的形式共存，至熔融段末端，塑料最终全部熔融为黏流态。

3. 均化段

从熔融段进入均化段的物料是已全部熔融的黏流体，在机头口模阻力造成的回压作用下被进一步混合塑化均匀，并定量定压地从机头口模挤出。在该段，螺杆对熔体进行输送。

（二）挤出理论

目前应用最广的挤出理论是根据塑料在挤出机三段中的物理状态变化和流动行为来进行研究的，建立了固体输送理论、熔化理论和熔体输送理论。

1. 固体输送理论

物料自料斗进入挤出机的料筒内，沿螺杆向机头方向移动。首先经历的是加料段，物料在该段是处在疏松状态下的粉状或粒状固体，温度较低，黏度基本上无变化，即使因受热物料表面发黏结块，但内部仍是坚硬的固体，故形变不大。在加料段主要对固体塑料起螺旋输送作用。

固体输送理论是以固体对固体的摩擦静力平衡为基础建立起来的。该理论认为，物料与螺槽和料筒内壁所有面紧密接触，形成具有弹性的固体塞，并以一定的速率移动。物料受螺杆旋转时的推挤作用，向前移动可以分解为旋转运动和轴向水平运动，旋转运动是由于物料与螺杆之间的摩擦力作用被转动的螺杆带着运动，轴向水平运动则是由于螺杆旋转时螺杆斜棱对物料的推力产生的轴向分力使物料沿螺杆的轴向移动。旋转运动和轴向运动的同时作用的结果，使物料沿螺槽

向机头方向前进。

固体塞的移动情况是旋转运动还是轴向运动占优势，主要取决定于螺杆表面和料筒表面与物料之间的摩擦力的大小。只有物料与螺杆之间的摩擦力小于物料与料筒之间的摩擦力时，物料才沿轴向前进，否则物料将与螺杆一起转动。因此只要能正确控制物料与螺杆及物料与料筒之间的静摩擦系数，即可提高固体输送能力。

为了提高固体输送速率，应降低物料与螺杆的静摩擦系数，提高物料与料筒的径向静摩擦系数。要求螺杆表面有很低的粗糙度，在螺杆中心通入冷却水，适当降低螺杆的表面温度，因为固体物料对金属的静摩擦系数是随温度的降低而减小的。在加料段的料筒内表面可开设一些纵向沟槽，以增加物料与料筒间的径向摩擦力。此外，从挤出机结构角度来考虑，增加螺槽深度 H_1 和螺旋角 θ，对增大固体输送速率是有利的。

2. 熔化理论

由加料段送来的固体物料进入压缩段，在料筒的外加热和物料与物料之间及物料与金属之间摩擦作用的内热作用下而升温，同时逐渐受到越来越大的压缩作用，固体物料逐渐熔化，最后完全变成熔体，进入均化段。在压缩段既存在固体物料又存在熔融物料，物料在流动过程中有相变发生，因此在压缩段的物料的熔化和流动情况很复杂，给研究带来许多困难。由于在挤出机中物料的熔化主要是在压缩段完成的，所以有关压缩段研究较多的是物料在该段由固体转变为熔体的过程和机理。到目前为止，熔化理论仍在发展中。有关熔化理论的数学推导是很繁复的，这里不予介绍。下面简单介绍由 Z. Tadmor 所提出的熔化理论。

(1) 熔化过程　当固体物料从加料段进入压缩段时，物料是处在逐渐软化和相互黏结的状态。与此同时，越来越大的压缩作用使固体粒子被挤压成紧密堆砌的固体床。固体床在前进过程中受到料筒外加热和内摩擦热的同时作用，逐渐熔化。首先在靠近料筒表面处留下熔膜层，当熔膜层厚度超过料筒与螺棱的间隙时，就会被旋转的螺棱刮下并汇集于螺纹推力面的前方，形成熔池，而在螺棱的后侧则为固体床，如图4-4所示。随着螺杆的转动，来自料筒的外加热和熔膜的剪切热不断传至未熔融的固体床，使与熔膜接触的固体粒子熔融。这样，在沿螺槽向前移动的过程中，固体床的宽度逐渐减小，直至全部消失，即完成熔化过程。

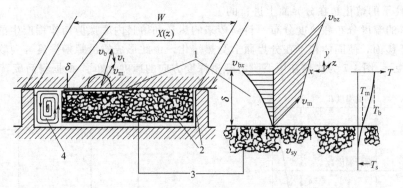

图 4-4　熔化理论模型

1—料筒熔膜；2—螺杆熔膜；3—固体床；4—熔池

$X(z)$—固体床宽度；W—螺槽宽度；T_b—料筒温度；T_m—物料的熔点；T_s—固体床的初始温度

(2) 相迁移面　熔化区内固体相和熔体相的界面称为相迁移面，大多数熔化均发生在此分界面上，它实际是由固体相转变为熔体相的过渡区域。熔体膜形成后的固体熔化是在熔体膜和固体床的界面（相迁移面）处发生的，所需的热量一部分来源于料筒的外加热，另一部分则来源于螺杆和料筒对熔体膜的剪切作用。

(3) 熔融长度　图4-5表示了固体床在展开螺槽内的分布和变化情况。挤出过程中，在加料段内是充满未熔融的固体粒子，在均化段内则充满着已熔融的物料，而在螺杆中间的压缩段内固

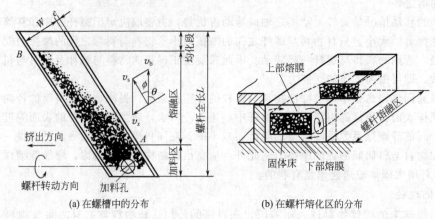

(a) 在螺槽中的分布   (b) 在螺杆熔化区的分布

图 4-5　固体床在螺槽中的分布

体粒子与熔融物共存，物料的熔化过程就是在此区段内进行的，故压缩段又称为熔融区。在熔融区，物料的熔融过程是逐渐进行的，自熔融区始点 A 开始，固体床的宽度将逐渐减小，熔池的宽度逐渐增加，直到熔融区终点 B，固体床的宽度下降到零，进入均化段固体床消失，螺槽全部充满熔体。从熔融开始到固体床的宽度降到零为止的总长度，称为熔融长度。熔融长度的大小反映了固体的熔融速度，一般熔融速度越高则熔融长度越短，反之越长。

（4）模型假设　图 4-5 所示的压缩段中物料的熔融模型是建立在以下假设基础上的：

① 挤出过程是稳定的，即在挤出过程中螺槽内的熔化物料与固体床的分界面位置是固定不变的。

② 固体床是均匀的连续体，而且螺槽的横截面为矩形。

③ 物料的熔融温度范围较窄，因此固、液相之间的分界面明显。

④ 螺杆固定，料筒旋转，当熔膜厚度超过螺杆与料筒的间隙时，熔膜被料筒表面拖曳，汇集于熔池，同时固体床以恒定的速度移向分界面，以保持稳定的状态。

⑤ 固体粒子的熔化是在分界面上进行的。

（5）物料的温度分布和速度分布　料筒传来的热量和熔膜内摩擦剪切作用产生的热量通过熔膜传导到相迁移面，使固体粒子在分界面上受热熔化，由此形成的沿螺槽深度方向物料的温度分布如图 4-6 所示。图 4-7 为物料在压缩段沿螺槽深度方向的速度分布。根据料筒旋转、螺杆相对

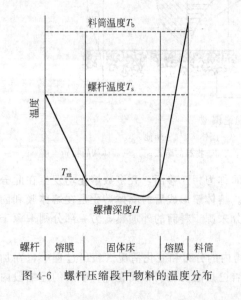

| 螺杆 | 熔膜 | 固体床 | 熔膜 | 料筒 |

图 4-6　螺杆压缩段中物料的温度分布　　　　图 4-7　螺杆压缩段中物料的速度分布

静止的假设，料筒表面对物料有拖曳作用，则料筒表面物料的速度最大；固体床物料是处于紧密堆砌的熔结状态，黏度大而移动困难，因此固体床物料的速度是相同的；螺杆表面的物料因摩擦热而形成熔膜，但根据螺杆相对于料筒而言处于静止状态，故螺杆表面物料的速度为零。

3. 熔体输送理论

从压缩段送入均化段的物料是具有恒定密度的黏流态物料，在该段物料的流动已成为黏性流体的流动，物料不仅受到旋转螺杆的挤压作用，同时受到由于机头口模的阻力所造成的反压作用，物料的流动情况很复杂。但是，均化段熔体输送理论在挤出理论中研究得最早，而且最为充分和完善。

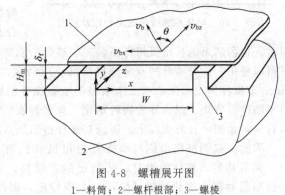

图 4-8　螺槽展开图
1—料筒；2—螺杆根部；3—螺棱

为了分析螺槽中熔体的流动情况，假设螺杆相对静止，料筒以原来螺杆的速度作反向运动，将螺槽展开，如图 4-8 所示，坐标 x 轴垂直于螺棱侧壁，y 轴为螺槽深度方向，z 轴为物料沿螺槽向前移动的方向。

料筒相对螺杆螺槽作运动，熔体被拖动沿 z 方向移动，同时由于机头口模的回压作用，物料又有反压流动，通常把物料在螺槽中的流动看成由下面四种类型的流动所组成。

（1）正流　是物料沿螺槽方向（z 方向）向机头的流动，这是均化段熔体的主流，是由于螺杆旋转时螺棱的推挤作用所引起的。从理论分析上来说，这种流动是由物料在螺槽中受机筒摩擦拖曳作用而产生的，所以也称为拖曳流动，它起挤出物料的作用，其体积流率用 q_d 表示。正流在螺槽中沿螺槽深度方向的速度分布是线性变化的，如图 4-9（a）所示。

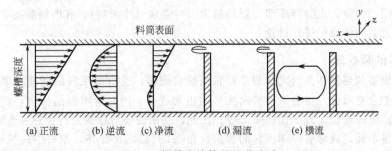

图 4-9　螺槽内熔体的几种流动

（2）逆流　沿螺槽与正流方向相反（$-z$ 方向）的流动，它是由机头口模、过滤网等对料流的阻碍所引起的反压流动，故又称压力流动，它将引起挤出生产能力的损失，其体积流率用 q_p 表示。逆流的速度分布是按抛物线关系变化的，如图 4-9（b）所示。正流和逆流的综合称为净流，是正流和逆流两种速度的代数和，如图 4-9（c）所示。

（3）横流　物料沿 x 轴和 y 轴两方向在螺槽内往复流动，也是螺杆旋转时螺棱的推挤作用和阻挡作用所造成的，仅限于在每个螺槽内的环流，对总的挤出生产率影响不大，但对于物料的热交换、混合和进一步均匀塑化影响很大。其体积流率用 q_t 表示，速度分布如图 4-9（d）所示。

（4）漏流　物料在螺杆和料筒的间隙沿着螺杆的轴向往料斗方向的流动，它也是由于机头和口模等对物料的阻力所产生的反压流动，其体积流率用 q_l 表示。由于螺杆和料筒间的间隙 δ 很小，故在一般情况下漏流流率要比正流和逆流小很多。如图 4-9（e）所示。

物料在螺杆均化段的实际流动是上述四种流动的组合，是此螺旋形的轨迹沿螺槽向机头方向的流动，如图 4-10 所示。其输送流率就是挤出机的总生产能力：

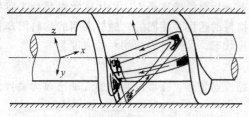

图 4-10　熔体在螺槽中的组合流动情况

$$q = q_d - q_p - q_l$$

即挤出机的总生产能力为正流、逆流、漏流的代数和。

二、双螺杆挤出机的工作原理

双螺杆挤出机的类型较多，根据螺棱啮合的状态来分可将其分为三类，即全啮合、非啮合及部分啮合。全啮合双螺杆挤出机压延效应很大，这种结果的挤出机用得不多；非啮合的双螺杆挤出机用得较多，螺杆转速在 50r/min 以下可以使用；部分啮合的双螺杆挤出机应用最多，其压延效应相对较小，螺杆转速可达 300r/min。双螺杆挤出机的基本工作原理是依靠螺杆的转动，对物料进行强制正向输送，同时对物料不断进行剪切、捏炼导致物料塑化。有资料表明，物料在双螺杆挤出机内经过十个螺槽，物料转向可达到一百万次以上。所以双螺杆挤出机对物料具有非常好的塑化效果。

因此，双螺杆挤出机与单螺杆挤出机相比有以下优点：①物料受到较大的剪切摩擦作用，而且均匀，塑化效果好；②挤出的产量高，耗能低，生产效率高，长径比较单螺杆小；③挤出量对压力变化的敏感性小，工作稳定，温度与压力波动对挤出产量影响不大；④物料在挤出机内停留时间短，且基本一致，适合加工热敏性塑料（如聚氯乙烯）；⑤双螺杆挤出机具有自洁性。双螺杆挤出机的不足之处是制造成本高、对加料的均匀性要求高。

第四节　挤出成型的一般操作

挤出成型主要用于热塑性塑料制品的成型，绝大多数是干法连续挤出的操作，制品的形状和尺寸不同，操作方法各不相同，但挤出成型的工艺流程大致相同，一般包括原料的准备、预热、干燥、开机成型、调整、定型与冷却、制品的牵引与卷取（或切割），有的制品还要进行后处理。下面就挤出工艺共同的操作进行讨论。

一、物料的预处理

用于挤出成型的热塑性塑料大多数是粒状或粉状塑料，成型用原料的制造在第三章已述及。由于原料中可能含有水分，将会影响挤出成型的正常进行，同时影响制品质量，例如出现气泡，表面晦暗无光；出现流纹，力学性能降低等。因此，挤出前要对原料进行预热和干燥。不同种类塑料允许含水量不同，通常应控制原料的含水量在 0.5% 以内。此外，原料中的机械杂质也应尽可能除去，原料的预热和干燥一般是在烘箱或烘房内进行。

二、开机前的准备

（1）设备的检查　检查挤出机运行所需的电力、冷却水、压缩空气指标是否合格，更换洁净的粗滤器与滤网，并在压力表中加足润滑脂，各辅机是否完好，并做好记录。另外，检查过程或其他操作过程中凡与口模接触的工具均须采用软质工具（一般使用铜质工具），以免损伤口模。

（2）加热与保温　接通挤出机料斗座的冷却水，按照工艺要求设定料筒和口模各段温度后，开始加热。当加热温度达到设定值时，挤出机即进入自动保温状态。当工作环境温度低于 12℃时，挤出机需要至少连续保温 2h；当工作环境温度高于 16℃时，则保温 1.5h 即可。如果生产车间温度过低，可以用石棉布对料筒进行保温。另外，对机头部分的衔接处、螺栓等均要检查并乘热拧紧，以免运转过程中发生漏料现象，在整个过程中，料斗座的冷却水不得中断。

（3）上料　保温结束，检查原材料牌号及颜色是否正确后，关紧料斗的下料闸板，将原料加入到料斗中。此时用手盘动电动机皮带轮，应该能够轻松盘动，表明料筒内物料已经熔化，可以进行挤出机的开机。

三、开机

首先启动润滑油泵，运转 3min 后低速启动主电动机，缓缓打开下料闸板，使原料逐渐进入料筒。注意空载时螺杆转动不得超过 3min，并且不得一下把下料闸板全部打开，应该等机头开始出料，主电动机电流已经稳定并处于许可值范围内后，方可完全将下料闸板打开。

在塑料被挤出之前，任何人均不得处于口模的正前方。塑料挤出后，即须将挤出物慢慢引上冷却和牵引设备，并开动这些设备。然后根据控制仪表的指示值、挤出成型的工艺设定条件及对挤压制品的要求，将各部分作相应的调整，以便整个挤出操作达到正常的状态。

四、调整

初期挤出物的质量和外观都较差，应根据塑料的挤出工艺性能和挤出机机头口模的结构特点等调整挤出机料筒各加热段和机头、口模的温度及螺杆转速等工艺参数，以控制料筒内物料的温度和压力；根据制品的形状和尺寸的要求，调整口模尺寸和同心度及牵引等设备装置，以控制挤出物离模膨胀和形状的稳定性，从而达到最终控制挤出物的产量和质量的目的，直到挤出达到正常状态进行正常生产。

不同的塑料品种要求螺杆特性和工艺条件不同。挤出过程的工艺条件对制品质量影响很大，特别是塑化情况直接影响制品的外观和物理机械性能，而影响塑化效果的主要因素是温度和剪切作用。

挤出机刚开始运行时物料的温度主要来自料筒的外加热，其次是螺杆对物料的剪切作用和物料之间的摩擦，当进入正常操作后，剪切和摩擦产生的热量甚至变得更为重要。

温度升高，物料黏度降低，有利于塑化，同时降低熔体的压力，挤出成型料快，但如果机头和口模温度过高，挤出物形状的稳定性较差，制品收缩性增大，甚至引起制品发黄，出现气泡，成型不能顺利进行。温度降低，物料黏度增大，机头和口模压力增加，制品密度大，形状稳定性好，但挤出膨胀较严重，可以适当增大牵引速度以减少因膨胀而引起制品的壁厚增加。但是温度不能太低，否则塑化效果差，且熔体黏度太大而增加功率消耗。

口模和型芯的温度应该一致，如果相差较大，则制品会出现向内或向外翻甚至扭歪等现象。

增大螺杆转速能强化对塑料的剪切作用，有利于塑料的混合和塑化，且大多数塑料的熔融黏度随螺杆转速的增加而降低。但螺杆转速过快也可能导致塑化不良，这是因为挤出太快，物料来不及塑化就被挤出机头了，所以螺杆转速调整应适当。

五、定型与冷却

热塑性塑料挤出物离开机头口模后仍处在高温熔融状态，具有很大的塑性变形能力，应立即进行定型和冷却。如果定型和冷却不及时，制品在自身的重力作用下就会变形，出现凹陷或扭曲等现象。根据不同的制品有不同的定型方法，大多数情况下，冷却和定型是同时进行的，只有在挤出管材和各种异型材时才有一个独立的定型装置，挤出板材和片材时，往往挤出物通过一对压辊，也是起定型与冷却作用，而挤出薄膜、单丝等不必定型，仅通过冷却便可以了。

未经定型的挤出物必须用冷却装置使其及时降温，以固定挤出物的形状和尺寸，已定型的挤出物由于在定型装置中的冷却作用并不充分，仍必须用冷却装置使其进一步冷却，冷却一般采用空气或水冷，冷却速度对制品性能有较大影响，硬质制品不能冷得太快，否则容易造成内应力，并影响外观，对软质或结晶型塑料则要求及时冷却，以免制品变形。

六、制品的牵引和卷取（切割）

热塑性塑料挤出离开口模后，由于有热收缩和离模膨胀双重效应，使挤出物的截面与口模的断面形状尺寸并不一致。此外，制品连续不断挤出，其质量越来越大，如不引出，会造成堵塞，生产停滞，使挤出不能顺利进行或制品变形。因此在挤出热塑性塑料时，要连续而均匀地将挤出物牵引出，其目的一是帮助挤出物及时离开口模，保持挤出过程的连续性；二是调整挤出型材截面尺寸和性能。牵引的速度要与挤出速度相配合，通常牵引速度略大于挤出速度，这样一方面起到消除由离模膨胀引起的制品尺寸变化，另一方面对制品有一定的拉伸作用。牵引的拉伸作用可使制品适度进行大分子取向，从而使制品在牵引方向的强度得到改善。各种制品的牵引速度是不同的，通常挤出薄膜和单丝需要较快的速度，牵伸度较大，制品的厚度和直径减小，纵向断裂强度提高。挤出硬制品的牵引速度则小得多，通常是根据制品离口模不远处的尺寸来确定牵伸度。

定型冷却后的制品根据制品的要求进行卷绕或切割。软质型材在卷绕到给定长度或质量后切断，硬质型材从牵引装置送出达到一定长度后切断。

七、停机

首先关闭加料斗闸板；产品拉断后，牵引机及其他辅机停止工作；挤出机继续运转，直至将料筒内的余料挤出排空，挤出机方能停止工作。关闭电源，停水，停压缩空气，放空料斗中的余料。如果下次开机需要更换机头，则应在停机后立即拆下机头并清理干净，放置在指定位置。如果机头较长时间不用，应该做防锈处理。注意：机头拆下后应将下次开机要用的机头安装好。

八、后处理

有些制品挤出成型后还需进行后处理，以提高制品的性能。后处理主要包括热处理和调湿处理。在挤出较大截面尺寸的制品时，常因挤出物内外冷却速率相差较大而使制品内有较大的内应力，这种挤出制品成型后应在高于制品的使用温度 $10\sim20℃$ 或低于塑料的热变形温度 $10\sim20℃$ 的条件下保持一定时间，进行热处理，以消除内应力。有些吸湿性较强的挤出制品，如聚酰胺，在空气中使用或存放过程中会吸湿而膨胀，而且这种吸湿膨胀过程需很长时间才能达到平衡，为了加速这类塑料挤出制品的吸湿平衡，常需在成型后浸入含水介质加热进行调湿处理，在此过程中还可使制品受到消除内应力的热处理，对改善这类制品的性能十分有利。

第五节　典型挤出产品的成型工艺

各种挤出制品的成型均是以挤出机为主，使用不同形状的机头口模改变挤出机辅机的组成来完成的。典型的挤出产品包括管材、板（片）材、异型材、吹塑薄膜等，下面就几种典型的挤出制品成型工艺予以介绍。

一、管材挤出

管材是塑料挤出制品中的主要品种，能用来挤管的塑料原料品种很多，主要有聚氯乙烯、聚乙烯、聚丙烯、聚苯乙烯、尼龙、ABS 及聚碳酸酯等，成型的管材类型也很多，主要有建筑给排水管、室外给水管、埋地排水管、护套管、工业输送管、农用灌溉管等。

典型的塑料管材生产线一般由挤出机、机头、冷却定径、牵引、切割、收集和控制系统等部分组成。另外还有些辅助设备，如上料装置，在线测径、测厚仪，印字装置。图 4-11 为聚烯烃盘管生产线，图 4-12 为硬聚氯乙烯管材生产线。

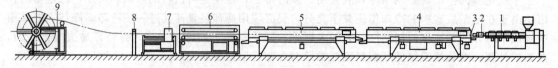

图 4-11　聚烯烃盘管生产线
1—单螺杆挤出机；2—机头；3—定径套；4—真空定径装置；5—冷却装置；
6—牵引机；7—切割装置；8—印字台；9—管材卷绕装置

1. 挤管机头

塑料管材在挤出机上生产时，一般管材直径与螺杆直径有对应的关系，螺杆直径越大，能生产的管材直径也越大。表 4-1 为螺杆直径与能加工的管材直径关系推荐表。

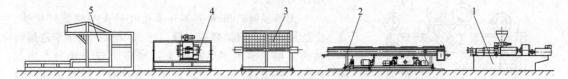

图 4-12 硬聚氯乙烯管材生产线

1—锥形双螺杆挤出机；2—冷却水槽；3—牵引装置；4—切割装置；5—收集架

表 4-1 挤出机螺杆直径与管材尺寸关系推荐表

螺杆直径/mm	30	45	65	90	120
管材外径/mm	5～30	10～45	50～160	160～450	315～630

注：本表数据来自上海金纬机械制造有限公司。

塑料管材机头从大类上可分为支架直通式和无熔接缝式两大类，如图 4-13～图 4-15 所示。

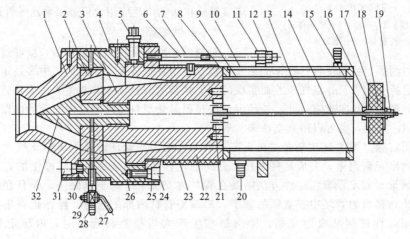

图 4-13 支架直通式机头

1—机头连接体；2—分流器支架；3—芯棒；4—机头体；5—调节螺钉；6—热电偶插座；7,13—拉杆；8—法兰盘；9—内套；10—外套；11—固定座；12,15,19,29—螺母；14—法兰盘；16—垫圈；17—密封垫；18—固定套；20,28—接头；21—螺母；22—口模；23,30—加热圈；24—压盘；25,31—内六角螺钉；26—加热圈；27—旋塞柄；32—分流锥

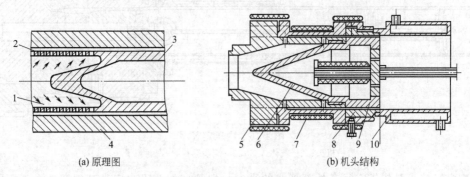

(a) 原理图　　　　　　　　　(b) 机头结构

图 4-14 无熔接缝式机头（筛孔式或篮式机头）

1—熔体流动方向；2—筛孔（篮子孔）；3,9—芯棒；4,8—口模；5—筛孔套；6—分流器；7—加热器；10—定径套

支架直通式机头设计和加工简单，流道短，清理容易，因此被广泛用于挤出热敏性硬质聚氯乙烯管材。在护套管和农用管材生产中也多采用支架型机头，因为这些管材是非承压管道或者使

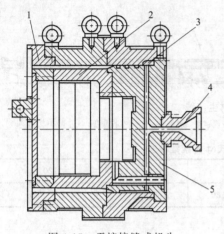

图 4-15 无熔接缝式机头
（螺旋式机头）
1—口模；2—芯棒；3—机头体；
4—连接体；5—螺旋体

用压力很低。

无熔接缝式机头主要有筛孔式机头与螺旋式机头，广泛用于生产聚烯烃压力管。近 20 年来，由于聚乙烯材料的发展，出现了高品级聚乙烯压力管专用料，比如 PE80、PE100。与此同时，有关塑料的长期寿命的理论研究有了突破，可以用比较短期（10000h）的试验，来预测聚烯烃管材材料 50 年的寿命。由于聚烯烃材料在环保、卫生等方面比硬质聚氯乙烯更有优势，再加上聚烯烃管材可以用熔焊连接，比聚氯乙烯管用密封圈插接更加可靠、方便，因此聚乙烯管材的应用不仅在给水领域很快超过了聚氯乙烯管材，并且很快把应用范围扩大到燃气领域，因此近年来聚乙烯管材发展很快。无熔接缝式机头更加提高了聚乙烯管道承受内压的可靠性，无熔接缝式机头的广泛应用也促进了聚乙烯管道的发展。

2. 冷却定径

管材的料坯离开机头口模以后，要经过冷却定径才能成为最终的制品。我国塑料管材标准绝大多数是采用外径公差，因此生产中多是定外径。外径定径是通过定径套的内、外空气压差而实现的。定径套的内径尺寸非常重要，应是管材所要求的最终尺寸加上塑料的径向收缩尺寸。外径定径的过程是使塑料管坯紧贴定径套的内壁完成最初的冷却，可以用内压法，也可以用真空法来实现。

采用内压定径（图 4-16）是通过机头芯棒向尚未定型的管坯内通入压缩空气，利用气压把管坯外壁压向定径套内壁，完成定径过程。此时的定径套是安装在机头口模上的，用隔热垫来防止口模的热量传向定径套。这种方法需要在管材内安置一个塞子以保压，并且在切割管材时需要很快地在新挤出的管坯中安置新的塞子，来维持管材内部的压力。操作稍有不慎就会造成管坯失压变扁，而使制品成为废品。特别是在生产大口径塑料管材时，内压定径是非常困难的。

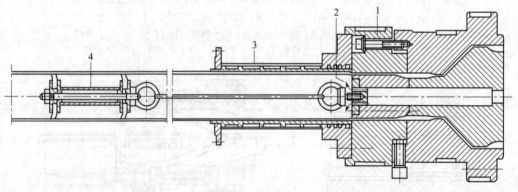

图 4-16 内压定径
1—机头；2—气体入口；3—定径套；4—密封塞子

真空定径技术是依靠定径套外部形成的真空，把管坯外壁吸向定径套内壁。由于不需要塞子，故操作非常容易，并且容易实现连续挤出而不出现废品。

真空定径装置主要包括真空定径套和真空水箱。定径套一般由黄铜加工而成，因为黄铜传热好，冷却效果比较好，并且长期在水中工作不会生锈。定径套的结构有打孔和切槽两种。打孔或者切槽的定径套又有带与不带预冷装置之分。

带预冷装置的定径套用在挤出聚烯烃管材，设计预冷装置是为了使管坯在进入定径套之前表层已经冷却。由于在管坯表层与定径套之间保持有水膜，故不会发生管坯与定径套的粘连。水膜还可以降低定径套和管坯的摩擦力，提高生产速度，因此这种定径套也叫水膜式定径套（图 4-17）。

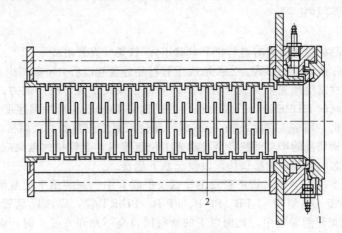

图 4-17　水膜式定径套
1—预冷却装置；2—定径套

在管材生产时，应该避免管材浸泡在冷却水中。因为水的浮力会造成管材变形，因此所有的水箱都要有排水泵并进行水位控制。水位要控制在不与管材直接接触的高度。某些结晶型塑料，比如聚丙烯、聚丁烯，不要急速完全冷却，以提高制品的结晶度、强度，因此多台水箱的冷却水温要设计成一定的梯度。第一个真空水箱冷却水的温度最高，有时要达到60～70℃，往后逐步降低。多数情况下，可以利用管材冷却过程中产生的热量，控制冷却水的补充量就可以满足需要。一些高档生产线的真空水箱带加热装置。

3. 牵引

管材料坯要依靠牵引机向前运动。牵引目的不完全在于完成管材的向前运动，更重要的是在牵引过程中对未完全定型的管材料坯形成一定的拉伸比。这是在管材挤出生产中非常重要的一个环节。合理的拉伸比使高分子的分子链定向排列，可以提高塑料管材的强度。

挤出牵引机绝大多数是履带式的（少许轧轮式）。根据管材的直径，可以有上下履带式，有三、四、五、六、八履带式。管材直径从小到大，履带的数量也越来越多。当生产管径为1000mm的管材时，就要用8～10履带牵引机。各个履带之间速度的同步是履带式牵引机正常工作的关键。早期的多履带式牵引机是用一台电动机拖动的，用链传动来带动各个履带。近年来，由于交流电动机变频调速技术的发展，现在的多履带式牵引机已经是各个履带采用单独电动机拖动，用变频调速技术来保证各个履带之间速度的同步。

在生产小口径管材时，经常采用皮带牵引机。皮带牵引机成本比较低，维护、保养费用也比较低，能够有比较高的牵引速度，适合需要高速生产小型管材时使用。

通常的选择以生产线设计最大挤出管材口径来决定履带（皮带）的数量，并且这个数量不是严格不可变更的。由于履带（皮带）的数量越多，牵引机加工难度越大，成本也越高，所以挤出生产线的用户和制造厂都会选择最少的数量。

4. 切割

管材生产线的切割装置要完成管材的定长切断。对切割装置的要求，首先是切口应该平整，并且与管材的轴线垂直；其次是希望噪声尽量低。常用切割装置有径向锯和行星锯，后者用在生产直径在315mm以上的大口径管材中。还有一种冲裁式切割装置是用裁刀快速切断管材，但是一般只能用在直径不超过63mm的小口径管材生产中。

切割装置是一个运动装置。在切割管材时由夹紧装置夹住管材，整个切割装置与管材一同向前运动，同时完成切割过程，然后再恢复原位。夹紧装置夹具在更换管材规格时也要更换，因此夹具要能够快速更换，与此同时要把切屑吸走并收集起来，以保证锯片的清洁，才能够有光滑的切口。切割锯的每一次动作是由牵引机给出的信号控制的，因此切割锯切下的每根管材的长度误差都会在标准允许范围内。

5. 收集

管材生产中成品的收集装置有盘管机（盘管用）、管架（直管用）。

管材是否可以作成盘管的形式，主要取决于管材经过盘卷以后会不会产生永久变形，因此采用盘卷机卷绕的管材需要预先得到较充分冷却；另外也取决于盘管机的能力，以及盘轴能否运输。盘管机所能够盘的 HDPE 盘管的最大直径可以达到 160mm。当挤出速度≤2m/min 时，可以使用单工位盘管机；当挤出速度>2m/min 时，要使用双工位盘管机；而挤出速度>20m/min 时，则要使用带自动切换的半自动或者全自动多工位盘管机。盘管机的盘架应采用合金铝铸件，以保证不变形；轴芯应有气动缩胀机构，以便于取下盘卷。

盘管主要用在室内冷、热水管道和农用管道及护套管中。一些用于低温地板辐射采暖的管材，比如 PEX、PAP（铝塑管）、PB、PP-B、PP-R、PE-RT 管，应该以盘管的形式供应给用户，因为在低温地板辐射采暖中，地面以下的管材铺设是不允许有接头的。农用管道中的微喷管、滴灌管、农田灌排管等也是盘管。另外，像护套管中的硅芯管、单壁波纹管，也都是盘管。护套管中有一种聚乙烯单壁螺旋波纹管（市场上称碳素碳纤维管，实际上是 HDPE 加炭黑，不含碳纤维）外径最大达 200mm，也可以作成盘管。最近还开发了可盘卷的 C-PVC 单壁螺旋波纹管。

大部分管材被作成直管，被定长切割的直管由管材收集架收集，到一定数量收集架翻转，管材装入运输车运走。收集架依车间的布置有一面翻转的，也有两面翻转的，但是大口径或者比较重的管材则用滚轮卸管。

6. 工艺控制因素

(1) 温度 挤出温度根据配方、机头结构的不同有所不同，一般机颈、机身温度应低于口模温度。硬质聚氯乙烯熔体黏度大、流动性差，受热容易分解，其管材的成型原料有粒料与粉料两种，一般情况下，粉料的成型温度比粒料的低 10℃左右。软质聚氯乙烯中的增塑剂用量较多，挤出温度应低于硬质聚氯乙烯。

聚乙烯管材的挤出温度取决于原料的熔体流动速率，高密度聚乙烯的挤出温度应高于低密度聚乙烯。

(2) 螺杆转速 螺杆转速对管材的产量及质量影响很大。提高螺杆转速，可增加产量，但易塑化不良，造成管材内壁粗糙、强度下降，在一定程度上可以通过调整机头压力予以改善。

(3) 牵引速度 牵引速度直接影响管材的壁厚，牵引不稳定，管径不稳定；牵引速度过快，管材易弯曲变形，制品残余内应力大；牵引速度过慢，由于离模膨胀效应会导致管材壁过厚。

牵引速度要与挤出速度相配合，一般牵引速度比挤出速度快 1%～10%，以克服管材的离模膨胀。生产软管和耐压管时，牵引速度不宜过快。

(4) 压缩空气压力 吹胀管材用的压缩空气压力一般为 0.02～0.05MPa。压力过小，管材圆度不够；压力过大，芯模容易冷却造成管材冷却不均匀；压力不稳定会使管材产生竹节状。

常用塑料管材的挤出成型工艺如表 4-2 所示。

7. 不正常现象、产生原因及解决办法

挤管不正常现象产生的原因很多，不同的原料品种、不同的设备产生同样现象的原因也可能不一样。下面以聚氯乙烯硬管生产过程中的不正常现象、产生的原因及解决办法为例，通过表4-3进行说明。

表 4-2 常用塑料管材挤出成型工艺条件

各种塑料管材的成型温度

温度/℃ 部位 塑料名称	机身			机颈	口模
	后部	中部	前部		
硬聚氯乙烯管（粒）	80～120	130～150	160～180	160～170	170～190
软聚氯乙烯管（粒）	100～120	120～140	140～160	140～160	160～180
低密度聚乙烯	90～100	100～140	140～160	140～160	140～160
高密度聚乙烯	100～120	120～140	160～180	160～180	160～180
ABS	160～165	170～175	175～180	175～180	190～195
聚酰胺 1010	250～260	260～270	260～280	220～240	200～210
聚碳酸酯	200～240	240～250	230～255	200～220	200～210

挤出塑料管材的螺杆转速及冷却条件

塑料名称	螺杆转速/(r/min)	螺杆冷却条件
硬聚氯乙烯管材	7～30	需冷却，出水温度为 50～70℃
软聚氯乙烯管材	30～50(φ45mm 螺杆) 20～40(φ65mm 螺杆)	不需冷却
聚乙烯管材	30～50(φ45mm 螺杆) 40～60(φ65mm 螺杆)	不需冷却

表 4-3 硬聚氯乙烯管材生产中的不正常现象、产生原因及解决办法

序号	不正常现象	产生原因	解决办法
1	管材表面有分解的黑点	料筒及机头温度过高 机头和多孔板未清理干净 机头分流器设计不合理(有死角) 黏料中有分解的黑点 原料热稳定性差，配方不合理 温度控制仪表失灵	降温并查温度计是否失灵 清理机头 改进机头结构 更换合格原料 检查树脂质量，换配方 检修仪表
2	管材表面有黑色条纹	料筒或机头温度过高 多孔板未清理干净	降低料筒或机头温度 重新清理多孔板
3	管材表面无光泽	口模温度过低 口模温度过高，无光泽且毛糙	升高口模温度 降低温度、降低口模粗糙度
4	管材表面有皱纹	口模四周温度不均匀 冷却水温度过高 牵引过慢	检查电热圈 开大冷却水 牵引调快
5	管材内壁毛糙	芯模温度偏低 料筒温度过低 螺杆温度过高	升高芯模温度 提高料筒温度 螺杆通水冷却
6	管材内壁有裂纹	料内有杂质 芯模温度太低 料筒温度低 牵引速度太快	调换无杂质的原料 提高芯模温度 提高料筒温度 减慢牵引速度
7	管材内壁有气泡	原料受潮	对原料进行干燥处理
8	管材壁厚不均匀	口模、芯模未对正，单边厚 机头温度不均匀，出料有快有慢 牵引速度不稳定 压缩空气压力不稳定	重新调模，保证同心度 检查电热圈及螺杆转速 检修牵引机 检查空压机，保证气压
9	管材内壁凹凸不平	螺杆温度太高 螺杆转速太快	降低螺杆温度 降低螺杆转速
10	管材弯曲	管材壁厚不均匀 机头四周温度不均匀 机头、冷却装置、牵引不在一条中心线上 冷却水箱两端孔不同心	重新调整管材的厚度 检修电热圈 设备重新排在一条直线上 调整水箱两端孔同心

二、板（片）挤出

挤出成型可生产厚度为 0.02～20mm 的薄膜、片材、板材。按产品厚度分类，1mm 以上称板材，0.25mm 以下称薄膜，0.25～1mm 称片材。

板材、片材挤出的主要品种有硬 PVC、软 PVC、LDPE、HDPE、PP、ABS、PC 板材及 PC 片材，片材的品种有单层与多层、平面与波纹、发泡与不发泡、单一材料与异种材料复合之分。

1. 板材挤出成型生产设备特征

挤板设备主要由挤出机、连接器、口模、冷却压光机、切边机、冷却输送辊、二辊牵引机、切割或卷取装置组成，图 4-18 是挤出板、片材生产线。

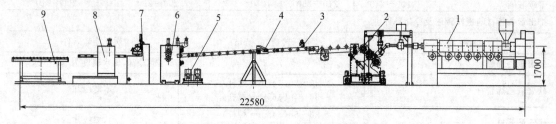

图 4-18 挤出板、片材生产线

1—挤出机；2—三辊压光机；3—切边装置；4—冷却托架；5—双面覆膜架；
6—牵引机；7—纵向锯切机；8—横向锯切机；9—堆料台

（1）挤出机 用于挤板或挤片的挤出机螺杆直径一般为 65～150mm，长径比 $L/D \geqslant 20$，挤板或挤片均需在挤出机螺杆端头部位安装过滤板和过滤网。过滤板的孔数与过滤网的目数和层数根据原料的品种及产品厚度决定。

（2）连接器 在挤出机和口模之间用连接器连接。连接器的外形一般为圆柱形，内部流道由圆锥形逐渐过渡为矩形。连接器的作用是将物料均匀地压缩输送到口模中。

（3）口模 挤板、片材口模分为管膜和扁平口模两类。管膜口模就是薄壁管材口模，将挤出管用刀平行割开、压平即得板材。这种口模适于薄板生产。其优点是板材厚度均匀，口模结构简单，便于加工；缺点是板材中存有难以消除的口模分流支架带来的熔接痕，剖开管需增加一套辅助装置，增加了设备投资。

目前生产板材的口模主要是扁平口模，这种口模可制造各种厚度及幅宽的板材。扁平口模按其流道结构可分为五种。

① 鱼尾式口模：鱼尾式口模的典型结构如图 4-19 所示。物料从口模入口至出口，要经过一个像鱼尾的阻力体，中心部位阻力大，而且阻力向两端逐渐减少。当熔融物料进入模唇前时，压

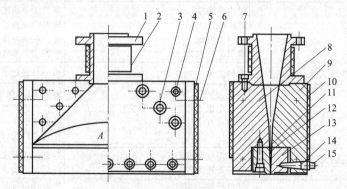

图 4-19 鱼尾式口模

1—连接头；2—电热圈；3,6,7,12,14—内六角螺钉；4—定位销；5,10—电热板；
8—下模板体；9—上模板体；11—下模唇；13—上模唇；15—调节螺钉

力已形成了均匀分布，因此，经过模唇的各处物料流速是均匀的，可以得到挤出厚度均匀的片材型坯。

鱼尾式口模流道扩张角一般在80°以下，其定型部分为稳定料流，通常取 $L=(15-50)h$（L 为定型长度，h 为模唇间隙）。这种口模仅适于生产幅度宽500mm以下，熔体黏度高及热稳定性较差的塑料，如硬聚氯乙烯及聚甲醛等。

② 直歧管式口模：直歧管式口模是指口模内歧管直径在整个长度上相等的，并且口模的歧管在全长上是连续的，如图4-20所示。直歧管式口模有一个与模唇平行圆形歧管槽，可以储存一定量的熔融物料，歧管能分配物料，起稳压作用，有助于料流稳定。

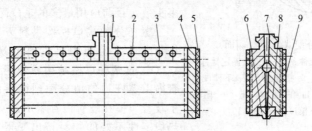

图 4-20 直歧管式口模

1—下模板体；2—内六角螺钉；3—柱销；4—侧压板；5—电热板；
6—下模唇；7—上模板体；8—上模唇；9—电热片

歧管半径 R 一般在14～45mm范围内，R 越大，储料越多、料流越稳定、板厚越均匀。一般聚烯烃料歧管半径都在15mm以上。对于热稳定性差、流动性不好的塑料，一般取 $R=14～18mm$。

模具定型部分长度 L（即模唇长度）大小取决于物料特性、板材厚度及幅宽。一般取 $L=(10～40)h$。对于厚板材的口模 L，尽量不要大于80mm，L 过大会产生过高的压力，模唇产生"胀开"现象，导致模唇因变形而损坏。对于流动性好的原料，L 取小值，对于流动性差的原料，L 取大值。

由于熔融物料在歧管内停留时间过长，对热敏性塑料易产生分解变色，因此这种口模仅适用软PVC、PE、PA、ABS和PS板材、片材成型。

③ 衣架式口模：衣架式口模综合了鱼尾式口模和直歧管式口模的优点，并克服两种口模的缺点，其结构如图4-21所示。这种口模的歧管半径比直歧管式口模半径小，歧管半径一般为 $R=8～15mm$。为了改善口模两端出料慢的缺点，设计成非连续的两个歧管，衣架式展开角一般要

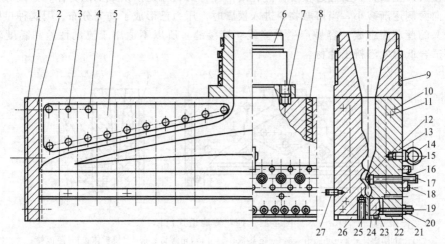

图 4-21 衣架式口模

1—电热板；2—侧板；3,10—定位销；4,11,17,23—螺钉；5—下模板体；6—接头；7,26—内六角螺钉；
8—电热棒；9—电热圈；12—阻流棒；13—上模板体；14—吊环；15—压条；16—螺母；18,19,22—螺栓；20—调节螺母；21—固定座；24—上模唇；25—下模唇；27—热电偶插座

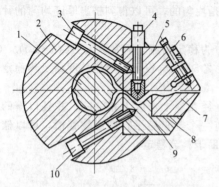

图 4-22　螺杆分配式口模（侧面）

1—分配螺杆；2—口模体；3—上模口固定螺钉；
4—阻力棒调节螺钉；5—上模口；6—下模口
调节螺钉；7—下模口；8—下模口座；9—阻
力棒；10—下模口座固定螺钉

控制在 170°以下，通常为 155°～170°，为了减少熔融物料在口模流道中的停留时间，采用了鱼尾式口模的扁形区，即形成了三角部位的阻力体，可弥补直歧管口模中出料快的缺点。

④ 螺杆分配式口模：螺杆分配式口模相当于在歧管口模的歧管内装上一根可转动的螺杆，其结构如图 4-22 所示。口模内的分配螺杆应小于挤出机螺杆，为了减少物料在口模内的停留时间，螺杆应为多头数，目前应用最多的是分配螺杆头数为 4～6。

螺杆分配式口模按供料方式可分端部供料的螺杆分配式口模和中央供料的螺杆分配式口模（图 4-23）。这两种口模结构原理完全相同，物料进入歧管内由螺杆均匀地分配到模唇的整个宽度上，克服了歧管口模在歧管内存料的缺点，对于流动性较差、热稳定性不好的物料挤出变得容易了。因此，这种口模可以改善熔融物料在口模内的流动均匀性。但是，由于物料随螺杆由做圆周运动突然变为直线运动，制品容易出现波浪痕迹，要求工艺控制非常严格，这给操作带来了一定的难度。

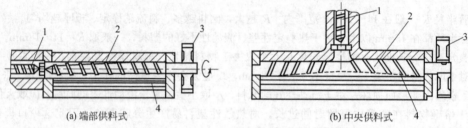

(a) 端部供料式　　　　　　　　　　(b) 中央供料式

图 4-23　螺杆分配式口模的形式

1—挤出机螺杆；2—分配螺杆；3—传动齿轮；4—机头流道

⑤ 莲花瓣流道式口模：莲花瓣流道式口模（图 4-24）是挤出聚烯烃片材常用的口模，熔融物料从口模入口至出口，要经过很多像莲花瓣一样分式流道所形成的阻力体，这些分支流道阻力由中心向两侧逐渐减小，当熔融物料进入模唇时，压力已形成了均匀分布。因这种口模流道是由很多分叉的莲花瓣组成，容易产生合流线、熔接缝，所以不适用于流动性差和黏度较大的塑料，更不适合低温发泡挤出片材。

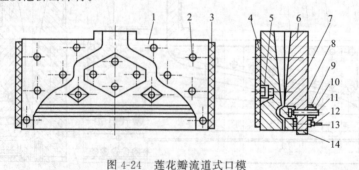

图 4-24　莲花瓣流道式口模

1—下模板体；2—定位销；3,4—电热板；5—内六角螺钉；6—上模板体；7—阻流棒；
8,12—调节螺钉；9—压条；10,11—螺母；13—上模唇；14—挡条

（4）三辊压光机　从扁平口模挤出的板材，温度较高，由三辊压光机压光并逐渐冷却。冷却压光机还起一定的牵引作用，调整板材各点速度一致，保证板的平直。三辊压光机由直径为

200～400mm 的上、中、下三个辊组成。中间辊的轴线固定，上、下两辊的轴线可以上、下移动，以调整辊隙适应不同厚度的板片。三个辊都是中空的，且都带有夹套，可通入介质（蒸气、油或水）进行温度控制，辊筒长度一般比口模宽度稍宽，表面镀硬铬。

（5）辅助装置　挤出板（片）的辅助装置主要有以下四个。

① 切边装置：从扁平口模挤出的板或片材，由于颈缩作用，板两端较厚，需用切边装置将边切去，因此产品宽度应比模口最大宽度小 10～20mm。

② 冷却输送辊：冷却输送辊设在三辊压光机与牵引机之间，冷却输送辊由十几个直径约50mm 的圆辊组成。整个输送冷却部分的总长度取决于板材的厚度和塑料比热容。一般 PVC 和 ABS 板材冷却输送部分总长度约为 3～6m，聚烯烃板材约 4～8m。

③ 牵引装置：牵引装置一般由一个主动钢辊（在下方）和外面包有橡胶的被动钢辊组成，牵引辊直径一般为 150～200mm，两辊靠弹簧压紧，其作用是将板（片）均匀牵引至切割装置，防止在压光辊处积料，并将板（片）压平。牵引辊与三辊压光机速度基本同步，能微调，以保持板材有一定张力。

④ 切割装置：板材裁断方式有电热式、锯切和剪切三种，用得最多的是后两种。但锯切消耗动力大、噪声较大、锯屑飞扬、切断处有毛边、切割速度也慢，适于切割硬板。剪切的方法不易产生飞边、切裁速度快、效率高、无噪声和飞屑，但剪床设备庞大、笨重，适合于软板切割。

2. 板（片）材成型工艺

生产板（片）材的塑料品种主要有软聚氯乙烯、硬聚氯乙烯、聚乙烯、聚丙烯、ABS、聚苯乙烯、聚酰胺、聚甲醛、聚碳酸酯、醋酸纤维素等，前四个品种较常见。

塑料板（片）材可用于制作容器、储罐、管道衬里、电绝缘材料、建筑和装饰材料、食品和医药工业的包装材料等。

（1）工艺流程　塑料板（片）材挤出成型工艺流程（不同原料略有差异）是：配料、捏合、造粒、塑化挤出、机头成型、三辊压光、冷却输送、牵引、切割、检验，最后包装得到制品，具体流程示意图可参见图 4-18 所示。

（2）工艺控制因素

① 挤出温度：通常口模温度应比机身温度高 5～10℃左右。若口模温度过低，板材无光泽、易开裂；口模温度过高，原料易变色分解，板材有气泡。扁平口模的温度一般控制为中间低、两边高（图 4-25 为挤出 ABS 板材机头温度分布）。口模内各点温度的波动幅度应控制在±5℃，这是保证板材厚薄均匀的基本条件。

② 三辊压光机辊筒温度：三辊压光机的辊筒温度与成型原料、板材厚度及辊筒的排列位置有关。为了防止板材

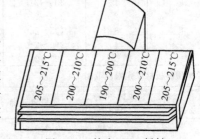

图 4-25　挤出 ABS 板材
机头温度分布

黏附辊筒、板面产生横向条纹，辊筒温度不宜过高。但辊温过低，板面不易紧贴辊面，板材表面容易产生斑点、无光泽。

为了防止板材产生内应力而翘曲，应使板材缓慢冷却，这要求三辊均设置加热装置，并可以进行调温控制。一般说来，聚氯乙烯和 ABS 等无定形塑料，辊筒温度不宜超过 100℃，可用蒸汽或热水加热；当成型聚烯烃等结晶型塑料时，辊筒温度超过 100℃，采用油加热为宜；当板材表面需要压花时，中辊为刻花辊筒，其温度可酌情提高。若中辊换为布氏硬度为 85 的耐热丁腈橡胶辊时，辊内应通冷却水冷却，避免黏料。

③ 板材厚度与模唇间隙：板材厚度与模唇间隙和三辊间距有关。模唇间隙一般等于或稍小于板材要求的厚度，板材从口模挤出后膨胀，经牵引和压光达到规定厚度。三辊间隙一般指片出口处的辊隙，考虑到冷却收缩，三辊间隙一般调节到等于或稍大于板材规定的厚度。板材的厚度和均匀度除可通过调节口模温度控制外，还可利用口模阻力块调节口模宽度方向各处阻力的大

小，从而改变流量及板材厚度。板材最终厚度一般由三辊压光机转速来控制，板材拉伸比不宜过大，因其会造成板材取向，导致板材纵向拉伸性能提高而横向降低；对于用于二次成型的片材和板材，拉伸也不宜过大，它使二次成型预热时热收缩增大。

常见板材挤出成型工艺条件如表 4-4 所示。

表 4-4　常见板材挤出成型工艺条件

常用塑料板材的挤出温度范围

温度/℃ ＼ 塑料名称 部位		半硬聚氯乙烯	硬聚氯乙烯	软聚氯乙烯	低密度聚乙烯	聚丙烯
机身	1	150~160	120~130	100~120	150~160	150~170
	2	155~165	130~140	135~145	160~170	180~190
	3	160~170	150~160	145~155	170~180	190~200
	4	165~175	160~180	150~160	180~190	200~105
连接器		170~180	150~160	140~150	160~170	180~200
机头	1	165~175	175~180	165~170	190~200	200~210
	2	160~170	170~175	160~165	180~190	200~210
	3	165~175	155~165	145~155	170~180	190~200
	4		170~175	160~165	180~190	200~210
	5		175~180	165~170	190~200	200~210

温度/℃ ＼ 塑料名称 部位		ABS(1)	ABS(2)	ABS(3)	聚碳酸酯	改性聚苯乙烯
机身	1	150~170	180~190	40~60	260~270	170~180
	2	160~180	200~210	100~120	265~275	175~185
	3	180~195	205~215	130~140	270~280	185~195
	4	185~200	210~220	140~150	275~285	190~205
连接器		180~190	215~225	140~150	275~285	200~210
机头	1	205~215	220~230	160~170	275~285	225~235
	2	200~210	215~225	150~155	270~280	215~225
	3	195~200	220~230	160~170	275~285	225~235
	4	200~210				
	5	205~215				

常用塑料板材压光温度范围

工艺参数 ＼ 塑料名称		硬聚氯乙烯	ABS	聚丙烯	低密度聚乙烯
辊筒温度/℃	上辊	70~80	70~85	70~75	45~50
	中辊	80~90	80~90	70~75	65~75
	下辊	60~70	90~100	55~60	50~60

注：ABS(1)、ABS(2)、ABS(3) 是指丙烯腈-丁二烯-苯乙烯的组分比例不同，即 3 种 ABS 的配比不一样。

3. 不正常现象、产生原因及解决办法

在板（片）材挤出生产过程中，产生的不正常现象的原因很多，应就具体情况进行分析与处理。常见不正常现象、原因及其解决办法如表 4-5 所示。

三、吹塑薄膜挤出

吹塑薄膜是聚合物薄膜成型方法之一。这种方法可以简述为：将塑料挤成薄壁管，然后在较好的流动状态下用压缩空气将它吹胀成所要求的厚度，经冷却定型后成为薄膜。

这种成型方法与其他薄膜加工方法相比较，有以下优点：设备简单，投资少；薄膜经拉伸、吹胀，力学性能较好；无边料，成品率高，成本低；幅面宽，焊缝少，易于制袋。其主要缺点为：厚度均匀度差；生产线速度低，产量不高。

表 4-5　板（片）生产中不正常现象、原因及解决办法

序号	不正常现象	产生原因	解决办法
1	板材断裂	料筒或机头温度偏低 模唇开度太小 牵引速度太快	适当升高温度 调节螺丝增加开度 减小牵引速度
2	板材厚度不均匀	物料塑化不好 机头温度不均匀 阻力调节块调节不当 模唇开度不均匀 牵引速度不稳定(纵向)	找出塑化不好的原因并解决 检修加热装置 调节阻力调节块 调节模唇开度 检修牵引装置
3	挤出方向产生连续线条	模唇受伤 模唇内有杂质堵塞 三辊机辊筒表面受伤	研磨模唇表面 清理模唇 调换辊筒
4	板表面有气泡	原料中有水分或易挥发性物质	原料干燥除水
5	板材表面有黑色或变色线条、斑点	机头温度过高,物料过热分解 机头有死角,物料停滞分解 机头内有杂质阻塞使物料分解 三辊表面有析出物	降低机头温度 清洗机头 清洗机头 清洗三辊表面
6	板材表面粗糙、产生横向一系列抛物线隆起	物料混炼塑化不好 三辊机堆料过多 螺杆转速过快 板材厚薄相差过大 压光机压力过大	重新混炼 减慢螺杆转速或增加牵引速度 调整螺杆转速 调整模唇开度 增加压光辊间距
7	板表面有斑点	三辊表面被析出物污染	除去表面的污染物
8	板材表面凹凸不平(橘皮)或光泽不好(微小高低不平)	机头温度偏低 压光辊表面不光滑 压光辊温度偏低 机头平直部分太短 模唇表面不光滑 原料含少量水分	升高机头温度 调换辊筒或重新抛光 升高压光辊温度 增加平直部分长度 重新研磨模唇 原料干燥

1. 吹塑薄膜工艺流程

吹塑薄膜的生产方法按挤出机和膜管牵引方向不同，一般可分为平挤上吹、平挤平吹、平挤下吹三种。此外，还有采用立式挤出机的竖挤上吹、竖挤下吹法，以及一些特殊性能薄膜的吹塑方法。

（1）平挤平吹法　如图 4-26 所示，这种方法采用水平式机头，料流阻力小，机头和辅机结构简单，安装和操作都方便。但由于热空气的上升，使膜管上、下两方向冷却不均，加上膜管因自重而下垂，所以薄膜厚度不易均匀，尤其是膜管直径较大时，厚度公差更大。此法一般适于生产折径在 300mm 以下的薄膜。此外，平吹法占地面积较大。

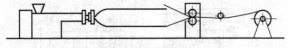

图 4-26　平挤平吹生产工艺

平吹法多用于生产聚乙烯或聚氯乙烯薄膜。

（2）平挤上吹法　如图 4-27 所示，在平挤上吹法中，整个膜管连接在上部已冷的坚韧段上，所以膜泡摆动小，牵引稳定，能够得到多种厚度规格和宽幅薄膜。这种工艺排布设备占地面积小，但厂房要建得比较高，在对膜泡的冷却方面也不够合理。机头的高温使膜管周围的热空气向上流动，冷空气向下流动，影响薄膜的冷却速率，使得吹膜生产效率低。

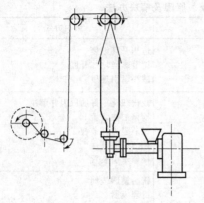

图 4-27 平挤上吹生产工艺

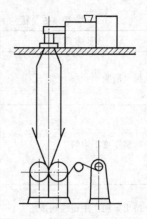

图 4-28 平挤下吹生产工艺

平挤上吹法主要用于生产聚氯乙烯和聚乙烯薄膜。

（3）平挤下吹法 如图 4-28 所示，平挤下吹法的挤出机架高，膜泡由上向下牵引。由于膜泡牵引方向与热气流运动方向相反，有利于膜管冷却。而且膜管靠自重下垂而进入牵引辊，故此法引膜方便。但由于整个膜管连接在未冷却定型的塑性段上，当生产厚膜或牵引速度较快时，有可能将膜管拉断。因此要严格控制物料的熔融黏度。

平挤下吹法特别适宜黏度小的原料及要求透明度高的薄膜，如聚丙烯、聚酰胺等。

（4）其他吹膜工艺流程 膜泡法双向拉伸薄膜的成型如图 4-29 所示。先将挤出成管状的熔体过冷，然后加热至取向所需的温度，在牵引辊速比作用下纵向拉伸，压缩空气作用下横向拉伸，经热定型得到所需厚度和性能。这种方法是聚氯乙烯收缩膜的主要成型方法。

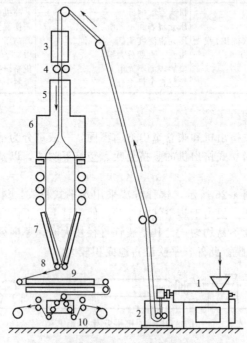

图 4-29 膜泡法双向拉伸薄膜生产工艺

1—挤出机；2—水浴；3—预热装置；4—夹辊 1；5—预热装置；6—拉伸装置；
7—夹膜板；8—夹辊 2；9—热定型装置；10—卷取装置

聚偏氯乙烯吹塑薄膜生产工艺如图 4-30 所示。先将挤出的管膜引入冷水槽中冷却，再牵入温水槽加热至适当温度，在水平方向吹胀成预期的厚度，经定型后得到薄膜。

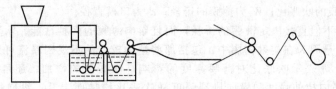

图 4-30 PVDC 吹塑薄膜生产工艺

2. 吹膜工艺分析

生产不同品种、不同规格的塑料薄膜，除合理选择生产设备、模具外，还要选择适宜的成型工艺条件才能使操作正常，得到质量优良的薄膜。

(1) 成型温度 料筒和机头的加热温度对成型和薄膜性能影响显著。图 4-31 表明，LDPE 成型温度过高，会导致薄膜发脆，尤其是纵向拉伸强度下降显著。此外，温度过高还会使泡管沿横向出现周期性振动波。

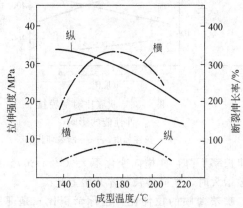

图 4-31 LDPE 成型温度与拉伸性能的关系
—— 拉伸强度；-·-·- 断裂伸长率

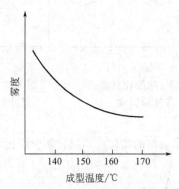

图 4-32 LDPE 成型温度与雾度的关系

温度太低，则不能使树脂得到充分混炼和塑化，从而产生不规则的料流，使薄膜的均匀拉伸受影响，因此薄膜的光泽、透明度下降，图 4-32 为 LDPE 成型温度和雾度的关系。

加工温度太低，还会使膜面出现以晶点为中心，周围成年轮状纹样，晶点周围薄膜较薄，这就是所谓的"鱼眼"。另外，温度太低，还会使薄膜的断裂伸长率和冲击强度下降，如图 4-33 所示。

加工温度的设定，主要是控制物料在黏流态的最佳熔融黏度。挤出不同的原料，采用的温度不同；使用相同原料，生产厚度不同的薄膜，加工温度不同；同一原料，同一厚度，所用的挤出机不同，加工温度也不同。厚度较薄的薄膜要求熔体的流动性更好，因此，同样物料，如果成型 $20\mu m$ 的薄膜，加热温度比 $80\mu m$ 的薄膜所需温度高得多。

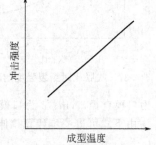

图 4-33 成型温度与冲击强度的关系

(2) 吹胀比 吹塑后的膜泡直径与口模直径之比叫作吹胀比。根据拉伸取向的作用原理，吹胀比大，则薄膜的横向强度高，但实际上，膜泡直径胀得太大会引起蛇形摆动，造成薄膜厚薄不均，产生褶皱和挤出吹膜操作困难。根据经验，吹胀比一般在 $1.5\sim3$ 之间为好。

为了计算方便起见，工厂中常用薄膜的折径（膜泡压平后的双层宽度）与口模直径的关系来表示吹胀比。

$$\alpha = \frac{2W}{\pi d} = \frac{0.637W}{d}$$

式中，α 为薄膜的吹胀比；W 为薄膜的折径；d 为口模直径。

吹胀比的大小不但直接决定薄膜的折径，而且影响薄膜的多种性能。吹胀比越大，薄膜的光学性能越好，这是因为在熔融树脂中，包括那些塑化较差的不规则料流可以纵横延伸，使薄膜平滑所致。图 4-34 表示吹胀比对薄膜雾度的影响。吹胀比的增加，还可以提高冲击强度，如图 4-35 所示。横向拉伸强度和横向撕裂强度随吹胀比增加而上升；纵向拉伸强度和纵向撕裂强度却相对下降，如图 4-36 所示。两向的撕裂强度在吹胀比大于 3 时趋于恒定，如图 4-37 所示。

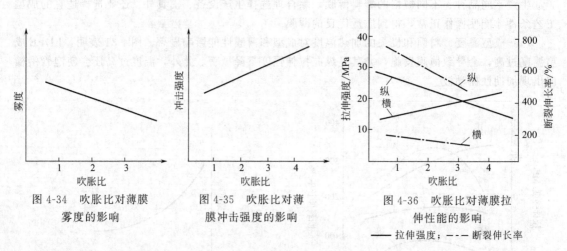

图 4-34　吹胀比对薄膜雾度的影响　　图 4-35　吹胀比对薄膜冲击强度的影响　　图 4-36　吹胀比对薄膜拉伸性能的影响

—— 拉伸强度；---- 断裂伸长率

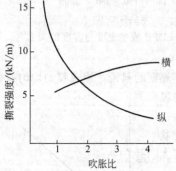

图 4-37　吹胀比对撕裂强度的影响

如果采用的吹胀比不同，随吹胀比增加，纵向伸长率下降，而横向变化不大（图 4-36）。只有当机头环形间隙增大时，横向伸长率才开始上升。

（3）拉伸比　吹塑薄膜的拉伸比（也称牵引比）是薄膜牵引速度与管坯挤出速度的比值。拉伸比使薄膜在引膜方向上具有定向作用，增大拉伸比，薄膜的纵向强度随之提高。但拉伸比不能太大，否则难以控制厚薄均匀度，甚至有可能将薄膜拉断。一般拉伸比为 4～6。

牵引速度即薄膜牵引辊的转动线速度。管坯挤出速度可用单位时间挤出的树脂体积除以口模间隙的截面积求得。

$$v_0 = \frac{Q}{\pi d \delta \rho}$$

式中，v_0 为管坯挤出速度，cm/min；Q 为薄膜产率，g/min；d 为口模直径，cm；δ 为口模间隙，cm；ρ 为物料熔体密度，g/cm^3。

由下式可进一步计算拉伸比。

$$\beta = v_1/v_0$$

式中，β 为吹塑薄膜的拉伸比；v_1 为牵引辊的线速度，cm/min。

当加快牵引速度时，从模口出来的熔融树脂料流，在冷却固化前不能得到充分冷却，对于结晶型塑料，如 PE、PP 等会导致结晶度增大，故光学性能较差，牵引速度与薄膜雾度的关系如图 4-38 所示。即使增加挤出速度，也不能避免薄膜透明度的下降。

在挤出速度一定时，若加快牵引速度，纵横两向强度不再均衡，而导致纵向上升，横向下降，如图 4-39 所示。

显而易见，吹胀比和拉伸比分别为薄膜横向吹胀的倍数与纵向牵伸倍数。若二者同时加大，薄膜厚度就会减小，而折径却变宽，反之亦然。所以吹胀比和拉伸比是决定最终薄膜尺寸和性能的两个重要参数。

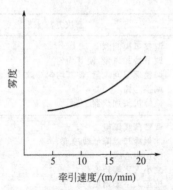

图 4-38　牵引速度与薄膜雾度的关系

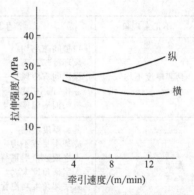

图 4-39　牵引速度与薄膜拉伸强度的关系

（4）冷却速度　吹膜过程中冷却速度快慢影响泡形，薄膜的定向性随泡形的不同亦有所不同。如图 4-40 所示。图 4-40（a）是冷却速度较为缓慢时所获得的泡管形状，当风环位置较低，但风量不大，空气温度也不特别低时可形成这种形状；图 4-40（b）是薄膜离开机头立刻冷却时形成的泡形；图 4-40（c）是薄膜离开机头一定距离后急冷形成的泡形，当风环位置高、风量大，而且空气温度较低时形成这种形状。

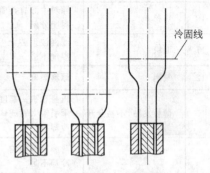

以上这三种不同的泡形，薄膜的定向性是不同的，图 4-40（b）的纵向定向性最强，图 4-40（c）的横向定向性最强；图 4-40（a）介于（b）、（c）之间。风环的位置不仅在于使泡管定型，而且对薄膜的光学性能和力学强度有一定影响。经验证明，不同的冷却方式具有不同的

图 4-40　吹塑薄膜的三种泡形

冷却效果。吹塑薄膜一般采用风冷，但生产重包装膜可用水冷，以提高冲击强度。为了获得透明度较好的薄膜，可采用骤冷方式进行冷却。

3. 不正常现象、产生原因及解决办法

在吹塑薄膜的生产过程中，产生的不正常现象、原因及解决办法如表 4-6 所示。

表 4-6　挤出吹塑薄膜生产中产生的不正常现象、原因及解决办法

序号	不正常现象	产生原因	解决办法
1	引膜困难	机头温度过高或过低 厚度相差较大 原料杂质过多,焦烧点多	调整机头温度 调整薄膜厚度,使其均匀一致 更换原料,拆机头,清理螺杆
2	泡管不正	机身、口模温度过高 机颈温度过高 机头间隙出料不均	适当降低机身、口模温度 适当降低机颈温度 调整定心环
3	泡管出现葫芦形,宽窄不一	有规律性的葫芦形是由于牵引辊的夹紧力大小或牵引辊受机械传动的规律性阻力变化影响 无规律性的葫芦形是因为牵引速度不均、风环压力太大	适当增加牵引辊的夹紧力,并修理机械传动部分 调整牵引速度,使之稳定;调整风环压力,均匀一致
4	表面发花,如同云团状或手指印斑块	机身或口模温度低 螺杆转速太快	升高机身或口模温度 降低螺杆转速
5	挂料线	在出料口处停留分解 模口被碰伤	用铜铲刮出,严重时顶出芯棒清理 修理模具
6	接缝线痕迹明显	机头或机颈温度过高 芯棒尖处有分解料	降低机头或机颈温度 顶出芯棒,进行清理

序号	不正常现象	产生原因	解决办法
7	薄膜厚度不均	口模间隙不均 风环冷却风不均 保温间有冷风 芯棒"偏中"变形 机头四周温度不均	调整口模间隙 调节冷却风量,使其均匀 调整保温间风量,使其均匀一致 调换芯棒 检修机头加热器
8	褶皱	薄膜厚度不均 冷却不足或不均 人字架或牵引辊与机头中心未对准 人字架角度太大 人字架角度与泡管直径不相适应 牵引辊变形或松紧不一	调整薄膜厚度 加强冷却或降低线速度 校正中心线 减小人字架角度 校正人字架角度 调整牵引辊
9	透明度差	机身或机头温度过低 冷却不足	适当升高机身或机头温度 加强冷却或降低速度
10	焦粒	原料中混有杂质 树脂分解	原料过筛 清理机头
11	僵块	滤网被顶破 温度不适	调换滤网 调整温度
12	气泡	原料潮湿	原料干燥
13	薄膜发黏,不易分开	机身和机头温度过高 牵引辊太紧或牵引速度太快 冷却不足	降低机身和机头温度 调整牵引辊夹紧程度或降低牵引速度 加强冷却
14	卷取不平	薄膜厚度不均 冷却不足 人字架间隙不均 牵引辊跑偏 膜管内夹有空气,造成褶皱	调整薄膜厚度 加强冷却 校正人字架间隙 调整牵引辊的夹紧力,使两端均匀一致 排除膜管内的气体,消除褶皱现象
15	出料量逐渐减少	生产时间过长,过滤网被堵塞	调换过滤网
16	冷固线过高(属于工艺要求者除外)	机头温度过高 挤出量过大 冷却不足	降低机头温度 降低螺杆转速 提高冷却效果
17	冷固线过低	机头温度过低 挤出量过小 冷却过度	升高机头温度 升高螺杆转速 降低冷却效果

四、拉伸制品挤出

挤出拉伸制品主要有塑料单丝、撕裂膜、打包带及双向拉伸膜等,它们生产时的共同特点是采用热拉伸的方法,通过分子取向,提高制品的强度,下面就这几类产品的生产工艺予以简单介绍。

(一) 单丝成型工艺

生产单丝的主要原料有聚氯乙烯、聚偏二氯乙烯、聚乙烯、聚丙烯、聚酰胺等。单丝主要用途是作织物和绳索,如窗纱、滤布、渔网、缆绳、刷子等。

聚乙烯、聚丙烯、聚酰胺单丝的性能如强度超过麻纤维,接近某些钢丝的强度,所以塑料单丝可以大量代替棉、麻、棕、钢材而广泛用于水产、造船、化学、医疗、农业、民用等各部门。

1. 单丝成型工艺流程

生产单丝的设备由挤出机、机头、冷却水箱、拉伸装置、热处理装置及卷取装置组成,如图4-41和图4-42分别是聚乙烯与聚氯乙烯单丝生产工艺流程。

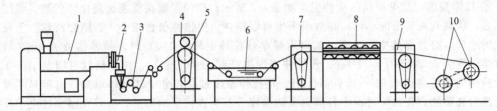

图 4-41 聚乙烯单丝生产工艺流程

1—挤出机；2—机头；3—冷却水箱；4—橡胶压辊；5—第一拉伸辊；6—热拉伸水箱；

7—第二拉伸辊；8—热处理烘箱；9—热处理导丝辊；10—卷取辊筒

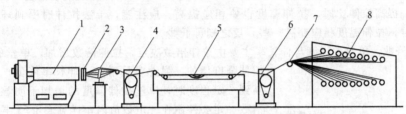

图 4-42 聚氯乙烯单丝生产工艺流程

1—挤出机；2—机头；3—分丝板；4—第一拉伸辊；5—热水槽；

6—第二拉伸辊；7—分丝板；8—卷取装置

2. 单丝的成型工艺分析

影响单丝质量的因素主要有原料性能、操作工艺条件，现分述如下。

(1) 原料 用于单丝生产的聚合物分子量相对较高，故需选用较高的加工温度。一般拉丝用聚合物的分子量应能满足低温纺丝的熔融黏度要求，如聚酰胺类，它的流动性要好，其相对分子质量在 1.4 万～1.6 万的适宜拉丝；高密度聚乙烯相对分子质量 4 万～5 万（MFR 为 0.5～1g/10min）适宜拉丝，相对分子质量分布宽的原料有利于成型和产品的均匀性。对于某些单丝，还要加入各种助剂，如渔网丝的着色剂应与树脂的相容性及稳定性好，耐光、耐候，不溶于水及氯化钠溶液。通常采用炭黑、酞菁绿为着色剂，以松节油作分散剂。每 25kg 树脂所用的炭黑量为 4.5～5.5g，酞菁绿为 10～24g，松节油为 80mL 左右。

(2) 几种单丝的成型工艺条件 成型工艺条件包括挤出温度、挤出速度、牵引及冷却条件等，常见几种单丝的生产工艺条件如表 4-7 所示。

表 4-7 几种常见单丝的生产工艺条件

单丝品种	挤出温度/℃		冷却水温/℃	拉伸倍数	拉伸温度/℃
	机身	喷丝板			
聚氯乙烯（窗纱丝）	90～160	160～180	空气冷却	2.5～3.5	95～100
聚氯乙烯（绳子丝）	90～160	160～180	40～60	3.4～4.5	95～100
高密度聚乙烯渔网丝	150～300	290～310	30～50	9～10	90～100
聚丙烯渔网丝	150～280	280～300	20～40	8～10	120～150
聚丙烯绳子丝	150～280	280～300	20～40	6～7	95～100
聚酰胺渔网丝	200～260	230～240	20～40	4～4.5	70～85
聚酰胺刷子丝	200～260	230～240	20～40	3.5～4	70～85

(3) 拉伸 拉伸的目的是让大分子沿拉伸方向发生取向，从而提高单丝的强度、降低伸长率，强度随拉伸条件的变化而异。拉伸条件包括温度、时间、拉伸倍数等方面，各个方面之间相互影响。

① 拉伸温度。常见单丝的拉伸温度如表4-7所示，拉伸温度高就能提高拉伸倍数，强度也随着提高。从喷丝板挤出的单丝，在常温下也可以拉伸，但拉伸倍数较小，否则会断丝。为获得高强度的单丝，必须提高拉伸温度，如聚丙烯单丝拉伸温度为100℃时，拉伸倍数为6～7倍，单丝拉伸强度为0.396～0.44N/tex；若拉伸温度提高到120～150℃，拉伸倍数可增至10～12倍，单丝拉伸强度提高到0.528～0.704N/tex。但拉伸温度过高，分子链易解取向，也容易断丝。对于结晶型高聚物，在拉伸过程中各加热区的温度分布会直接影响质量，最好在温度梯度下降的条件下进行拉伸，因为结晶型聚合物在拉伸的过程中会产生热量，即使在恒定的条件下进行拉伸，如果被拉伸单丝散热不良，则整个过程是在不等温条件下进行的。原来粗的部分比细的部分温度降低缓慢，因而较粗的部分温度高，会得到较大的变形，从而降低粗细波动幅度，使单丝尽可能均匀。另外，提高拉伸比时，拉伸温度也要相应提高。应注意，干法拉伸时受到环境温度的影响，室温低时，拉伸温度相应要高一些，反之则可低些。

② 拉伸倍数。单丝的强度与伸长率主要由拉伸倍数决定，拉伸倍数增加，单丝的密度增加，拉伸强度增加，弹性模量增加，伸长率降低。当拉伸倍数高到一定程度时，单丝拉伸强度的增加不明显，因此拉伸倍数一定要控制在一定数值内，详见表4-7。拉伸倍数超过25倍时，密度急剧下降，这时会出现白化现象。

同一原料生产不同产品时，拉伸倍数也不相同，如聚氯乙烯单丝作窗纱时的拉伸倍数为2.5～3.5，做绳索时拉伸倍数为3.5～4.5。

（4）热处理 拉伸后的单丝伸长率较大，受热容易收缩，使长度变小，适当提高热处理温度可以减小这种现象，热处理与单丝收缩率的关系如图4-43所示。

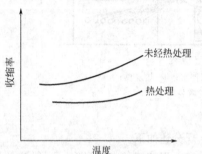

图4-43 单丝热处理与收缩率的关系

3. 不正常现象、产生原因及解决办法

单丝成型过程中，常常会遇到一些不正常现象，其产生原因及解决办法见表4-8。

表4-8 单丝成型过程中产生的不正常现象、原因及解决办法

序号	不正常现象	产生原因	解决办法
1	喷丝板处断头多	机头温度过低 机身后部温度过高 原料有杂质或分解的黑点 第一拉伸辊速度过快 喷丝孔不符合要求	升高机头温度 增加加料口处冷却水 更换原料或加过滤网 降低第一拉伸辊速度 调换喷丝板
2	热拉伸水箱中断头多	拉伸倍数过高 拉伸温度偏低 橡胶压辊损坏 热水箱中压轮损坏 原料中有杂质或分解现象	降低拉伸辊速度 升高拉伸温度 更换橡胶压辊 更换压轮 更换原料或清洗机头
3	单丝细度公差太大	喷丝孔加工不合理 拉伸辊筒打滑或传动皮带打滑 卷取张力太小	更换喷丝板 检修拉伸轴承、传动皮带 更换皮带轮
4	单丝太粗	拉伸倍数不足 拉伸速度太慢 喷丝孔孔径磨损	提高拉伸倍数 增加拉伸速度 更换喷丝板
5	单丝太细	拉伸速度太快 挤出温度偏低 过滤网被杂质堵塞	降低拉伸速度 提高挤出温度 清理过滤网

续表

序号	不正常现象	产生原因	解决办法
6	单丝强度偏低	树脂分子量偏低 拉伸倍数偏低或过高 冷却水温过高 拉伸温度太低 拉伸时间不够	更换原料 调整拉伸倍数 降低冷却水温度 提高拉伸温度 加长拉伸水槽长度
7	单丝表面有气泡	原料含水分过高 挤出温度过高,物料分解	原料干燥 降低挤出温度
8	单丝表面竹节化	喷丝孔表面不光滑 挤出机转速太快 过滤网层数太多 机头温度偏低 喷丝板漏料	磨光喷丝板 降低挤出机转速 减少过滤网层数 升高机头温度 清理喷丝板

(二) 撕裂膜的成型工艺

撕裂膜是将结晶型塑料吹塑薄膜或挤出薄膜切成一定宽度的窄带,采用与单丝相同的方法热拉伸,得到强度高、伸长率小的窄带,可用于制造编织袋,其拉伸强度、冲击强度均比普通薄膜袋高,拉伸的窄带也可作为捆扎绳。

撕裂膜的生产是从薄膜开始的,薄膜可用直接挤出和吹塑两种方法获得,其中吹塑法工艺流程如图 4-44 所示。

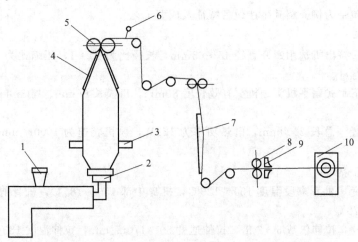

图 4-44 聚丙烯撕裂膜吹塑法工艺流程

1—挤出机;2—机头;3—风环;4—人字板;5—夹辊及牵引辊;6—切刀;7—热拉伸板;8—拉伸辊;9—吹飞装置;10—卷取装置

吹塑法工艺的优点是薄膜横向强度较好,产量大,膜撕裂生成的根数多,但切割时两边废料较多。现以吹塑法为例简述聚丙烯撕裂膜的生产工艺。

1. 设备特征

(1) 挤出机 一般采用单螺杆挤出机,螺杆直径为 65mm,螺杆类型一般采用突变式普通螺杆或分离型螺杆,长径比为 25:1。

(2) 机头 采用中心进料螺旋式机头,该机头出料均匀,膜厚度较易控制。口模直径 300mm,口模间隙 0.8mm,口模圆周上刻有深 0.8mm 的凹槽 300 道,这样一方面可以使产品在纵向拉伸时具有加强筋,同时可以使产品具有纤维般手感。

(3) 热拉伸板 弓形曲板 1800mm×740mm,曲板弧度 $R22$、$R50$,曲面板内壁装有 60 根 200W 均匀安装的电阻加热片,由温度控制调节仪控制。

（4）吹飞装置　安装在拉伸辊后，上、下各一件，唇缝为 5mm×700mm，间隙为 20mm，由离心式鼓风机供风。吹飞的作用一是增加拉伸后的撕裂膜由拉伸辊向卷取装置前进的动力，二是防止撕裂膜卷绕在高速旋转的拉伸辊上。

2. 成型工艺条件

（1）原材料　一般选用聚丙烯的 MFR 为 1～4g/10min。

（2）挤出温度　机身末段 190℃，机身中前段 250～270℃，机头温度 240～250℃，热拉伸板温度 100～140℃。

（3）吹胀比　泡管吹胀比 1.2∶1。

（4）拉伸　拉伸倍数为 5 左右，拉伸速度一般为 70～90m/min。

（三）打包带的成型工艺

塑料打包带具有质轻、防潮、美观、耐腐蚀以及改善打包劳动强度等优点。目前聚丙烯打包带的应用比较普遍，图 4-45 为聚丙烯打包带成型工艺流程。

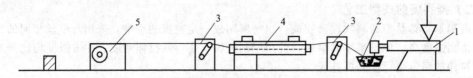

图 4-45　聚丙烯打包带成型工艺流程
1—挤出机；2—冷却水槽；3—拉伸机；4—热风循环炉；5—收卷机

以聚丙烯打包带为例介绍其生产设备特征及成型工艺。

1. 设备特征

（1）挤出机　挤出机选用螺杆直径 45～65mm，长径比为 20∶1，压缩比为 3∶1，螺杆为等距不等深突变型螺杆。

（2）机头　下垂式扁平机头，机头有效长度 80mm，口模长 65mm、厚 3mm，口模距水槽水面高度为 80mm。

（3）拉伸装置　总长 2000mm，电热功率为 12kW，风机转速为 1000r/min，拉伸装置内风速为 85m/s。

2. 成型工艺条件

（1）挤出温度　机身末段温度 100～120℃，机身中部 150～180℃，机身前部 240～280℃，机头温度 230～270℃。

（2）拉伸条件　拉伸倍数 6～7 倍，拉伸速度 60～170m/min，拉伸温度 180～200℃。

（四）双向拉伸膜的生产工艺

生产塑料薄膜的方法较多，除前述的利用环形口模挤出吹塑法外，还有 T 形机头挤出双向拉伸法、流延法及压延法等。虽然吹塑法生产薄膜也是双向拉伸，但其生产时的薄膜厚度公差较大，产量受到冷却能力的限制，用 T 形机头挤出双向拉伸法可以提高薄膜的质量和生产能力，其生产工艺过程如图 4-46 所示。下面介绍该法生产双向拉伸膜的生产工艺。

1. 双向拉伸薄膜设备特征

（1）挤出机　能用于双向拉伸膜生产的挤出机较多，单螺杆挤出机、双级单螺杆挤出机、排气式单螺杆挤出机、双螺杆挤出机、双螺杆与单螺杆串联挤出机均有应用。

若采用单螺杆挤出机，螺杆长径比 $L/D \geqslant 30$，螺杆结构为分离型并带有适当的混炼元件。然而，单螺杆挤出机增大长径比和采用特殊的螺杆，对提高挤出机产量、改进塑化混炼效果方面毕竟有限，因此，有些主机配置中采用两台挤出机串联的方式。串联挤出机有不同类型：第一级挤出机可以是单螺杆挤出机，也可以是双螺杆挤出机。串联的方式相当于大大地增加了螺杆的长径比。一级挤出机负责固体物料的输送和熔融，二级挤出机将物料进一步塑化、混合、计量挤出。

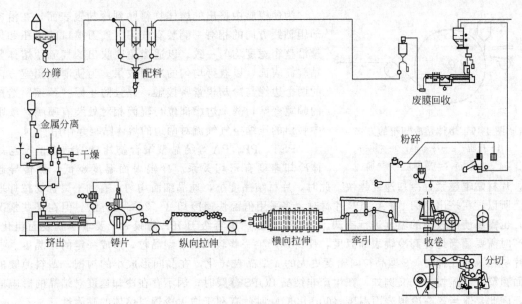

图 4-46 双向拉伸薄膜生产工艺流程

（2）熔体过滤器　在塑料原料中总存在少量杂质，如碳化物、灰尘、晶点等。在双向拉伸薄膜生产中，杂质的存在会损坏计量泵，更主要的是会在铸片中出现条纹、晶点、鱼眼，影响薄膜的电性能、阻隔性能和外观质量，严重的情况下会影响薄膜的拉伸工艺的正常操作。所以必须安置熔体过滤器。

（3）计量泵　在挤出过程中，熔体从挤出机前端要进入阻力很大的熔体过滤器及狭窄的口模，因此，为了确保机头具有足够高而稳定的压力，在双向拉伸薄膜生产线上，无论配置哪种挤出机，都要安装一台高精度的计量泵。熔体计量泵是一种高精度的齿轮泵，如图 4-47 所示。

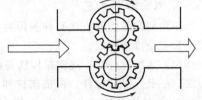

图 4-47　熔体计量泵

泵运转时，齿轮啮合脱开处为自由空间，构成泵的进料侧。进入的熔体被齿轮强制带入泵体的啮合区间，然后挤入出料区，此区的高压熔体只能压入出料区，不会带入进料区。物料的泵出量是基本恒定的，为了计量更精确，有些设备中采用三轮泵的形式。

操作中，为保证薄膜纵向厚度不变，计量泵常采用两种控制方式，一种是计量泵速度不变，经过滤器阻力增大时，自动调节冷却辊筒的转速来适应这一变化；另一种是随过滤器阻力增大，自动调节计量泵的速度，适当加大泵出量，保证进入机头的熔体压力不变。

（4）静态混合器　在热敏性塑料双向拉伸薄膜生产线上，熔体在进入机头之前都要通过一组静态混合器。

（5）机头　目前，在 BOPET、BOPA、BOPP 等薄膜的生产线中，大多数机头均采用渐减支管式结构，少数 BOPP、BOPS 薄膜采用鱼尾式机头。

（6）冷却装置　冷却装置主要是冷却辊，冷却辊筒的结构形式有两种，如图 4-48 所示，熔体向辊筒贴合的方式如图 4-49 所示。

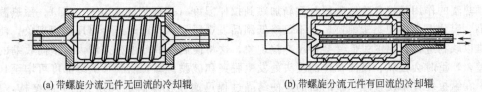

(a) 带螺旋分流元件无回流的冷却辊　　　　(b) 带螺旋分流元件有回流的冷却辊

图 4-48　冷却辊筒的结构

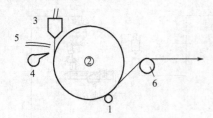

图 4-49　熔体贴冷却辊的方式

1—压辊；2—冷却辊；3—模头；

4—气刀；5—喷嘴；6—导辊

为使模唇中挤出的熔体物料贴到冷却辊表面，在沿冷却辊轴线方向的相对一侧装有气刀，气刀喷口的风压和风量沿整个宽度均匀一致，以适当角度吹出的气流使熔体紧贴辊筒表面，以获得均匀的冷却效果。为使薄膜幅宽方向的两个边缘与冷却辊紧密接触，并且防止因"颈缩"造成的幅宽变窄，两个边缘部位与辊筒相对处装有喷嘴，喷嘴中喷出的压缩空气气流对两边的熔体贴辊起作用。

PET、PP、PA 等结晶型聚合物片材的结晶情况与熔体冷却速度有密切关系。冷辊表面温度越低，热传导越好，片材贴辊越紧，冷却速度越快。此时，片材结晶度小，球晶细而均匀，有利于聚合物拉伸取向。所以，在挤出 PET、PA、PP 片材时，多采用低温快速冷却（<35℃）方法。但在某些情况下，也需要使用较高的温度进行冷却。例如，在生产电容级 BOPP 薄膜时，要求薄膜表面粗化，生产时需要适当地提高冷辊表面温度，使铸片产生一些较大的 β 型晶粒，形成一定的结晶度。这种片材在双向拉伸时，β 型晶粒向密度更大的 α 型晶粒转化，在晶间形成小的沟槽，塑料薄膜的表面粗糙度明显增大。又例如，在生产非结晶 BOPS 薄膜时，因不存在冷却速度对结晶的影响问题，因此，适当提高冷辊表面温度（60~90℃）时，有利于增大冷辊对熔体的黏附性。

冷辊运动的线速度调节，可使铸片产生预拉伸。适当的预拉伸可减小聚合物流体弹性形变成的影响。对于结晶型聚合物，适当预拉伸有利于晶粒细化及生成准晶结构。这种片材具有一定的纵向韧性，在双向拉伸时不易断裂，有利于提高成膜性。

2. 双向拉伸工艺

平面双向拉伸的方法有许多种类，实际应用中要根据产品的性能要求、生产的规模及生产技术、设备特点来确定。

(1) 逐次拉伸法　逐次拉伸法是将挤出的片材分别经过纵向、横向两次拉伸完成取向过程的方法，一般先纵向拉伸，再横向拉伸。生产速度最高可达 350m/min，但在横向拉伸、热处理时会损失分子纵向取向，所以难以制作纵向强度高的薄膜。由于热处理在横向拉伸机内进行，也难以形成纵向热收缩为零的薄膜。

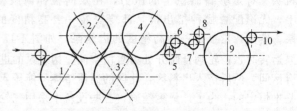

图 4-50　纵向拉伸装置

1~4—预热辊；5~8—拉伸辊；

9—冷却辊；10—导辊

纵向拉伸装置由多个预热辊、拉伸辊、冷却辊筒组成，通过张力、温度、速度等控制完成纵向拉伸，如图 4-50 所示。

纵向拉伸有单点拉伸和多点拉伸之分，如果急冷后的厚片是由两个不同转速的辊实现纵向拉伸，就称为单点拉伸，两辊表面线速度之比就是纵向拉伸比；如果纵向拉伸比是分配在若干个不同转速的辊筒上来实现的，则称为多点拉伸。多点拉伸时，各辊的转速是依次递增的，其总拉伸比为最后一个拉伸辊或冷却辊的表面线速度与第一个拉伸辊或预热辊的表面线速度之比。多点拉伸具有变形均匀、拉伸程度大和不易产生"细颈"现象（即膜片两侧边变厚中间变薄的现象）等优点，因而多为实际生产所采用。

预热辊的作用是将急冷后的厚片重新加热到拉伸温度（聚丙烯为 130~135℃）。预热温度如果过高，膜片上会出现黏辊痕迹，这不仅降低制品表观质量，严重时还会出现包辊现象，使拉伸过程难以顺利进行；温度过低又会出现冷拉现象，这将使制品的厚度公差增大、横向收缩的稳定性变差，严重时会在纵、横向拉伸的接头处发生脱夹和破膜。纵拉后膜片的结晶度可增至10%~14%。在纵拉装置中设置冷却辊的目的是使结晶过程迅速停止并固定大分子的取向结构，另外，也张紧厚片避免发生回缩。由于纵拉后的膜片冷却后须立即进入横拉装置的预热段，所以冷却辊的温度不宜过低，一般控制在聚合物玻璃化温度或结晶最小速率温度附近。

横拉装置有两条能进行回转的特殊链条，链条上的夹具可紧紧夹住片材的两个边缘，并支撑在可变幅宽的导轨上，借助于两条链夹的同向、同步运行实现对薄膜的横向拉伸。横向拉伸装置如图 4-51 所示。

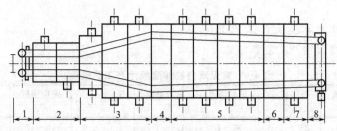

图 4-51　横向拉伸装置

1—进口区；2—预热区；3—拉伸段；4,6—缓冲段；5—热处理区；7—冷却区；8—出口区

片材首先在略有增幅的预热区进行加热，在有较大扩张角的拉伸段内进行加热横向拉伸；然后在平行及有收缩的热处理区内进行热处理，使薄膜定型及松弛；最后在平行的冷却区内进行冷却，完成薄膜的横向拉伸工作。

（2）同时双向拉伸法　同时双向拉伸法（简称一次拉伸或同步双向拉伸法），图 4-52 为一次拉伸装置。它是将挤出塑料片材在一台拉伸机内同时完成纵向拉伸、横向拉伸、冷热处理制成双向拉伸薄膜的方法。在这种方法中，挤出的片材在拉伸的进口处被夹具夹住，两侧的夹具同向、同步运行，使片材在预热区内充分地预热，在拉伸段内，借助于夹具的扩幅及有规律地逐渐增大夹间距的运动，实现薄膜同时纵向、横向拉伸取向。最后，经过热处理、冷却，完成整个制膜过程。

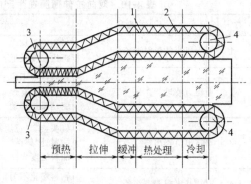

图 4-52　一次拉伸装置

1—链条；2—夹具；3—进口链轮；4—出口链轮

（3）薄膜牵引　薄膜牵引装置是指双向拉伸机之后直到薄膜收卷机之前，薄膜所经过的所有设备。这个装置的作用是将拉伸的薄膜热定型展平、冷却。利用薄膜测厚仪检测薄膜的纵、横向厚度，然后切除两个废边，并将废边通过吸风嘴吸入粉碎机，最终以恒定的速度将薄膜送往收卷机，牵引卷取。

横向拉伸后的薄膜在进入热定型段之前须先通过缓冲段。经过缓冲段时，薄膜的宽度与其离开横向拉伸段末端时相同，但温度略有升高。缓冲段的作用是防止热定型段温度对拉伸段的影响，以便横拉伸段的温度能得到严格控制。热定型所控制的温度至少比聚合物最大结晶速率温度高10℃。为了防止破膜，热定型段薄膜的控制宽度应稍有减小，这是由于横向拉伸后的薄膜宽度在热定型的升温过程中会有一定量的收缩，但又不能任其自由收缩，因此必须在规定的收缩限度内使横向拉伸后的薄膜在张紧的状态下进行高温处理，这就是成型双向拉伸膜的热定型过程。经过热定型的双向拉伸膜，其内应力得到消除，收缩率大为降低，机械强度和弹性也得到改善。

热定型后的薄膜温度较高，应先将其冷至室温，以免成卷后因热量难以散发而引起薄膜的进一步结晶、解取向和热老化。

（4）薄膜收卷　将完成冷却切边后的薄膜经过导辊引入收卷装置，卷绕成一定长度或一定重量的膜卷。膜卷须放在时效架上经过一定时间的时效处理，得到双向拉伸膜产品。

（5）薄膜分切　从收卷机卸下的母卷，由于运输不便，薄膜的尺寸不能满足使用要求。所以，在出厂前都要按用户要求将其进行分切，把母卷切成具有特定的宽度及一定长度的小卷，完成这一作业的机器称为分切机。

薄膜经过分切机分切后,最终产品质量不仅取决于薄膜的物理、力学、电气等性能,而且还与产品的下列状况有关:薄膜收卷的松紧度,端面是否整齐,膜内有无灰尘、粉尘、晶点等,产品的长度、宽度是否符合需要,膜上有无皱纹、划伤、硬点、暴筋,接头数量是否在允许限定数量之内。

3. 常见双向拉伸薄膜生产工艺条件

常见双向拉伸薄膜生产工艺条件见表 4-9。

表 4-9 常见双向拉伸薄膜生产工艺条件

薄膜材料	薄膜厚度/μm	挤出温度/℃	流延温度/℃	纵拉温度/℃	拉伸比	横拉温度/℃	拉伸比	热处理温度/℃
PP	10~60	250~270	30~40	125~145	4.5~6.0	160~170	9.0~10.0	170~180
PET	6~40	285~295	30~40	115~125	3.5~5.0	110~120	3.3~3.6	240~250
PS	100~500	230~240	80~100	110~125	2.5~3.5	110~125	2.5~3.5	100~110

4. 双向拉伸薄膜生产中可能出现的问题及解决办法

双向拉伸薄膜在生产中的不正常现象、原因及其解决办法见表 4-10。

表 4-10 双向拉伸薄膜在生产中的不正常现象、原因及其解决办法

序号	不正常现象	产生原因	解决办法
1	出机头的熔料不均匀	过滤网损坏 挤出温度太低	更换过滤器 提高挤出温度
2	压力波动	粒料供应不稳定 温度设定有误 驱动系统摆动	检查混料器和加料段 以 10℃ 的间隔改变温度设定 检查驱动系统的电子设备
3	挤出机不出料	机头接套、过滤器或机头被冷料堵塞 加料处"架桥" 加料温度太高	检查压力和温度设定值,再延长加热时间 检查加料系统 降低加料段温度
4	片基出机头有线条	物料塑化不匀 过滤器有缺陷	提高挤出机温度 换较细的过滤网或过滤器
5	片基上有气泡	粒料中有水分 抗粘连剂水分含量过大 挤出时有时不进料	干燥或更换物料 检查水分含量,超过 0.1% 换料 检查原料供应系统
6	片基上有降解颗粒或呈褐色	温度过高,降解 机头中存料降解 过滤网损坏	降低挤出温度 清洗机头 更换过滤网
7	放出大量烟雾	热降解 添加剂热稳定性差	降低挤出温度 更换添加剂
8	片基边缘厚	气管或边缘罩位置有误 气刀距离不对 骤冷辊温度太低	调节气管和边缘罩 调节气刀 检查温度并适当提高
9	片基有横向条纹	气刀位置有误	调节气刀位置
10	骤冷辊和片基间有气泡	气刀位置有误 骤冷辊温度太低	调节气刀位置 调整骤冷辊温度
11	片基水冷一面有气泡	喷水管定位有误	调节喷水管向上以在薄膜浸水点得到湍流
12	片基上有雾状线	片基宽度方向水冷不均匀	使水槽中水温均匀
13	膜冷辊与片基之间有水	排气不足 骤冷辊温度太低	调节排气系统 升高骤冷辊温度

序号	不正常现象	产生原因	解决办法
14	片基在模唇和送膜点有飘动	气刀对机头气流太强烈	缩小气刀角度,使气流对准片基
15	穿时拉绳或膜断裂	拉绳强度不够 穿膜链张力太大	用较牢的或耐热的拉绳 降低对离合器的气压
16	穿片链不能启动	拉伸辊未完全打开 纵拉不运转 穿片链气压低	提升拉伸辊至限位开关 启动纵拉位置 加大离合器压力
17	薄膜上有斑点	辊筒上有灰尘 薄膜黏辊	停机清洗辊筒 降温
18	薄膜上有刮痕	拉伸间隙未处在正确位置 未装夹辊	将所有辊筒调到同一平面 装夹辊
19	薄膜断在拉伸间隙处	拉伸比太高 拉伸温度太低 片基不规则	降低拉伸比 升高预热与拉伸温度 调节片基规则
20	链条不能启动	链条张力有误 紧急辊被拉住	调节链条 松开紧急绳
21	薄膜未夹好	导边调节有误 导边装置不工作 薄膜平面太高或太低	检查并调节 检查并修理 将空转辊推到正确位置,再调节导板
22	破膜(发出噪声)	拉伸辊温太低 油滴到薄膜上 薄膜上有气泡或降解颗粒 装置中有厚片 风扇关闭 夹子下有膜片	适当提高拉伸温度 停机检查,制止漏油 检查前面工序 停机并清洗 开启风扇 检查边缘,清洗夹子
23	破膜(无噪声)	拉伸温度太高 薄膜上有气泡或降解颗粒	适当降低温度 检查前面工序
24	薄膜浑浊	纵向拉伸太低 温度太高	提高纵向拉伸比 适当降低温度
25	薄膜上有厚的未拉伸线	片基厚度公差太大 拉伸温度太低	调整厚度公差 适当提高拉伸温度
26	薄膜边缘处有厚的未拉伸线	预热温度太低 物料不适合拉伸	提高预热温度 更换合适的原料
27	薄膜在拉伸段滑出夹子	薄膜未进入夹子中 薄膜片黏在夹子上 夹子上有添加剂或油	调节导边装置 清洗夹子 用溶剂清洗
28	薄膜收缩	温度太高	开启冷却风扇
29	薄膜有油硬斑和"鱼眼"	粒料不合适 母料不合适 切边料和回收料中有灰尘	更换原料牌号 更换母料牌号 注意清洁
30	薄膜上有线条	薄膜在拉伸辊上滑动 纵向拉伸温度过低 薄膜被刮伤	适当调节纵向拉伸装置夹辊 提高纵向拉伸装置温度 调节可能与薄膜接触的金属件
31	薄膜纵向厚度不均匀	挤出机压力太低 薄膜在拉伸辊上有滑动	调整挤出机压力 提高纵向拉伸温度
32	薄膜横向厚度不均匀	横向拉伸温度太低,拉伸不均匀 挤出机中物料塑化不均匀 原料不适合拉伸 再生料不适合拉伸 生产线温度太低 模唇调节不当	提高预热与拉伸温度 提高物料塑化均匀性 更换物料 减少再生料用量的比例 调节控制温度 调节模唇的控制温度
33	热收缩率太大	热定型段温度太低 冷膜拉伸过度 膜在热定型辊间松弛不足	提高热定型段和拉伸温度 降低拉伸应力 调节膜的松弛度
34	薄膜拉伸强度太低	薄膜拉伸比太低 拉伸温度太高,特别是在纵向拉伸段	加大拉伸比 降低预热和拉伸温度

第六节　挤出中空吹塑成型

挤出中空吹塑成型是一种生产中空塑料制品的工艺，先用挤出机得到管状型坯，由上而下进入开启的两瓣模具之间，当型坯达到预定的长度后闭合模具，切断型坯，封闭型坯的上端及底部，同时向管坯中心或型坯壁的针头通入压缩空气，吹胀型坯使其紧贴模腔壁，经冷却后开模取出制品。

一、吹塑工艺过程及控制因素

（一）吹塑工艺过程

挤出吹塑工艺过程如下：挤出型坯→型坯达到预定长度时，夹住型坯定位后合模→型坯的头部成型或定径→压缩空气导入型坯进行吹胀→使之紧贴模具型腔形成制品→制品在模具内冷却定型→开模脱出制品→对制品进行修边、整饰。

实现上述工艺过程有多种方式和类型，并可实现全自动化运行。挤出吹塑的方式及类型如表4-11所示。

表 4-11　挤出吹塑的方式及类型

挤出型坯方式		吹胀模具形式
间歇挤出型坯		一副模具或多副模具移至型坯处
连续挤出	轮换出料	两副模具，单一型腔，多副模具多个型腔
	递送型坯	水平递送，垂直递送
	带储料器	大型模具
	使用螺杆或柱塞推料	—
	移动模具	垂直移动，水平移动，转盘移动
	制冷型坯	

就挤出型坯而论，主要有间歇挤出和连续挤出两种方式。间歇挤出型坯、合模、吹胀、冷却、脱模都是在机头下方进行。由于间歇挤出物料流动中断，易发生过热分解，而挤出机的能力不能充分发挥，多用于聚烯烃等非热敏性塑料的挤出吹塑。

连续挤出型坯，即型坯的成型和前一型坯的吹胀、冷却、脱模都是同步进行的。连续挤出型坯有往复式、轮换出料式和转盘式三种，适用于多种热塑性树脂的吹塑。熔融塑料的热降解可能性较小，并能适用于PVC等热敏性塑料的吹塑。

（二）挤出吹塑控制因素

影响挤出吹塑工艺和中空制品质量的因素主要有：型坯温度和挤出速度、吹气压力和充气速率、吹胀比、模温和冷却时间等。

1. 型坯温度和挤出速度

型坯温度直接影响中空制品的表观质量、纵向壁厚的均匀性和生产效率。挤出型坯时，熔体温度应均匀，并适当偏低以提高熔体强度，从而减小因型坯自重所引起的垂伸。并有利于缩短制品的冷却时间，提高生产效率。

型坯温度过高，挤出速度慢，型坯易产生下垂，引起型坯纵向厚度不均，延长冷却时间，甚至丧失熔体热强度，型坯难以成型。

型坯温度过低，离模膨胀严重，会出现型坯长度收缩、壁厚增大现象，降低型坯的表面质量，出现流痕，同时增加型坯厚度的不均匀性。如图4-53所示。另外，还会导致制品的强度差，使表面粗糙无光。

一般型坯温度控制在塑料的 $T_g \sim T_f$（或 T_m）之间。要求型坯具有良好的形状稳定性。型坯的重量与成型温度有关，其关系如图4-54所示。聚丙烯共聚物、聚丙烯均比聚乙烯对温度更敏感，故加工性差，而聚乙烯较适合挤出吹塑。

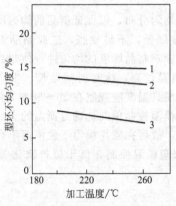

图 4-53 成型温度与型坯表面均匀度的关系
1—聚丙烯共聚物；2—高密度
聚乙烯；3—聚丙烯

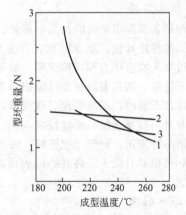

图 4-54 成型温度与型坯重量的关系
1—聚丙烯共聚物；2—高密度聚
乙烯；3—聚丙烯

　　挤出吹塑过程中，常发生型坯上卷现象，这是由于型坯径向厚度不均匀所致，卷曲的方向总是偏于厚度较小的一边。型坯温度不均匀也会造成型坯厚度的不均匀，因此要仔细地控制型坯温度。一般遵守的生产原则是：在挤出机不超负荷的前提下，控制稍低而稳定的温度，提高螺杆转速，可挤出表面光滑、均匀、不易下垂的型坯。表 4-12 为三种通用塑料的挤出温度分布。

表 4-12　三种通用塑料的挤出吹塑温度

塑料品种	聚乙烯/℃	聚丙烯/℃	透明聚氯乙烯/℃
料筒温度 1	110～120	170～180	155～165
料筒温度 2	130～140	200～210	175～185
料筒温度 3	140～150	200～215	185～195
机头温度		145～150	190～200
储料缸温度		170～180	

2. 吹气压力和充气速率

　　型坯的吹胀是利用压缩空气对型坯施加空气压力而吹胀并紧贴模腔壁，同时通过压缩空气的冷却形成所需要的形状和呈现模面花纹的中空制品。由于塑料种类和型坯温度不同，型坯的模量值各异，为使之形变，所需的吹气压力也不同，一般吹胀压力在 0.2～1.0MPa 范围内进行调节。对黏度大、模量高的聚碳酸酯塑料取较高值；对黏度低、易变形的聚酰胺塑料取较低值，其余塑料品种取中间值。吹胀压力的大小还与型坯的壁厚、制品的容积大小有关，对厚壁小容积制品可采用较低的吹气压力，因为其型坯厚度大，降温慢，熔体黏度不会很快增大以致妨碍吹胀；对于薄壁大容积制品，需要采用较高的吹气压力来保证制品的完整。

　　容积速率是指充入空气的鼓气速率，在单位时间内充入气体的量。容积速率大，可缩短型坯的吹胀时间，使制品厚度均匀，表面质量好。但是容积速率过大也不利，将会在空气进口处产生局部真空，造成这部分型坯内陷，甚至将型坯从口模处拉断，以致无法吹胀。为此，需要加大空气的吹管口径。当吹制细颈瓶不能加大吹管口径时，只能降低容积速率。

3. 吹胀比

　　型坯的吹胀比是指型坯吹胀的倍数。型坯的尺寸和重量一定时，型坯的吹胀比越大则制品的尺寸就越大。加大吹胀比，制品的壁厚变薄，虽可以节约原料，但是吹胀困难，制品的强度和刚度降低；吹胀比过小，原料消耗增加，制品壁厚，有效容积减小，制品冷却时间延长，成本升高。一般吹胀比为 2～4，应根据塑料的品种、特性、制品的形状尺寸和型坯的尺寸等酌定。通常大型薄壁制品吹胀比较小，取 1.2～1.5；小型厚壁制品吹胀比较大，取 2～4。

4. 模具温度

吹塑模具温度直接影响制品的质量。模具温度应保持均匀分布，以保证制品的均匀冷却。模温过低，型坯冷却快，形变困难，在夹口处塑料的延伸性降低，不易吹胀，造成制品该部位加厚，通过加大吹胀压力和容积速率，虽有所克服，但仍会影响制品厚度的均匀性，使制品的轮廓和花纹不清楚，制品表面甚至可能出现斑点和橘皮状。模温过高，冷却时间延长，生产周期增加，当冷却不够时，制品脱模后易变形，收缩率大。一般模具温度应控制在 20～50℃ 之间。

通常对小型厚壁制品模温控制偏低，对大型薄壁制品模温控制偏高。确定模温的高低，应根据塑料的品种来定。对于工程塑料，由于玻璃化温度较高，故可在较高模温下脱模而不影响制品的质量，高模温有助于提高制品的表面光滑程度。一般吹塑模温控制在低于塑料软化温度 40℃ 左右为宜。

5. 冷却时间

型坯吹胀后应进行冷却定型，一般多用水作为冷却介质，通过模具的冷却水道将热量带出。冷却时间控制着制品的外观质量、性能和生产效率。增加冷却时间，可防止塑料因弹性回复作用而引起的形变，制品外形规整，表面图纹清晰，质量优良，但延长生产周期，降低生产效率。并因制品的结晶化而降低冲击强度和透明度。冷却时间太短，制品会产生应力而出现孔隙。

通常在保证制品充分冷却定型的前提下加快冷却速率来提高生产效率。加快冷却速率的方法有：加大模具的冷却面积，采用冷冻水或冷冻气体在模具内进行冷却，利用液态氮或液态二氧化碳进行型坯的吹胀和内冷却。

模具的冷却速度决定于冷却方式、冷却介质的选择和冷却时间，还与型坯的温度和厚度有关。如图 4-55 所示，通常随制品壁厚增加，冷却时间延长。不同的塑料品种，由于热导率不同，冷却时间也有差异，在相同厚度下，高密度聚乙烯比聚丙烯冷却时间长。对厚度和冷却时间一定的型坯，如图 4-56 所示，聚乙烯制品冷却 1.5s 时，制品壁两侧的温差已接近于零，延长冷却时间是没有必要的。

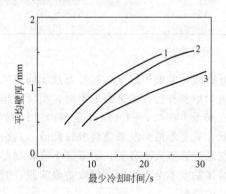 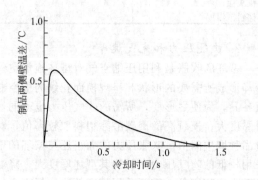

图 4-55　制品壁厚与冷却时间的关系　　　图 4-56　聚乙烯制品冷却时间与制
1—聚丙烯；2—聚丙烯共聚物；3—高密度聚乙烯　　　　　品壁两侧温差的关系

对于大型、壁厚和特殊构形的制品采用平衡冷却，对其颈部和切料部位选用冷却效能高的冷却介质，对制品主体较薄部位选用一般冷却介质。对特殊制品还需要进行第二次冷却，即在制品脱模后采用风冷或水冷，使其充分冷却定型，防止收缩和变形。

综上所述，挤出吹塑的优点是：①适用于多种塑料；②生产效率较高；③型坯温度比较均匀，制品破裂减少；④能生产大型容器；⑤设备投资较少等。因此挤出吹塑在当前中空制品生产中仍占绝对优势。

二、挤出拉伸吹塑

拉伸吹塑是指经双轴定向拉伸的一种吹塑成型，它是在普通的挤出吹塑基础上发展起来的。

先通过挤出法制成型坯，然后将型坯处理到塑料适宜的拉伸温度，再用机械力作用而进行纵向拉伸，同时或稍后经压缩空气吹胀进行横向拉伸，最后获得制品。

拉伸的目的是为了改善塑料的物理机械性能。对于非结晶型的热塑性塑料，拉伸是在其高弹态内进行的。对于部分结晶型热塑性塑料，拉伸过程是在低于结晶熔点较窄的温度范围内进行的。同时在拉伸过程中，要保持一定的拉伸速度，其作用是在进行吹塑之前，使塑料的大分子链拉伸定向而不至于松弛，同时，还需要考虑到晶体的晶核生成速率及结晶的成长速率，当晶体尚未形成时，即使达到了适宜的拉伸温度，对型坯拉伸也是毫无意义的，因此，在某种情况下，可加入成核剂来提高成核速度。

经轴向和径向的定向作用，吹塑中空制品显示出优良的性能，制品的透明性、冲击强度、表面硬度和刚性、表面光泽度及阻隔性都有明显地提高，挤出型坯定向与拉伸吹塑瓶的物性关系如表 4-13 所示。

表 4-13　挤出型坯定向与拉伸吹塑瓶的物性关系

制品及其物性		第一种	第二种			第三种
原料聚丙烯		A	A	B	C	C
熔体流动速率/(g/10min)		2	2	2	3	3
体积/cm³		360	270	270	270	1000
质量/g		22	22	23	21	44
纵向弯曲强度/MPa		1.2	5.2	2.5	2	1.8
杨氏模量/MPa						
纵向		780	1680	870	1040	1035
横向		730	1710	850	1000	1070
垂直跌落次数(1.2m)						
20℃	<	20	20	20	10	20
5℃	<	20	5	20	10	4
雾度/%		4.3	13.1	9.2	10.5	10.3

(一) 挤出型坯定向拉伸吹塑工艺过程

先将塑料挤成管材，并将其切断成一定长度作为冷坯。放进加热炉内加热到拉伸温度，然后通过运送装置将加热的型坯从炉中取出送至成型台上，使型坯的一端形成瓶颈与螺牙，并使型坯沿轴向拉伸 1～1.3 倍后，闭合吹塑模具进行吹胀成型。另一种方法是从炉中取出加热的型坯，一边在拉伸装置中沿管坯轴向进行拉伸，一边送往吹塑模具，模具夹住经拉伸的型坯后吹胀成型，修整废边。此法生产能力每小时可达到生产 3000 只容量为 1L 的瓶子。为了满足不同工艺的要求，迄今已发展了多种成型设备，相继投入工业生产，并已开发出多层定向拉伸吹塑。

(二) 拉伸吹塑工艺控制要点

1. 原材料的选择

一般来说，热塑性塑料都能拉伸吹塑。通过双向拉伸，能明显地改进其机械和光学性能，提高拉伸强度、冲击韧性、刚性、透明度和光泽，提高对氧气、二氧化碳和水蒸气的阻隔性，以保持包装物的香味不外逸。从目前技术水平而论，能满足上述要求的塑料主要有以下几种：聚对苯二甲酸乙二酯（PET）、聚氯乙烯（PVC）、聚丙烯（PP）。其中聚对苯二甲酸乙二酯的用量最大，聚丙烯腈的用量最小。聚丙烯对水蒸气的封闭性较好，经双向拉伸后，其耐低温（−20～+5℃）脆性有较大改进。从原料价格以及对生理的无害性出发，人们正在不断地研发适于进行拉伸吹塑成型的新原料。

2. 拉伸吹塑工艺控制特点

挤出拉伸吹塑主要受到型坯加热温度、吹塑压力、吹塑时间和吹塑模具温度等工艺因素的影响。

(1) 型坯的再加热　型坯再加热的目的是便于获得充分的双轴定向，加热增加侧壁温度达到高弹范围，以进行拉伸吹塑。再加热一般在恒温箱中采用远红外或石英加热器进行。恒温箱设计呈线型的,型坯输送沿轨道运转,垂直瓶坯暴露在加热器的发热区,固定轴使型坯转动,保持平缓加热。型坯从恒温箱中取出时温度需高于拉伸吹塑温度,再进行 $10\sim20s$ 的保温时间,以达到温度分布的平衡。

(2)拉伸吹塑和双轴定向 型坯经过再加热后达到高于玻璃化温度 $10\sim40℃$ 的范围内,送到拉伸吹塑区合模,拉伸杆启动,拉伸杆沿轴向进行纵向拉伸时,通入压缩空气,在圆周方向使型坯横向膨胀,当拉伸杆达到模具底部,型坯吹胀冷却成型后,拉伸杆退回,压缩空气停止通入时,即得产品。

拉伸吹塑是使大分子重新排列,形成双轴定向,从而提高制品的物理机械性能。其中拉伸比(包括拉伸速率、拉伸长度、吹塑空气压力和吹气速率)是影响制品质量的关键。纵向拉伸比(制品长度与型坯长度之比)是通过拉伸杆实现的,横向拉伸比(制品直径与型坯直径之比)是通过吹塑空气的压力和速度进行吹胀而实现的。

吹塑空气严禁带入水分和油污,否则热膨胀时会产生蒸汽,附在制品内壁形成麻面,使瓶子失去透明性而影响制品的外观和卫生性。

为提高拉伸吹塑的生产效率,均选用多工位吹瓶设备,已有 $42\sim82$ 工位设备用于工业生产。为稳定生产,各工位的加热、拉伸、吹塑实行分别控制的机构。

三、多层共挤中空吹塑

多层共挤出中空吹塑是选用两台以上的挤出机,将同种或异种塑料在不同的挤出机内熔融塑化后,在机头内复合、挤出、形成多层同心的复合型坯,经吹塑制造中空容器的工艺。

1. 多层结构的材质选择

按照制品容量范围及性能要求,可生产 $3\sim6$ 层的层结构。层结构及材质选择原则如下:阻隔层塑料可选用聚酰胺(PA)或乙烯-乙烯醇共聚物(EVOH);内层与外层塑料可选用聚乙烯(PE)、聚丙烯(PP)或聚碳酸酯(PC);再生层可选用型坯的飞边和余料。其中,内层、再生层或外表层的厚度应大于黏结层和阻隔层。一般选用拼合式可调共挤出机头设计及程序逻辑控制或微机监控,使多层塑料按选定的物料量均匀分配,共挤成坯,型坯经移动工位顶吹成型。

多层共挤容器具有高耐化学药品性(抗氧化、耐光老化)、防有害物质透过性、防气味的迁移性;具有耐压能力、耐冲击强度、表面光滑、耐热性及防止表面划伤等。

2. 多层共挤出设备

各层塑料的挤出机可选用通用挤出机,采用直流调速电动机驱动。阻隔层挤出机的进料采用温控预热。共挤出的各挤出机为并联运行,分级监控熔体温度、熔体压力、挤出速度并设置保证运行正常的警戒值。各挤出机都装有扭矩监控装置,挤出机系联合启动,当某一台挤出机扭矩下降或进料中断,可使整机停车,并可按程序联合动作。控制型坯长度。依赖流量分配,能自动同步调节来实现。各台挤出机的熔体温度与扭矩超出并联运行条件时,黏结层和阻隔层在机内压力超出允许范围时均由故障显示进行监控调节。

多层共挤出的机头结构设计是关键。图 4-57 为多层共挤出的机头结构。

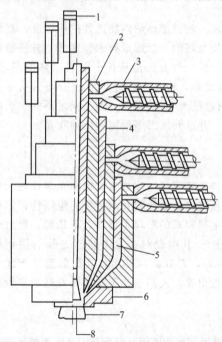

图 4-57 多层储料缸式机头(三层)结构

1—注射缸;2—隔层;3—挤出机;4—环状柱塞;
5—环状室;6—机头;7—三层型坯;8—模芯

　　多层共挤出机头结构常设计成拼合式。机头外壳由几块法兰式外模组成，内模由几件模芯拼装而成。外模及内模芯块经精确加工，机头流道经镀铬抛光处理，以减少塑料熔体流动阻力。整个机头采用四段式可调功率陶瓷加热器加热，配合机头快速启动，并具有良好的隔热措施，确保机头有最佳的温度环境。

　　整机选择程序逻辑控制或微机控制。模具开模和合模阶段的速度分布、塑管的移动速度均可采用液压比例阀和数值位置变换器来控制。

3. 多层吹塑中空容器加工实例

　　多层复合容器大多采用共挤出中空吹塑成型，常用的树脂有聚氯乙烯、聚乙烯、聚丙烯、聚偏二氯乙烯、尼龙等。以瓶为例，其壁结构有多种，如二料二层、二料三层、三料三层及三料四层等，典型结构如图 4-58 所示。现应用的层结构及材料组合有：聚氯乙烯/聚乙烯、聚丙烯/聚乙烯、尼龙/聚烯烃、聚丙烯/聚偏二氯乙烯/聚丙烯等。

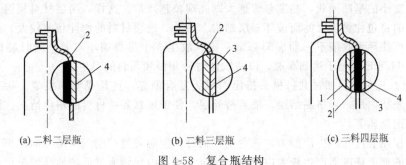

(a) 二料二层瓶　　　　　(b) 二料三层瓶　　　　　(c) 三料四层瓶

图 4-58　复合瓶结构

1—最内层；2—内层；3—中间层（阻隔层）；4—外层

　　以三层共挤出吹塑复合农药瓶生产为例，介绍多层吹塑瓶的生产。该产品是 HDPE/PA 等共挤而形成的多层黏在一起的型坯，再经吹塑成型的制品。

　　(1) 原材料　三层共挤复合农药瓶是在 HDPE 容器的内壁以 Bynel 树脂为黏结树脂剂共挤尼龙而成。作为主体的 HDPE，即通用吹塑级原料，熔体流动速率（MFR）要求在 0.3～1.2g/10min。但由于 HDPE 耐环境应力开裂性能较差，应尽可能选择分子量高、质量稳定的树脂。

　　尼龙具有强韧性、隔气和极佳的耐针刺性，与聚烯烃较好的防潮性、热合性形成互补。

　　实际可选用的原材料如下。

　　HDPE：5000S，MFR 为 1.5g/10min，扬子石化、大庆石化；黏结树脂：Bynel CA4006，美国杜邦；PA6：Ⅱ型，上海塑料十八厂；改性剂：Selar PA3426，美国杜邦；其他：LDPE 清洗料、色料等。

　　生产的三层复合共挤塑料瓶的材料配方如表 4-14 所示。

表 4-14　三层结构的材料

材　料　名　称	牌　　　号	质　量　份
外层　　HDPE	5000S	8
中层　　黏结剂	CA4006	1
内层　　尼龙 6	Ⅱ型 PA	1.5～2

　　(2) 制备工艺　制备工艺如图 4-59 所示。

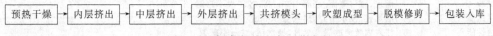

预热干燥 → 内层挤出 → 中层挤出 → 外层挤出 → 共挤模头 → 吹塑成型 → 脱模修剪 → 包装入库

图 4-59　复合瓶的生产工艺流程

　　三层材料分别吸入干燥料斗进行烘干。根据不同的加工树脂采用三台挤出机塑化挤出，首先是内层，待型坯厚薄均匀、无气泡、无穿孔时，再挤出中层，最后是外层。三层材料通过共挤模头黏结、挤出复合型坯。型坯经模具吹塑成瓶，合格品经修剪后包装入库。

① PA6 的干燥。聚酰胺含有极性亲水性的基团，在生产前应干燥，使 PA6 树脂含水率在 0.1% 以下，可使用除湿干燥机，一方面可将树脂中的水分除去，另一个方面可作为成型前树脂的预热处理。

一般 PA6 树脂的干燥温度为 80℃左右，提高干燥温度可以缩短干燥时间，但温度过高会影响树脂的有关性能。PA6 的长期使用温度为 80℃以内。

作为黏结剂的 Bynel CA 4006 为离子型树脂，吸水率大，也同样需要干燥（80℃），干燥时间根据树脂含水量而定。

② 工艺温度控制。作为塑料加工成型的必要条件，内、中、外三台挤出主机的温控要求使树脂的熔融温度达到黏流温度以上。但由于共挤过程中各单层的复合是在口模内进行的，对聚合物在加工温度时的黏度应力求相等。因为不等黏度的熔融聚合物相遇时，黏度大的将在界面处呈现凸面状，黏度小的呈凹面状，黏度差值越大则此现象越严重。这样，两层材料相遇后在机头内流动，黏度小的将包住黏度大的而破坏三层结构。另外，三层材料的物性相差较大，如果融料温差大，吹塑后可能导致收缩不一而层间黏结不牢。故生产中尽量缩小温差，同时确保内层 PA6 的塑化和外层 HDPE 不至于达到高温，以防吹塑时冷却慢和焦料的产生。

③ 共挤出。三种物料通过共挤模头挤出而成为复合型坯，这是成型的关键。除了设备精度要求外，一般先挤内层，再挤黏结层，最后挤外层，便于观察各层材料的塑化情况、调节型坯厚薄度、消除气泡杂质等。

螺杆转速控制着产品的生产能力，三台主机通过不同的转速控制三层结构的比例。应防止层与层之间过大的速度梯度而产生较大内应力，甚至分层。内层转速过低则易导致挤出量不稳、分布不均匀等。

为避免 PA6 分解，停机时须以 LDPE 料清洗螺杆、机头，开机换料也应充分，防止原料混杂而使制品产生鱼眼、僵块。

综上所述，三层共挤吹塑瓶的加工工艺条件如表 4-15 所示。

表 4-15 三层共挤农药瓶吹塑工艺条件

项　目	工艺条件		
	外层	中层	内层
挤出温度/℃	160～165	205～208	215～220
连接器/℃	175	210	220
模头/℃	220	220	220
烘箱/℃		80	80
熔融温度/℃	172	181	222
熔融压力/MPa	470	112	48
挤出速度/(r/min)	950	250	150

④ 产品性能与应用。共挤复合瓶具有良好的力学性能和冲击强度，如表 4-16 所示。

表 4-16 三层共挤农药瓶的机械性能

项　目	技术要求
密封试验	灌水，瓶口朝下，倒挂 4h 不渗漏
跌落试验	灌水，瓶口侧面、底面 1.2m 高，各一次不渗漏，不分层
抗煮沸试验	灌水，沉没水中，加热煮沸 30min 不分层
耐腐蚀性能	注入内装液放置 6 个月，换水后，跌落不破裂
渗透性试验	注入内装液放置 6 个月，倒净后，瓶体质量不变

由于采用尼龙作为阻隔材料，因此气密性好，抗氧、抗湿，耐油、耐化学腐蚀，故适宜在农

药包装中推广应用。另外，也可作为洗涤剂、化妆品的包装等。

4. 中空吹塑生产中的不正常现象及解决办法

中空吹塑生产中的不正常现象及其解决办法如表 4-17 所示。

表 4-17 中空吹塑生产中的不正常现象及其解决办法

序号	不正常现象	解决办法
1	型坯严重下垂	降低机头和口模温度 提高挤出速度 加快闭模速度 对原料加强干燥 选择合适的熔体流动速率
2	型坯弯曲	检查机头流道，调整口模间隙 检查调整机头温度达到均匀 降低挤出速度
3	型坯卷边，向内或向外翻卷	降低口模温度 降低芯模温度
4	型坯表面不光滑，凹凸不平	调整机头温度使之适中 提高料筒温度，降低螺杆转速使物料塑化良好 消除口模中的杂质
5	型坯吹胀时破裂	减小吹胀比 调整机头间隙，使之均匀 提高挤出速度 清洗机头 加快吹塑速度
6	制品变形	延长吹胀时间 加强模具冷却，降低模具温度 锁模后加快吹胀速度
7	制品有气泡	原材料干燥不充分 提高螺杆转速，增加滤网 防止物料过热分解
8	制品合模线明显	提高锁模压力 清理机头，除去杂质 调整机头温度 减小吹胀压力
9	制品脱模不畅	减小底部凹槽深度
10	出现流动花纹	降低机头温度 口模出口部分加 $R0.5mm$ 圆弧
11	切边与制品不易分离	减小刀口宽度 检查切刀的刀口平度 提高锁模压力
12	开模时成品裂底	提高挤出机和机头温度 加强模具冷却 调整压缩空气压力 待制品内压力消失后再开模

第七节 挤出成型技术发展

挤出生产塑料制品的技术从一开始就是在不断进步、不断更新中发展起来的。近年来的发展更快，下面介绍三种挤出新技术。

一、反应挤出

反应挤出是采用挤出机连续完成单体的聚合以及原有聚合物改性的工艺过程。用于反应挤出的挤出机螺杆有较长的长径比，设计有特殊的螺杆反应段（图 4-60），料筒上有多个加料口。反应挤出的基础物料由加料斗加入，其他反应助剂根据工艺的要求从不同位置的加料口加入，一般由精密齿轮泵定量加入。物料由螺杆带动向前运动，在不同的位置加入不同的反应助剂，在该位置有适宜反应工艺的螺杆结构及料筒温度，反应完成以后可以在指定的位置进行排气，然后经过均化，挤出造粒或者直接挤出制品。在此，一台挤出机完成了反应器和成型机的双重功能，显然是一种非常好的简单工艺过程。

| 加料段 | 熔融段 | 计量段 | 反应段 |

图 4-60　特殊的反应式螺杆

以交联聚乙烯管材的生产为例，交联聚乙烯管主要分为硅烷交联聚乙烯（PEXb）管和过氧化物交联聚乙烯（PEXa）管。我国引进苏兰的"NOKIA-MAILLEFER"一步法技术和生产线生产硅烷交联聚乙烯管就是一种反应挤出技术，国内目前共有 10 条这样的生产线，总生产能力为 $0.7 \times 10^8 \, \text{m/a}$。技术的主要特点是采用精密高压齿轮泵，把按照工艺配比要求的硅烷和助剂（交联剂、引发剂）分别直接注入单螺杆挤出机机筒的规定位置，而基础树脂由挤出机料斗加入，在挤出机螺杆完成输送、分散、塑化过程的同时完成硅烷的接枝过程，挤出成型后再进行交联。国内也有另一种一步法的硅烷交联聚乙烯管生产技术，主要特点是使用混料机把按照配方要求比例的树脂、硅烷和助剂，经过混合以后加入挤出机，用挤出法生产管材，在挤出过程中完成了硅烷的接枝。这种一步法交联聚乙烯管生产线由于投资只是进口一步法生产线的 1/20，因此这种设备在国内占的比例很大，年生产能力达到 $6 \times 10^8 \, \text{m/a}$。

二、共挤出技术

共挤出技术在前述的多层中空吹塑内容中已有所介绍，其发展速度很快，在此仍将其作为新技术介绍。它是利用不同树脂的不同组合，来达到所需要的塑料制品的综合性能要求。一般需要多台挤出机同时挤出，把不同的塑料通过一个共挤机头挤出成型为制品。也有塑料和其他材料的共挤出，比如塑料和金属的共挤出。

以多层共挤薄膜为例。在食品包装薄膜方面，由于人们希望被包装物的保鲜期能够延长，需要考虑使用高阻隔材料，如 PA、EVOH、PVDC 等。但是如果采用这些材料制造包装膜，可能会出现强度不够、印刷困难或者热封困难等问题，而且成本也很高。因此，需要采用多层复合膜的办法来解决这些问题，比如 PE/黏结剂/EVOH/黏结剂/PE 组合的五层共挤膜。EVOH 作为阻隔层，PE 则作为保护层和热合密封层。多层共挤膜可以采用多层共挤吹膜法生产，也可以用多层共挤平膜法生产。

共挤出吹膜机头的最新技术为多层圆盘叠加式共挤出机头，相邻层间温差可达 80℃，制品厚度误差在 5％以内，并且用己二醇制冷机组来替代水冷却机组，冷却采用模体内冷和风环外冷相结合，以提高冷却，增加薄膜的透明度、强度和韧性。复合膜的最多层数已达十多层，大棚膜最大幅宽达 24m。

但是多层共挤吹膜法也有层数不允许变化，各层之间的比例也不允许有比较大的变化等不足之处。当相邻层的树脂的熔点、黏度相差较大时，还容易发生层间分离的问题。

平膜共挤出是将在挤出机中塑料熔体经 T 形模头挤出，直接进入水溶液或骤冷辊，经冷却、牵引后制得成品。这种加工方法能够充分发挥被加工材料的性能，而且同时能够保持最佳的尺寸精度。大多数热塑性塑料都可以用挤出平膜法生产，尤其对半结晶型热塑性塑料更为合适。共挤膜各层的结构可以对称也可以不对称，当两层膜之间的黏附性能不佳时，就需要在两层之间加入一层很薄的黏结层，以提高层间的黏结强度。

共挤出平膜法复合膜的净宽度可以达到 1.2～3m，厚度 0.01～0.18mm，挤出线速度为 200～500m/min，复合层数 1～9 层。平膜法共挤出复合成型同时也是多层共挤片材的主要生产方法。

共挤出复合成型同干法复合成型工艺相比，可以减少溶剂对环境的污染，但是各层厚度的控制和调节比较困难，层间界面不够清晰，界面处两层料流有可能发生相互干扰，尤其在机头内各层料流汇合处到模口之间距离比较长的情况下更容易发生。目前在共挤出工艺中广泛采用熔体泵，对各层厚度能够进行准确控制。

在共挤出平膜和共挤出片材过程中，使用熔体泵不仅可以使挤出稳定，提高产品尺寸精度，提高成品率，而且能够提高产量，降低能耗。更重要的是熔体泵具有线性的输出特性，便于在生产中控制和操作。

共挤出产品还有共挤管材，共挤型材，塑料和金属的共挤型材、管材等。共挤技术现在已经成为挤出工艺中最为快速发展的技术。

国内已经有比较成功的共挤出管材产品。比如，搭接焊铝塑复合管（PE/热熔胶/Al/热熔胶/PE 或者用 PEXb 或 PE-RT 来代替 PE），生产线是用 3～4 台挤出机，在一个共挤出机头中五层一次（或二次）共挤成型的。又如，芯层发泡 PVC 室内排水管，生产线是用两台挤出机，一台挤出加有发泡剂的 PVC 作为芯层，另外一台挤出普通 PVC 作为内、外面层。与实壁 PVC 排水管相比，芯层发泡 PVC 排水管不仅管材重量减少，成本降低，而且降低噪声的效果明显。

国内目前的管材共挤出技术发展很快，不断有新的共挤管材出现。比如，超高分子量聚乙烯和高密度聚乙烯的共挤管材，既保留了超高分子量聚乙烯优良的耐磨损性能，又解决了超高分子量聚乙烯管材连接困难的问题。

三、精密挤出技术

精密挤出目前主要应用在光导纤维和医用导管等对产品直径有严格要求的制品上。精密挤出生产线要配置精密齿轮熔体泵，以保证熔体出量和压力的稳定；要配置在线壁厚和直径测量，并以此为依据，对挤出机螺杆转速和牵引速度实现闭环控制。精密挤出对温度的控制要求精度达到 ±1℃，对真空度的稳定性要求也非常高。精密挤出的管材壁厚误差可以控制在 2% 以内，而通常的挤出管材壁厚误差一般是 10% 左右。典型的医用导管生产线的挤出速度可以达到 250～300m/min。

精密挤出管材主要应用在医用导管的生产上。医用导管是指心胸内外科、脑科、泌尿科、妇科、儿科所使用的各种介入导管（治疗或者诊断）以及各种插管。医用导管所使用的塑料也已经从过去单一的 SPVC 扩大到 PE、PU、TPU、PA 等。由于介入治疗的迅速发展，并且介入导管是一种消耗品，因此介入导管已经成为医用导管中发展最为迅速的产品。但是介入导管生产难度大，技术含量高。近年来国内已经在开发医用管材精密挤出生产线，用以生产以前完全依赖进口的医用精密管。

复习思考题

1. 什么是挤出成型，挤出过程分为哪两个阶段？
2. 干法挤出过程与湿法挤出过程有哪些差别？
3. 什么叫螺杆的长径比？螺杆长径比增加对塑料的加工有何好处？
4. 渐变型和突变型螺杆有何区别？它们各适合哪类塑料的挤出，为什么？
5. 挤出机料斗座冷却的目的是什么？
6. 普通单螺杆挤出机螺杆分为三个不同的功能段，这三段的主要功能是什么？
7. 影响固体输送率的因素很多，请问主要的因素有哪些？并相应指出提高固体输送率的办法？
8. 双螺杆挤出机是如何分类的？各自有什么特点？

9. 双螺杆挤出机开车前有哪些准备工作?

10. 试述双螺杆挤出机的主要工作特性?

11. 试述双螺杆挤出机的开车过程,在其运转过程中应该注意哪些问题?

12. 氯化聚氯乙烯管材挤出过程中,若内外壁出现橘皮状不平现象,试分析其产生原因并提出解决办法。

13. 聚乙烯管材挤出成型生产用冷却定型方法及牵引、切割设备如何选择?

14. 生产聚乙烯管材过程中,外表面毛糙有斑点现象,请分析产生原因及提出解决办法。

15. 简述挤出吹塑薄膜的生产过程。

16. 挤出吹塑生产线上的人字板有何作用?

17. 挤出吹塑薄膜生产过程中,如果发现薄膜制品卷取不平,分析原因并提出相应的解决办法。

18. 什么是螺杆的压缩比?压缩比是如何形成的?

19. 塑料熔体在挤出机螺槽内有几种流动形式?造成这几种流动的主要原因是什么?

20. 塑料熔体在均化段有哪几种流动形式?各自对挤出成型有何影响?

21. 在挤出成型过程中,对挤出物进行牵引有何作用?

22. 简述聚氯乙烯塑料硬管的挤出工艺过程,如何对挤出管材定径?

23. 以尼龙棒材的挤出成型为例,说明挤出成型的工艺过程,并讨论原料和设备结构的选择、工艺条件的控制中应注意的问题。

24. 以 ABS 挤出管材,若管材截面厚度不均匀,出现半边厚、半边薄的现象,试分析原因,并提出相应的解决办法。

25. 聚乙烯的型材的挤出成型中,若出现表面粗糙,请分析原因,提出相应的解决办法。

26. 工厂采用挤出成型方法制造的硬聚氯乙烯装饰型材,使用一段时间(约 2 个月)后出现料轴向尺寸变小,试分析产生的原因及防止办法。

第五章　注射成型工艺

【学习目标】

掌握塑料注射成型工艺过程及影响注射成型的工艺参数；掌握注射过程中物料流动、传热、凝聚态和相形态的发展变化，能够分析各种注射条件变化对制品性能等的影响；初步掌握常用塑料注塑工艺条件的选择及注射成型工艺的一般操作；掌握几种典型注射产品的成型工艺；掌握注射吹塑及注-拉-吹塑成型工艺；了解热固性塑料的注射成型；了解注射成型技术的新发展。

第一节　概　　述

注射成型亦称注射模塑或注塑模塑，是使热塑性或热固性模塑料先在料筒中均匀塑化，而后由柱塞或移动螺杆推挤到闭合模具型腔中成型的一种方法。它的主要特点是能在较短的时间内一次成型出形状复杂、尺寸精度高和带有金属嵌件的制品，并且生产效率高、适应性强、易实现自动化，因而被广泛用于塑料制品的生产中。目前，注射成型制品产量已接近塑料制品产量的1/3，制品生产所用的注射成型机台数约占塑料制品成型设备总台数的2/3。随着注射成型工艺、理论和设备的研究进展，注射成型已广泛应用于热固性塑料、泡沫塑料、多色塑料、复合塑料及增强塑料的成型中。

注射成型是一个循环的过程，每一周期主要包括：合模→注射→保压→塑化→冷却→开模→顶出。取出塑件后又再合模，进行下一个循环。

一般螺杆式注射机的成型工艺过程是：首先将粒状或粉状塑料加入料筒内，并通过螺杆的旋转和料筒外壁加热使塑料成为熔融状态，然后机器进行合模和注射座前移，使喷嘴贴紧模具的浇口道，接着向注射缸通入压力油，使螺杆向前推进，从而以很高的压力和较快的速度将熔料注入温度较低的闭合模具内，经过一定时间和压力保持（又称保压）、冷却，使其固化成型，便可开模取出制品。

对塑料制品的评价主要有三个方面：第一是外观质量，包括完整性、颜色、光泽等；第二是尺寸和相对位置间的准确性；第三是与用途相应的物理性能、化学性能、电性能等。这些质量要求又根据制品使用场合的不同，要求的尺度也不同。

广义的注射成型技术包括了注射成型设备、注射成型模具、注射成型工艺的各个方面。注射机是注射成型的主要设备，是注射成型的物理工作平台；注射模具是赋予注射制品一定形状和尺寸要求的一种生产工具，模具在很大程度上决定着产品的质量、效益和新产品开发能力，模具又有"工业之母"的荣誉称号；注射成型工艺主要研究塑料制品从原料到后处理的整个生产工艺流程以及各个工序的生产工艺参数，正确的注射工艺能够使原料、设备、模具配合完美，发挥出最大的效能，高效率、高质量地生产出塑料注射制品。它们三者的研究方向不同，但是又是相互结合、相互配合的一个整体。

近年来，注射成型技术发展迅猛，新设备、模具和工艺层出不穷，其目的是为了最大限度地发挥塑料特性，提高塑料制品性能，以满足塑料制品向高度集成化、高度精密化、高产量等方面的发展要求，从而实现对塑料材料的聚集态、相态等方面的控制。

塑料注射成型技术曾是汽车工业、电器电子零部件的基础技术，并推动这些行业的飞速发展。在21世纪，塑料注射成型技术将成为信息通信工业的重要支持。另外，注射成型技术也将为医疗医药、食品、建筑、农业等行业发挥作用。在行业需求的推动下，注射成型工艺、模具及注射机也将获得进一步的发展。

第二节　注射机及注射模具

一、注射机

注射成型是使热塑性或热固性塑料在料筒中经过加热、剪切、压缩、混合和输送作用，熔融塑化并使之均匀化，然后借助于柱塞或螺杆对熔化好的物料施加压力，将其推射到闭合的模腔中成型的一种方法。注射成型所用的机械为注射成型机，简称注射机，亦称注塑机。

1. 注射成型机的结构组成

一台通用型注射成型机（图 5-1）主要由以下几个系统组成。

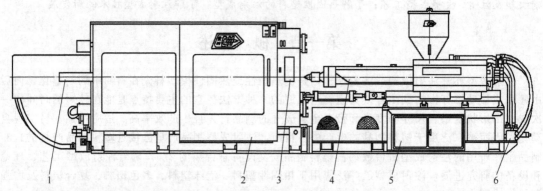

图 5-1　注射成型机的结构组成
1—合模系统；2—安全门；3—控制电脑；4—注射系统；5—电控箱；6—液压系统

（1）**注射系统**　使塑料均匀地塑化成熔融状态，并以足够的速度和压力将一定量的熔料注射入模腔内。主要由料斗、螺杆、料筒、喷嘴、螺杆传动装置、注射座移动油缸、注射油缸和计量装置等组成。

（2）**合模系统**　亦称锁模装置，其主要作用是保证成型模具的可靠闭合，实现模具的开、合动作以及顶出制品。通常由合模机构、拉杆、模板、安全门、制品顶出装置、调模装置等组成。

（3）**液压与电气控制系统**　是保证注射成型机按工艺过程预定的要求（如压力、温度、速度及时间）和动作程序，准确、有效地工作。液压传动系统主要由各种阀件、管路、动力油泵、执行机构及其他附属装置组成；电气系统主要由各种电器仪表等组成。液压与电气系统有机地组合在一起，对注射成型机提供动力和实施控制。

2. 注射成型机的分类

塑料注射成型机有以下几种常见的分类方法。

（1）**按机器加工能力分类**　按机器加工能力（指机器的注射量和锁模力）分为超小型（锁模力在 160kN 以下，注射成型量在 16cm³ 以下者）；小型（锁模力为 160～2000kN，注射成型量为 16～630cm³）；中型（锁模力为 2000～4000kN，注射成型量为 800～3150cm³）；大型（锁模力为 4000～12500kN，注射成型量为 3150～10000cm³）；超大型（锁模力在 12500kN 以上、注射成型量在 10000cm³ 以上）。

（2）**按机器的传动方式分类**　按机器的传动方式分为机械式注射成型机、全液压式注射成型机、液压-机械式注射成型机、全电动注射成型机。由于机械式注射成型机制造维修困难、噪声大、惯性大等缺陷，目前已被淘汰。

（3）**按塑化和注射成型方式分类**　按塑化和注射成型方式可分为柱塞式注射成型机和螺杆式注射成型机。

柱塞式注射成型机是通过柱塞依次将落入料筒中的颗粒状物料推向料筒前端的塑化室，依靠料筒外部加热器提供的热量将物料塑化成黏流状态，而后在柱塞的推挤作用下，注入模具的型腔中，如图 5-2 所示。

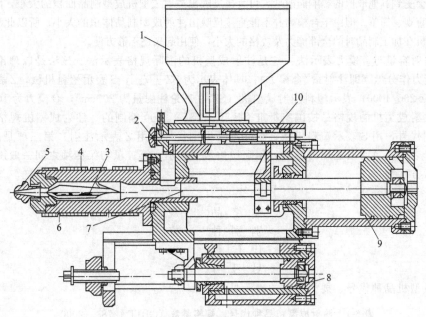

图 5-2　柱塞式注射成型机

1—料斗；2—计量供料；3—分流梭；4—加热器；5—喷嘴；6—料筒；
7—柱塞；8—移动油缸；9—注射成型油缸；10—控制活塞

螺杆式注射成型机其物料的熔融塑化和注射成型全部都由螺杆来完成的，如图 5-1 所示。是目前生产量最大、应用最广泛的注射成型机。

（4）按机器外形特征分类　按机器外形特征分为立式、卧式、角式和多模注射成型机。

3. 注射成型机的操作方式

注射成型机通常设有可供选择使用的四种操作方式，即调整、手动、半自动和全自动。

（1）调整操作　指注射成型机所有动作，都必须在按住相应按钮开关的情况下慢速进行。放开按钮，动作即停止，故又称为点动。这种操作方式适合于装拆模具、螺杆或检修、调整注射成型机时用。

（2）手动操作　指按动按钮后，相应的动作便进行，直至动作完成。这种操作方式多用在试模或开始生产阶段或自动生产有困难的一些制品上使用。

（3）半自动操作　指将安全门关闭以后，工艺过程中的各个动作按照一定的顺序自动进行，直到打开安全门取出制件为止。该操作主要用于不具备自动化生产条件的塑料注射制品的生产，如人工取出制品或放入嵌件等，是一种最常用的操作方式。采用半自动操作，可减轻体力劳动和避免因操作错误而造成事故。

（4）全自动操作　指注射成型机全部动作由电器控制，自动地往复循环进行。由于模具顶出并非完全可靠以及其他附属装置的限制，目前在实际生产中的使用还较少。但采用这种操作方式可以减轻劳动强度，是实现一人多机或全车间机台集中管理，进行自动化生产的必备条件。

4. 注射成型机的规格表示

对注射成型机的规格表示，虽然各个国家有所差异，但大部分都是采用注射容量、合模力及注射容量与合模力同时表示三种方法。

（1）注射容量表示法　该法是以注射成型机标准螺杆的 80% 理论注射容量（cm^3）为注射成型机的注射容量。我国以前生产的注射成型机就是用此法表示的，如 XS-ZY-250，即表示注射成

型机的注射容量为 $250cm^3$ 的预塑式（Y）塑料（S）注射（Z）成型（X）机。

（2）合模力表示法　该法是以注射成型机的最大合模力（单位为吨）来表示注射成型机的规格。由于合模力不会受到其他取值的影响而改变，可直接反映出注射成型机成型制品面积的大小，因此采用合模力表示法直观、简单。但由于合模力并不能直接反映出注射成型制品体积的大小，所以此法不能表示出注射成型机在加工制品时的全部能力及规格的大小，使用起来还不够方便。

（3）注射容量与合模力表示法　这是注射成型机的国际规格表示法。该法是以理论注射量作分子，合模力作分母（即注射量/合模力）。具体表示为 SZ-□/□，S 表示塑料机械，Z 表示注射成型机。如 SZ-200/1000，表示塑料注射成型机（SZ），理论注射量为 $200cm^3$，合模力为 1000kN。

我国注射成型机的规格是按国家标准 GB/T 12783—2000 编制的。注射成型机规格表示的第一项是类别代号，用 S 表示塑料机械；第二项是组别代号，用 Z 表示注射；第三项是品种代号，用英文字母表示；第四项是规格参数，用阿拉伯数字表示。第三项与第四项之间一般用短横线隔开，其表示方法为：

$$\begin{array}{ccccc} S & Z & \square & - & \square \\ 类 & 组 & 品 & & 规 \\ 别 & 别 & 种 & & 格 \\ 代 & 代 & 代 & & 参 \\ 号 & 号 & 号 & & 数 \end{array}$$

注射成型机品种代号、规格参数的表示见表 5-1。

表 5-1　注射成型机品种代号、规格参数（GB/T 12783—2000）

品 种 名 称	代　号	规 格 参 数	备　注
塑料注射成型机	不标	合模力/kN	卧式螺杆式预塑为基本型，不标品种代号
立式塑料注射成型机	L（立）		
角式塑料注射成型机	J（角）		
柱塞式塑料注射成型机	Z（柱）		
塑料低发泡注射成型机	F（发）		
塑料排气式注射成型机	P（排）		
塑料反应式注射成型机	A（反）		
热固性塑料注射成型机	G（固）		
塑料鞋用注射成型机	E（鞋）	工位数×注射装置数	注射装置数为1，不标注
聚氨酯鞋用注射成型机	EJ（鞋聚）		
全塑鞋用注射成型机	EQ（鞋全）		
塑料雨鞋、靴注射成型机	EY（鞋雨）		
塑料鞋底注射成型机	ED（鞋底）		
聚氨酯鞋底注射成型机	EDJ（鞋底聚）		
塑料双色注射成型机	S（双）	合模力/kN	卧式螺杆式预塑为基本型，不标品种代号
塑料混色注射成型机	H（混）		

二、注射模具

塑料注射成型模具主要用于成型热塑性塑料制品，也可用于成型热固性塑料制品。

1. 注射模分类

注射模的分类方法很多，按其所用注射机的类型，可分为卧式注射机用注射模、立式注射机用注射模和角式注射机用注射模；按模具的型腔数目，可分为单型腔和多型腔注射模；按分型面的数量，可分为单分型面、双分型面和多分型面注射模；按浇注系统的形式，可分为普通浇注系统和热流道浇注系统注射模。

2．注射模的结构

注射模的结构是由注射机的形式和塑件的复杂程度等因素决定的。无论其复杂程度如何，注射模均由动、定模两大部分构成。根据模具上各部件所起的作用，可将注射模分为以下几个部分。

（1）成型零件　直接成型制品的零件。通常由型芯、凹模、镶件等组成。

（2）浇注系统　将熔融塑料由注射机喷嘴引向型腔的流道。一般由主流道、分流道、浇口、冷料穴组成。

（3）导向机构　通常由导柱和导套组成，用于引导动、定模正确闭合，保证动、定模合模后的相对准确位置。有时可在动、定模两边分别设置互相吻合的内外锥（斜）面，用来承受侧向力和实现动、定模的精确定位。

（4）侧向分型抽芯机构　塑件上如有侧孔或侧凹，需要在塑件被推出前，先抽出侧向型芯。使侧向型芯抽出和复位的机构称为侧向抽芯机构。

（5）脱模机构　将塑件和浇注系统凝料从模具中脱出的机构。一般情况下，由顶杆、复位杆、顶出固定板、顶出板等组成。

（6）温度调节系统　为满足注射成型工艺对模具温度的要求，模具设有温度调节系统。模具需冷却时，常在模内开设冷却水道，通水冷却；需辅助加热时则通热水或热油、或在模内或模具周围设置电加热元件加热。

（7）排气系统　在充模过程中，为排出模腔中的气体，常在分型面上开设排气槽。小型塑件排气量不大，可直接利用分型面上的间隙排气。许多模具的推杆或其他活动零件之间的间隙也可起排气作用。

（8）其他结构零件　其他结构零件是为了满足模具结构上的要求而设置的，如固定板，动、定模座板，支承板，连接螺钉等。

3．注射模工作原理

单分型面注射模也称为二板式注射模，是注射模中最基本的一种结构形式，如图5-3所示。

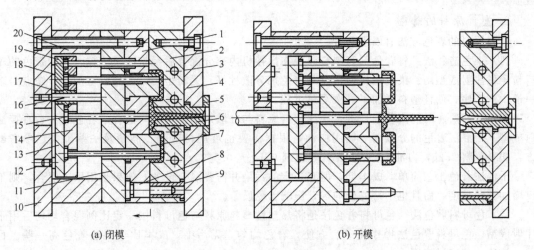

(a) 闭模　　　　　　　　　　　　(b) 开模

图 5-3　单分型面注射模

1—型芯板；2—型腔板；3—冷却水孔；4—定模底板；5—定位圈；6—主流道衬套；
7—型芯；8—导柱；9—导套；10—动模底板；11—型芯垫板；12—限位钉；
13—顶出板；14—顶出固定板；15—拉料杆；16—顶出板导柱；17—顶出
板导套；18—顶杆；19—复位杆；20—垫块

单分型面注射模的工作原理：开模时，动模后退，模具从分型面分开，塑件包紧在型芯7上随动模部分一起向左移动而脱离型腔板2，同时，浇注系统凝料在拉料杆15的作用下，和塑料制件一起向左移动。移动一定距离后，当注射机的顶杆顶到顶出板 13 时，脱模机构开始动作，顶杆 18 推动塑件从型芯 7 上脱下来，浇注系统凝料同时被拉料杆 15 顶出。然后人工将塑料制件及浇注系统凝料从分型面取出。合模时，在导柱 8 和导套 9 的导向定位作用下，动定模闭合。在闭合过程中，型腔板 2 推动复位杆 19 使脱模机构复位。

第三节　注射成型过程

一、成型前的准备工作

为了使注射成型过程顺利进行，保证产品的质量，在成型前必须做好一系列准备工作，如塑料原料的检验、塑料原料的着色、塑料原料的干燥、嵌件的预热、脱模剂的选用以及料筒的清洗等。

1. 塑料原料的检验

塑料原料的检验内容有塑料原料的种类、外观及工艺性能等。

（1）塑料原料的种类　塑料原料的种类很多，不同类型的塑料，采用的加工工艺不同。即使是同种塑料，由于规格不同，适用的加工方法及工艺也不完全相同。

（2）塑料原料的外观　塑料原料的外观包括色泽、颗粒形状、粒子大小、有无杂质等。对外观的要求是：色泽均一、颗粒大小均匀、无杂质。

（3）塑料原料的工艺性能　塑料原料的工艺性能包括熔体流动速率、流变性、热性能、结晶性及收缩率等。其中，熔体流动速率是最重要的工艺性能之一。

熔体流动速率（MFR）是指塑料熔体在规定的温度和压力下，在参照时间内通过标准毛细管的质量（g），用 g/10min 表示。熔体流动速率大，则表示其平均分子量小、流动性好，成型时可选择较低的温度和较小的压力。注射成型用塑料材料 MFR 通常为 1～10g/10min，形状简单或强度要求较高的制品选较小的熔体流动速率值；而形状复杂、薄壁长流程的制品则需选较大的数值。

2. 塑料原料的着色

塑料原料的着色方法有以下几种。

（1）染色造粒法　将着色剂和塑料原料在搅拌机内充分混合后经挤出机造粒，成为带色的塑料粒子供注射成型用。染色造粒的优点是着色剂分散性好，无粉尘污染，易成型加工；缺点是多一道生产工序，而且塑料增加了一次受热过程。

（2）干混法　干混法着色是将热塑性塑料原料与分散剂、颜料均匀混合成着色颗粒后直接注射成型。干混法着色的分散剂一般用白油，根据需要也可用松节油、酒精及一些酯类。参考配方：塑料原料 25kg，白油 20～50mL，着色剂 0.1%～0.5%。

干混法着色工艺简单、成本低，但有一定的污染并需要混合设备；如果采用手工混合，则不仅增加劳动强度，而且也不易混合均匀，影响着色质量。

（3）色母料着色法　色母料着色法是将热塑性塑料原料与色母料按一定比例混合均匀后用于注射成型。色母料着色法操作简单、方便，着色均匀，无污染，成本比干混法着色高一些。目前，该法已被广泛使用。

塑料原料的着色过程中，着色剂的选用是关键。用于塑料原料的着色剂应具备的条件为：与树脂相容性好，分散均匀；具有一定的耐热性，能经受塑料加工温度不发生分解变色；具有良好的光和化学稳定性，耐酸、耐溶剂性良好；具有鲜明色彩和高度的着色力；在加工机械表面无黏附现象等。

3. 塑料原料的干燥

有些塑料原料，由于其大分子结构中含有亲水性的极性基团，因而易吸湿，使原料中含有水分。当原料中水分超过一定量后，会使制品表面出现银纹、气泡、缩孔等缺陷，严重时会引起原料降解，影响制品的外观和内在质量。因此，成型前必须对这些塑料原料进行干燥处理。常见塑料原料的干燥条件见表 5-2。

表 5-2　常见塑料原料的干燥条件

塑料名称	干燥温度/℃	干燥时间/h	料层厚度/mm	含水量/%
ABS	80~85	2~4	30~40	<0.1
PA	90~100	8~12	<50	<0.1
PC	120~130	6~8	<30	<0.015
PMMA	70~80	4~6	30~40	<0.1
PET	130	5	20~30	<0.02
聚砜	110~120	4~6	<30	<0.05
聚苯醚	110~120	2~4	30~40	—

不易吸湿的塑料原料有 PE、PP、PS、POM 等，如果储存良好、包装严密，一般可不干燥。

塑料原料的干燥方法很多，通常，小批量用料采用热风循环干燥和红外线加热干燥；大批量用料采用沸腾床干燥和气流干燥；高温下易氧化降解的塑料，如聚酰胺，则宜采用真空干燥。

影响干燥效果的因素有三个，即干燥温度、干燥时间和料层厚度。一般情况下，干燥温度应控制在塑料的软化温度、热变形温度或玻璃化温度以下。干燥时间长，有利于提高干燥效果，但时间过长不经济。干燥时料层厚度不宜大，一般为 20~50mm。必须注意的是，干燥后的原料要立即使用，如果暂时不用，要密封存放，以免再吸湿。

4. 嵌件的预热

为了装配和使用强度的要求，在塑料制品内常常需嵌入金属嵌件。由于金属嵌件与塑料的热性能差异很大，导致两者的收缩率不同，因此，在嵌件周围易产生裂纹，既影响制品的表面质量，也使制品的强度降低。解决上述问题的办法，除了在设计制品时应加大嵌件周围塑料的厚度外，对金属嵌件的预热也是一个有效措施。

嵌件的预热必须根据塑料的性质以及嵌件的种类、大小决定。对具有刚性分子链的塑料，如聚碳酸酯、聚苯乙烯、聚砜和聚苯醚等，嵌件必须预热；对具有柔性分子链的塑料且嵌件又较小时，嵌件易被熔融塑料在模内加热，因此嵌件可不预热。

嵌件的预热温度一般为 110~130℃，预热温度的选定以不损伤嵌件表面的镀层为限。对表面无镀层的铝合金或铜嵌件，预热温度可提高至 150℃左右。预热时间一般以几分钟即可。

5. 脱模剂的选用

脱模剂是使塑料制品容易从模具中脱出而喷涂在模具型腔表面上的一种助剂。使用脱模剂后，可减少塑料制品表面与模具型腔表面间的黏结力，以便缩短成型周期，提高制品的表面质量。

常见的脱模剂主要有三种，即硬脂酸锌、白油及硅油。硬脂酸锌除聚酰胺外，一般塑料都可使用；白油作为聚酰胺的脱模剂效果较好；硅油虽然脱模效果好，但使用不方便，使用时需要配成甲苯溶液，涂在模具表面，经干燥后才能显出优良的效果。

脱模剂使用时采用两种方法：手涂和喷涂。喷涂法采用雾化脱模剂，喷涂均匀，涂层薄，脱模效果好，脱模次数多（喷涂一次可脱十几模），实际生产中，应尽量选用喷涂法。

应当注意，凡要电镀或表面涂层的塑料制品，尽量不用脱模剂。

6. 料筒的清洗

生产中，当需要更换原料、调换颜色或发现塑料有分解现象时，都需要对注射机的料筒进行清洗。

柱塞式注射机的料筒清洗比较困难，原因是该类注射机的料筒内存料量大，柱塞又不能转动，因此，清洗时必须采取拆卸清洗或采用专用料筒。

螺杆式注射机的料筒清洗，通常采用换料清洗。换料清洗有两种方法：直接换料法和间接换料法，此外，还可用料筒清洗剂清洗料筒。

(1) 直接换料　若欲换原料和料筒内存留料的熔融温度相近，或者二者的黏流温度至分解温度（$T_f \sim T_d$）温度区间有重叠部分，可直接换料。

(2) 间接换料　若欲换料的成型温度高，而料筒内的存留料又是热敏性的，如聚氯乙烯、聚甲醛等，为防止塑料分解，应采用二步法清洗，即间接换料。具体操作过程为：先用热稳定性好的聚苯乙烯、低密度聚乙烯塑料或这类塑料的回收料作为过渡清洗料，进行过渡换料清洗，然后用欲换料置换出过渡清洗料。

(3) 料筒清洗剂　由于直接换料和间接换料清洗料筒要浪费大量的塑料原料，因此，目前已广泛采用料筒清洗剂来清洗料筒。料筒清洗剂一般由 PS、PE 等热稳定性好塑料的回收料构成，添加发泡剂以增加体积，减低成本。

二、注射成型

注射成型过程包括加料、塑化、注射和模塑冷却几个阶段。

1. 加料

注射成型是一个间歇过程，在每个生产周期中，加入到料筒中的料量应保持一定，注射成型机一般都采用容积计量加料：柱塞式注射成型机，可通过调节料斗下面定量装置的调节螺帽来控制加料量；移动螺杆式注射成型机，可通过调节行程开关与加料计量柱的距离来控制。

2. 塑化

塑化是指粒状或粉状的塑料原料在料筒内经加热达到流动状态，并具有良好可塑性的过程，是注射成型的准备阶段。塑化过程要求达到：物料在注射前达到规定的成型温度；保证塑料熔体的温度及组分均匀，并能在规定的时间内提供足够数量的熔融物料；保证物料不分解或极少分解。由于物料的塑化质量与制品的产量及质量有直接的关系，因此加工时必须控制好物料的塑化。

影响塑化的因素较多，如塑料原料的特性、加工工艺、注射机的类型等。

(1) 柱塞式注射成型机　柱塞式注射成型机料筒内的料温温差较大，几乎没有混合效果，塑化效果差。因此，柱塞式注射成型机难以满足生产大型、精密制品，以及加工热敏性高黏度塑料的要求。

(2) 螺杆式注射成型机　螺杆式注射成型机料筒内的物料除靠料筒外加热外，由于物料和料筒、螺杆的剪切作用提供了大量的摩擦热，还能加速外加热的传递，从而使物料温升很快，物料的混合效果也比较好。

螺杆式注射机的料筒温度、螺杆转速、塑化背压是影响塑化的主要因素。提升料筒温度、螺杆转速、减低塑化背压有利于提高塑化速度；适当减低螺杆转速、增加塑化背压有利于提高塑化质量。

3. 注射

注射是指用柱塞或螺杆，将具有流动性、温度均匀、组分均匀的熔体通过推挤注入模具的过程。注射过程时间虽短，但熔体的变化较大，这些变化对制品的质量有重要影响。

塑料在柱塞式注射成型机注射时，注射压力很大一部分要消耗在物料从压实到熔化的过程中。因此，柱塞式注射成型机的注射压力损失大，注射速率低。

在螺杆式注射机中，物料在固体输送段已经形成固体塞，阻力较小，到计量段物料已经熔化。因此，螺杆式注射机的注射压力损失小，注射速率高。

4. 充模冷却过程

充模与冷却过程是指塑料熔体从注入模腔开始，经型腔充满、熔体在控制条件下冷却定型、直到制品从模腔中脱出为止的过程。

无论采用何种形式的注射机，塑料熔体进入模腔内的流动情况都可分为充模、压实、倒流和浇口冻结后的冷却四个阶段。在这连续的四个阶段中，模腔压力的变化如图 5-4 所示。现以图 5-4 中 e 曲线为例，分析塑料熔体进入模腔后的压力变化。

（1）充模阶段　该阶段是从柱塞或螺杆预塑后的位置开始向前移动起，直至塑料熔体充满模腔为止，时间为曲线 e 上 1、2、3 三段时间之和。充模时间范围一般为几秒到十几秒。

充模阶段开始时，模腔内没有压力，见曲线 1；随着物料不断充满，压力逐渐建立起来，见曲线 2；待模腔充满对塑料压实时，压力迅速上升而达到最大值，见曲线 3。

（2）压实阶段（保压阶段）　压实阶段也称保压阶段，该阶段从熔体充满模腔时起至柱塞或螺杆后退前止，见曲线 4。压实阶段时间范围为几秒、几十秒甚至几分钟。

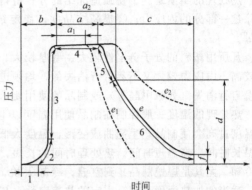

图 5-4　充模过程中的压力变化

a—熔体受压保持时间（保压时间）；b—柱塞或螺杆前移时间；c—熔体倒流和冷却时间；d—浇口凝封压力；e,e_1,e_2—压力曲线；f—开模时的残余压力；1—熔体开始进入模腔的时间；2—熔体填充模腔的时间；3—熔体被压实的时间；4—保压时间；5—熔体倒流时间；6—浇口凝固后到脱模前熔体继续冷却时间

在这段时间内，塑料熔体因冷却而产生收缩，但由于塑料熔体仍处于柱塞或螺杆的稳压下，料筒内的熔料会继续向模腔内流入，以补充因收缩而留出的空隙。

（3）倒流阶段　该阶段是从柱塞或螺杆后退时开始到浇口处熔料冻结为止，见曲线 5。由于此时模腔内的压力比流道压力高，因此会发生熔体倒流，从而使模腔内的压力迅速下降（曲线 e_1 是倒流严重的情况）。

（4）浇口冻结后的冷却阶段　该阶段是从浇口凝封时起到制品从模腔中顶出时止，见曲线 6。模内塑料在该阶段内主要是继续进行冷却，以使制品在脱模时具有足够的刚性而不致发生扭曲变形。在此阶段，可以不考虑分子取向问题。

在冷却阶段必须注意模内压力和冷却速度。

① 模内压力。制品脱模时的模内压力不一定等于外界压力，它们之间的差值称为残余压力。保压时间长、凝封压力高，残余压力也大。当残余压力为正值时，脱模较困难，制品易被刮伤或发生断裂；当残余压力为负值时，制品表面易产生凹陷或内部有真空泡；只有当残余压力接近零时制品脱模才比较顺利。

② 冷却速度。塑料熔体自进入模腔后即被冷却，直至脱模时为止。如果冷却过急或模具与塑料熔体接触的各部分温度不均，则会由于冷却不均而导致收缩不均匀，使制品中产生内应力。但冷却速度慢，则会延长生产周期、降低生产效率，而且会造成复杂制品脱模困难。

三、制件的后处理

注射制品经脱模或进行机械加工、修饰之后，为改善和提高制品的性能，通常需要进行适当的后处理。注射制品的后处理，主要是指热处理（退火）和调湿处理。

1. 热处理（退火）

由于塑料在料筒内塑化不均匀或在模腔内冷却速度不一致，常常会产生不均匀的结晶、取向和收缩，使制品存在内应力，尤其是刚性塑料、厚壁及带有嵌件的制品。内应力的存在，使制品在储存和使用过程中，发生力学性能下降、光学性能变坏、制品表面出现银纹、甚至变形开裂。在实际生产中，解决这个问题的最好方法就是对制品进行热处理，也称退火。

所谓热处理，就是将制品在一定温度的液体介质（如水、矿物油、甘油、乙二醇和液体石蜡等）或热空气（如循环热风干燥室、干燥箱等）中静置一段时间，然后缓慢冷却到室温的过程。

热处理的实质是：①使强迫冻结的分子链得到松弛，取向的大分子链段转向无规位置，从而消除这一部分的内应力；②提高结晶度，稳定结晶构型，从而提高结晶塑料制品的硬度、弹性模量。

凡所用塑料的分子链刚性较大、壁厚较大、带有金属嵌件、使用温度范围较宽、尺寸精度要求较高、内应力较大又不易自行消失的，均须进行热处理；而分子链柔性较大、产生的内应力能缓慢自行消失（如聚甲醛等）或制品的使用要求不高时，可不必进行热处理。

热处理的温度一般控制在制品使用温度以上 10～20℃ 或低于塑料热变形温度 10～20℃，因为温度过高会使制品产生翘曲或变形，温度太低又达不到热处理目的。退火处理的一般规律是：低温长时间，高温短时间。热处理时间的长短，应以消除内应力为原则。热处理后的制品，应缓慢冷却（尤其是厚壁制品）到室温，冷却太快，有可能重新产生内应力。对热处理介质的要求是：适当的加热温度范围，一定的热稳定性，与被处理物不反应，不燃烧、不放出有毒的烟雾。

常用热塑性塑料的热处理条件可参见表 5-3。

表 5-3　常用热塑性塑料的热处理条件

塑 料 名 称	热处理温度/℃	时间/h	热处理方法
ABS	70	4	烘箱
聚碳酸酯	110～135	4～8	红外灯、烘箱
	100～110	8～12	
聚甲醛	140～145	4	红外线加热或烘箱
聚酰胺 66	100～110	4	油、盐水
聚甲基丙烯酸甲酯	70	4	红外线加热、烘箱
聚砜	110～130	4～8	红外线加热、甘油、烘箱
聚对苯二甲酸丁二酯	120	1～2	烘箱

2. 调湿处理

聚酰胺类塑料制品，在高温下与空气接触时，常会氧化变色，此外，在空气中使用和储存时，又易吸收水分而膨胀，需要经过很长时间后才能得到稳定的尺寸。因此，如果将刚脱模的制品放在热水中进行处理，不仅可隔绝空气，防止制品氧化变色，而且可以加快制品吸湿，达到吸湿平衡，使制品尺寸稳定，该方法就称为调湿处理。调湿处理时的适量水分还能对聚酰胺起类似增塑作用，从而增加制品的韧性和柔软性，使冲击强度、拉伸强度等力学性能有所提高。

调湿处理的时间与温度，由聚酰胺塑料的品种、制品的形状、厚度及结晶度的大小而定。调湿介质除水外，还可选用醋酸钾溶液（沸点为 120℃ 左右）或油。

第四节　注射成型工艺分析

对于一定的塑料制品，当选择了适当的塑料原料、成型方法和成型设备，设计了合理的模具结构后，在生产中，工艺条件的选择和控制就是保证成型顺利和提高制品质量的关键。

注射成型最重要的工艺参数是影响塑化流动和注射冷却的温度、压力和相应的各个作用时间。

一、温度

注射成型过程中需要控制的温度有料筒温度、喷嘴温度、模具温度和油温等。

1. 料筒温度

料筒温度是指料筒表面的加热温度。料筒分三段加热，温度从料斗到喷嘴前依次由低到高，使塑料材料逐步熔融、塑化。第一段是靠近料斗处的固体输送段，温度要低一些，料斗座还需用冷却水冷却，以防止物料"架桥"并保证较高的固体输送效率；第二段为压缩段，是物料处于压缩状态并逐渐熔融，该段温度设定一般比所用塑料的熔点或黏流温度高出20～25℃；第三段为计量段，物料在该段处于全熔融状态，在预塑终止后形成计量室，储存塑化好的物料，该段温度设定一般要比第二段高出20～25℃，以保证物料处于熔融状态。

料筒温度的设定与所加工塑料的特性有关。

对于无定形塑料，料筒第二段、第三段温度应高于塑料的黏流温度 T_f；对于结晶型塑料，应高于塑料材料的熔点 T_m，但都必须低于塑料的分解温度 T_d。通常，对于 $T_f \sim T_d$ 的范围较窄的塑料，料筒温度应偏低些，比 T_f 稍高即可；而对于 $T_f \sim T_d$ 的范围较宽的塑料，料筒温度可适当高些，即比 T_f 高得多一些。如 PVC 塑料，受热后易分解，因此料筒温度设定低一些；而 PS 塑料的 $T_f \sim T_d$ 范围较宽，料筒温度应可以相应设定得高些。

对于温敏性塑料，如 PC、PMMA 等，在工艺允许的条件下，提高料筒温度，可以显著的降低熔体黏度，提高流动性，提高其充模能力。对于热敏性塑料，如 PVC、POM 等，虽然料筒温度控制较低，但如果物料在高温下停留时间过长，同样会发生分解。因此，加工该类塑料时，除严格控制料筒的最高温度外，对塑料在料筒中的停留时间也应有所限制。

同一种塑料，由于生产厂家不同、牌号不一样，其流动温度及分解温度有差别。一般情况下，平均分子量高、分子量分布窄的塑料，熔体的黏度都偏高，流动性也较差，加工时，料筒温度应适当提高，反之则降低。

塑料添加剂的存在对成型温度也有影响。若添加剂为玻璃纤维或无机填料时，由于熔体流动性变差，因此，要随添加剂用量的增加，相应提高料筒温度；若添加剂为增塑剂或软化剂时，料筒温度可适当低些。

由于薄壁制品的模腔较狭窄，熔体注入时阻力大、冷却快，因此，为保证能顺利充模，料筒温度应高些；而注射厚制品时，则可低一些。另外，形状复杂或带有金属嵌件的制品，由于充模流程曲折、充模时间较长，此时，料筒温度也应设定高些。

料筒温度的选择对制品的性能有直接影响。料筒温度提高后，制品的表面光滑程度、冲击强度及成型时熔体的流动长度提高了，而注射压力降低，制品的收缩率、取向度及内应力减少。由此可见，提高料筒温度，有利于改善制品质量。因此，在允许的情况下，可适当提高料筒温度。

2. 喷嘴温度

喷嘴具有加速熔体流动、调整熔体温度和使物料均化的作用。在注射过程中，喷嘴与模具直接接触，由于喷嘴本身热惯性很小，与较低温度的模具接触后，会使喷嘴温度很快下降，导致熔料在喷嘴处冷凝而堵塞喷嘴孔或模具的浇注系统，而且冷凝料注入模具后也会影响制品的表面质量及性能，所以喷嘴温度需要控制。

喷嘴温度通常要略低于料筒的最高温度。一方面，这是为了防止熔体产生流延现象；另一方面，由于塑料熔体在通过喷嘴时，产生的摩擦热使熔体的实际温度高于喷嘴温度，若喷嘴温度控制过高，还会使塑料发生分解，反而影响制品的质量。

料筒温度和喷嘴温度的设定还与注射成型中的其他工艺参数有关。例如，当注射压力较低时，为保证物料的流动，应适当提高料筒和喷嘴的温度；反之，则应降低料筒和喷嘴温度。在注射成型前，一般要通过对空注射法和制品的直观分析法来调整成型工艺参数，确定最佳的料筒和喷嘴的温度。

3. 模具温度

模具温度是指与制品接触的模腔表面温度，它对制品的外观质量和内在性能影响很大。

模具温度通常是靠通入定温的冷却介质来控制的，有时也靠熔体注入模具后，自然升温和散热达到平衡而保持一定的模温，特殊情况下，还可采用电热丝或电热棒对模具加热来控制模温。不管采用何种方法使模温恒定，对热塑性塑料熔体来说都是冷却过程，因为模具温度的恒定值低于塑料的 T_g 或低于热变形温度（工业上常用），只有这样，才能使塑料定型并有利于脱模。

模具温度的高低主要取决于塑料特性（是否结晶）、制品的结构与尺寸、制品的性能要求及其他工艺参数（如熔体的温度、注射压力、注射速率、成型周期等）。

无定形塑料熔体注入模腔后，随着温度不断降低而固化，在冷却过程中不发生相的转变。这时，模温主要影响熔体的黏度。通常在保证充模顺利的情况下，尽量采用低模温，因为低模温可以缩短冷却时间，从而提高生产效率。对于熔体黏度较低的塑料（如 PS），由于其流动性好，易充模，因此加工时可采用低模温；而对于熔体黏度较高的塑料（如 PC、聚苯醚、聚砜等），模温应高些。提高模温可以调整制品的冷却速度，使制品缓慢、均匀冷却，应力得到充分松弛，防止制品因温差过大而产生凹痕、内应力和裂纹等缺陷。

结晶型塑料注入模腔后，模具温度直接影响塑料的结晶度和结晶构型。模温高，冷却速率慢、结晶速率快，制品的硬度大、刚性高，但却延长了成型周期并使制品的收缩率增大；模温低，则冷却速度快、结晶速率慢、结晶度低，制品的韧性提高，但低模温下成型的结晶型塑料，当其 T_g 较低时，会出现后期结晶，使制品产生后收缩和性能变化。当制品为厚壁时，内外冷却速率应尽可能一致，以防止因内外温差造成内应力及其他缺陷（如凹痕、空隙等），此时，模温要相应高些。此外，大面积或流动阻力大的薄壁制品，也需要维持较高的模温。常用塑料的模温见表 5-4。

表 5-4 常用塑料模温参考值

塑料名称	模具温度/℃	塑料名称	模具温度/℃
ABS	60～70	PA6	40～110
PC	90～110	PA66	120
POM	90～120	PA1010	110
聚砜	130～150	PBT	70～80
聚苯醚	110～130	PMMA	65
聚三氟氯乙烯	110～130		

模具温度的选择与设定对制品的性能有很大的影响：适当提高模具温度，可增加熔体流动长度，提高制品表面光滑程度、结晶度和密度，减小内应力和充模压力；但由于冷却时间延长，生产效率降低，制品的收缩率增大。

4. 油温

油温是指液压系统的压力油温度。油温的变化影响注射工艺参数，如注射压力、注射速率等的稳定性。

当油温升高时，液压油的黏度降低，增加了油的泄漏量，导致液压系统压力和流量的波动，使注射压力和注射速率降低，影响制品的质量和生产效率。因此，在调整注射成型工艺参数时，应注意到油温的变化。正常的油温应保持在 30～50℃。

二、压力

注射成型过程中需要控制的压力有塑化压力（背压）、注射压力、保压压力等。

1. 塑化压力（背压）

螺杆头部熔融物料在螺杆塑化时所受到的压力称为塑化压力或背压，其大小可通过注射油缸的背压阀来调节。预塑时，只有螺杆头部的熔体压力，克服了螺杆后退时的系统阻力后，螺杆才能后退。

塑化压力提高有助于螺槽中物料的密实，驱赶走物料中的气体。塑化压力的增加使系统阻力加大，螺杆退回速度减慢，延长了物料在螺杆中的热历程，塑化质量也得到改善。但是过大的塑化压力会增加计量段螺杆熔体的倒流和漏流，降低了熔体输送能力，减少了塑化量，而且增加功率消耗；过高塑化压力会使剪切热过高或剪切应力过大，使高分子物料发生降解而严重影响到制品质量。

塑化压力高低还与喷嘴种类、加料方式有关。选用直通式（即敞开式）喷嘴或后加料方式，塑化压力应低，防止因塑化压力提高而造成流延；自锁式喷嘴或前加料、固定加料方式，塑化压力可稍稍提高。

2. 注射压力

料筒头部熔融物料在螺杆（或柱塞）注射时所受到的压力称注射压力，其大小可通过注射油缸的压力调节阀来调节。注射压力的作用是克服塑料熔体从料筒流向模具型腔的流动阻力，给予熔体一定的充模速度及对熔体进行压实、补缩。下面就注射压力的几方面作用，介绍注射成型过程中注射压力的设定。

（1）流动阻力　注射时要克服的流动阻力，主要来自两方面：一是流道，一般情况下，流道长且几何形状复杂时，熔体流动阻力大，需要采用较高的注射压力才能保证熔体顺利充模；二是熔体的黏度，黏度高的熔体，流动阻力也较大，同样需要较高的注射压力。

（2）充模速率　注射充模速率大的时候，熔体所受到的流动阻力大，黏度大的熔体，流动阻力大，需要一个比较大的注射压力去克服流动阻力，来满足充模速率的要求。在充模阶段，注射压力和充模速率要相互配合。

对剪切速率敏感的塑料，这类塑料熔体的表观黏度随温度的升高变化不大，但会随剪切速率的提高而迅速下降，流动性变好（如 POM、LDPE、PP 等）。

注射压力在一定程度上决定了塑料的充模速率，并影响制品的质量。在充模阶段，当注射压力较低时，塑料熔体呈铺展流动，流速平稳、缓慢，但延长了注射时间，制品易产生熔接痕、密度不匀等缺陷；当注射压力较高而浇口又偏小时，熔体为喷射式流动，这样易将空气带入制品中，形成气泡、银纹等缺陷，严重时还会灼伤制品。

适当提高充模阶段的注射压力，可提高充模速率、增加熔体的流动长度和制品的熔接痕强度，制品密实、收缩率下降，但制品易取向，内应力增加。如图 5-5 所示。

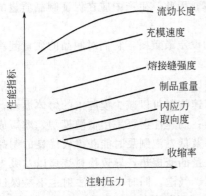

图 5-5　注射压力与制品性能的关系

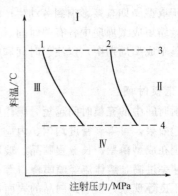

图 5-6　注射成型面积图

1—缺料线；2—溢料线；3—分解线；4—塑化不良线；
Ⅰ—着色焦化区；Ⅱ—溢料变形区；Ⅲ—充模
不足区；Ⅳ—成型困难区

（3）注射压力与塑料温度的组合　在注射过程中，注射压力与塑料温度是相互制约的。料温高时，注射压力减小；反之，所需注射压力增大。以料温和注射压力为坐标绘制的成型面积图（图 5-6），能正确反映注射成型的适宜条件。

如图 5-6 所示，在成型区域中，适当的温度与压力的组合都能获得满意的结果；而在该区域以外的温度与压力的组合，都会给成型带来困难或给制品造成各种缺陷。

总之，注射压力的选择与设定是因塑料品种、制品形状等的不同而异，同时还要服从于注射成型机所能允许的压力。一般情况下，注射压力的选择范围见表 5-5。

表 5-5　注射压力选择范围参考数据

制品形状要求	注射压力/MPa	适用塑料品种
熔体黏度较低,精度一般,流动性好,形状简单	70～100	PE、PS 等
中等黏度,精度有要求,形状复杂	100～140	PP、ABS、PC 等
黏度高,薄壁长流程,精度高且形状复杂	140～180	聚砜、聚苯醚、PMMA 等
优质,精密,微型	180～250	工程塑料

3. 保压压力

保压是指在模腔充满后,对模内熔体进行压实、补缩的过程。处于该阶段的注射压力称为保压压力。

实际生产中,保压压力的设定可与注射压力相等,一般稍低于注射压力。在保压阶段,由于模具内熔体温度的降低,模内熔体的压力也在逐步降低,生产中常常使用保压压力不断降低的多级保压工艺。当保压压力较高时,制品的收缩率减小,表面光滑程度、密度增加,熔接痕强度提高,制品尺寸稳定。缺点是脱模时制品中的残余应力较大、易产生溢边。

三、成型周期

完成一次注射模塑过程所需要的时间称成型周期。成型周期具体包括哪几部分见图 5-7。

成型周期 $\begin{cases} \text{注射时间} \begin{cases} \text{充模时间:柱塞或螺杆前进的时间} \\ \text{保压时间:柱塞或螺杆停留在前进位置的时间} \end{cases} \\ \text{模内冷却时间:柱塞后撤或螺杆旋转后退的冷却时间} \\ \text{其他时间:开模、脱模、喷涂脱模剂、安放嵌件和闭模等时间} \end{cases}$ 总冷却时间

图 5-7　成型周期过程

由于成型周期直接影响到劳动生产率和设备利用率,因此,生产中应在保证制品质量的前提下,尽量缩短成型周期中各有关时间。

在整个成型周期中,以注射时间和模内冷却时间的设定最重要,它们对制品的质量起决定性作用。

1. 充模时间

注射时间中的充模时间越短,则注射速率越快。高速注射可以减少模腔内的熔体温差,改善压力传递效果,可得到密度均匀、内应力小的精密制品;高速注射可采用低温模塑,缩短成型周期,特别在成型薄壁、长流程制品、玻璃纤维增强制品及低发泡制品时能获得较优良的制品。但是注射速率过高,熔体流经喷嘴浇口等处时,易产生大量的摩擦热,导致物料烧焦以及吸入气体和排气不良等现象,影响到制品的表面质量,产生银纹、气泡。同时,高速注射也不易保证注射与保压压力稳定的撤换,会因过填充而使制品出现溢边。通常情况下,充模时间为 3～5s。

2. 保压时间

保压时间就是对型腔内塑料的压实、补缩时间,在整个注射时间内所占的比例较大,一般为 20～120s。若保压时间短,则制品的密度低、尺寸偏小、易出现缩孔;保压时间长,则制品的内应力大、强度低、脱模困难。此外,保压时间还与料温、模温、主流道及浇口尺寸等有关。

3. 冷却时间

冷却时间的设定主要取决于制品的厚度、塑料的热性能和结晶性以及模具温度等,以保证制品脱模时不变形为原则。一般说来,T_g 高及具有结晶性的塑料,冷却时间较短;反之,则应长些。

4. 其他时间

成型周期中的其他时间则与生产过程是否连续化和自动化、操作者的熟练程度等有关。

第五节 典型塑料制品注射成型

一、热塑性塑料的注射成型特点

可供注射成型的热塑性塑料品种很多，每个品种往往可按黏度、强度、用途、改性和增强等分成不同的牌号或等级。由于分子结构和性能上的差异，使不同品种的热塑性塑料具有各自的注射成型特点。为获得质量高、成本低的注射制品，在加工中必须合理选择注射机、注射模具和注射成型工艺条件。下面从塑料聚集态结构、热稳定性、流变性、流动性和吸湿性等方面简要介绍热塑性塑料的注射成型特点。

1. 聚集态

热塑性塑料有结晶型和无定形两种聚集态结构。

（1）结晶型塑料 有明显的熔点，熔点附近黏度变化突然，熔化时吸热量大，因此，注射机螺杆通常应为突变型。为控制制品的结晶度，冷凝时要严格控制冷却速率。由于其熔体黏度低，成型时有漏流和逆流现象，因此，注射机螺杆最好带有止逆环，喷嘴采用自锁式。

（2）无定形塑料 在熔融过程中，从玻璃态到黏流态时经历了高弹态区而无明显熔点，因此，注射机的螺杆采用渐变型，螺杆的压缩段较长而供料段较短。

2. 热稳定性

（1）非热敏性塑料 塑料的热稳定性好、熔融温度范围宽、流动性好（如 PE、PP、PS 等），适用于任何形式的注射机。

（2）热敏性塑料 熔融温度范围窄、热稳定性差，高温及受热时间较长时易出现变色和分解（如 PVC、POM、PC 等），一般不能用柱塞式注射机生产。

3. 流变性能

塑料的流变性是指塑料处于流动状态时，其表观黏度随温度和剪切速率的变化而变化的性能。

（1）温度敏感性塑料 塑料熔体的表观黏度随温度的升高而迅速下降（如 PC、PMMA 等），在注射成型时，可用升高温度的方法来提高熔体的流动性。

（2）剪切速率敏感性塑料 这类塑料熔体的表观黏度随温度的升高变化不大，但会随剪切速率的提高而迅速下降，流动性变好（如 POM、LDPE、PP 等），因此，在注射成型时，主要靠提高剪切速率来控制熔体黏度。

4. 流动性

塑料在一定温度与压力的作用下，能够充满型腔各部分的性能称为流动性。

（1）流动性试验 塑料熔体的流动性试验常用熔体流动速率（MFR）测试法。对于同种塑料，MFR 大，表示该塑料材料的分子量小，熔体流动性好。

（2）L/T 值 要判断某种塑料材料对一个产品是否能成型，简便的方法是检查 L/T，即流动距离 L 与制品壁厚 T 之比。常用塑料的壁厚与 L/T 的范围见表 5-6。

表 5-6 常用塑料的壁厚与 L/T

塑料	壁厚/mm	L/T	塑料	壁厚/mm	L/T
聚乙烯	0.8~3.0	280~200	有机玻璃	1.5~5.0	150~100
聚丙烯	1.0~4.0	280~160	硬聚氯乙烯	1.5~5.0	150~100
聚甲醛	1.5~5.0	250~150	聚碳酸酯	1.5~5.0	150~100
尼龙	1.0~3.0	320~200	ABS	1.5~5.0	280~100
聚苯乙烯	1.0~4.0	300~220			

5. 吸湿性

① 对吸湿性很低的塑料（如 PE、PP 等），成型时一般不必干燥。

② 对吸湿性强的塑料（如 PA 等），成型时必须干燥。

③ 有些塑料（如 PC、PET 等）吸水性虽不强，但在高温下，微量的水分会使其严重降解，这类塑料成型前必须严格干燥。

二、聚丙烯注射成型

PP 为非极性的结晶塑料，质轻、价廉、无毒、无味，而且还耐腐蚀、耐高温、力学强度高，因此被广泛用于食品包装、医药包装、电器配件和日用品等领域，增强改性 PP 还常常作为工程塑料用于机械零件制造。

PP 的主要缺点有成型收缩率大、耐老化性差及低温冲击强度低。这些不足可通过改性（如共聚、共混、加入助剂等）的方法进行弥补。

1. 工艺特性

PP 的结晶度为 50%～70%，软化点高，耐热性好，熔点为 165～170℃。热稳定性好，分解温度在 300℃以上，与氧接触时，树脂在 260℃下开始变黄。熔体流动性比 PE 好，表观黏度对剪切速率的敏感性高于对温度的敏感性。熔体弹性大且冷却凝固速度快，制品易产生内应力。同时，成型收缩率较大，为 1%～2.5%，并具各向异性。弯曲疲劳强度大，耐折叠性十分突出，可用于制造一体铰链（合页），刚成型的产品乘热弯折可以显著提高一体铰链的耐折叠性。

2. 成型设备

PP 可用各种注射机成型。由于 PP 的相对密度小，因此，在选择注射机时，额定注射量一定要大于制品质量的 1.8～2 倍，以防制品产生缺料现象。

3. 制品与模具

(1) 制品　制品壁厚为 1.0～4.0mm，壁厚应尽量均匀，如果制品厚度有差异，则在厚薄交界处有过渡区；对于薄而平直的制品，为防止变形，要考虑设置加强筋；PP 制品低温下表现出脆性，对缺口很敏感，产品设计时应注意避免出现锐角。

(2) 模具　根据制品收缩情况，模具的脱模斜度为 0.5°～1.5°，形状较复杂的制品取大值；带有铰链的制品，应注意浇口位置；由于 PP 熔体的流动性好，在成型时易出现排气不良现象，因此在模具中可设置适当的排气孔槽；模具温度对制品的性能有影响，故应合理选择控温装置。

4. 原材料准备

用于注射成型的 PP 树脂为白色蜡状颗粒，比 PE 轻而透明。熔体流动速率（MFR）取 1～10g/10min。吸水率很低（<0.04%），注射成型时一般不需进行干燥，如果颗粒中水分含量过高，可在 80～100℃下干燥 1～2h。

5. 成型工艺

(1) 注射温度　料筒温度控制在 210～240℃，喷嘴温度可比料筒最高温度低 10～30℃。当制品壁薄、形状复杂时，料筒温度可提高至 240～280℃；而当制品壁厚或树脂的熔体流动速率高时，料筒温度可降低至 200～220℃。

(2) 模具温度　PP 成型时的模具温度为 40～90℃。提高模温，PP 的结晶度和结晶速度提高，制品的刚性、硬度增加，表面光滑程度较好，但易产生溢边、凹痕、收缩等缺陷。成型时常采用较高的模温和在配方中添加成核剂配合，来获得高结晶度和细化晶粒，制品的刚性、硬度好，还能增加韧性，而且成型后收缩小。快速结晶使制品可以在较高的温度下脱模，成型周期也比较短。

(3) 注射压力　PP 熔体的黏度对剪切速率的依赖性大于对温度的依赖性，因此在注射时，通过提高注射压力来增大熔体流动性（注射压力通常为 70～120MPa）。此外，注射压力的提高还有利于提高制品的拉伸强度和断裂伸长率，对制品的冲击强度无不利影响，特别是大大降低了收缩率。但过高的注射压力易造成制品溢边，并增加了制品的内应力。

(4) 成型周期　在 PP 的成型周期中，保压时间的选择比较重要。一般情况下，保压时间长，制品的收缩率低，但由于凝封压力增加，制品会产生内应力，故保压时间不能太长。与其他塑料不同，PP制品在较高的温度下脱模不产生变形或变形很小，并且又采用了较低的模温，因此，PP的成型周期是较短的。

（5）后处理 PP的玻璃化温度较低，脱模后，制品会发生后收缩，后收缩量随制品厚度的增加而增大。成型时，提高注射压力、延长注射和保压时间及降低模温等，都可以减少后收缩。对于尺寸稳定性要求较高的制品，应进行热处理。处理温度为80～100℃，时间为1～2h。

三、聚苯乙烯注射成型

PS是无色透明且具有玻璃光泽的材料，加工容易、尺寸稳定性好、电性能优良、价廉，广泛用于制造光学仪器仪表、电器零件、装饰、照明、餐具、玩具及包装盒等。

PS性脆易裂、冲击强度低、耐热性差，因此限制了其应用范围。为提高PS的性能，扩大其应用范围，现已开发了一系列高性能的改性品种，如高抗冲聚苯乙烯（HIPS）、苯乙烯-丙烯腈共聚物（SAN）、苯乙烯-丁二烯共聚物（BS）、苯乙烯-丁二烯嵌段共聚物（SBS）和苯乙烯-丁二烯-丙烯腈共聚物（ABS）等。

1. 工艺特性

PS为无定形塑料，无明显熔点，熔融温度范围较宽，热稳定性好，热变形温度为70～100℃，黏流温度为150～204℃，300℃以上出现分解。熔体的黏度适中，流动性好，易成型。熔体的黏度对温度、剪切速率都比较敏感。在成型时，无论是增加注射压力还是提高料筒温度，都会使熔体黏度显著下降。成型收缩率较小，为0.4%～0.7%。PS性脆，且容易形成应力，产品中尽量避免锐角、缺口，也不宜带金属嵌件。

2. 成型设备

注射机既可用柱塞式也可用螺杆式，为保证制品的高透明度，在换料、换色时都必须仔细清理料筒、螺杆。

注射喷嘴多采用直通式或延长式喷嘴。

3. 制品与模具

（1）制品 制品的壁厚一般取1.0～4.0mm。壁厚尽可能均匀，不同壁厚的交接处有圆滑过渡，产品中尽量避免锐角、缺口，以防应力集中。制品中不宜带有金属嵌件，否则易发生应力开裂。

（2）模具 型芯部分的脱模斜度为0.5°～1.0°，型腔为0.5°～1.5°，形状复杂制品可放大到2°。排气孔槽深度控制在0.03mm以下，模具温度应尽可能一致。

4. 原材料准备

PS树脂的吸水率很低，为0.01%～0.03%，成型前可不干燥。必要时，可在70～80℃的循环热风中干燥1～2h。

原料可用浮染法或色母料法着色。

5. 成型工艺

（1）注射温度 成型时的料筒温度控制在180～215℃范围内，喷嘴温度比料筒最高温度低10～20℃。提高料筒温度，有利于改善流动性，以及制品透明性。但温度过高，不仅会使制品的冲击强度下降，而且还会使制品变黄、出现银丝等。

（2）模具温度 为减小内应力，加工时往往需要较高的模温，以使熔体缓慢冷却，取向的分子得到松弛，如加工厚壁及使用要求较高的制品时，常采用模具加热的方法，使模温控制在50～60℃，模腔和型芯各部分的温差不大于3～6℃。但模温高会延长成型周期，降低生产效率。因此，对于一般的制品，则采用低模温成型，模具通冷冻水冷却，然后用热处理的办法减小或消除内应力。

（3）注射压力 注射压力一般控制在60～150MPa。大浇口、形状简单及厚壁制品，注射压力可选低些，约60～80MPa；而薄壁、长流程、形状复杂的制品，注射压力应控制高些，通常要在 120MPa 以上。

(4) 注射速度　提高注射速度,有利于改善流动性。由于较高的注射速度不仅会使模腔内的空气难以及时排出,而且还会使制品的表面光滑程度及透明性变差,内应力增加,冲击强度下降,因此,成型时应采用比较低的注射速度。

(5) 成型周期　PS 的比热容较小且无结晶,加热塑化快,塑化量较大,熔体在模具中固化快,因此,PS 注射周期短,生产效率高。

(6) 后处理　将制品放入 70℃ 左右的热空气中静置 1～2h,然后慢慢冷却至室温,这样可消除内应力。

6. 注意事项

生产透明度较高的制品时,不宜加入回料,并且要保证生产设备、生产环境的清洁。

四、聚碳酸酯注射成型

PC 是一种无色透明的工程塑料,具有极高的冲击强度,宽广的使用温度范围,良好的耐蠕变性、电绝缘性和尺寸稳定性,广泛用于仪器仪表、照明用具、电子电器、机械等领域。缺点是对缺口敏感,耐环境应力开裂性差,成型带金属嵌件的制品较困难。

1. 工艺特性

PC 分子链刚性较大,虽为结晶聚合物,但在通常成型加工条件下很少结晶,因此,可视为无定形塑料。PC 的熔体黏度大,流动性较差。熔体的流动特性接近于牛顿流体,熔体黏度受剪切速率影响较小,而对温度的变化十分敏感,因此,成型时调节加工温度更有效。尽管 PC 吸湿性小,但在熔融状态下,即使是微量的水分存在,也会使大分子发生水解,放出二氧化碳等气体,使树脂变色、分子量急剧下降、制品性能变差。因此,在成型前,树脂必须进行充分干燥。PC 成型收缩率较小,为 0.5%～0.7%。

2. 成型设备

柱塞式和螺杆式注射机都可用于 PC 成型,但由于 PC 的加工温度较高,熔体黏度较大,因此,大多选用螺杆式注射机。喷嘴采用普通敞口延伸式。

3. 制品与模具

(1) 制品　壁厚为 1.5～5.0mm,一般不低于 1mm,壁厚应均匀;由于 PC 对缺口较敏感,故制品上应尽量避免锐角、缺口的存在,转角处要用圆弧过渡。

(2) 模具　脱模斜度约为 1.0°,尽可能少用金属嵌件。主流道、分流道和浇口的断面最好是圆形,长度短、转折少。模具要注意加热和防止局部过热。

4. 原材料准备

PC 一般为无色透明的颗粒,加工前必须经过充分的干燥。干燥方法可采用沸腾床干燥(温度 120～130℃,时间 1～2h)、真空干燥(温度 110℃,真空度 96kPa 以上,时间 10～25h)、热风循环干燥(温度 120～130℃,时间 6h 以上)。为防止重新吸湿,应随用随取,不宜久存。

5. 成型工艺

(1) 注射温度　成型温度一般控制在 280～320℃ 范围内。注射成型用料,宜选用分子量稍低的树脂,其熔体流动速率为 5～7g/10min,喷嘴需要加热。料筒温度不能超过 330℃,否则 PC 会发生分解。

(2) 模具温度　通常情况下,PC 的模温为 80～120℃。普通制品控制在 90～100℃,而对于形状复杂、薄壁及要求较高的制品,则控制在 100～120℃,但不允许超过其热变形温度。

(3) 注射压力　尽管加工时注射压力对熔体黏度和流动性影响较小,但由于 PC 熔体黏度高、流动性较差,因此,注射压力不能太低,一般控制在 80～120MPa。

(4) 保压压力　保压压力的大小和保压时间的长短也影响制品质量。保压压力过小,则补缩作用小;保压压力过大,在浇口周围易产生较大的内应力。保压时间长,制品尺寸精度高、收缩率低、表面质量良好，但增加了制品中的内应力，延长了成型周期。

（5）注射速度 生产中，一般采用中速或慢速，最好采用多级注射。注射时，速度设定为慢→快→慢，这样可大大提高制品质量。

6. 注意事项

（1）脱模剂 PC 是透明性塑料，成型时一般不推荐使用脱模剂，以免影响制品透明度。对脱模确有困难的制品，可使用硬脂酸或硅油类物质作脱模剂，但用量要严格控制。

（2）金属嵌件 PC 制品中应尽量避免使用金属嵌件。若确需使用金属嵌件时，则必须先把金属嵌件预热到 200℃ 左右后，再置入模腔中进行注射成型，这样可避免因膨胀系数的悬殊差别，在冷却时发生收缩不一致而产生较大的内应力，使制品开裂。

（3）热处理 PC 制品容易产生内应力，热处理是为减小或消除制品的内应力。热处理条件为：温度 125～135℃（低于树脂的玻璃化温度 10～20℃），处理时间 2h 左右，制品越厚处理时间越长。

五、常用热塑性塑料的注射成型工艺参数

常用热塑性塑料的注射成型工艺参数见表 5-7。

表 5-7 常用热塑性塑料的注射成型工艺参数（螺杆式注射成型机）

树脂名称		PS	HIPS	ABS	电镀级 ABS	阻燃级 ABS	透明级 ABS
螺杆转速/(r/min)		范围较宽	30～60	30～60	20～60	20～50	30～60
喷嘴	形式	直通式	直通式	直通式	直通式	直通式	直通式
	温度/℃	200～210	180～190	180～190	190～210	180～190	190～200
料筒温度/℃	前	200～220	200～220	200～220	230～250	200～220	220～240
	中	170～190	170～190	200～210	210～240	190～200	200～220
	后	140～160	140～160	180～200	200～210	170～190	190～200
模具温度/℃		20～60	20～50	50～70	40～80	50～70	50～70
注射压力/MPa		60～100	60～100	70～90	70～120	60～100	70～100
保压压力/MPa		30～40	30～40	50～70	50～70	30～60	50～60
注射时间/s		1～3	1～3	3～5	1～4	3～5	1～4
保压时间/s		15～40	15～40	15～30	20～50	15～30	15～40
冷却时间/s		15～40	10～40	15～30	15～30	15～30	10～30
总周期/s		40～90	40～90	40～70	40～90	30～70	30～80
树脂名称		高抗冲 ABS	耐热级 ABS	PP	HDPE	POM	PC
螺杆转速/(r/min)		30～60	30～60	30～60	30～60	20～40	20～40
喷嘴	形式	直通式	直通式	直通式	直通式	直通式	直通式
	温度/℃	190～200	190～200	170～190	150～180	170～180	230～250
料筒温度/℃	前	210～230	220～240	200～220	180～220	170～200	260～290
	中	200～210	200～220	180～200	180～190	170～190	240～280
	后	180～200	190～200	160～170	140～160	170～190	240～270
模具温度/℃		50～80	60～85	40～80	30～60	90～120	90～110
注射压力/MPa		70～120	85～120	70～120	70～100	80～130	80～130
保压压力/MPa		50～70	50～80	50～60	40～50	30～50	40～50
注射时间/s		3～5	3～5	1～5	1～5	2～5	1～5
保压时间/s		15～30	15～30	20～60	15～60	20～90	20～80

续表

树脂名称		高抗冲 ABS	耐热级 ABS	PP	HDPE	POM	PC
冷却时间/s		15～30	15～30	10～50	15～60	20～60	20～50
总周期/s		40～70	40～70	40～120	40～140	50～160	50～130

树脂名称		PA6	GFR-PA6	PA66	GFR-PA66	PA46	透明尼龙
螺杆转速/(r/min)		20～50	20～40	20～50	20～40	20～50	20～50
喷嘴	形式	自锁式	直通式	自锁式	直通式	自锁式	直通式
	温度/℃	200～210	200～210	250～260	250～260	280～290	220～240
料筒温度/℃	前	230～240	230～250	260～280	280～290	290～310	250～270
	中	220～230	220～240	255～265	260～270	285～295	240～250
	后	200～210	200～210	240～250	250～260	275～285	220～240
模具温度/℃		60～100	80～120	60～120	100～120	70～110	40～60
注射压力/MPa		80～110	90～130	80～130	80～130	80～125	80～130
保压压力/MPa		30～50	30～50	40～50	40～50	50～60	40～50
注射时间/s		1～4	2～5	1～5	3～5	1～5	1～5
保压时间/s		15～50	15～40	20～50	20～50	20～50	20～60
冷却时间/s		20～40	20～40	20～40	20～40	20～40	20～40
总周期/s		40～100	40～90	50～100	50～100	50～110	50～110

树脂名称		PMMA	PSU	改性 PSU	GFR-PSU	PBT	GFR-PBT
螺杆转速/(r/min)		20～30	20～30	20～30	20～30	20～40	20～40
喷嘴	形式	直通式	直通式	直通式	直通式	直通式	直通式
	温度/℃	180～200	280～290	250～260	280～300	200～220	210～230
料筒温度/℃	中	190～230	300～330	280～300	310～330	240～250	250～260
	前	180～210	290～310	260～280	300～320	230～240	240～250
	后	180～200	280～300	260～270	290～300	200～220	220～230
模具温度/℃		40～80	130～150	80～100	130～150	60～70	65～75
注射压力/MPa		80～120	100～140	100～140	100～140	60～90	80～100
保压压力/MPa		40～60	40～50	40～50	40～50	30～40	40～50
注射时间/s		1～5	1～5	1～5	2～7	1～3	2～5
保压时间/s		20～40	20～80	20～70	20～50	10～30	10～20
冷却时间/s		20～40	20～50	20～50	20～50	15～30	15～30
总周期/s		50～90	50～140	50～130	50～110	30～70	30～60

树脂名称		PPO	改性 PPO	PAR	PPS	PEEK	GFR-PEEK
螺杆转速/(r/min)		20～30	20～50	20～50	20～30	30～50	20～40
喷嘴	形式	直通式	直通式	直通式	直通式	直通式	直通式
	温度/℃	250～280	220～240	230～250	280～300	320～330	325～335
料筒温度/℃	前	270～290	240～270	250～280	320～340	340～360	360～380
	中	260～280	230～250	240～260	300～310	330～350	340～360
	后	230～240	230～240	230～240	270～290	290～310	300～320

树脂名称	PPO	改性 PPO	RAR	PPS	PEEK	GFR-PEEK
模具温度/℃	90~110	60~80	90~100	100~110	110~130	100~120
注射压力/MPa	100~140	70~110	100~130	80~130	80~120	80~130
保压压力/MPa	50~70	40~60	50~60	40~50	40~50	50~60
注射时间/s	1~5	1~5	2~8	1~5	1~5	1~5
保压时间/s	30~70	30~70	15~40	15~40	15~40	15~40
冷却时间/s	20~60	20~50	15~40	20~50	20~50	20~50
总周期/s	60~140	60~130	40~90	40~90	40~100	40~100

第六节　影响注射制品质量的因素

在注射成型过程中，制品的质量与所用塑料原料质量、注射成型机的类型、模具的设计与制造、成型工艺参数的设定与控制、生产环境和操作者的状况等有关，其中任何一项出现问题，都将影响制品的质量，使制品产生缺陷。

制品的质量包括制品的内在质量和表面质量（也称表观质量）两种。内在质量影响制品的性能，表面质量影响制品的价值。由于制品表面质量是内在质量的反映，因此，要保证注射成型制品的质量，必须从控制制品内在质量着手。

影响制品质量的因素很多，本节主要介绍内应力、熔接痕、收缩性及各种不正常现象产生原因及解决办法。

一、内应力

1. 内应力的产生

注射成型制品内应力的产生原因有两个，一是由于塑料大分子在成型过程中形成不平衡构象，成型后不能立即恢复到与环境条件相适应的平衡构象所产生的；二是当外力使制品产生强迫高弹变形时，也会产生内应力。根据产生内应力的不同原因，注射成型制品中可能存在以下四种形式内应力，即取向应力、温度应力、不平衡体积应力和变形应力等。

（1）取向应力　当处于熔融状态下的塑料被注入模具时，注射压力使高聚物的分子链与链段发生取向。由于模具温度较低，熔体很快冷却下来，使取向的分子链及分子链段来不及恢复到自然状态（即解取向），就被冻结在模具内而形成了内应力。注射成型工艺参数对取向应力的影响如图 5-8 所示。

从图 5-8 中可知，熔体温度对取向应力影响最大，即提高熔体温度，取向应力降低；提高模具温度，有利大分子解取向，取向应力下降；延长注射和保压时间，取向应力增大，直至浇口"冻结"而终止。

（2）温度应力　它是因温差引起注射成型制品冷却时不均匀收缩而产生的，也就是说，当熔体进入温度较低的模具时，靠近模腔壁的熔体迅速地冷却而固化，由于凝固的聚合物层导热性很差，阻碍制品内部继续冷却，以至于当浇口冻结时，制品中心部分的熔体还有未凝固的部分，而这时注射成型机已无法进行补料，结果在制品内部因收缩产生拉伸应力，在制品表层则产生压缩应力。

（3）体积不平衡应力　注射成型过程中，塑料分子本身的平衡状态受到破坏，并形成不平衡体积时的应力称为体积不平衡应

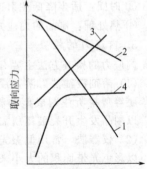

图 5-8　取向应力与注射成型工艺参数的关系
1—熔体温度；2—模具温度；3—注射压力；4—保压时间

力，如结晶性塑料的晶区与非晶区界面产生的内应力，结晶速度不同、收缩不一致产生的应力等。

（4）变形应力 脱模时，制品变形产生的应力称为变形应力。

2. 内应力的消除和分散

制品中内应力的存在会严重影响制品的力学性能和使用性能。例如制品在使用过程中出现的裂纹、不规则变形或翘曲，制品表面的泛白、浑浊、光学性质变坏，制品对光、热及腐蚀介质的抵抗能力下降（如环境应力开裂）等，都是由于制品中存在的内应力作用的结果。因此，必须采取措施消除和分散内应力。具体方法如下。

（1）塑料材料

① 加工时要选用纯净的塑料材料，因为杂质的存在，易使制品产生内应力。

② 当塑料材料的分子量较高、分子量分布范围较窄时，制品中产生的内应力较小（但必须考虑到材料的可加工性）。

③ 多组分的塑料材料在加工时，各组分应分散均匀，否则，易产生应力集中。

④ 结晶性塑料材料在成型中加入成核剂（如聚丙烯中加入成核剂己二酸）后，可使结晶更完善，形成的球晶体积小、数量多，制品的内应力小。

（2）制品设计 为减小内应力，在设计制品时应做到：

① 制品的表面积与体积之比尽量小，因为比值小的厚制品，冷却缓慢，内应力较小；

② 制品的壁厚应尽量均匀，壁厚差别大的制品，因冷却不均匀而容易产生内应力，对厚薄不均匀的制品，在厚薄结合处，尽量避免直角过渡，而应采用圆弧过渡或阶梯式过渡；

③ 当塑料制品中带有金属嵌件时，嵌件的材质最好选用铜或铝，而且加工前要预热；

④ 在制品的造型上，尽量采用曲面、双曲面，这样不仅美观，而且也能减少变形。

（3）模具设计 在模具设计过程中应注意以下几点。

① 浇口的尺寸和位置：浇口小，保压时间短、封口压力低、内应力较小，浇口设置在制品的厚壁处，则注射压力和保压压力低、内应力小。

② 流道：流道大，则注射压力低、注射时间短、内应力小。

③ 模具冷却系统：设计时，应保证冷却均匀一致，这样产生的制品内应力小。

④ 顶出系统：采用大面积顶出后，制品内应力小。

⑤ 脱模斜度：模具应具有一定的脱模斜度，使制品脱模顺利，产生的内应力小。

（4）成型工艺参数

① 温度：适当提高料筒温度，保证物料塑化良好、组分分散均匀，可减小内应力；适当提高模具温度，使制品的冷却速度降低、取向减少，制品的内应力也降低。

② 压力：适当降低成型时的注射压力和保压压力，有利于减小制品的取向应力。

③ 时间：适当降低注射速度（即延长注射时间）、缩短保压时间，有利于减小制品内应力。

④ 热处理：制品的内应力还可通过热处理的方法消除。

3. 内应力的检查

内应力的检查方法主要有以下两种。

（1）溶剂浸渍法 溶剂浸渍法是工厂中普遍采用的一种检测手段，该法是将 PS、PC、聚砜、聚苯醚等塑料所注射成型的制品浸入某些溶剂（如苯、四氯化碳、环己烷、乙醇、甲醇等）之中，以制品发生开裂破坏所需的时间来判断应力的大小，时间越长则应力越小。

（2）仪器法 常用偏振光检验法，即将制品置于偏振光镜片之间，观察制品表面彩色光带面积，以彩色光带面积的大小来确定制品内应力大小，如果观察到的彩色光带面积大，说明制品内应力大。

二、熔接痕

1. 熔接痕的形成及种类

熔接痕是指注射成型制品上经常出现的一种线状痕迹，位置处于充模过程中两股料流的汇集处。当制品成型时采用多浇口或有孔、嵌件及制品厚度不均匀时，容易形成熔接痕。

最常见的熔接痕有两种：一种是在充模开始时形成的，称为早期熔接痕；另一种是在充模终止时形成的，称为晚期熔接痕。

2. 熔接强度

注射成型制品在受到外力作用时，常在熔接痕处发生破坏，这是由于料流熔接处的力学强度低于其他部位的缘故。力学强度降低的原因有：①料流在经过一段流程后，其温度有所降低，当两股料流汇合时，相互熔合性变差了；②结晶性塑料在熔接处不能形成完全结晶；③在两股料流间夹杂了气体或杂质，使接触面积减小，导致熔接强度下降。

3. 控制熔接强度的措施

对于可能产生熔接痕的制品来说，提高熔接强度的措施如下。

（1）提高料温和模温　由于低温熔料的料流汇合性能较差，易形成熔接痕。因此，适当提高料筒温度、喷嘴温度及模具温度，有利于提高熔接强度。

（2）提高注射压力　有利于熔体克服流道阻力，并使熔料在高压下熔合，增加了熔接处的密度，使熔接强度提高。

（3）提高注射速率　注射速率的提高，将减少熔体汇合前的流动时间，热耗减少，并加强了剪切生热，使熔体温度回升，从而提高了熔接强度。对于剪切敏感性的塑料材料，提高注射速率将更有效。

（4）进行热处理　注射成型制品经热处理后，有利于释放成型过程中在料流熔接处形成的内应力，使熔接强度提高。

（5）其他方面　除成型工艺参数外，制品厚度的增加、脱模剂的正确使用、模具的排气良好、原料的充分干燥以及金属嵌件的预热等，都有利于提高熔接强度。此外，在模具上料流熔接位置开设溢料位（垃圾位），排出少量料流前锋冷料，有利于减少熔接痕，增加熔接强度。

三、收缩性

1. 收缩过程

注射制品的尺寸一般都小于模具的型腔尺寸，这是因为塑料在成型过程中，体积发生了变化。通常把塑料制品从模具中取出后尺寸发生缩减的性能称为收缩性。注射成型制品在成型过程中产生的收缩，可分为三个阶段。

第一阶段的收缩主要发生在浇口凝固之前，即保压阶段。在保压期内，物料温度下降、密度增加，最初进入模内的物料体积缩小，但由于此时注射系统仍不断将塑料熔体压入模腔，补偿了模内物料体积的改变，模内制品重量的增加和塑料熔体的不断压实，可一直进行到浇口凝封为止。因此，模内塑料的收缩率受保压压力和保压时间的控制，即保压压力越大、保压时间越长，则制品的收缩率越低。

第二阶段的收缩是从浇口凝封后开始的，直至脱模时为止。在该阶段已无熔体进入模腔，制品的重量也不会再改变。此时，无定形塑料的收缩是按体积膨胀系数进行，收缩的大小取决于模温和冷却速度：模温低，冷却速度快，分子被冻结来不及松弛，因此制品的收缩小；而结晶型塑料的收缩主要取决于结晶过程，结晶度提高，则制品密度增加、体积减小、收缩增大。在该阶段中，影响结晶的因素仍是模温和冷却速度：模温高，冷却速度慢，结晶完全，因此收缩大，反之则收缩小。

第三阶段的收缩是从脱模后开始的，属自由收缩。此时，制品的收缩率取决于制品脱模时的温度与环境温度之差，也取决于热膨胀系数。塑料制品的模外收缩，也称后收缩，通常在脱模后的 6h 内完成 90% 的收缩，10 天内完成几乎全部的剩余收缩。测定的制品收缩率，一般是指脱模后 24h 内的收缩率。

2. 影响收缩的因素

影响制品收缩性的因素主要有以下几方面。

（1）塑料材料　包括塑料材料的结晶性、分子量及分子量分布、有无填充剂等。

（2）注射成型工艺参数　包括料温、模温、注射压力、注射速度、保压时间等。

（3）制品设计　包括制品的厚度、形状及有无嵌件等。

（4）模具结构　包括模具中浇口的设置、流道的尺寸及模具的冷却水道设计等。

（5）设备选择　包括设备类型、控制精度等。

3. 收缩的控制

制品收缩性的控制，可从以下的影响因素入手。

（1）塑料材料　选择分子量大小适当、分子量分布均匀的塑料材料；选择流动性好、熔体流动速率低的聚合物；选用有增强剂或填料的复合材料；对结晶性塑料，提供减小结晶度和稳定结晶度的条件。

（2）成型工艺　适当降低料筒温度；适当降低模具温度；适当提高注射压力、保压压力和注射速度；适当延长保压时间和冷却时间。

（3）制品设计　在能确保强度、刚性要求的前提下，适当减小制品的厚度；尽量保证制品的厚度均匀；带有加强筋的制品，可减小收缩；制品的几何形状尽量简单、对称，使收缩均匀；采用边框补强可减小收缩。

（4）模具设计　适当加大浇口截面积；尽量缩短内流道，减小流长比；金属嵌件的使用要合理，尺寸大的嵌件要预热；模具冷却水孔的设置要合理，分布要均匀，冷却效率要高。

（5）注射成型机　料筒及喷嘴的温度控制系统应稳定、可靠，精度要高；所用螺杆的塑化能力高、塑化质量均匀、计量准确；能实现注射压力和速度的多级控制；合模机构刚性要大、合模力高；注射成型机油温稳定、压力和流量的波动范围小。

四、注射件生产中出现的不正常现象产生原因及解决办法

1. 缺料

（1）产生原因　缺料又称欠注、欠料、充填不足、制品不满等，是指注射制品成型不完全。产生缺料的主要原因有：塑化量不足，塑料材料的流动性太差，成型工艺条件控制不当，模具浇注系统设计不合理、型腔排气不畅，注射机选型不当，制品结构设计不合理等。

缺料有两种表现形式：大面积的缺料和微小的缺料。

（2）处理方法

① 材料方面：加工时要选用流动性好的塑料材料，也可在树脂中添加改善流动性的助剂。此外，应适当减少原料中再生料的掺入量。

② 成型工艺条件方面

• 提高注射压力、保压压力和注射速度　注射压力低则充模长度短，注射速度慢则熔体充模慢，这些都会使熔体未充满模具就冷却，失去流动性。因此，提高注射压力和注射速度，都有利于克服缺料现象，但要注意防止由此而产生其他缺陷。

• 适当提高料筒温度　料筒温度升高后有利于克服缺料现象，但对热敏性塑料，提高料筒温度会加速物料分解。

• 保持足够的喷嘴温度　由于喷嘴在注射过程中与温度较低的模具相接触，因此喷嘴温度很容易下降，如果模具结构中无冷料穴或冷料穴太小，冷料进入型腔后，阻碍了后面热熔料的充模而产生缺料现象，因此喷嘴必须加热或采用后加料的方式。

• 适当提高模具温度　模具温度低是产生缺料的重要原因，如果缺料发生在开车之初尚属正常，但成型几个模后仍不能注满，就要考虑采取降低模具冷却速度或加热模具等措施。

③ 模具方面：适当加大流道及浇口的尺寸，合理确定浇口数量及位置，加大冷料穴及改善模具的排气等都有利于克服缺料现象。

④ 设备方面：选用注射机时，必须使实际注射量（包括制品浇道及溢边的总体积）不超过

注射机塑化量的 80%，否则会产生缺料现象。

⑤ 检查供料情况：料斗中缺料及加料不足，均会导致缺料。一旦发现缺料，首先要检查料斗，看是否缺料或是否在下料口产生了"架桥"现象；此外，加料口处温度过高，也会引起下料不畅。一般情况下，料斗座要通冷却水冷却。

2. 溢边

溢边又称飞边、毛刺、披锋等，是充模时，熔体从模具的分型面及其他配合面处溢出，经冷却后形成。尽管制品上出现溢边后，不一定就成为废品，但溢边的存在影响制品的外观和尺寸精度，并增加了去除溢边的工作，严重时会影响制品脱模、损坏模具等。因此，必须防止。

(1) 产生原因 产生溢边的原因主要有三个，即注射机选用不当、模具有缺陷、成型工艺条件控制不合理等。

(2) 处理方法

① 设备方面：当制品的投影面积与模腔平均压力之积超过了所用注射机的额定合模力后，应考虑更换合模力大的注射机；对液压曲肘合模装置，检查合模后曲肘是否伸直、模板是否平行、拉杆是否变形不均匀等。

② 模具方面：提高模具分型面、镶嵌面、滑动型芯贴合面及顶杆等处的精度，保证贴合紧密；提高模具刚性，防止模板变形；合理安排流道，避免出现偏向性流动（一边缺料，另一边出现溢边）；成型熔体黏度低、流动性好的物料时，必须提高模具的制造精度。

③ 成型工艺条件方面：适当降低注射压力、保压压力和注射速度；适当降低料筒、喷嘴及模具温度。

由于防溢边所采用的成型工艺条件与防缺料正好相反，因此，在具体实施时要调节好，即选用既不产生溢边，又不出现缺料的最佳成型工艺条件。如果在工艺条件的控制上，两者不能兼得的话，首先应保证不缺料，然后采取其他方法克服溢边。

3. 银纹

银纹是挥发性气体分布在制品表面而形成的，是加工中常见的一种表面缺陷。

(1) 产生原因 银纹有三种类型，即水汽银纹、降解银纹和空气银纹。水汽银纹是因为物料含水量高而形成的，它一般是不规则地分布在整个制品的表面；降解银纹是由物料受热分解形成的，降解银纹的密度和数量一般是沿制品的壁厚分布；空气银纹是因为充模速度快裹入空气而形成的，其分布比较复杂，一般以浇口位置附近为多。

(2) 处理方法

① 材料方面：物料要充分干燥，尤其是易吸湿的物料，不仅干燥要彻底，而且要防止使用过程中的再吸湿，这样可消除水汽银纹；对于降解银纹的消除，要尽量选用粒径均匀的树脂，以防塑化时的受热不均，并要筛除原料中的粉屑，减少再生料的用量。

② 成型工艺条件方面：对于降解银纹，要适当降低料筒及喷嘴的温度，缩短物料在料筒中的停留时间，以防物料受热分解；另外，降低注射压力和注射速度，也可防止物料因剪切剧烈而分解。对于水汽银纹，可采用适当增加预塑时的背压和使用排气式注射机等方法消除。对于由于空气而产生的银纹，可通过增加预塑背压、降低注射速度、加强模具排气及合理设计浇口等措施消除。

此外，液体助剂的存在及脱模剂的使用不当等也会产生银纹，具体操作时应注意。

4. 尺寸不稳定

(1) 产生原因 成型时原料的变动、成型时工艺条件的波动、模具产生故障、注射机工作不正常等都会使尺寸不稳定。

(2) 处理方法

① 材料方面：换料要谨慎。同种树脂及助剂，由于产地和批号不同，其收缩率也不同，换料时要进行检测，发现问题及时解决，选用原料时要做到树脂颗粒应大小均匀、原料要充分干

燥、严格控制再生料的加入量。

② 成型工艺条件方面：成型工艺条件要严格控制，不能随意变动；如果成型后制品的尺寸大于所要求的尺寸，采取的措施有适当降低料温和注射压力、减少注射和保压时间、提高模具温度、缩短冷却时间，以提高制品收缩率，使制品尺寸变小；如果制品尺寸小于规定值，则采取与上述相反的成型工艺条件。

③ 模具方面：在模具的设计上，要保证浇口、流道的设置合理性，对尺寸要求较高的制品，型腔数目不宜取得过多，以 1～2 个为宜，最多不超过 4 个。在模具制品过程中，要选用刚性好、足够厚的材料，并保证模具型腔及各组合件的精度。如果成型的塑料易分解且分解气体具有腐蚀性时，模具型腔所用材料必须要耐腐蚀；如果成型的塑料组分中有无机填料或采用玻璃纤维增强时，模具型腔必须使用耐磨材料，并且进行恰当的热处理。

④ 设备方面：检查注射机可能出现的问题，如注射机的塑化量，加料系统、加热系统、液压系统、温控系统及线路电压等是否正常、稳定，一旦发现，必须及时排除。

⑤ 尺寸的测量：注射制品的尺寸必须按标准规定方法和条件进行测量。

5. 凹陷

(1) 产生原因 原料的收缩性太大、成型工艺条件控制不当、制品的壁太厚或壁厚不均匀、模具设计不合理等都会产生凹陷。

(2) 处理方法

① 材料方面：尽量选用收缩性小的原料；加强原料的干燥；在原料中加入适量的润滑剂，改善熔体流动性；减少再生料的用量；选用含有增强填料的原料。

② 成型工艺条件方面：提高注射压力、保压压力和注射速度，延长保压时间，适当增加供料量，降低模具温度及加强模具冷却等，都可消除或减少制品的凹陷；当嵌件周围出现凹陷时，应设法提高嵌件温度。

③ 模具方面：增加浇口和流道尺寸，以减小熔体流动阻力，使充模顺利；改善模具排气条件；浇口应设置在厚壁部位；流道中要开设足够容量的冷料穴，以免冷料进入型腔而影响充模；合理布置冷却水道，特别是制品壁厚最大的部位，要加强冷却。

④ 设备方面：提高注射机的塑化能力，保证成型工艺条件的稳定；此外，采用气辅注射也可消除凹陷。

⑤ 制品设计方面：尽量减小壁厚，避免壁厚不均匀；制品形状要简单、对称；必要时可在制品表面增加一些装饰花纹，以掩盖出现的凹陷。

6. 翘曲

(1) 产生原因 原材料及助剂选用不当、成型工艺控制不当，使得制品取向、收缩、结晶不均匀产生内应力；模具冷却不均匀；制品脱模时受力不均匀；制品面积大、设计不合理、刚性差等都会产生翘曲。

(2) 处理方法

① 材料方面：使用非结晶塑料时，制品的翘曲比结晶性塑料小得多；结晶性塑料，可通过选择合适的成型工艺条件减少翘曲；合理选用颜料（如酞菁系列颜料，易使聚乙烯、聚丙烯等塑料在加工时因分子取向加剧而产生翘曲）。

② 成型工艺条件方面：适当提高料温、提高注射压力、注射速度；降低保压压力、降低注射及保压时间；适当降低模温、加强冷却；制品顶出后立即定型；控制好热处理工艺。

③ 模具方面：合理设计浇注系统，如浇口位置、浇口数量及浇口的形状尺寸等，减少流动距离、降低流动阻力、使熔体平稳充模，减少分子取向，使收缩平衡而减少翘曲；使用热流道模具；合理确定脱模斜度；合理设计顶出装置，如顶出位置、顶出面积、顶杆数量等，保证制品顶出受力均匀；必要时，可适当增加制品的壁厚，以提高抵抗变形能力；为减少成型周期，对某些易翘曲变形的制品，在脱模后立即置于冷模中进行校正。

④ 制品合理设计，减少大面积的平面，变大平面为曲面，增设加强筋及卷边。

7. 龟裂

(1) 产生原因　注射成型工艺控制不当，造成制品中内应力太大；或者制品脱模不良，以及溶剂的作用等都会产生龟裂。

(2) 处理方法

① 成型工艺条件方面：采取有利于消除内应力的成型工艺条件，如适当提高料筒温度和模具温度、降低注射压力、缩短保压时间等，可减少或消除龟裂。

② 模具方面：制品在脱模时，由于脱模力过大或脱模力不均衡而产生龟裂。因此，必须改善脱模条件，具体措施为：提高模具型腔的光滑程度，适当增加脱模斜度，顶杆应布置在脱模阻力最大的部位以及能承受较大顶出力的部位，适当增加顶出面积，尽量使顶出力平衡，合理使用脱模剂。

③ 制品使用环境：由于制品中残存较大的内应力，当它们在存放和使用过程中，接触某些介质（如溶剂等）之后，也易产生龟裂。

④ 热处理：龟裂与开裂有本质区别。龟裂不是空隙状的缺陷，而是高分子沿应力作用方向的平行排列，经热处理后可以消除。热处理方法为：把制品置于热变形温度附近（低于热变形温度5℃左右）处理1h，然后缓慢冷至室温。

8. 熔接痕

熔接痕是制品上的一种线状痕迹，产生的主要原因是熔体的熔合不良。有关塑料熔体的熔接强度，本节的前半部分中已作介绍，这里主要介绍如何减少或消除熔接痕这个表面缺陷。

(1) 原料方面　加强原料的干燥，减少原料间的混杂，对流动性差的原料，可适量添加润滑剂。

(2) 成型工艺条件方面　适当提高料温和模温，增加注射压力和注射速度，这样不仅提高熔接强度，而且也有利减少或消除熔接痕。

(3) 模具方面　加强模具排气、合理选择浇口位置和数量、增加浇口和流道的截面积、适当加大冷料穴等，都有利减少或消除熔接痕。

当熔接痕难以消除时，可采用以下两种方法。

① 改变熔接痕位置：通过改变浇口位置和尺寸、改变制品的壁厚等，尽量把熔接痕引导到不影响制品表面质量或不需要高强度的位置。

② 增设溢料槽：在熔接痕附近增设溢料槽，使熔接痕脱离制品，转移到溢料槽中的溢料上，成型后再切除溢料即可。

此外，正确使用脱模剂、保持模腔清洁、提高嵌件温度、改用较大规格的注射机等措施，也可减少或消除熔接痕。

9. 光泽差

(1) 产生原因　材料本身无光泽、模具型腔的表面光滑程度不够、成型工艺条件控制不当都会使制品表面光泽差。

(2) 处理方法

① 材料方面：塑料材料的本身性质决定其制品难以形成光亮的表面。如高抗冲聚苯乙烯，随着树脂组成中聚丁二烯橡胶成分的比例增加，制品表面光泽下降；减少再生料的掺入量，再生料的掺入比例越高或所用再生料的再生次数越多，制品的光泽越差；加强物料的干燥，减少物料中水分及其他易挥发物的含量；尽量选用流动性好的树脂或加工时添加适量的润滑剂；选用颗粒均匀及颗粒中粉状料含量低的树脂；此外，选用原料时还要注意到着色剂的质量、结晶性塑料的结晶度以及原料的纯度等。

② 模具方面：尽量增加模腔的表面光滑程度。模腔的表面最好采取抛光处理或镀铬，并保持模腔表面的清洁；此外，改善模具的排气、增大流道截面积和冷料穴的尺寸等，也有利提高制

品的表面光泽。

③ 成型工艺条件方面：适当提高模具温度，因为模具温度是影响制品表面光泽的最重要的成型工艺条件；适当提高料温、注射压力和注射速度，延长注射保压时间；适当提高塑化压力等，都有利于提高制品的表面光泽。

10. 烧焦

(1) 产生原因　原料选用不当；模腔内空气被压缩，温度升高，使塑料产生烧焦；充模时的摩擦热使塑料烧焦；料筒温度过高、物料在料筒或喷嘴内滞流时间过长而烧焦。

(2) 处理方法

① 原料方面：原料要纯净并经充分干燥；配方中所用的着色剂、润滑剂等助剂，要有良好的热稳定性；少用或不用再生料；原料储存时要避免交叉污染。

② 成型工艺条件方面：适当降低料筒和喷嘴温度、降低螺杆转速和预塑背压、降低注射压力和注射速度、缩短注射和保压时间、减少成型周期等，都有利消除烧焦现象。

③ 模具方面：加强模具排气、合理设计浇注系统、适当加大浇口及流道。

④ 设备方面：彻底清理料斗、料筒、螺杆、喷嘴，避免异料混入；仔细检查加热装置，以防温控系统失灵；所用的注射机容量要与制品相配套，以防因注射机容量过大而使物料停留时间过长。

11. 冷料斑

冷料斑是指制品浇口处带有雾色或亮色的斑纹，或者从浇口出发的、宛若蚯蚓贴在上面的弯曲疤痕。

(1) 产生原因　熔体从浇口进入型腔时的熔体破裂、成型工艺条件控制不当及模具结构不合理等都易产生冷料斑。

(2) 处理方法

① 材料方面：加强原料的干燥、防止物料受污染、减少或改用润滑剂。

② 成型工艺条件方面：适当提高料筒、喷嘴及模具的温度、增加注射压力、降低注射速度。

③ 模具方面：在流道末端开设足够大的冷料穴；对于直接进料成型的模具，闭模前要把喷嘴中的冷料去掉，同时在开模取制品时，也要把主浇道中残留的冷料拿掉，避免冷料进入型腔；改变浇口的形状和位置，增加浇口尺寸；改善模具的排气。

12. 粘模

粘模是指塑料制品不能顺利从模腔中脱出的现象。粘模后，若采取强制脱模，则会损伤制品。

(1) 产生原因　成型工艺条件不当、模具设计及制作不合理等都易产生粘模现象。

(2) 处理方法

① 原料方面：加强原料的干燥、防止原料污染及适量添加润滑剂等，都有利于消除粘模现象。

② 成型工艺条件方面：适当减小注射压力和保压压力、缩短注射-保压时间、延长冷却时间、降低料温和模温、防止过量充模。

③ 模具方面：尽量提高模腔及流道的表面光滑程度、减少镶块的配合间隙、适当增加脱模斜度、合理设置顶出机构。此外，正确使用脱模剂也是防粘模的有效措施。

13. 透明制品的缺陷

透明制品中常出现的缺陷有银纹、气泡、表面粗糙、光泽差、雾晕、料流痕及黑斑等，下面分别介绍这些缺陷的处理方法。

(1) 银纹　原料充分干燥，清除物料中的异物杂质，适当降低料温，提高注射压力，调整预塑背压、降低螺杆转速，缩短成型周期，合理设计浇注系统，改善模具排气。此外，用热处理的方法也可消除制品上的银纹。

（2）气泡（真空泡）　加强物料的干燥，适当降低料温提高模温，适当提高注射压力和注射速度，延长保压时间；缩短制品在模腔内的冷却时间，必要时可将制品放入热水中缓慢冷却，合理设置浇口，改善模具排气。

（3）表面粗糙、光泽差　适当提高料温、模温，适当提高塑化压力，适当增加注射压力和注射速度，延长制品在模腔内的冷却时间，合理设置浇口，提高模具型腔的表面光滑程度。

（4）雾晕　加强物料的干燥，保证物料纯净，适当提高料温模温，增加预塑背压和注射压力。

（5）料流痕　适当提高料温和模温，尤其是喷嘴温度；增加注射压力和注射速度；扩大流道及浇口的截面；设置合适的冷料穴；改善模具排气。

（6）黑斑及条纹　保持物料纯净；适当降低料温，合理设定料筒各段温度；适当降低注射压力和注射速度；提高流道及浇口的尺寸；改善模具排气；清除料筒及喷嘴中的滞料。

第七节　注射中空吹塑工艺

一、注射吹塑过程

注射吹塑成型是一种综合了注射与吹塑特性的成型方法，主要用于吹塑容积较小的包装容器。

注射吹塑成型一般需要两套模具。一套用来成型有底型坯，另一套用于型坯的吹塑成型。注射-吹塑生产时，先由注射机将熔融塑料注入注射模内形成型坯，开模后型坯留在芯模上，吹塑模乘热将型坯闭合于型腔中，再从芯模原设的通道引入 0.2～0.7MPa 的压缩空气使型坯吹胀至贴紧型腔，并在压缩空气压力下进行冷却。放气后开模即可取得制品。生产步骤如图 5-9 所示。

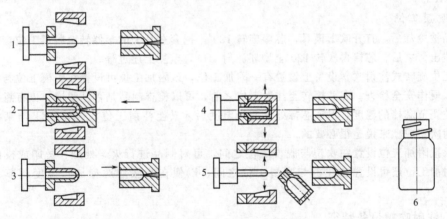

图 5-9　注射吹塑的生产步骤
1—瓶颈模闭合；2—注射模闭合注射；3—注射模开启；4—吹塑模闭合进行吹塑；
5—注射模和吹塑模都打开，脱出制品；6—成型后的瓶子

注射吹塑成型时，型坯的温度是关键因素。温度太高时，熔体因黏度降低而容易变形，致使型坯在移动中会出现壁厚不均匀，从而影响吹塑制品的性能；温度太低时，制品内部常会积存较多的内应力，使制品在应用中易发生应力开裂。

注射吹塑成型的优点是：制品壁厚均匀，质量误差小，后加工量少，废边料少。缺点是每种制品必须使用注射型坯模和吹塑模，注射型坯模具应能承受高压，故投资大，当生产较大制品时，此缺点更为突出，这种方法仅适宜于生产大批量的小型精致的制品。

注射吹塑成型可分为往复与旋转两种方式。旋转式注射吹塑成型又有两工位、三工位与四工

位三种方式。三工位旋转式注射吹塑成型法（图 5-10）目前应用较多。

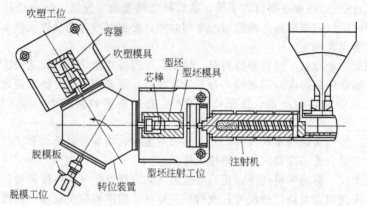

图 5-10　三工位旋转式注射吹塑法

1. 型坯注射工位

该工位与普通注射成型相同，聚合物经注射机熔融、混炼后注入型坯模具，成型为有底的管状型坯，注射压力为 60～120MPa。同时冷却型坯，当与模腔接触的型坯表层固化至可用芯棒提起型坯而不会破坏其表层或引起垂伸后，打开型坯模具，转位装置旋转 120°，使芯棒连同型坯转至吹塑工位。

2. 吹塑工位

芯棒把型坯置于下半吹塑模具型腔内，合模，通过芯棒内部把压缩空气送入型腔内，吹胀型坯使之贴紧模腔，成型为容器，并使之冷却。吹胀型坯所需的气压一般为 0.7～1.0MPa，不超过 1.25MPa。

3. 脱模工位

制品被冷却后，打开吹塑模具，芯棒旋转 120°，把套在其上的容器转至脱模工位，将容器从芯棒上拔出。之后，芯棒再次转 120°至型坯注射工位，重复上述过程。

四工位旋转式注射吹塑设备上设置有一附加工位，该附加工位可设置在脱模工位与注射工位之间，以便作安全检查。在芯棒转至注射工位之前，可以检查制品是否已脱模。更有意义的是可在该工位调节芯棒的温度，保证芯棒处于适当温度后才转至注射工位，这对 PET 与某些工程塑料的注射吹塑成型来说是很必要的。

如果把附加工位设置在吹塑与脱模工位之间，可对制品进行火焰处理、烫印或模内贴商标等。该附加工位还可设置在注射与吹塑工位之间，以便在吹胀前对型坯作温度调节、表面处理等。

二、注射吹塑设备特征

旋转式注射吹塑成型机械主要由注射系统、型坯模具、模架（合模装置）、脱模装置与转位装置构成。注射吹塑成型要有两种模具，且模具要求高（尤其是型坯模具），所用的许多零件不但有尺寸公差（±0.015mm 以内）与粗糙度的要求，而且还有同轴度、平行度，尤其是垂直度的要求，并要求具有良好的互换性，以保证所有的零件配合良好，这样才能吹塑成型出性能良好的制品。由于注射吹塑的模具造价高，约为挤出吹塑的 2～3 倍，要降低制品的成本，一般就要设置多型腔（2～20）模，以便每个周期能成型多个容器。因此，注射吹塑成型的模具要由许多零件构成（特别是四工位的吹塑机械）。

（1）注射系统　注射吹塑成型中的注射系统由注射机、支管装置、充模喷嘴等组成。

注射机能使聚合物熔融、混炼成熔体，并完成注射动作。注射机把熔体通过喷嘴注入支管装置的流道内，充模喷嘴把熔体从支管流道注入型坯模具。

（2）型坯模具　型坯模具主要由芯棒、模腔体与颈圈嵌块构成。

① 芯棒：主要是成型型坯的内部形状与制品颈部的内径；在转位过程中带走型坯与制品；设置有气道与出人口，以输送压缩空气吹胀型坯。

② 型坯模腔体：成型型坯，由定模与动模两半构成，其结构主要由型腔与芯棒确定。

③ 型坯模颈圈：成型容器的颈部与螺纹形状，并固定芯棒。

（3）吹塑模具　注射吹塑成型的吹塑模具与挤出吹塑成型的吹塑模具基本相同，但前者不需设置夹料刀刃，因为注射吹塑成型的型坯长度与形状已由其型坯模具确定。

① 吹塑模腔体：成型容器的形状与尺寸，其承受的压力要比型坯模腔的小许多。

② 吹塑模颈圈：吹塑模颈圈固定芯棒，包住并保护已成型的容器颈部螺纹。

③ 底模板：底模板成型容器底部的外形，通常做成两半分别固定在各半模具内。

吹塑模具的冷却和排气与型坯模具一样，吹塑模具也在型腔周围开设 V 形冷却孔道。在吹塑模具的分模面上开设深 0.025～0.050mm 的排气槽，颈圈块与模腔体之间的配合面也可排气。

（4）模架　用螺钉把型坯模具与吹塑模具分别固定在各自模架内，导柱导套使上下模具对准。

（5）脱膜装置　一般可用液压（也可以用气压）来驱动脱模板。

三、注射吹塑工艺控制要点

注射吹塑过程中的型坯注射与常规注射成型的相类似，要保证型坯的精度。影响型坯精度的因素有：型坯模具与机械的精度，聚合物的性能，型坯成型全过程的操作参数（如注射速率、注射压力、保压压力、型坯的温度控制等），型坯模具与机械的磨损或损坏，型坯的形状、尺寸与后收缩率及机械、型坯模具与聚合物性能的重复性。开机时最初成型的一些型坯不适于吹塑成容器，要在脱模工位从芯棒上取下。型坯模腔充料几次后才能使模腔体、芯棒与型坯的温度趋于恰当与稳定，此后才能进行吹塑操作。

注射吹塑成型中的主要工艺参数如下。

（1）型坯温度　成型时，关键是控制好型坯的温度，温度太高时，熔料黏度低，型坯易变形，从而使制品厚薄不均；温度太低，则吹成的制品内应力大，使用中易发生应力破裂。

（2）模温　对于非晶形聚合物，模温应低一些，如 30℃ 以下，而结晶聚合物则应在 20～60℃。模温高则成型周期长，还会增加制品的收缩率；模温低则在夹口处塑料的延伸性降低而不易吹胀，并使夹口处厚度增加，还会使制品表面不光亮或出现斑痕。

（3）吹胀比　一般为 1.5～3.0，吹塑细口瓶或聚乙烯等吹塑性好的塑料时可提高到 7。

（4）吹塑速率和压力　进气量大则可缩短吹气时间，制品均匀，表面质量好，但进气速率不能太高，以免使进口边缘产生局部真空而变形，或冲力过大而冲破型坯。故应加大进气口径。吹胀型坯所需的气压一般为 0.7～1.0MPa，不超过 1.25MPa，大容积制品、厚壁制品允许较高的空气压力，表面有花纹、细螺纹的要求空气压力稍大些。

表 5-8 列出排除注射吹塑成型中不正常现象的各种方法，可供参考。

表 5-8　注射吹塑成型中的不正常现象及排除方法

序　号	不正常现象	排 除 方 法
1	型坯注射量不足	清理喷嘴,加大喷嘴孔径,提高注射压力,提高保压压力,延长注射时间,提高熔体温度,提高型坯模具温度,提高背压,增加螺杆回复行程,延长成型循环时间,清理止逆型螺杆头,提高螺杆转速,清理料斗与入料口
2	型坯注射量不一致	提高背压,检查注射压力有无波动,延长螺杆回复时间,平衡各喷嘴的充料速率,检查热电偶有无松动或损坏,检查混炼式喷嘴元件有无损坏,检查型坯模具控温装置,调节螺杆转速
3	型坯有过热区	增加芯棒冷却量,降低注射压力,降低熔体温度,降低型坯模具上相应部位的温度,调整脱模装置对芯棒的局部冷却,检查型坯模具控温装置

续表

序 号	不正常现象	排 除 方 法
4	型坯黏附在芯棒上	降低熔体温度,增加注射压力和时间,降低螺杆转速,给芯棒喷涂脱模剂,提高背压,调节芯棒温度,检查型坯模具控温装置,增加芯棒的内、外风冷量
5	容器颈部翘起	调整脱模板,延长吹胀空气的作用时间,提高吹胀空气压力
6	容器颈部龟裂	提高熔体温度,提高型坯模具颈圈段温度,减小芯棒的冷却量,提高吹塑模具颈圈段温度,减小芯棒尾部的凹槽,提高注射速率,平衡各喷嘴的充料速率,检查芯棒的同轴度,检查模具的控温装置,检查脱模装置的安装与脱模速度,加大喷嘴孔径
7	容器肩部变形	提高吹胀空气的压力与作用时间,缩短成型循环时间,清理吹塑模具分模面上的排气槽,提高型坯模具温度,清理或更换被堵塞的芯棒,调整或更换脱模装置
8	容器体凹陷	延长吹胀空气的作用时间,降低吹塑模具温度,减少芯棒的冷却量,检查模具控温装置,对吹塑模具型腔作凹陷修正
9	容器壁面出现颜色条痕	提高背压,提高注射压力,提高熔体温度,加大喷嘴孔径,提高原料中色母料混合的均匀性,更换色母料,提高螺杆的混炼性能,降低注射速率,提高型坯模具温度,使原料干燥
10	脱模困难	提高脱模压力,调节脱模装置,减小芯棒尾部凹槽深度,在树脂中加入润滑剂(或脱模剂)

四、注射拉伸吹塑

1. 概述

注射吹塑的另一种方法是注射-拉伸-吹塑（简称注-拉-吹），是将加热在熔点以下、具有适当温度的、注射成型的有底型坯置于模具内，先用拉伸杆进行轴向拉伸后再马上进行吹塑的成型方法。经过注射拉伸吹塑的制品其透明度、冲击强度、表面硬度，刚性和气体阻透性都有很大提高，特别是用线形聚酯制造的拉伸瓶近来发展很快，是生产聚酯瓶的主要方法。聚酯瓶具有玻璃瓶那样的光泽和透明性，还有质量轻、强度高、耐药品性优良、卫生性佳等特点，广泛用作食品、化妆品、碳酸饮料等的容器。

注射拉伸吹塑成型按吹塑方式分为一步法（又称热型坯法）和两步法（又称冷型坯法）两种。一步注射拉伸吹塑成型的过程见图5-11。

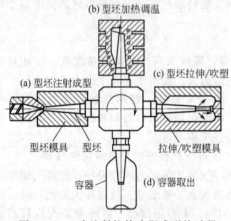

图 5-11 一步注射拉伸吹塑成型的过程

许多热塑性聚合物都可以用于拉伸吹塑成型，如聚对苯二甲酸乙二酯、聚氯乙烯、聚丙烯、改性聚丙烯腈、聚苯乙烯、聚酰胺、苯乙烯-丙烯腈共聚物（SAN）、聚甲醛、聚甲基丙烯酸甲酯（PMMA）、聚砜、聚芳酯与离子键聚合物。但就目前来说，前四种塑料在拉伸吹塑方面占据了较大的市场。为提高吹塑制品的综合性能，拉伸吹塑可使用共混料。

2. 注射拉伸吹塑机械与过程

注射拉伸吹塑成型主要是用于成型耐压的PET瓶，其中的一步法注射拉伸吹塑成型还可用来吹塑成型PVC、PP、PAN、PS、PA、SAN与PC等聚合物制品。

（1）一步法 一步法是将刚注射成型完的热型坯的温度调整到拉伸温度后，马上进行拉伸吹塑。这种方法省去了冷型坯的再加热过程，因此节省能源，同时由于型坯的成型和拉伸吹塑在同一台设备上进行，所以生产可以连续进行，设备占地小，自动化程度高，但产量低于冷型坯法。

（2）两步法 两步法是将预先制造好的型坯放入吹塑机中，先把型坯加热，待温度达到拉伸温度后再进行拉伸吹塑的成型方法。冷型坯法的生产效率较高。注射拉伸吹塑工艺流程见图5-12。

注射型坯 → 冷却型坯 → 型坯加热 → 型坯拉伸 → 吹塑成型 → 脱模成制品

图 5-12　注射拉伸吹塑工艺流程

在两步法注射拉伸吹塑成型过程中，采用多型腔（如用于 PET 的模具已达 96 型腔）模具成型型坯，其成型周期约为 20～30s；而型坯的再加热与拉伸吹塑均以高速进行，其中拉伸吹塑时间约为 4～6s。

3. 注射拉伸吹塑的拉伸参数

在拉伸吹塑中，拉伸参数包括取向温度、拉伸比、拉伸应变速率与冷却速率。

(1) 取向温度　在拉伸吹塑中，要准确控制型坯双轴取向时的温度。在塑料最佳取向温度附近进行拉伸吹塑，可以得到最好的取向效果，拉伸强度、冲击强度、表面硬度、刚性都会有很大的提高。

表 5-9 给出了四种塑料在拉伸吹塑时的最佳取向温度。

表 5-9　四种塑料拉伸吹塑时的最佳取向温度

塑　料	最佳取向温度/℃	塑　料	最佳取向温度/℃
PET	105	PP	150
PVC	90	PAN	120

(2) 拉伸比　在拉伸吹塑中，存在着轴向拉伸比和径向拉伸比，如图 5-13 所示。轴向拉伸比（拉伸比）是指图中的 L_1 与 L_2 之比，即 L_2/L_1 为轴向拉伸比，其中 L_1 为型坯上要开始拉伸处至底部之间的距离，L_2 为瓶子上开始拉伸处至瓶底之间的距离。拉伸吹塑瓶不同部位的轴向位伸比是不同的：瓶体的轴向拉伸比较大，而肩部与底部的拉伸比较小。径向拉伸比（吹胀比）是指图中 D_1 和 D_2 之比，即 D_2/D_1，其中 D_1 为型坯体外径，D_2 为瓶体外径。总拉伸比为轴向拉伸比与径向拉伸比的乘积。

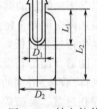

图 5-13　轴向拉伸比和径向拉伸比

拉伸比较大时，则要求型坯有较大的壁厚，相应地成型周期也要长些。这是因为使黏流型坯冷却至高弹态所需的时间近似与型坯壁厚的平方成正比。

(3) 拉伸应变速率与冷却速率　在型坯拉伸吹塑时，应保证有一定的拉伸应变速率，以避免拉伸诱导分子取向的松弛。但也不能太大，否则会破坏聚合物结构，使制品出现微小裂缝等缺陷。型坯的吹胀可采用单级或双级压缩空气，气压要比挤出吹塑与注射吹塑的高，这是因为拉伸吹塑时型坯的温度较低。

型坯在拉伸吹塑后的冷却速率较大时，取向分子结构的松弛就较小，取向程度也就越高。

(4) 不正常现象及其排除方法　注射拉伸吹塑成型时的不正常现象及其排除方法见表 5-10。

表 5-10　注射拉伸吹塑成型时的不正常现象及排除方法

序　号	不正常现象	排　除　方　法
1	型坯壁内有气泡	检查干燥装置的设定参数 适当提高注射机背压
2	型坯呈雾状	适当提高熔体温度 避免型坯模具型腔与芯棒上出现冷凝现象(如通过提高型坯模具冷却水的温度)
3	型坯上出现条痕	抛光型坯模具的型腔与芯棒(或使之再镀铬)
4	型坯壁内有汇合线	提高熔体温度 提高注射压力

序　号	不正常现象	排　除　方　法
5	型坯发黄	降低原料干燥的温度和时间,以避免其氧化
6	型坯表面有刮痕	尽量减小型坯注射成型后、冷却前的相互接触
7	容器壁面有斑点	清理拉伸和吹塑模具 适当提高吹塑模具温度,以避免出现冷凝现象
8	容器容积不足	提高吹胀空气的压力或延长作用时间 改善拉伸和吹塑模具的排气性能 适当提高型坯吹胀时的温度 检查拉伸和吹塑模具的冷却情况
9	容器颈部变形	型坯再加热时用隔热层包住其颈部,以避免被加热
10	容器颈部褶皱	避免过早拉伸型坯
11	容器壁厚不均	通过调节工艺参数、增加型坯的调温时间或改变型坯的加热段,以提高型坯拉伸和吹塑时温度分布的均匀性;通过调节注射工艺参数、修改型坯模具设计或调整型坯模具的装配,以提高型坯壁厚的均匀性

五、多层注坯吹塑

1. 概述

多层注射吹塑成型也是在注射吹塑成型的基础上发展起来的。它是采用不同品种的塑料,经多层注射形成粘接在一起的多层型坯,然后再经过吹塑成型而制得吹塑制品的成型方法。

共注射吹塑成型可以成型多层容器。在共注射吹塑成型制品中,各层多数为不同的塑料,也可以是不同颜色的同种塑料。共注射吹塑成型的主要优点是可准确地保证容器颈部螺纹的尺寸,在型坯两端可完全密封阻渗层,以保证阻渗性能的完整性,产生的边角料少(<5%);其主要缺点是生产速率较低,设备及其操作较复杂,并且只能生产较小的多层中空制品。

随着食品等行业的发展,也对包装提出越来越多的要求。单一塑料在包装食品时不能同时满足气体/香味/溶剂的阻隔性、耐蒸煮性及热灌装等性能的要求。玻璃瓶虽然能满足上述要求,但也存在过重、易破碎的缺点。因此共注射吹塑成型的多层容器就应运而生。共注射吹塑的制品种类很多,复合层数为2~5层。主要用于包装各种食品、化学品与药品等。

共注射吹塑把多种聚合物的优点综合在一起,可以提高制品的阻隔性能(如阻氧、二氧化碳、湿气、香味与溶剂的渗透性);可改善制品的表面性能(如光泽性、耐刮伤性与印制性能),可在满足强度或使用性能的前提下降低制品的成本;能吸收紫外线,提高制品的耐老化性能;可以在不透明制品上形成一个透明的视窗,以观察容器内的液体液面。

2. 共注射吹塑制品复合结构的组成

共注射吹塑制品壁内的各层多数为不同的聚合物,也可以是同种(区别在于着色与未着色、新料与回收料等)聚合物。

(1) 基层　基层是多层复合结构中的主体,其厚度较大,主要确定制品的强度、刚度与尺寸稳定性等。

(2) 功能层　功能层多数为阻渗层,也可能为提高制品使用温度与改善外观性能的功能层。

(3) 黏合层　基层与功能层之间的黏合性能不良时,要使用黏合剂使它们黏结。黏合不良会使层间发生剥离现象。

3. 共注射吹塑采用的树脂

为成型高性能的多层容器,除阻渗性能外,还要考虑机械性能、光学性能、耐热性能与成本因素以及所用聚合物的加工性能。最好选择熔体黏度差别较小的聚合物进行复合。

(1) 基层聚合物　适于注射吹塑的各种聚合物都可用来成型多层容器壁内的基层,通常使用

PE 或 PP。如果制品有特殊性能的要求，则要选用相应的聚合物作基层。

（2）功能层聚合物

① 阻渗性聚合物。阻渗性聚合物是降低塑料包装容器的成本、满足食品包装等高性能要求的关键。多数聚合物具有一定的阻渗性，但仍然不能满足高阻渗性聚合物对氧、水的阻渗性要求。此外，高阻渗性聚合物还应具有极好的阻香味渗透性，并易于加工。经试验得知，只有 EVOH、PVDC 与 PAN 这三种聚合物能满足上述要求。聚合物的阻渗性能随温度的提高而降低。

- 乙烯乙烯醇树脂（EVOH）：EVOH 具有很高的耐油性与耐有机溶剂性，是油质食品、食用油、矿物油、农药与有机溶剂的吹塑成型包装容器所优选的阻渗性聚合物。而且该种聚合物热稳定性高，加工范围较大，与基层聚合物的相容性好。
- 聚偏二氧乙烯（PVDC）：PVDC 对氧气、二氧化碳、湿气及香味的阻渗性能很好，且受湿度的影响不大，但热稳定性差，且难以回收利用，故用得很少。
- 聚丙烯腈（PAN）：PAN 已被需要阻渗性与透明性的非食品（如农药、擦亮油与燃油添加剂）包装所接受。PAN 热稳定性较差。
- 聚酰胺（PA）：阻渗性的 PA 包括 PA6、PA6-PA66 共聚物、PA11 与非结晶 PA 等。其阻渗性能（如阻芳香烃、脂肪烃、卤代烃、许多含氧溶剂与某些气体）良好，还具有高的耐化学品性、光泽好与热稳定性高，经改性可提高其冲击韧性，在共注射吹塑中应用较多，但 PA 是吸湿的。
- 其他：PET 和 EVA 有时也用作阻渗性聚合物，但它们均为吸湿性聚合物。

② 耐热性聚合物。耐热性聚合物可用于吹塑成型的有 PC、PA、PP 与聚芳酯等，它们的热变形温度较高或为结晶聚合物。

③ 改善外观的聚合物。有几种聚合物可用来改善吹塑制品的外观性能。

（3）黏合层聚合物　共注射采用的黏合性聚合物（即黏合剂）主要有两类：第一类为侧基用马来酸酐、丙烯酸或丙烯酸酯进行接枝改性的聚烯烃；第二类为直接合成的一元或多元共聚物。

黏合剂的热稳定性与基层或功能层聚合物的热稳定性同等重要，多层复合结构中含有熔体温度较高的聚合物时，应选择熔体温度与热稳定性接近的黏合剂。

4. 多层注坯吹塑流程及设备

共注射吹塑成型的关键也是多层型坯的成型，这有很多方法。图 5-14 所示为通过三流道共注射系统用两种不同塑料熔体成型型坯的过程，该三流道共注射系统可采用流道式浇口同时注射表层与芯层（发泡或实心），型坯两侧表层的壁厚可不相同。

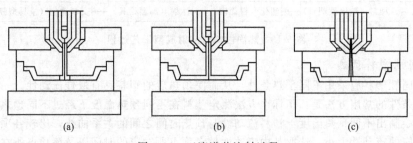

(a)　　　　　　　　　(b)　　　　　　　　　(c)

图 5-14　三流道共注射过程

多层型坯共注射后的吹塑与单层型坯的吹塑相似。共注射吹塑过程有往复式与旋转式两种。

第八节　热固性塑料的注射成型

一、概述

热固性塑料的注射成型原理是：将热固性注射成型料加入料筒内，通过对料筒的外加热及螺杆旋转时产生的摩擦热，对物料进行加热，使之熔融而具有流动性，在螺杆的强大压力下，将稠胶状的熔融料，通过喷嘴注入模具的浇口、流道，并充满型腔，在高温和高压下，进行化学反应，经一段时间的保压后，即固化成型，打开模具得到固化好的塑料制品。

与热塑性塑料相比，热固性塑料具有耐热性好、尺寸稳定性好、廉价等优点，因此广泛应用于电器电子等行业。但是热固性塑料受热时，其合成树脂将发生化学变化，树脂分子将由线型或支链型通过交联反应固化成不溶不熔的网状结构，因此，其成型相对复杂、成型效率也较低。

与压缩模塑成型方法相比，热固性塑料的注射成型有以下优点：①在成型制品形状方面，可成型结构复杂、壁厚相差大的塑料制品，并且允许制品带有精细嵌件；②制品尺寸精度较高；③成型周期短，生产效率高；④塑料塑化温度低。

但是热固性塑料注射成型过程也有以下缺点：①热固性塑料中的填料使成型材料在料筒中输送困难，且流动性能变差，成型困难，容易在螺杆的剪切塑化过程中受到破坏，不能充分发挥其增强作用；②不适用于带有较多嵌件的热固性塑料制品；③成型时会产生较多不能再次被回收利用的废料，造成材料浪费；④所要求的模具和注射机往往结构复杂，精度高，温度控制严格，从而使投资成本大大提高。

经过四十多年的应用与发展，工业发达国家已广泛应用注射成型技术加工热固性塑料，且可用于注射成型的物料种类很多，包含酚醛树脂、不饱和聚酯树脂、环氧树脂等在内的几乎所有的热固性塑料，物料形态也各异，包括粉状、片状、块状、棒状、带状等。而我国在这方面的研究起步较晚，差距较大，模具结构落后，制造精度低，使用寿命不高，注射成型的热固性塑件质量也有待提高，所用材料目前还主要局限于酚醛塑料。

二、热固性塑料注射成型工艺过程

对于热固性塑料，由于其受热性能变化比热塑性塑料复杂，因此，热固性塑料注射成型与热塑性塑料注射成型有着本质区别。热塑性塑料注射成型是使塑料在料筒内塑化成熔融状态，然后注入低温型腔，经过保压、冷却而硬化定型。而热固性塑料注射成型则是将塑料在料筒内预塑化到半熔融状态，在随后的充模过程中进一步塑化，再注入高温型腔内，熔体受热作用发生交联反应，固化定型成为制品。虽然两种工艺均经历加料→塑化→注射→定型过程，但其成型工艺差别较大，如料筒内塑化程度不同、模具温度不同、固化原理不同等。因此，精确控制物料在成型过程中状态变化和化学反应，是热固性塑料注射成型的关键。

热固性塑料注射成型工艺过程包括预热、加料、塑化、注射、交联固化（图 5-15）。

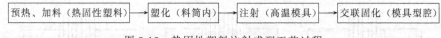

图 5-15　热固性塑料注射成型工艺过程

1. 热固性塑料预热

不同热固性塑料应采用不同预热条件，从而使预热后的塑料具有最佳流动性。一般而言，确定合适预热条件的常用方法是：用标准方法测定塑料在不同预热温度下经过不同预热时间后的流动性，然后绘制出不同预热温度下塑料流动性与预热时间之间的关系曲线，比较各项预热温度曲线顶点所对应的流动性大小，选取其中流动性最大顶点所对应的时间以及该顶点所在曲线的温度作为热固性塑料的预热条件。

热固性塑料的预热方法较多，包括常压烘箱干燥法、真空干燥、沸腾干燥、远红外干燥、高频电热法等。其中，常压烘箱干燥法设备简单，容易操作，但干燥效率低，只适于小批量塑料的干燥。而对于高温下容易氧化变色的塑料，在批量不大时采用真空干燥比较合适。沸腾干燥法干燥效果好、去湿效率高，特别适用于大批量物料的干燥。远红外干燥具有加热快、耗电少和设备简单的优点，是一种值得推广的塑料干燥方法。

高频电热法的预热效果最好，适用于各种热固性塑料，其最大优点是热量能快速产生，预热时间短和预热物料内外受热均匀。但是，该法只适用于物料的预热，而不适用于干物料的干燥。

2. 加料

热固性塑料的物料形态比较丰富，有粉状、粒状、片状、块状、棒状、带状等。一般而言，粉状物料的工艺性较差，容易在料斗中产生"结拱"现象，国外基本上采用粒料塑料注射成型，而国内仍然较多采用粉状物料成型。

3. 塑化

由于热固性塑料的主要组成是线型或稍带支链型的低分子量聚合物，且聚合物分子链上有可交联反应的活性基因。因此，料筒内的热固性塑料在受热状态下，低分子量聚合物先转变到黏流态而成为有一定流动性的熔体。但是，塑化温度又不能过高而使塑料在料筒内发生交联固化反应。

4. 注射充模

热固性塑料熔体注射充模时，经过喷嘴和流道时因受热而进一步塑化。喷嘴和模都处在加热的高温状态，充模流动速度很高，产生大量剪切摩擦热，这两者使熔体温度迅速升高，流动黏度降低，从而达到进一步塑化的目的。

热固性塑料熔体一般有非牛顿型假塑性流体的流变特性。因此，提高剪切应力可使其黏度降低，但对交联反应有活化作用，使反应加速而增加熔体黏度。所以采用较高的注射压力和注射速度、尽量缩短浇道系统长度等，都有利于在最短时间内完成充模过程。

5. 固化定型

热固性塑料熔体进入模腔后进一步受热升温，将会发生交联反应，从而实现硬（固）化定型。这也是热固性塑料与热塑性塑料的注射成型最主要的区别所在。

由于热固性塑料熔体受到高温模具的加热作用，使树脂发生交联反应。故只有将模具控制在较高温度，才能使型腔内熔体在较短时间内充分固化定型。

6. 产品去刺

热固性塑料注射成型制品，由于材料选择、模具设计、制造以及注射成型工艺的选择等问题，无论模具制造水平和成型加工技术有多高，产品仍然可能会产生毛刺（飞边）。因此，如果对产品的质量要求很高的话，应该对产品的毛刺进行处理。

三、热固性塑料注射成型对原料的要求

到目前为止，几乎所有热固性塑料都可以采用注射模，但最适合的是酚醛塑料，其次是聚邻苯二甲酸二烯丙酯塑料、不饱和聚酯塑料和三聚氰胺甲醛塑料，而环氧塑料由于固化反应对温度很敏感，不适于采用注射成型技术。无论何种材料，注射成型技术对所用热固性塑料成型工艺性的基本要求是：在低温料筒内塑化熔体能较长时间保持良好流动性而不固化；熔体在高温型腔内能快速发生交联反应，以固化定型。

从材料成型性方面分析，这些要求可归纳为下面几点。

1. 流动性

影响热固性塑料流动性的因素包括两个方面：一是原材料，塑料中树脂、添加剂及其他组分的性能和比例、塑料颗粒大小等对塑料的流动性都有影响；二是模具及成型工艺的影响。

2. 塑化温度范围

对于热固性塑料，塑化过程不仅要使塑料获得足够的流动性，同时还应避免塑料在塑化过程中过早硬化。大多数热固性塑料的塑化温度范围在 $70 \sim 90 ℃$ 之间。

3. 热稳定性

热固性塑料的热稳定性越好，其在料筒中越可停留较长时间而不固化，其成型工艺条件越容易控制，制品质量也越容易得到保障。

4. 收缩率

热固性塑料注射成型制品的收缩率很大。因此，必须通过各种改性方法，从原材料配制上，

尽可能减小热固性塑料收缩率。常用的解决方法是在塑料中加入固体填料。木粉填料的制品收缩率较大，石棉填料的制品次之，玻璃纤维填料的收缩率最小。

5. 高温下的快速凝固

热固性塑料熔体充模完成后快速交联固化，不仅可以缩短成型周期，提高生产效率，还使注射成型在快速充模、快速固化的条件下完成，从而避免制品缺陷的产生。

四、热固性塑料注射成型对加工设备的要求

热固性塑料与热塑性塑料注射成型的最大区别是塑料在模具型腔内发生交联反应，产生的气体必须排除。其次是模具本身需要加热到较高温度，以满足塑料固化的需要。同时，塑料流动性很好，要防止塑料进入模具之前产生固化。热固性塑料的这些成型特性，对注射机和模具也提出了相应要求。

1. 热固性塑料对注射机的要求

（1）螺杆 为保证热固性塑料在料筒中能够均匀、快速地塑化，常采用螺杆式注射机。螺杆的长径比及压缩比较小，一般取 12～18，压缩比范围为 0.8～1.2，但当物料中含有长纤维状填料时，压缩比可以小些，如 0.7～0.8，从而可以避免纤维被切断。

螺杆头部多数是角度为 60°左右的锥形结构，带有止逆环。同时，为减少对塑料的剪切作用，螺杆的螺槽应设计得深些。

（2）料筒 为保证料筒中物料均匀加热并保持恒温，料筒外需要有分段控制的加热和冷却装置。目前比较常用的是水加热循环系统，其温度控制精度可达到±1℃，且应该能自动控制温度变化。

（3）喷嘴 喷嘴常采用直通式结构，孔口直径较小，约为 2～2.5mm，且喷嘴表面应有足够的光滑程度，以防止因物料滞留而引起固化。

（4）锁模装置 由于热固性塑料在模腔中固化定型时会产生大量分子气体，为保证它们顺利从模具中排出，在成型过程中应短暂卸压。因此，锁模装置应具有迅速降低合模力的执行机构，这在厚壁制品的成型中显得尤为重要。

2. 热固性塑料对模具的要求

虽然热固性塑料注射模具的基本结构也包括型腔、浇注系统、导向零件、顶出机构、分型抽芯机构等部分。但其对模具材料、分型面、滑动零件、浇注系统、排气系统、推出机构、嵌件安放等都有特殊要求。

（1）模具材料 热固性塑料注射模具在工作时反复承受很高的压力和高的热应力，工作条件比热塑性塑料注射模具恶劣，因此，需要有更高的强度、耐磨性和耐热性。一般采用热作模具钢制作，热处理。

（2）分型面要求 减少分型面的接触面积，分型面上尽量减少孔穴或凹坑，分型面应有足够硬度。

（3）浇注系统的要求

① 主流道和拉料腔：主流道尺寸应小些，因为小尺寸主流道由于摩擦生热可提高熔体的流动性能，同时可降低不能回收的废料。

② 浇口：浇口尺寸通常略大于热塑性塑料模具的相应尺寸，但也不应过大，因为需借助在这些流道中受剪切而升高温度、提高流动性。为了避免浇口对填料取向的不良影响，应该合理选择浇口位置，浇口形式则比较适合于选用扇形或环形等。

（4）排气槽 热固性塑料注射成型过程中，容易产生大量气体，必须及时排出模外，否则将降低充模速度，使制品出现气泡、凹陷及光泽度降低等缺陷或局部烧焦。一般排气槽深度可取 0.03～0.05mm，甚至可达到 0.1～0.3mm；宽度可取 5～10mm。

（5）顶出机构 常用有圆形推杆，该推杆容易加工，配合精度和粗糙度容易保证，滑动阻力小，并可制成标准零件，便于更换。

（6）滑动零件 热固性塑料注射模中的很多滑动配合件，除了要控制适当的配合间隙、避免溢料外，还要求在高温下工作，滑动零件不产生咬合或拉毛而影响配合精度。

（7）嵌件安放　热固性塑料制品的嵌件周围不像热塑性塑料制品那样容易出现裂纹，所以热固性塑料制品上应用嵌件较多。常用模外热插，就是趁热将嵌件压入刚脱模的高温塑料制品的预制孔内，依靠塑料的冷却收缩箍紧嵌件。也有在模内安放嵌件的，因此应注意以下几点：①提高嵌件与模具的配合精度，防止嵌件位移和制品粘模；②增强嵌件定位稳定性；③将模具中固定嵌件的部分设计成活动镶块，从而解决难以定位的嵌件安放问题。

五、热固性塑料注射成型工艺

如同热塑性塑料注射成型一样，温度、压力、时间仍然是热固性塑料注射成型中最主要的三类工艺参数。

1. 温度

在整个成型过程中，影响较大的温度参数有料筒温度、喷嘴温度和模具温度。

（1）料筒温度　料筒温度是最重要的注射成型工艺条件之一，它影响到物料的流动。料筒温度太低，物料流动性差，会增加螺杆旋转负荷；料筒温度太高，又要防止物料在料筒中过早固化，流动性降低而影响后续的注射充模过程。一般而言，料筒温度分两、三阶段控制，温度分布从加料口向喷嘴方向逐渐增大。

（2）喷嘴温度　为了进一步塑化物料，通常控制喷嘴温度略高于料筒前段温度，大致范围为75～100℃。事实上，由于不同塑料的固化特性和流动特性不同，喷嘴温度的选择应根据实际情况考虑。

（3）模具温度　模具温度是影响热固性塑料固化定型的关键因素，并将直接关系到制品的成型质量和生产效率，模具温度的确定应有利于制品各部分的均匀固化，同时，考虑其对熔体固化时间和固化质量的影响。

一般而言，模具温度越高，所需的固化时间越短，生产效率越高，但模温太高，固化速度过快，会造成制品内部小分子挥发物难以排出，从而使制品出现起泡、组织疏松和颜色发暗等缺陷，并且由于制品中残存的内应力较大，使制品尺寸稳定性差，冲击强度下降；模温太低，制品表面无光泽，力学性能、电性能均下降，脱模时制品易开裂，严重时会因熔料流动阻力大而无法注射。一般情况下，模具温度为150～220℃，且动模板温度比定模板温度高10～15℃。

2. 压力

热固性塑料注射成型中压力一般考虑塑化压力和注射压力。

（1）塑化压力　为防止物料在料筒中停留过长时间而过早硬化，热固性塑料成型时选择的塑化压力应较低，约为0.3～0.4MPa（表压），有时仅凭螺杆后退时周围物料对它的摩擦力获得背压。但背压也不应过小，否则物料中气体不易排除，塑化也难以保证完成。

（2）注射压力　热固性塑料中所含的填料量较大，约占40%，黏度较高、摩擦阻力较大，在注射过程中，50%的注射压力消耗在摩擦阻力中，因而其流动所需的注射压力通常较高。当物料黏度高、制品厚薄不均匀、精度要求高时，注射压力要提高。

注射压力大能提高注射速度，缩短充模时间，减少制品表面的熔接痕和流动纹迹。但注射压力太高，容易引起注射速度过快，使物料中卷入过多空气，对制品成型会造成不利影响，且制品内应力增加、溢边增多、脱模困难，并且对模具寿命有所影响。通常情况下，注射压力控制在100～180MPa。

3. 成型周期

热固性塑料的注射成型周期包括注射时间、固化定型时间以及开、闭模等其他时间，其中，最重要的仍然是注射时间和固化定型时间。

（1）注射时间　由于预塑化的注射成型料黏度低、流动性好，可把注射时间尽可能定得短些，即注射速度快。这样，在注射时可以获得更多的摩擦热，并有利于物料固化。但注射时间过短，即注射速度太快时，摩擦热过大，易发生制品局部过早固化或烧焦等现象；同时，模腔内的低挥发物来不及排出，会在制品的深凹槽、凸筋、凸台、四角等部位出现缺料、气孔、气痕、熔接痕等缺陷，影响制品质量。而注射时间太长，即注射速度太慢时，厚壁制品的表面会出现流痕，薄壁制品则因熔融料在流动途中发生局部固化而影响制品质量。

(2) 保压时间 保压时间长则浇口处物料在加压状态下固化封口，制品的密度大、收缩率低。目前，注射固化速度已显著提高，而模具浇口多采用针孔型或沉陷型，因此，保压时间的影响已趋于减小。

(3) 固化时间 一般情况下，模具温度高、制品壁薄、形状简单则固化时间应短一些，反之则要长些。通常情况下，固化时间控制在 $10\sim40s$。延长固化时间，制品的冲击强度、弯曲强度提高，收缩率下降，但吸水性提高，电性能下降。

4. 其他工艺条件

(1) 螺杆转速 对于黏度低的热固性注射料，由于螺杆后退时间长，可适当提高螺杆转速；而黏度高的注射料，因预塑时摩擦力大、混炼效果差，此时应适当降低螺杆转速，以保证物料在料筒中充分混炼塑化。螺杆转速通常控制在 $30\sim60r/min$。

(2) 预热时间 物料在料筒内的预热时间不宜太长，否则会发生固化而提高熔体黏度，甚至失去流动性，太短则流动性差。

(3) 注射量 正确调节注射量，可在一定程度上解决制品的溢边、缩孔和凹痕等缺陷。

(4) 合模力 选择合理的合模力，可减少或防止模具分型面上产生溢边，但合模力不宜太大，以防模具变形，并使能耗增加。

5. 常用热固性塑料注射成型工艺条件

常用热固性塑料的注射成型工艺条件见表 5-11。

表 5-11 常用热固性塑料的注射成型工艺条件

塑料名称	温度/℃			压力/MPa		时间/s			螺杆转速/(r/min)
	料筒	喷嘴	模具	塑化	注射	注射	保压	固化	
酚醛塑料	40~100	90~100	160~170	0~0.5	95~150	2~10	3~15	15~50	40~80
玻璃纤维增强酚醛塑料	60~90		165~180	0.6	80~120			120~180	30~140
三聚氰胺模塑料	45~105	75~95	150~190	0.5	60~80	3~12	5~10	20~70	40~50
玻璃纤维增强三聚氰胺	70~95		160~175	0.6	80~120			240	45~50
环氧树脂	30~90	80~90	150~170	0.7	80~120			60~80	30~60
不饱和聚酯树脂	30~80		170~190		50~150			15~30	30~80
聚邻苯二甲酸二烯丙酯	30~90		160~175		50~150			30~60	30~80
聚酰亚胺	30~130	120	170~200		50~150	20		60~80	30~80

6. 热固性塑料注射成型时常见的制品缺陷及解决方法

与传统注射成型工艺相比，热固性塑料注射成型制品的质量更加难以控制。而且热固性塑料注射成型由于制品的缺陷产生的废品，不能像热塑性废品一样可以回收利用，从这方面看，及时解决热固性塑料注射成型制品缺陷问题的压力也更大。

热固性塑料注射成型时常见的制品缺陷如表 5-12 所示，表中也从材料选用、模具设计、工艺条件设置等方面提供了相应的解决方法。

表 5-12 热固性注射成型制品的缺陷与处理方法

序 号	不正常现象	解 决 方 法
1	有熔合纹	用流动性好的原料,提高注射压力,提高注射速度,降低熔料温度,降低模温,开排气槽,改变浇口位置
2	烧焦或变色	用流动性好的原料,降低料筒温度和模具温度,降低注射压力,扩大浇口截面积

序　号	不正常现象	解　决　方　法
3	有流动纹路	改变注射速度,降低模具温度,增加壁厚,提高料筒温度,改变浇口位置
4	表面有孔隙	提高注射压力,增加料量,开排气槽,降低模温,降低料筒温度,增加注射时间
5	凹痕与水迹	增加合模力和注射压力;增加料量;增加保压时间;减少飞边;采用湿度小的原料;降低模温;排气槽太深;重开排气槽
6	表面有划痕	模具成型面划伤;原料内杂质;增加脱模斜度;模具电镀层剥落;应重新电镀;延长热压时间
7	壁厚不均匀	型腔与型芯的位置有偏差,浇口位置不当,增加型芯强度,降低注射压力,增加塑料的流动性
8	表面有斑点	原料内有杂质,脱模剂用量不当,模具没有很好清理,成型面黏附杂质
9	有白斑点	用流动性好的注射成型料,缩短热压时间,降低料筒温度,降低模温,清理料筒内层料
10	挠曲或弯曲	用水分少的原料,增加热压时间,塑件的壁太厚或太薄,制品出模后缓慢冷却至室温
11	主流道粘模	延长热压时间;提高定模温度;扩大浇口套小端孔径;使之大于喷嘴孔径;增加主流道斜度;检查主流道与喷嘴之间是否漏料;主流道下端设拉料杆
12	嵌件歪斜、变形	用流动性好的原料,降低注射压力,降低注射速度,使嵌件稳定、到位
13	表面灰暗	降低模温,提高模具光滑程度,增加料量,开排气槽,用湿度小的料,清洁模具成型面
14	飞边多	减少料量;增加合模力;降低注射压力;分型面中有间隙;要修复分型面;减少各滑配部分的间隙;用流动性稍差的料;调整模温
15	起泡	降低模温,降低料筒温度,提高注射压力,增加热压时间,增加料量,扩大浇口面积,开排气槽,原料中水分及挥发分量太大,均匀加热模具
16	脱模时变形	提高模温,增加热压时间,降低注射压力,增加脱模斜度,提高模具成型面的光滑程度,均衡布置脱模力
17	粘模	提高模温;增加热压时间;减少飞边;喷嘴与浇口是否配合;喷嘴孔是否小于主流道;提高模具成型面和浇道的光滑程度;使用脱模剂
18	制品局部缺料	增加料量;提高注射压力;调整模温;调整料筒温度;扩大浇口与浇道的截面积;开设排气槽;延长保压时间;修正分型面;减少溢料;擦净型腔和型面上污垢、脱模剂等;增加浇道光滑程度;增加注射成型件壁厚;平衡多型腔的各浇口;注射成型机的最大注射量是否大于制品的重量;用流动性好的原料

第九节　反应注射成型

反应注射成型技术是在制备聚氨酯硬泡沫塑料工艺的基础上发展起来的,1969 年首次出现生产聚氨酯泡沫塑料的反应注射设备,20 世纪 80 年代以后,则出现了不饱和聚酯、环氧树脂、聚环戊二烯、聚酰胺和聚氨酯等各种单体材料的反应注射成型。

反应注射成型原理是"一步法"注射成型技术,即将热固性树脂的液态单体的聚合与聚合物的造型及定型过程结合在一个流程中,直接从单体得到制品。从理论上说,能以聚合反应生成树脂的单体,都可作为反应注射的成型物料基体,但是目前工业中采用的只有不饱和聚酯、环氧树脂、聚环戊二烯、聚酰胺和聚氨酯等几种树脂的单体,其中,聚氨酯单体应用最广泛。

反应注射成型可用来成型发泡制品和增强制品,应用前景十分广泛。例如,聚氨酯成型零件可用作汽车的仪表盘、驾驶盘、坐垫、头部靠垫、手部靠垫、阻流板、缓冲器、防震垫、遮光板、卡车身、冷藏车、冷藏库等的夹心板;也可用于成型电器外壳,或日常用品中的球拍、仿木制品，以及冷藏器、冰箱等的隔热材料。

一、反应注射成型工艺

反应注射的工艺过程可简单描述如下：先使可相互反应的几种液态单体物料在高压下进行高速碰撞混合，然后将均匀混合并已开始反应的混合料注入模腔，借助聚合反应使成型物固化定型为产品。与传统注射成型相似，反应注射也经过成型物料准备、注射充模、固化定型、脱模和热处理等几个阶段，如图 5-16 所示。下面以聚氨酯为例介绍反应注射成型的工艺过程，采用的专用设备如图 5-17 所示。

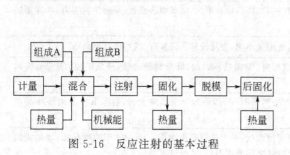

图 5-16　反应注射的基本过程　　　　图 5-17　聚氨酯反应注射的专用设备

1. 物料准备

由于反应注射所用物料常常由树脂单体、填料和其他添加剂组成。因此，物料准备通常包括原料浆的储存、计量和混合三项操作，下面简单予以介绍。

（1）储存　原料浆储存在始终保持恒温的储槽内，同时，为防止原料浆中的固体组分沉析，应对储槽中的原料不停进行搅拌，即使不成型时，也要使原料浆在一个循环回路中不断循环。

（2）计量　原料浆经过定量泵计量后进入循环回路，为严格控制进入混合室时各反应组分的正确配比，定量泵计量精度应有一定要求。对于聚氨酯，计量精度不应低于±1.5%，最好控制在±1%以下。

（3）混合　不同原料浆在高压下被同时压入混合头内，在高速撞击中实现均匀混合。原料浆的混合质量一般由其黏度、体积流率、流型以及原料浆的配合比例等多种因素决定，其混合质量很大程度上决定了制品成型质量。

2. 注射充模

反应注射充模过程的特点是物料流动速度很高，而一般情况下，物料黏度过高，则流动性降低，物料难以高速流动；若黏度过低，物料流动性能太好，也会带来问题。因此，充模过程中对物料的黏度要求很苛刻。

3. 固化定型

单体原料浆的混合料在注入型腔后，在剧烈交联反应中，混合料可以在很短时间内完成固化定型。这段时间称为固化时间，它主要取决于混合料的配方和制品尺寸。而混合料的固化成型质量则受模具温度影响，由于交联固化产生大量的热，为防止树脂热降解，应控制模具温度，使型腔内的最高温度在树脂的热分解温度以下。而对于需要加热固化的树脂，则可适当提高模具加热温度，以缩短固化时间，并使制品内外有更均一的固化度。

4. 热处理

热处理可补充固化，只是应注意固化程度过低的制品在热处理过程中会发生翘曲变形，同时可对制品涂漆后进行烘烤处理，以便在制品表面形成牢固的保护膜或装饰膜。

二、反应注射成型影响因素

对反应注射充模过程而言，最重要的两个工艺参数是充模时间和原料温度。选取这两个参数时，应从凝胶时间、混合质量、分解温度和流动前沿速度这四个方面进行考虑。

1. 凝胶时间

凝胶时间是反应进度达到凝胶点时的反应时间，它反映了混合物料的反应速度。

2. 混合质量问题

从宏观角度看，混合质量好坏可通过观察制品表面是否有明显的因混合不好而产生的条纹，制品的表层结皮厚度和脱模时是否产生断裂也是判断混合质量的重要依据。

3. 分解温度

在确定原料初始温度时还必须考虑聚合产物的热分解温度，由于反应注射是一个放热过程，因此，原料初始温度与放热过程的温度升高之和必须低于聚合产物的热分解温度，否则聚合产物极易发生分解。

4. 流动前沿速度

实验及生产经验表明，充模流动速度是影响制品产生气泡的主要原因之一，因为反应注射流体的黏度低，如果充模速度大，则增加了充模过程中气泡卷入的可能性。一般说来，型腔内的流体平均流动速度不应超过 0.5m/s。

三、产品及模具设计

反应注射成型的产品及模具设计，与传统注射产品及模具设计相比，有所差别。

1. 产品设计

（1）形状　反应注射成型对制品的形状无特殊限制，只是应考虑气体排放问题，必要时应设排气孔或长条切口。

（2）脱模斜度　反应注射成型制品的脱模性很差，因此，应设计较大的脱模斜度，通常为 3/100 为标准，在加工皮革纹等产品时则需要更大的脱模斜度。对于软质产品，脱模斜度最好与一般的注射成型相同；对于带皱纹制品，由于材料有挠性，可以强制脱模而不会出现脱模困难现象。

（3）壁厚　反应注射成型制品的壁厚一般较厚，多在 3～8mm 之间，特殊情况下可达到 10mm 以上。因壁厚不均匀而导致的收缩，对于低发泡聚氨酯不明显，但对于弹性聚氨酯则需要考虑收缩现象。

2. 模具设计

因浇口形状与位置对成型制品的影响比较大，故将浇口设计作为模具设计的主要内容予以重点介绍。一般对反应注射成型模具而言，其浇口可采用直接浇口与薄层浇口两种形式。

薄层浇口主要特点是浇口厚度较小，根据设计的不同，可分为扇形浇口、半扇形浇口和浇道浇口几种。浇道浇口由于无法预测熔体前锋面的流型，且在型腔的任何位置都可能引入气泡，因而较少使用。对于半扇形浇口，其扩展角小，浇口不能与型腔等宽时，浇口区与型腔的过渡连接存在突变，容易因发生射流面吸入气泡，通常情况下应避免使用。而扇形浇口最大尺寸与型腔等宽，浇口区与型腔光滑过渡，当熔体流经扇形浇口时，将始终保持稳定铺展流动形式，不发生射流，因而在反应注射成型中用得较为广泛。

根据浇口在模具型腔中的位置，浇口进料方式可分为前部进料、侧向进料、上部进料和下部进料四种方式。

侧向进料是浇口处流体流动方向与充模中流体方向垂直或以一定角度进料，此种方式对于容易发生射流的低黏度、高速的反应注射充模十分适用。

下部进料比较平稳，这时由于重力对充模过程起到抑制射流发生的作用，同时，如果排气孔位于型腔的最高处，那么这种浇口位置是不会产生气泡的。

总之，半扇形浇口比扇形浇口更容易发生射流，下部进料比上部进料充模流动更稳定，侧向进料比前向进料充模流动稳定。因此，反应注射成型中建议采用侧向下进料的扇形浇口。

四、反应注射成型中气泡的产生原因与防止措施

反应注射产品中常常会产生气泡，大气泡直径可达 2～3mm，小气泡直径小于 1mm。气泡的存在往往造成制品表观性能、力学性能下降，因此，有必要分析气泡产生的原因及研究其防止对策。

1. 气泡产生的原因

一般认为，大气泡主要受模具结构的影响，而小气泡的形成则受操作工艺的影响，具体来说，有以下几个原因可能产生气泡。

(1) 模具死角形成气泡　结构设计不合理的浇口及模具，或者充模速度过快，模具边角处的气体未能及时排放出去，则出现边角缺料或边角卷入气泡现象。

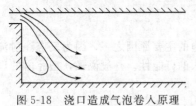

图 5-18　浇口造成气泡卷入原理

(2) 浇口位置厚度引起的气泡　当模具型腔厚度大于浇口厚度，且浇口位置在型腔上部时，若熔体充模速度较大，则浇口下部型腔处空气来不及排出，导致气泡产生，如图5-18 所示。

(3) 绕流引起的气泡　绕流障碍物引起的气泡都处于尾流区，气泡形状一般为单个气泡。

(4) 湍流卷吸的气泡　熔体高速进入模具时，由于湍流流动而将模具内空气卷吸进入熔体。当充模结束后，模腔内熔体中充满大大小小的气泡，且分布无规律。

(5) 流道截面突变引起的气泡　如果流道截面突然增大，使熔体在流动方向上出现逆压梯度，造成流动分离，产生涡流，而当流道突然收缩时，流速突然加快，使流动受到剧烈扰动而失稳，导致气泡卷入。

2. 气泡产生的防止措施

模具结构和浇口形式对充模流动状态起着重要作用，以下措施将有助于减少和防止充模过程中气泡的卷入：①采用扇形浇口；②浇口位置，如浇口设置在水平模腔底部而非顶部；③浇口和型腔的设计应避免界面的突变，应尽量有较光滑的过渡；④嵌件形状的设计应尽可能设计成流线形，以降低嵌件尾部的逆压梯度；⑤为顺利排气，可在死角和料流终止处设置气孔。

五、反应注射成型优点

与注射成型利用熔体冷却形成固体聚合物制品的原理不同，反应注射成型是借助于多种单体物料在型腔中进行聚合并通过化学反应固化成型，因此，它具有许多独特的性能。

1. 成型压力低

由于反应注射成型中的单体原料黏度很低，所以充模压力较低，相应锁模力也很小，仅为传统注射成型的 1/100～1/40。因此，这有利于大面积、薄壁和形状复杂制品的成型，并可降低成型设备和模具的投资。

2. 模具轻、结构简单

由于受力小，因而模具结构可以大为简化，设计、制造成本降低。据统计，成型相同零件，反应注射成型模具的重量比传统注射成型模具轻 30%。

3. 能源消耗低

反应注射成型的熔体黏度很低，成型压力和锁模力均不高，因此，反应注射成型中能源消耗很低。

4. 生产周期短

反应注射成型原理是两种低黏度的原料边充模边固化，整个成型周期仅仅几十秒，当采用后固化工艺时成型周期更短。

5. 制品设计灵活性大

由于熔体充模瞬间的黏度很低，故对于薄壁长流程制品、复杂形状制品、有加强筋或嵌入件

的制品，甚至增强材料制品，反应注射成型都能成型，并且其成型制品可大可小、可软可硬，甚至能成型微孔发泡制件。所以说，反应注射成型制品的设计灵活性很大。

6. 简化成型工艺过程

反应注射成型直接采用液态单体和各种添加剂作为成型物料，而不必进行预先配制，从而省去聚合、配料和塑化等操作，简化了工艺过程。

六、聚氨酯反应注射成型配方工艺

1. 聚氨酯的反应注射成型（RIM）

（1）原料组成 原料应配制成 A、B 两种组分，分别放于各自的原料储罐内，并通以氮气保护，控制一定的温度，保持适宜的黏度和反应活性。典型的聚氨酯的反应注射成型工艺配方见表5-13。

表 5-13 典型的聚氨酯的反应注射成型工艺配方

原液组分	组分编号	典型配方	质量比
A	1	混合乙二醇、己二酸聚酯(相对分子质量 200)	80
	2	1,4-丁二醇	10～11
	3	氨基催化剂(三亚乙基二胺或 DABCO)	0.2～0.5
	4	二月桂酸二丁基锡稳定剂(DBTDL)	0.2～0.7
	5	硅共聚物表面活性剂	1
	6	颜料糊(分散炭黑占 50%)	8
	7	成核剂	0.5～1.0
	8	水	按需要定
B	9	二苯基甲烷二异氰酸酯(MDI)	60
	10	三氯氟甲烷发泡剂	0～15

采用上述配方制得的制品性能为：密度 $500kg/m^3$，硬度 63IRHD（国际橡胶硬度标度），极限拉伸强度 10MPa，极限断裂伸长率 380%。

配方中各组分的作用分别如下。

• 组分 1 通常为聚己二酸乙二酯与 5%～15% 的聚己二酸丙二酯的混合物，以防止单独使用线型聚乙二酯时的冷硬化现象。

• 组分 2 为扩链剂，主要作用是与大分子中的异氰酸酯基反应，从而将大分子连接起来。

• 组分 3 和 4 为混合催化体系，对生成聚合物及 NCO 与 H_2O 反应生成 CO_2 均有促进作用。

• 组分 5 为硅氧烷表面活性剂，对于形成有规则的微孔泡沫结构十分必要。

• 组分 6 是颜料，干燥的颜料必须经仔细研磨或球磨并加以分散后方可使用。固体颜料的分散载体一般用多元醇。

• 组分 7 是成核剂，有云母粉、立德粉、膨润土等，主要作用是提供气泡形成的泡核，有利于得到均匀的泡沫结构。

• 组分 8 是活化剂，用水作活化剂以控制泡沫塑料中闭孔泡沫的数目。

• 组分 9 是二苯基甲烷二异氰酸酯。若要得到高强度、高韧性的制品，必须采用纯度极高的线型异氰酸酯；若使用不纯的异氰酸酯，则制品较脆。

• 组分 10 是发泡剂，三氯氟甲烷是常用的物理发泡剂，它在稍高于室温下就能气化，50～100℃时气化迅速。采用该发泡剂的泡沫结构以开孔为主。

（2）工艺条件

温度：两组分的预热温度为 32℃，模具温度为 60℃；

压力：两组分的注射压力为 15.7MPa；

时间：充模时间为 1～4s，生产周期为 32～120s。

2. 增强聚氨酯的反应注射成型（RRIM）

RRIM 是指在聚氨酯中添加了增强材料后的反应注射成型。增强材料有玻璃纤维、碳纤维等，以玻璃纤维为主。

RRIM 的成型工艺过程及所用的设备与 RIM 类似，但由于多元醇组分中加入了增强材料，使料液的黏度增大。因此，该组分在通过了计量泵后，还要经过增设的高压储料缸，以更高的压力进入混合头，而未加增强材料的组分，则与 RIM 一样。另外，混合头的孔径也要相应扩大。

第十节　注射成型技术的进展

近年来，注射成型技术发展迅猛，新的设备、模具和工艺层出不穷，其目的是为了最大限度地发挥塑料特性，提高塑料制品性能，以满足塑料制品向高度集成化、高度精密化、高产量等方面的发展要求，从而实现对塑料材料的聚集态、相态等方面的控制。下面简要介绍注射成型技术进展。

一、注射成型技术

1. 超高速注射成型

超高速注射成型是指树脂充模时螺杆前进速度为 $500\sim1000\mathrm{mm/s}$ 的注射成型技术。用于超高速充模注射成型的注射成型机称为超高速充模注射成型机，主要用于薄壁塑料制品（如 IC 卡等）的成型。机理是机构要保证将熔融树脂在瞬间充填到型腔内。

超高速充模注射成型技术的优点如下。

① 由于是在极高剪切速率下流动，故材料因受高剪切发热而使黏度降低。另外，材料散热少，保持较高温度而使黏度较低。

② 因为是低黏度下的流动，成型制品各部分承受的成型压力较均匀，温度梯度较小，故制品的翘曲、扭曲等变形较小。

③ 制品表面的流纹（流痕）和熔合线没有普通成型明显。

超高速充模注射成型技术最大的目标是超薄壁成型。成型时的关键有：使用材料的成型性（即流动性和固化速度）、模具设计（特别是如何确保排气）。

2. 气体辅助注射成型

气体辅助注射成型的目的就是防止和消除制品表面产生缩痕和收缩翘曲，提高表面特性，使制品表面光滑。气体辅助注射成型的工作过程可分为四个阶段：第一阶段为熔体注射，即将熔融的塑料熔体注射到模具型腔中，它可分为缺料注射和全料注射；第二阶段为气体注射，可于注射期的前、中、后期注入气体，气体的压力必须大于塑料熔体的压力以达到使塑件成中空状态；第三阶段为气体保压，当塑件内部被气体充填后，制件在保持气压的情况下冷却；第四阶段为制件脱模，随着冷却周期的完成，排出气体，塑件由模腔取出。

气体辅助成型的塑料制件大致可分为三类：管形和棒形制件，如衣架、扶手、椅背、刷棒、方向盘，主要是利用气体穿透形成气道来节省材料和缩短成型周期；板状制件，如汽车仪表板、办公家具，主要是减小翘曲变形和对注射成型机的吨位要求，以及提高制件的刚性、强度和表面质量；厚薄不均的复杂制件，如家电外壳、汽车部件可通过一次成型简化工艺。

3. 微孔泡沫塑料注射成型

塑料发泡成型可减轻制品重量，且制品具有缓冲、隔热效果，广泛应用在日用品、工业部件、建材等领域。微孔泡沫塑料注射成型是在超临界状态下利用 CO_2 及 N_2 进行微孔泡沫塑料技术，目前已进入实用化阶段。微孔泡沫塑料注射成型已可生产壁厚为 0.5mm 的薄壁大部件及尺寸精度要求高的、形状复杂的小部件。它推翻了长期一直认为发泡成型只能完成厚壁制品生产的观点。与传统的发泡成型形成的最小孔径为 $250\mu m$ 的不均匀微孔相比，现在的工艺形成的微孔大小均匀，孔径在 $5\sim50\mu m$，这样的微孔结构也赋予比传统方法制备的制品更高的机械性能和更低的密度。在力学性能不损失的情况下，重量可降低 10%，而且可减少制品的翘曲、收缩及内应力。微孔泡沫塑料注射成型可加工多种聚合物，如 PP、PS、PBT、PA 及 PEEK 等。

微孔泡沫塑料注射成型的过程包括四个阶段，即树脂在料筒中熔融塑化阶段，超临界气体注入、混合和扩散阶段，注射阶段和发泡阶段。

微孔泡沫塑料注射成型的特点如下。

（1）提高了树脂的流动性 与超临界状态的 CO_2 或 N_2 混合后，树脂的表观黏度降低，其结果是注射压力减小，锁模力也减小，甚至可采用铝制模具。

（2）缩短成型周期 这是因为微孔泡沫塑料注射成型没有保压阶段，树脂用量比未发泡的少，总热量减少；模具内的气体从超临界状态转成气相进行发泡，模具内部得到冷却；树脂的流动性得到改善，成型温度降低。一般成型周期可减少 20%。

（2）减少制品重量，制品无缩孔、凹斑及翘曲 该技术最多可使制品重量减少 50%，一般为 5%～30%。

4. 挤出和注射成型组合的直接成型技术

挤出和注射成型组合的直接成型技术可将聚合物料与磁性粉、无机颜料、玻璃纤维等通过双螺杆挤出机混合后直接注射成型。其突出优点是可以更加灵活地调节复合物的配方，省去了造粒、包装、干燥等工序，大幅度地降低了设备费用和减少了生产时间，从而降低了成品的成本。

该技术可适用于多种材料的成型，即可为单个的聚合物，如 ABS、AS、EVA、PA、PC、PE、PET、PBT、POM、PP、PS、PMMA、LCP 等；也可为复合材料，如聚合物与玻璃纤维（GF）、$CaCO_3$、云母、滑石粉、硅石、颜料、Fe_2O_3 的混合物；还可为聚合物合金，如 PA/HDPE、PBT/PET 及 PC/ABS 合金等。

5. 薄壁注射成型

所谓薄壁成型，是指在 0.5mm 以下的平板形状，连续或局部地方要求在 0.1mm 以下的制品成型。其成型方法有以下几种。

（1）高压高速注射成型 使用最大注射速度为 $600\sim1000mm/s$，注射应答时间为 $10\sim50ms$ 规格的注射成型机，在极短时间内用高压克服充模阻力充满型腔的成型方法。

该注射成型机的特点是：为提高注射立即应答性能，须进行油压、电器控制技术的开发和降低注射单元的质量；为抑制充模结束时点控制的差异，制动特性和控制处理速度要求高速化；耐高注射压力，要求刚性高的锁模机构；耐高注射压力，要求刚性高、精度高的模具；为实现稳定成型条件下的均匀塑化，要使用高混炼型的螺杆。

（2）高速低压成型 充模开始时用高速注射，目的在于增加流动长度，同时，结合充模结束前充模阻力的增加，自动地降低了注射速度，防止了充模结束时的过充模和因控制切换造成的误差。

该成型方法的油压控制特征是非常好地将"流量-压力"特性用于成型，是将原来的充模过程中的速度优先控制的主要考虑方法，改为"压力充模优先"的原则的成型方法。

采用该成型方法的优点是：消除了飞边、缺料，特别是对像连接器那样的前端有薄壁部分的成型制品非常有效；可消除翘曲、扭曲等缺陷；因为不发生注射终结时的峰压，不会发生模具的销钉的倾斜或破损；由于是低压成型，所以可以使用锁模力较小的注射成型机。

6. 复合注射成型

为降低成本，提高性能和功能，通过复合成型进行制品生产，具体方法如下。

（1）多品种异质材料成型 双色成型是早就被利用的一种成型方法，近年来，由于部件成型一体化的进展，硬质材料和软质材料的组合以及为在感官上的高级化目的，多品种异质成型正在增加。

（2）立式注射成型机的复合成型 立式注射成型机的嵌件成型虽然不是新的成型方法，但是由于降低成本的要求和自动化技术的提高，需求正在扩大。

（3）复合材料的直接注射成型法　是将树脂与增强材料或填充材料的干混料直接成型的方法，适用于制造复合塑料制品。

7. 水辅注射成型技术

水辅助注射成型是用冷水取代氮气进行加工的，可以比气辅注射成型得到壁厚更薄的制品，同时也可以生产大型空心制品，其质量标准更高并且远比气辅注射成型经济。据悉，泄漏是水辅需要解决的一个很重要的问题。

塑料注射成型技术曾是汽车工业、电器电子零部件的基础技术，并推动这些行业的飞速发展。在 21 世纪，塑料注射成型技术将成为信息通信工业的重要支持。另外，注射成型技术也将为医疗医药、食品、建筑、农业等行业发挥作用。在需求行业的推动下，注射成型技术及注射成型机也将获得进一步的发展。

二、注射 CAE 技术

1. 注射 CAE 简介

CAE（computer aided engineering）即计算机辅助工程。注射 CAE 技术就是一种利用高分子材料学、流变学、传热学、计算力学和计算机图形学等基本理论，建立塑料成型过程的数学和物理模型，利用诸如边界单元法（BEM）、有限单元法（FEM）、有限差分法（FDM）等有效的数值计算方法，实现成型过程的动态仿真技术。

CAE 方面使用最广泛的是有限分析系统，就是将复杂问题分解为较简单的问题后再求解。它将求解域看成是由许多称为有限元的小的互连子域组成，对每一单元假定一个合适的（较简单的）近似解，然后推导求解这个域总的满足条件（如结构的平衡条件），从而得到问题的解。这个解不是准确的解，而是近似解，因为实际问题被较简单的问题所代替。由于大多数实际问题难以得到准确解，而有限元不仅计算精度高，而且能适应各种复杂形状，因而成为行之有效的工程分析手段。

近年来，塑料注射成型 CAE 技术取得了长足进展，应用 CAE 技术可替代传统的试模方法，缩短模具设计制造周期、预计塑料制品生产工艺以及塑料制品生产中可能出现的熔接线、收缩、残留应力、翘曲等问题，降低生产成本，提高产品质量，因此，注射模 CAE 软件在模具行业中受到普遍欢迎，各种应用软件百花齐放，正在向网络化、微机化、智能化、集成化、三维化发展。

常用的注射 CAE 软件有 MOLDFLOW（C-mold）、PRO-E 内附 CAE 模块、UG-Ⅱ内附 CAE 模块、Moldex3D、HSCAE 3DRF 等。

目前，常用的注射 CAE 软件的基本模块可以进行热塑性塑料注射成型、气体辅助注射成型、连续注射成型和注射压缩成型过程模拟。使用可视化和工程管理工具，模拟注射过程塑料流动和保压，比较准确预测熔体的实时流动情况、压力场、温度场、溶合痕、气穴、模具冷却、零件收缩、翘曲等，对产品及模具设计进行全方位的评估并提供解决方案。

流动模拟软件在优化设计方案更显优势。通过对不同方案的模拟结果的比较，可以辅助设计人员选择较优的方案，以获得最佳的成型质量。

2. 注射 CAE 使用实例 ❶

首先，将制品 3D 模型导入 CAE 软件，设置好浇注系统、工艺参数、运行软件，可以得到不同时刻充模情况（图 5-19）、注射充模过程料流前锋等位线图，以及注射充模过程的 AVI 动画录像。可以分析熔融料流的最后融合情况，预测产品缝合线（图 5-20）；可以看到型腔气体排出情况（排气不良的情况下，会出现困气的现象）。

---

❶　注射 CAE 使用实例部分选自 Moldex3D CAE 公司实际案例。

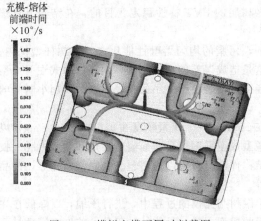

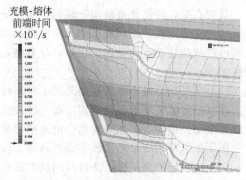

图 5-19 模拟充模不同时刻截图　　　　图 5-20 预测产品缝合线

CAE 软件还可以分析模拟充模熔融物料温度场、充模压力场、注射过程合模力变化曲线、剪切应力分布图。

CAE 软件还可以分析预测制品变形情况（图 5-21）、预测体积收缩率分布（图 5-22）、对于填充注射进行纤维取向计算以及冷却分析等。

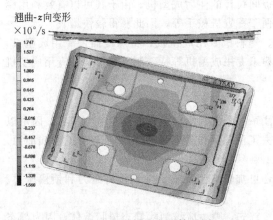

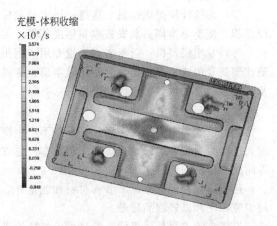

图 5-21 预测制品变形情况图　　　　图 5-22 预测体积收缩率分布

在市场经济条件下，产品的质量与成本已成为企业生存发展的生命线。注射 CAE 技术对加快新产品开发、提高产品质量、降低成本起着关键作用，是支持企业确立竞争优势的强有力的手段。20 世纪 80 年代以来，注射模 CAD/CAE/CAM 技术已从实验室研究阶段进入了实用化阶段，并在生产中取得了明显的经济效益。注射模 CAD/CAE/CAM 技术的发展和推广被公认为 CAD 技术在机械工业中应用的一个典范。20 年来的实践表明，缩短模具设计与制造周期、提高塑料制造精度与性能的正确途径之一是采用 CAD/CAE/CAM 技术。

三、其他注射成型技术的发展

1. 注射成型机

新型注射成型机品种有电动式注射成型机、预塑化柱塞式注射成型机、微型注射成型机、注射压缩成型机、无拉杆注射成型机和各种专用注射成型机等。

（1）全电动式注射成型机　全电动式注射成型机具有节能、低噪、高重复精度、维修方便、可靠性高等优点，符合近年来国际注射机发展的趋势。缺点是：价格相对较高，要求环境清洁，以保证控制电路、电动机等的正常运转。

（2）预塑化柱塞式注射成型机　是指以使熔融树脂的 PVT 特性稳定为目的，在结构上将塑化部分和注射柱塞部分分开的注射成型机。

其特点是：塑化计量机构和注射机构是分开的，树脂的均匀熔融性能比往复式螺杆型优越；往复式螺杆的逆流防止阀的动作是不能控制的，这是造成误差的主要原因，而预柱塞式注射成型机有可控制防止逆流的动作的优点；注射柱塞直径可以任意设计，小的直径可以对应超小制品的精密成型。

（3）微型成型机　微型成型是加工外形尺寸在 1mm 以下，重量精度在 0.0005g（0.5mg）以下，具有必需精密度的微型结构零部件的方法。微型成型采用模具表面瞬时加热和型腔内脱气技术进行成型，模具表面加热采用介电加热，微型结构件的材料可以是塑料、金属和陶瓷等，产品主要用于如医疗用的微型机械零部件和钟表齿轮等。

（4）注射压缩成型机　注射压缩成型是在将熔融树脂充模的过程中，进行压缩，以降低在注射成型中容易产生的分子取向，达到减少制品变形的成型方法。具体的过程是：首先将模具打开一定量，大小即为压缩行程量，再将熔融树脂注入模具型腔，在注射工序的时间内开始进一步合模，最终通过锁模力将尚未固化的型腔中的树脂压缩，制得制品。

其特点是：可以实现小的锁模力、低注射压力的薄壁成型；成型制品内部的内应力减小，应变也小；成型制品的花纹清晰度提高；由于塑料熔体在模具内的流动阻力小，可进行带有表皮制品的整体成型。

（5）无拉杆注射成型机　这是一种无动定模板间拉杆的注射成型机。由于其可以有效利用模板面积、便于更换模具和安装模具辅助部件，也便于配置机械手等，因此获得较快增长。

（6）专用成型机　近年来，光盘专用成型机、塑料卡专用成型机、特殊接插件专用成型机、磁性塑料专用成型机、镁合金专用成型机、金属粉末专用成型机等特殊制品和材料的专用成型机及其技术的开发取得了较大的进展。

2．注射成型模具

热流道模具也称无流道模具，是指不产生浇注系统凝料（水口料）的流道系统模具。因可以省去浇口凝料切除工序，可提高生产效率，也省去了浇注系统凝料的回收，可节省工时和能源，因而受到用户的欢迎。

热流道模具的优点除了节省材料和能量外，还可加快成型周期、降低注射压力和锁模压力、减少废品率和减轻制品质量。

发挥热流道模具效果的关键是设计好热流道。首先，喷嘴应该消除静态树脂熔体，因为静态树脂熔体会发生热降解而影响熔体质量；其次，喷嘴的设计要使塑料每次都能被完全推出，换色只要 3 次即可完成；再次，喷嘴使用铍-铜合金芯和标准加热器，对玻璃纤维增强的材料，喷嘴内部使用导热硬质合金。另外，由于浇口通常通过顶部定位，锁紧螺母固定，可以更换，因此，在生产中只要更换浇口套，即可改变浇口，而不必掉换整个喷嘴。

目前，中国热流道注射成型模不足 5%，不过，随着热流道套件价格的降低、塑料原材料价格的高涨，以及人们对热流道技术优点的不断认识，热流道在我国正进入一个快速发展阶段。

复习思考题

1．什么是注射成型？

2．注射成型机的型号规格是如何表示的？

3．注射成型前的准备工作有哪几项？

4．塑料原料的工艺性能有哪几项？为什么说熔体流动速率是最重要的工艺性能之一？

5．如果料筒中残存 RPVC，现要用 PET 在这台注射机上生产制品，请你阐述换料过程。

6．什么是热处理？热处理的实质是什么？哪些塑料和制品需要进行热处理？如何制订热处理工艺？

7. 什么是调湿处理？哪类制品需进行调湿处理？

8. 注射成型过程包括哪几个阶段？简要说明之。

9. 如何设定料筒温度？

10. 试分析塑料熔体进入模腔后的压力变化。

11. 注射压力的作用有哪些？确定注射压力时应该考虑的因素有哪些？

12. 试分析模具温度对塑料制品某些性能的影响。

13. 如何设定成型周期中各部分的时间？

14. 什么是多级注射？如何实现对注射速度、注射压力、螺杆背压、开合模等工艺参数的控制？

15. 简述下列塑料的注射成型工艺特性：PE、PP、RPVC、PS、ABS、PA、PC、POM、PMMA。

16. 为什么说 PS 是热塑性塑料中最容易成型的品种之一？但在生产中要生产出高透明度的制品还要注意些什么？

17. 简述 POM 在注射成型中的注意事项。

18. 什么叫内应力？内应力的存在与制品质量有何关系？如何分散或减轻内应力？

19. 何为环境应力开裂？产生环境应力开裂的条件有哪些？

20. 注射成型制品的收缩过程可分为哪几个阶段？影响收缩的工艺因素有哪几方面？如何控制注射成型制品的收缩率？

21. 熔接痕是怎样形成的？有哪两种类型？如何提高制品的熔接强度？

22. 什么是制品的外观？常见的外观检验项目有哪些？

23. 试分析注射成型制品出现下列缺陷的原因及解决方法：溢边、银纹、尺寸不稳定、凹陷、翘曲、龟裂、光泽差、烧焦、冷料斑、粘模。

24. 阐述注射吹塑成型原理及工艺流程。

25. 注射吹塑成型的主要工艺参数要如何控制？

26. 阐述注-拉-吹成型原理及工艺流程，注-拉-吹中空制品有什么特点？

27. 注-拉-吹成型一步法和两步法各有什么特点？

28. 什么是多层注坯吹塑？多层注坯吹塑产品有什么特点？

29. 简述热固性塑料注射成型原理及工艺流程。

30. 热固性塑料注射成型对原料有什么要求？

31. 热固性塑料注射成型机有什么特点？

32. 热固性塑料注射模具有什么特点？

33. 热固性塑料注射工艺有什么特点？

34. 试比较热固性塑料注射成型和热塑性塑料注射成型的区别。

35. 简述反应注射成型原理及工艺流程。

36. 反应注射成型有哪些优点？

37. 如何防止反应注射成型中产生气泡？

38. 反应注射成型的产品及模具设计应注意什么？

39. 试列出一个聚氨酯反应注射成型配方以及成型工艺。

40. 有条件、有兴趣的同学，课外学习一款注射 CAE 软件。

第六章 压延成型工艺

【学习目标】

掌握压延成型的工艺流程；掌握影响压延成型操作的工艺因素；掌握影响压延制品质量的各种因素；了解压延成型工艺的发展。

第一节 概　述

压延成型是将熔融塑化的热塑性塑料通过两个以上的平行异向旋转辊筒间隙，使熔料在压延辊隙间受到辊筒挤压、延展拉伸而成为具有一定规格尺寸并符合质量要求的连续片（膜）状制品的成型方法。压延成型与挤出成型、注射成型一起称为热塑性塑料的三大成型方法，主要用于加工各种薄膜、板材、片材、人造革、墙壁纸、地板及复合材料等。塑料压延制品的产量在塑料制品的总产量中约占 1/5，广泛用于农业、工业包装、室内装饰及日用品等各个领域。

压延成型制品是平面连续状的材料制品。压延薄膜与片材之间主要是厚度的差别，一般厚度在 0.25mm 以下平整而柔软的塑料制品称薄膜；而厚度在 0.25～2mm 之间的软质平面材料和厚度在 0.5mm 以下的硬质平面材料则称为片材。

目前适合压延成型的塑料原料主要有聚氯乙烯、聚乙烯、ABS、改性聚苯乙烯、纤维素等，其中以聚氯乙烯最为常见。

压延成型的生产特点是加工能力大，生产速度快，厚度精度高，产品质量好，生产连续。一台普通四辊压延机的加工能力达 5000～10000t/a，生产薄膜时的线速度为 60～100m/min，甚至可达 300m/min。压延产品厚薄均匀，厚度公差可控制在 10% 以内，而且表面平整，若与轧花辊或印刷机械配套还可直接得到各种花纹和图案。此外，压延生产的自动化程度高，先进的压延成型联动装置只需 1～2 人操作。因而压延成型在塑料加工中占有相当重要的地位。

压延成型工艺流程较长，设备比较庞大、投资较高、维修较为复杂、制品宽度受压延机辊筒长度的限制等，因此在生产片材方面不如挤出成型的技术发展快。

第二节 压延成型工艺流程

压延成型工艺过程是由多道工序构成的，不同的产品其工艺路线有所不同，相同产品也存在不同的工艺路线。下面介绍几种典型压延产品的工艺流程。

一、聚氯乙烯薄膜压延成型工艺流程

聚氯乙烯薄膜压延成型时是以聚氯乙烯树脂为主要原料，添加各种助剂，通过压延生产线进行成型。首先是将各种物料按确定的配方进行计量后（部分助剂需要磨成浆料使用），在高温条件下经高速混合机混合均匀，再经过密炼机或挤出机、开炼机混炼、塑化后的物料输送至压延机进行挤压、延展成型，经剥离、压花、冷却定型、牵引、卷取得到成品，如图 6-1 所示。

其工艺流程原理可用图 6-2 所示。

聚氯乙烯薄膜压延工艺流程较长，通常可将其分为前后两个阶段：前阶段是压延前的备料阶段，主要包括所用塑料的配制、塑化和向压延机供料等；后阶段是压延成型的主要阶段，包括压延、牵引、轧花、冷却、卷取、切割等。

备料阶段是对各种原辅材料进行筛选、干燥、储存和输送，并将各种原辅材料按配方比例进

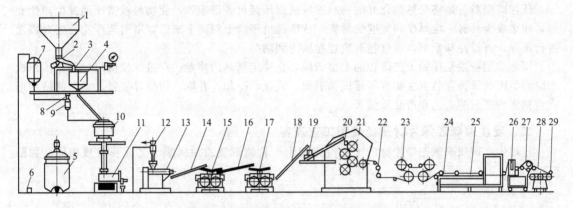

图 6-1 聚氯乙烯薄膜压延成型工艺流程

1—树脂料仓；2—电磁振动加料斗；3—自动磅秤；4—称量计；5—大混合器；6—齿轮泵；7—大混合器中间储槽；
8—传感器；9—电子秤；10—热混合器；11—冷混合器；12—集尘器；13—挤塑机；14,16,18—运输带；
15,17—开炼机；19—金属检测器；20—摆斗；21—四辊压延机；22—冷却导辊；23—冷却辊；
24—运输带；25—运输辊；26—张力装置；27—切割装置；28—卷取装置；29—压力辊

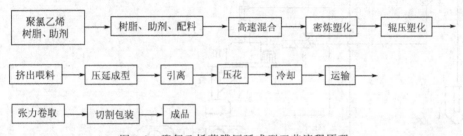

图 6-2 聚氯乙烯薄膜压延成型工艺流程原理

行计量，并充分混合、塑化均匀，为压延成型塑化物料。物料的混合一般采用高速混合，这种混合方法混合效率高，分散性好，可以实现自动操作。通常混合先是在一定温度下进行热混合，使助剂与树脂及各种助剂之间能互相扩散、渗透、吸收、分散均匀，同时还可加快低熔点的固体助剂熔融。然后在冷混合机中进行冷混合，一方面可促使树脂在短时间内充分吸收增塑剂，并与其他助剂进一步混合，同时还可以避免因热混合后由于物料温度高、散热性差而引起树脂的过热分解。

在压延工艺流程中混炼塑化的方式有多种，常用的有密炼机、双辊开炼机或挤出机等塑炼方式。密炼机是一种密闭式的加压塑炼设备，其混炼塑化时间短，塑化质量均匀、稳定，粉尘飞扬少，但由于混炼塑化后物料呈较大的团状或块状，因此一般它需与一台或两台双辊开炼机串联使用，以便进一步均匀塑化物料，并将物料拉成片状，以便向压延机均匀稳定的供料。双辊开炼机是较早的一种开放式的混炼塑化设备，工作时粉尘飞扬大，操作劳动强度大，混炼塑化时间较长，均匀性、稳定性较差，因此一般不单独使用，通常需两台或三台双辊开炼机串联或与密炼机、挤出机一起配合使用。用于混炼塑化的挤出机为混炼型挤出机，与一般成型的挤出机相比，其螺杆的长径比和压缩比要小，一般不设过滤网，混炼塑化快，且均匀性好，可实现连续、自动化的操作。

给压延机供料的供料装置通常有双辊开炼机和挤出机两种形式，前一种将物料经双辊机辊压，切成带状的形式为压延机供料。后一种是将基本塑化好的物料先用挤出机挤成条或带的形状，随后乘热用适当的输送装置均匀连续地供给压延。用于供料的挤出机的长径比和压缩比比混炼型挤出机的还要小，且必须设置过滤网，以清除物料中的杂质和排除气泡。物料在进入压延机之前，必须经过金属检测装置检测，以防止物料中混入的金属杂质进入压延机辊隙而损伤辊筒表面。

压延成型阶段是将受热塑化好的物料连续通过压延机各道辊隙，使物料被挤压而发生塑性变形，使之成为具有一定厚度和宽度的薄膜，从压延机辊筒上剥离下来后，牵引至压花装置对表面进行压花，再经冷却定型，通过卷取装置卷取得到制品。

压延成型阶段是压延工艺流程的主要阶段，它决定制品的质量、产量、规格尺寸等，压延成型阶段所需的设备及装置主要有压延机和引离、轧花、冷却、卷取、切割等装置，它们的结构形式直接影响压延的工艺和产品质量等。

二、硬质聚氯乙烯片材压延成型工艺流程

压延生产硬质聚氯乙烯片材的工艺流程与生产软质聚氯乙烯薄膜工艺流程大致相同，如图6-3所示。

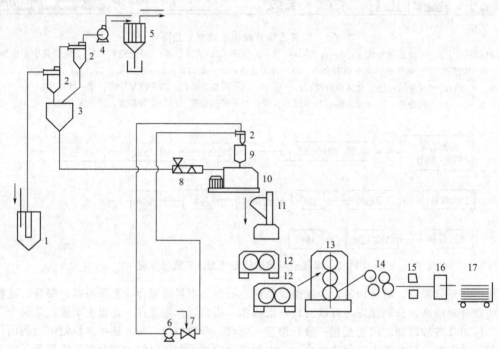

图 6-3 硬质聚氯乙烯片材压延成型工艺流程

1—辅料混合吸附器；2—旋风分离器；3—储罐；4,6—风机；5—布袋过滤器；7—文氏管；8—螺旋加料器；
9—储仓；10—高速混合机；11—密炼机；12—开炼机；13—压延机；14—冷却装置；
15—光电器；16—切割装置；17—片材

压延的片材种类有很多，如有透明、半透明、不透明、本色、彩色等，可用于医药、服装、玩具、食品等的包装。由于不同的片材要求不同，其工艺控制、工艺流程也会有所不同。生产透明片材时，对于物料的塑化要求十分严格，要求干混料能在短时间内达到塑化要求，亦即应尽量缩短混炼时间和降低混炼温度，应避免物料分解而导致制品发黄。采用密炼机和一般挤出机难以达到这样的要求。比较理想的混炼设备是专用双螺杆挤出机或行星式挤出机，它们可在130～140℃的温度下把干混料挤出成初步塑化状物料，然后再经双辊开炼机塑化给压延机供料。

三、压延生产聚氯乙烯人造革工艺流程

聚氯乙烯人造革是一种外观类似皮革，品种繁多，有鲜艳色彩，能耐酸、碱、耐磨损，可洗涤的一种仿皮人造革。可采用压延、涂刮、载体法、层合法等方法生产。压延法生产聚氯乙烯人造革就是先按确定的配方将聚氯乙烯树脂、增塑剂及其各种助剂进行配混，然后将其塑炼成熔料供给压延机，按所需宽度和厚度压延成膜后，立即把它与布基贴合，再经压花、冷却，卷取，即得用布料作衬材的聚氯乙烯人造革。其工艺流程如图6-4所示。

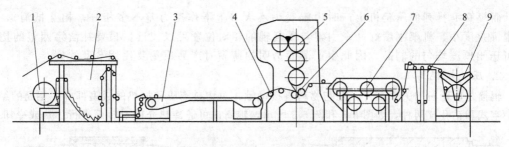

图 6-4　四辊压延人造革生产工艺流程

1—布基开导装置；2—储存箱；3—喂布机；4—干燥辊；5—压延机；6—贴合辊；
7—冷却辊；8—储存机；9—中心卷取机

第三节　压延成型的主要设备与装置

一、压延机

1. 压延成型机的类型

压延成型机是压延成型工艺的核心设备，它的作用是将已塑化好的物料压延成具有一定规格尺寸和符合质量要求的连续片状制品。又称压延机或压延主机，是一种结构较复杂的重型高精度机械，种类繁多，通常可按压延机的功能、用途、辊筒数目和辊筒排列形式等方法对其进行分类，其中按辊筒数目和排列形式分类较为普遍。

根据辊筒数目不同，压延机有双辊、三辊、四辊、五辊甚至六辊。一般辊筒数目越多，压延效果越好，薄膜的厚度均匀，表面光滑，辊筒的转速也可大大提高，如四辊压延机的辊速能达到三辊压延机的 2~8 倍。但辊筒数目越多，压延机的结构越复杂、庞大。

辊筒的排列方式有很多，而且压延机辊筒数目越多排列的方式也越多。常见压延机辊筒的排列形式如表 6-1 所示。

表 6-1　常见压延机辊筒的排列方式

辊筒个数		2	3		4		
辊筒排列方式	类型						
	符号	I	Γ	L	I	Γ	L	S

辊筒排列方式对各辊筒在成型过程中的受力大小有较大的影响，同时也会影响操作和供料的方便等。一般辊筒在成型过程中受力越大，越易变形，使辊隙大小不一致，从而导致制品厚薄不均匀。但实际上没有一种排列方式是尽善尽美的，都有自己的优缺点。例如 S 型与 Γ 型四辊压延机相比具有：①各辊筒互相独立，受力时可以不相互干扰，传动平稳，制品厚度容易调整和控制；②辊筒拆卸方便，易于检修；③物料和辊筒的接触时间短、受热少，不易分解；④操作方便，便于观察存料；⑤便于双面贴胶；⑥厂房高度要求也不高等优点。可是其物料包住辊筒的面积比较小，因此产品的表面光滑程度受到影响，且杂物容易掉入。

而辊筒Γ排列的压延机生产时中辊受力不大（上下作用力差不多相等，相互抵消），因而辊筒挠度小、机架刚度好，牵引辊与压延辊的相对位置可以较近，只要补偿第四辊的挠度就可压出厚度均匀的制品，因此生产薄而透明的薄膜时产品质量要比用S型的好。

2. 压延机辊筒

辊筒是压延机的关键部件，是与物料直接接触并对物料施压和加热的成型部件。辊筒的结构有中空式和钻孔式两种，如图6-5和图6-6所示，辊筒内可通冷热介质对辊筒进行加热或冷却。

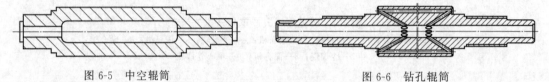

图6-5　中空辊筒　　　　　　　　　　　　　　图6-6　钻孔辊筒

中空式辊筒其结构简单，易加工和维修，成本低，多以蒸汽加热。但辊筒壁较厚，传热面积小，导热效果差，温差较大（辊筒中部温度比两端温度高10～15℃）。钻孔式辊筒传热面积大，冷热介质又由接近辊筒外表面的许多孔道进行高速地加热或冷却，因此辊筒表面对温度的反应快，灵敏度高，温差小。钻孔辊筒在无辅助加热的情况下，可使辊筒工作表面沿轴向全长温差控制在±1℃内。

压延过程中辊筒温度必须严格控制在设定的温度范围内，辊温稳定且沿轴线方向表面辊温一致。辊筒加热冷却系统主要有三种类型：蒸汽加热、水冷却系统；过热水循环加热、冷却系统和导热油循环加热、冷却系统。

（1）蒸汽加热、水冷却系统　这种控温装置结构简单、维修方便，但人工调温操作技术要求高，调温反应滞缓，传热效果较差，辊面温差大，影响制品精度，仅用于中空辊筒。

（2）过热水循环加热、冷却系统　结构如图6-7所示，过热水循环加热、冷却系统常用于钻孔辊筒，其调节温度灵敏，传热效率高，易实现自动控制，但只适用于成型温度在230℃以下的压延成型。

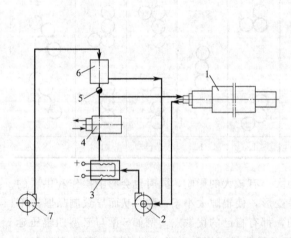

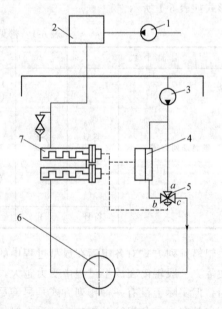

图6-7　过热水循环加热、冷却系统工作原理
1—辊筒；2—热水泵；3—电加热器；
4—冷却器；5—汽水分离器；
6—冷水补充器；7—水泵

图6-8　热油循环加热、冷却系统工作原理
1—补给油泵；2—膨胀油箱；3—输送油泵；
4—冷却器；5—气动三通阀；6—压
延辊筒；7—电加热器

（3）导热油循环加热、冷却系统 其优点是热效率高，温度高，工作压力低，如升温 200℃，其系统油压不超过 0.4MPa，比蒸汽加热可节省能源 30%～40%。结构如图 6-8 所示。

二、引离装置

引离装置又称牵引装置，其作用是将压延成型的薄膜或片材从辊筒上剥离，同时对制品进行一定的牵伸。有单辊和多辊引离装置两种类型，如图 6-9 所示为单辊引离装置。

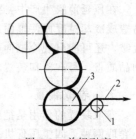

图 6-9 单辊引离
1—引离辊；2—薄膜；
3—压延辊筒

引离辊位于压延机出膜辊的前方，采用中空结构，可通入冷热介质进行温度控制。引离辊的线速度要高于压延机出膜辊的线速度，对薄膜产生一定的拉伸而提高薄膜的强度和产量，但要适中。通常引离辊的线速度要比压延机出膜辊的线速度高出 30%～40%。另外，为避免薄膜受到过度冷却及冷拉伸，引离辊应尽量靠近出膜辊且辊内需要通过加热介质进行加热。

三、压花装置

薄膜表面的修饰，如需要加工出凹凸花纹或压光时，则要设置压花装置。该装置是由一个橡胶辊和一个金属刻花辊或平光辊组成。一般以橡胶辊为驱动辊，金属刻花辊或平光辊为从动辊，驱动辊的速度应可调。为了保证压出的花纹定型且具有良好的表面光泽，两辊内部需通入温度为 20～70℃冷却水并能恒温。压花压力为 0.5～0.8MPa。

四、冷却装置

压延薄膜从剥离压延机辊筒起就开始逐渐降温，但经剥离辊、压花装置后，温度仍然较高，还需专门的冷却装置进行冷却定型。

冷却装置由多个表面镀铬的金属辊筒组成。辊筒的排列形式如表 6-2 所示。冷却辊筒数目的多少由产量、制品厚度、辊筒直径、冷却速率、环境温度等因素决定，一般由 3～12 个辊筒组成，辊筒直径一般为 200～800mm。

表 6-2 冷却辊筒的排列形式

形　式	排列方式	说　明
单面冷却	1—压延制品；2—冷却辊筒；3—导辊	适用于薄制品及单面冷却
单双面冷却	1—压延制品；2—冷却辊筒；3—导辊	先单面冷却定型后双面冷却，适合有花纹的厚制品
双面冷却	1—压延制品；2—冷却辊筒；3—导辊	适用较厚制品

在压延薄膜生产中，要注意控制冷却辊筒的温度和线速度。冷却辊的辊温过低或辊速过小，易造成冷却过度而使辊面产生水珠；反之，辊温过高或辊速过大，则易造成冷却不足使薄膜发黏发皱，还可能出现冷拉伸，造成薄膜的内应力。为防止有些制品骤冷时析出增塑剂等添加剂影响制品质量，可在冷却装置之前设置缓冷装置先行缓冷，如图6-1所示的冷却导辊22。

五、卷取装置

卷取装置的作用是把经冷却定型的薄膜，连续地收卷成捆。卷取的方式有摩擦表面卷取和中心卷取两种。四辊压延机多采用中心卷取，薄膜卷取时，在卷轴速度不变的情况下，随着料卷直径的加大，薄膜的张力也越大，以致使膜卷内松外紧。张力过大，薄膜在存放中会产生应力松弛，以致摊不平或严重收缩；张力过小，膜卷太松，堆放时容易把薄膜压皱。为了使用前薄膜保持合适的张力，且前后一致，一般需增设张力控制装置以控制卷取过程中张力稳定，防止出现膜卷内松外紧的现象。

第四节　压延成型工艺控制

一、软质聚氯乙烯压延制品成型工艺控制

软质聚氯乙烯压延制品生产工艺流程有多种类型，由于生产用原料配方的不同，采用的生产工艺路线也不同，这样会使每个工序中的操作工艺条件都有一定的调整变化。压延制品的质量与压延前原料准备、混炼预塑化工序的操作条件及预塑化混炼质量有关，但最主要的还是压延机压延成型的工艺控制条件，它是保证产品质量的关键。压延机压延成型的工艺控制条件主要有辊筒温度、辊筒转速、辊筒间的速比、辊距及两辊间的存料量等。

1. 辊筒温度

辊筒温度是保证塑料塑化的一个主要因素，辊筒温度的热量来源主要来源于辊体内的加热介质的热量传递。另一方面是来自于辊筒对塑料的压延摩擦和物料间剪切摩擦作用产生的热量。因此压延时辊筒的温度控制与物料的性质、辊筒的转速有关，物料黏度大、辊筒转速高时，产生的摩擦热多。

在压延时由于物料常黏附于温度高、速度快的辊筒上，因此为了能使物料依次贴合辊筒，避免夹入空气而使制品出现泡孔，各辊筒的温度一般是依次增高，即Ⅱ辊大于Ⅰ辊，Ⅲ辊大于或等于Ⅱ辊，但Ⅲ辊、Ⅳ辊的辊温一般相近，这样有利于引离。辊筒之间的温差一般控制在5～10℃。

2. 辊筒转速

辊筒转速的快慢对压延物料压延时的剪切、延伸作用产生影响，而影响物料间因摩擦产生的热量，导致辊温的变化。辊筒转速的控制要根据物料的性质和制品的厚度来决定。根据经验，一般软质聚氯乙烯辊筒的速度范围控制在10～100m/min。

在压延过程中，辊筒转速的控制应注意其与辊筒温度的相互影响。在正常生产的情况下，提高辊筒转速则需要降低辊温，因为此时辊筒转速增大，摩擦剪切增加，会使物料的温度上升，否则将易导致因物料温度过高而引起包辊甚至物料过热分解等。反之，如果降低辊速则应适当提高辊温，以补充因摩擦热减少而导致辊筒温度过低，物料塑化不良，从而使制品表面粗糙、有气泡甚至出现孔洞。四辊压延机生产聚氯乙烯薄膜时常用的辊速和辊温参考范围如表6-3所示。

表6-3　四辊压延机生产聚氯乙烯薄膜时常用的辊速和辊温参考范围

项　　目	Ⅰ辊	Ⅱ辊	Ⅲ辊	Ⅳ辊	引离辊	冷却辊	运输辊
辊速/(m/min)	42	53	60	50.5	78	90	86
辊温/℃	165	170	170～175	170			

3. 辊筒速比

压延机相邻两辊筒线速度之比称为辊筒的速比。压延成型时通常使辊筒间有一定的速比，其目的一方面是使物料能顺利贴附于快速辊筒上，另一方面是相邻两辊筒间存在速度差，可增加对物料的剪切、延展作用，改善物料的塑化质量以提高最终产品的质量。

辊筒的速比与辊筒转速和制品厚度有关。压延时辊筒速比要控制适当，过大易出现包辊现象，过小则会出现物料不易吸辊，以致带入空气使制品产生气泡。速比大小的调节以不出现包辊、吸辊为标准。

四辊压延机一般以Ⅲ辊的线速度为标准，其他三只辊筒都对Ⅲ辊维持一定的速度差，Ⅲ辊又称为基准辊，即作为确定速比关系、调节辊筒工作位置等的基准。四辊压延生产不同厚度薄膜常见辊筒速比范围如表6-4所示。

表 6-4 四辊压延生产不同厚度薄膜常见辊筒速比范围

薄膜厚度/mm		0.1	0.23	0.14	0.50
Ⅲ辊速/(m/min)		45	35	50	18~24
速比	$V_Ⅱ/V_Ⅰ$	1.19~1.20	1.21~1.22	1.20~1.26	1.06~1.23
	$V_Ⅲ/V_Ⅱ$	1.18~1.19	1.16~1.18	1.14~1.16	1.20~1.23
	$V_Ⅳ/V_Ⅲ$	1.20~1.22	1.20~1.22	1.16~1.21	1.24~1.26

值得注意的是，在压延过程中压延各辊筒之间存在速比，辅机各转辊筒之间也应有一定的速比，以使压延制品得到一定的拉伸和取向，从而减小制品的厚度，提高制品的质量。一般引离辊、冷却辊、卷取辊的线速度是依次增加，并都大于压延机主辊筒（如四辊压延机中的Ⅲ辊）的线速度，但不能太大，否则将会影响制品厚度的均匀性，同时还会导致出现冷拉伸而使制品的内应力增加。

由于压延辊筒速比的存在，压延过程中会产生压延效应。所谓压延效应，是指在压延片（膜）过程中，有时会出现一种纵、横方向物理机械性能差异的现象，即沿着压延方向的拉伸强度、伸长率、收缩率大，垂直于压延方向的拉伸强度小、伸长率小、收缩率小。这种纵横方向性能差异的现象就称为压延效应。产生这种现象的原因主要是由于高分子及针状或片状的填料粒子，经压延后产生了取向排列。

由于针状（如碳酸钙）和片状（如陶土、滑石粉）填料粒子是各向异性的，由它们所引起的压延效应一般都难以消除，所以对这种原因导致的压延效应特称为粒子效应，其解决办法是避免使用这类填料。

由高分子链取向产生的压延效应，则是因为分子链取向后不易恢复到原来的自由状态。因此，可以采用提高温度、增加分子链的活动能量的办法来加以解决。

对于压延效应，从加工角度来考虑，应尽可能消除，否则会造成制品的变形（纵横向收缩不一致），给操作带来困难。但从制品的角度来考虑，有些制品要求纵向强度高则要加以利用，有些制品需要强度分布均匀，则要尽量消除。

4. 辊距及辊隙存料

相邻压延辊筒表面之间的距离称为辊距或辊隙。辊距的大小决定压延产品厚度及物料受剪切作用的大小，通常辊距越大，产品厚度越大。而物料压延时受剪切作用的大小则是与辊隙成反比，有利于形成致密且表面平滑致密的产品。

通常压延辊筒的辊距除最后一道与产品厚度大致相同外，其他各道辊距都大于这一道辊距值，而且按压延辊筒的排列次序自下而上逐渐增大，即第二道辊距大于第三道，第一道大于第二道，这样可以使辊隙间留有少量存料。辊隙存料对压延成型非常重要，它能对压延起储备、补充物料和进一步塑化物料的作用，并且使物料在进入辊隙时有一定的松弛时间。

压延成型时，辊隙存料一定要控制适当，辊隙存料的多少和存料的旋转状况均能直接影响产品的质量。存料过多，薄膜表面毛糙和出现云纹，并容易产生气泡。此外，存料过多时对设备也不利，因为增大了辊筒的负荷；存料太少，常因挤压力不足而造成薄膜表面毛糙，还可能引起边料的断裂，以致不易牵至压延机上再用。存料旋转不佳，会使产品横向厚度不均匀、薄膜有气泡、硬片有冷疤。存料旋转不佳的原因在于料温太低、辊温太低或辊距调节不当。基于上述分析，可以得知辊隙存料是压延操作中需要经常观察和调节的重要环节，常用较合适的存料量如表6-5所示，以供参考。

表 6-5 辊隙存料量参考

制 品	Ⅱ/Ⅲ辊存料量	Ⅲ/Ⅳ辊存料量
0.10mm 厚农用薄膜	直径 7～10mm，呈铅笔状旋转	直径 5～8mm，旋转时流动性好
0.23mm 厚普通薄膜	直径 12～16mm，呈铅笔状旋转	直径 10～14mm，旋转向两边流动

二、硬质聚氯乙烯压延制品生产工艺控制

硬质聚氯乙烯压延硬制品一般选用 SG-7 型树脂，配方中不含或含有少量增塑剂，主要产品有普通级和无毒级聚氯乙烯全透明、半透明以及彩色不透明片材。物料较软质制品难以塑化些，压延成型时通常采用Γ型和L型四辊压延机，生产透明硬片时多采用L型四辊压延机。其生产工艺控制与软质聚氯乙烯压延制品基本相似，但生产透明片材时，对干混料的塑料要求更加严格，应特别注意避免物料分解而导致制品发黄，这就要求干混料能在短时间内达到塑化要求，即采用尽量短的混炼时间和降低混炼温度，一般采用专用双螺杆挤出机或行星式挤出机来完成物料的塑化比较理想。压延生产工艺条件也是辊筒温度、转速、辊筒速比、辊间存料量、辊距等。生产聚氯乙烯硬片的主要工艺控制条件如表6-6所示。

表 6-6 四辊压延机生产聚氯乙烯硬片的主要工艺控制条件

项 目	Ⅰ辊	Ⅱ辊	Ⅲ辊	Ⅳ辊	引离辊	牵引辊	冷却辊
辊速/(m/min)	18	23.5	26	22.5	19	22	22～24
辊温/℃	175	185	175	180	125～135	80	75～36
0.50mm 厚硬片存料量	Ⅰ/Ⅱ辊直径 10～20mm，Ⅱ/Ⅲ辊直径 8～15mm，呈铅笔状旋转			Ⅲ/Ⅳ辊直径 6～10mm，旋转良好			

第五节 影响压延制品质量的因素

影响压延制品质量的因素很多，一般说来，可以归纳为四方面，即压延机的操作因素、原材料因素、设备因素和辅助过程中的各种因素。所有因素对压延各种塑料的影响都相同，但以压延软质聚氯乙烯最为复杂，这里即以该种塑料制品为例，说明各因素的影响。

一、工艺操作因素

1. 供料的混合与塑炼

为了使塑料各组分分散和塑化均匀，满足压延成型的要求，在成型前要对原料进行混合与塑炼，特别是聚氯乙烯塑料中的添加剂比较多，所以混合过程尤为重要，分散不均匀，易导致制品出现鱼眼、斑痕，物理机械性能降低等。

塑炼过程中必须严格控制塑炼温度和塑炼时间，若温度过高、时间过长，则会使过多的增塑剂散失以及树脂降解。塑炼温度过低会使塑炼时间延长，造成不粘辊和塑化不均匀，同时也会降低制品的物理机械性能。一般塑炼的温度依物料及配方而不同，一般软质聚氯乙烯制品约为165～170℃，硬质制品约为 170～180℃。

2. 压延机工艺操作因素

压延产品是精度和质量要求都很高的产品，在压延过程中必须按操作规程进行操作，按操作要求调整各工艺参数，否则会影响到压延过程的顺利进行及最终产品的质量。

压延机虽有多种形式，但其操作方法基本相同。在启动压延机之前，首先要加热油箱内的润滑油和检查压延机辊隙。当油温达到 50～60℃ 时即可停止加热，开启进油阀对压延机轴承进行正常润滑。辊筒的升温要在转动的情况下进行，升温速度通常为 10℃/min。

在辊筒升温过程中，应经常检查加热系统和测量辊筒表面温度，同时做好以下准备工作：①投料前半小时对引离辊筒加热（蒸汽压力一般为 0.7～0.8MPa）；②检查冷却辊筒和轧花装置的冷却水是否达到预定要求；③按照产品的宽度要求装好切边刀；④调节投料挡板的距离。

辊筒上料，并调整压延机辊距使其接近要求间隙。下面以斜 Z 型四辊压延机为例，说明投料后对辊隙进行调整的过程。

在 Ⅰ、Ⅱ 辊之间投入物料以后，先让物料包覆在 Ⅰ 辊上，然后使 Ⅰ 辊向 Ⅱ 辊靠拢。这时可用竹刀来回切割物料，观察包覆在 Ⅰ 辊上的物料厚度是否均匀。当包在 Ⅰ 辊上的物料成为起脱壳的条状时，即可停止收紧辊隙。在调节的过程中，若两端间隙有差异，原则上是先把间隙小的一端放松，待两端基本一致后再同步收紧。Ⅰ、Ⅱ 辊的辊隙调妥后，用竹刀把物料切下并包覆在 Ⅲ 辊上。这时即调节 Ⅱ 辊向 Ⅲ 辊靠拢，直至包覆在 Ⅲ 辊上的物料两端厚薄均匀（厚度约 1～0.75mm）。最后使 Ⅳ 辊向 Ⅲ 辊靠拢。不断地观察辊筒两端存料是否均匀，用竹刀来回划动，必要时可割下两边薄膜，测量其厚度是否接近制品要求。调整最后辊隙存料至手指般粗细的铅笔状。

将物料从压延机引出，再进一步调节辊隙和存料，使制品达到指定的厚度要求。在制品厚度达到要求后，再按要求调整压延速度。如果转速很快，还要重新调整辊筒温度，否则会由于温度突然升高而造成粘辊断料事故。

压延机停车时，应在辊隙还有少量物料的情况下逐步松开每一对辊隙。辊筒间隙调至 0.75mm 左右，清除存料。这样可以确保压延机的安全。

压延机操作过程中主要控制的工艺因素有辊温、辊速、辊筒速比、存料量、辊距等，它们是互相联系又互相制约的，要根据不同的物料配方和不同的制品要求来确定，参见本章第三节内容。在压延过程中，这些参数必须控制稳定，否则会影响制品质量。如当辊速发生变化时，物料在压延时所受的剪切、延展作用也会发生变化，物料间的摩擦热也会发生变化，物料的温度发生改变，从而影响物料的塑化，影响产品的质量。

3. 引离辊、冷却辊及卷取辊转速的调整

为了使压延过程能顺利进行，引离辊、冷却辊和卷取辊的转速一定要与压延机辊筒的转速相匹配，协调一致。

在正常工作时，一般引离辊的转速与辊筒（四辊压延机的 Ⅲ 辊筒）转速的比值是 1.3：1 左右。若引离辊的转速过慢则会出现包辊现象，若引离辊转速过快则易出现脱辊膜拉伸现象。

冷却辊的转速要比引离辊稍快一些，并且按制品的运行路线冷却辊中的各辊应按顺序一个比一个稍快，冷却辊转速的调整是以制品不出现较大的内应力和较大的收缩率及不易出现冷拉伸现象为准。通常冷却辊的线速度比前面的轧花辊快 20%～30%。对于硬质聚氯乙烯透明片，牵引速度不能太大，通常比压延机线速度快 15% 左右。

卷取辊的转速比冷却辊的转速还要略高，卷取时还要保持恒定的张力，要密切注意卷取的松紧程度，如果膜卷松，说明张力小，制品长时间放置后容易出起皱；如果过紧，张力过大，制品出现冷拉伸，导致制品出现放卷后很难摊平。

二、原材料因素

1. 树脂

一般说来，使用相对分子质量较高和相对分子质量分布较窄的树脂，可以得到物理机械性

能、热稳定性和表面均匀性好的制品。但是这会增加压延温度和设备的负荷，对生产较薄的膜更为不利。所以在压延制品的配方设计中，应权衡利弊，采用适当的树脂。

树脂中的灰分、水分和挥发物含量都不能过高。灰分过高会降低薄膜的透明度，而水分和挥发物过高则会使制品带有气泡。

2. 其他组分

塑料配方中对压延影响较大的其他组分是增塑剂和稳定剂。增塑剂含量越多，物料黏度就越低，因此，在不改变压延机负荷的情况下，可以提高辊筒转速或降低压延温度。

采用不适当的稳定剂常会使压延机辊筒（包括压花辊）表面蒙上一层蜡状物质，使薄膜表面不光、生产中发生物料粘辊或在更换产品时发生产品污染现象。压延温度越高，这种现象越严重。出现蜡状物质的原因在于所用稳定剂与树脂的相容性较差而且其分子极性基团的正电性较高，以致压延时被挤出而包围在辊筒表面形成蜡状层。颜料、润滑剂及螯合剂等原料也有形成蜡状层的可能，但发生这种现象的程度要低些。

避免形成蜡状层的方法有：①选用适当的稳定剂。一般说来，稳定剂分子中极性基团的正电性越高时，越易形成蜡状层。例如钡皂比镉皂和锌皂析出严重，因为钡的正电性高，镉较小，锌更小，所以压延配方应控制钡皂的用量。此外，最好少用或不用月桂酸盐而用液态稳定剂，如乙基己酸盐和环烷酸盐等。②掺入吸收金属皂类更强的填料，如含水氧化铝等。③加入酸性润滑剂，如硬脂酸等。酸性润滑剂对金属具有更强的亲和力，可以先占领辊筒表面并对稳定剂起润滑作用，因而能避免稳定剂黏附于辊筒表面。但是硬脂酸用量不能太多，否则易从薄膜中析出。

三、设备因素

压延产品质量的一个突出问题是横向厚度不均，通常是中间和两端厚而近中区两边薄，俗称"三高两低"现象。这种现象主要是辊筒的弹性变形和辊筒两端温度偏低引起的。

1. 辊筒的弹性变形

压延机工作时对物料进行挤压延展，反过来物料也会对辊筒产生反作用力，而使相邻的两个辊筒有分开的趋势，这种企图将辊筒分开的力称为分离力，实测或计算都证明压延时辊筒受到很大的分离力，因而两端支承在轴承上的辊筒就如承受载荷的梁一样，会发生弯曲变形。变形最大处是辊筒横向的正中间，向辊筒两端逐渐展开并减少，这就导致压延产品的横向断面呈现中厚边薄的现象，如图 6-10 所示。这样的薄膜在卷取时，中间张力必然高于两边，以致放卷时就出现不平的现象。辊筒长径比越大，弹性变形也越大。

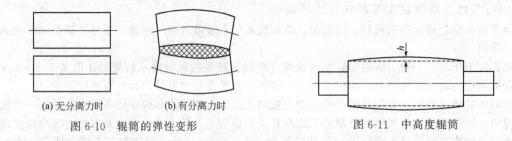

(a) 无分离力时	(b) 有分离力时	
图 6-10　辊筒的弹性变形		图 6-11　中高度辊筒

为了克服这一现象，除了从辊筒材料及增强结构等方面着手提高其刚度外，生产中还采用中高度、轴交叉和预应力等措施进行校正。三种措施有时在一台设备是联用的，因为任何一种措施都有其限制性，联用的目的就是相互补偿。

（1）中高度　这一措施是将辊筒的工作面磨成腰鼓形，如图 6-11 所示。辊筒中部凸出的高度 h 称为中高度或凹凸系数，其值很小，一般只有百分之几到十分之几毫米（表 6-7）。产品偏薄或物料黏度偏大所需要的中高度偏高。基于这种理由，既定中高度的辊筒所生产的薄膜，在选用的原料和制品的厚度上，均应固定，最多亦只能对原料（主要是流变性能）和厚度两者的限制略为放宽，否则厚度公差就会增大，以至达不到产品质量的要求。

表 6-7　SY-4S1800 型压延机各辊筒的中高度值

辊　　筒	Ⅰ辊	Ⅱ辊	Ⅲ辊	Ⅳ辊
中高度值 h/mm	0.06	0.02	0	0.04

（2）轴交叉　压延机相邻两辊筒的轴线一般都是在同一平面上相互平行的。在没有负荷下可以使其间隙保持均匀一致。如果将其中一个辊筒的轴线在水平面上稍微偏动一个角度时（轴线仍不相交），则在辊筒中心间隙不变的情况下增大了两端的间隙，如图 6-12 所示。

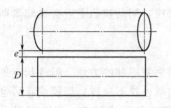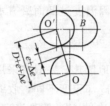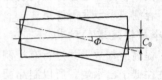

图 6-12　辊筒轴交叉

轴交叉造成的间隙弯曲形状和因分离力所引起的间隙弯曲并非完全一致，当用轴交叉方法将辊筒中心和两端调整到符合要求时，在其两侧的近中区部分却出现了偏差，也就是轴交叉产生的弧度超过了因分离力所引起的弯曲，致使产品在这里偏薄。轴交叉角度越大，这种现象越严重。不过在生产较厚制品时，这一缺点并不突出。

轴交叉法通常都用于最后一个辊筒，而且常与中高度结合使用。轴交叉的优点是可以随产品规格、品种不同而调节，从而扩大了压延机的加工范围。轴交叉角度通常由两只电动机经传动机构对两端的轴承壳施加外力来调整，两只电动机应当绝对同步。轴交叉的角度一般均限制在 2°以内。

（3）预应力　这种方法是在辊筒轴承的两侧设一辅助轴承，用液压或弹簧通过辅助轴承对辊筒施加应力，使辊筒预先产生弹性变形，如图 6-13 所示，其方向正好与分离力所引起的变形方向相反。这样，在压延过程中辊筒所受的两种变形便可互相抵消。所以这种装置也称为辊筒反弯曲装置。

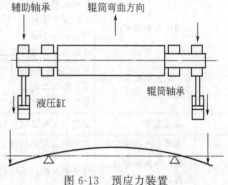

图 6-13　预应力装置

预应力装置可以对辊筒的两个不同方向进行调节。当压延制品中间薄两边厚时，也可以用此装置予以校正。这种方法不仅可以使辊筒弧度有较大变化范围并使弧度的外形接近实际要求，而且比较容易控制。但是，如果完全依靠这种方法来调整，则需几十吨甚至几百吨的力。由于辊筒受有两种变形的力，这就大大增加了辊筒轴承的负荷，降低了轴承的使用寿命。在实际使用中，预应力只能用到需要量的百分之几十，因而预应力一般也不作为唯一的校正方法。

采用预应力装置还可以保证辊筒始终处于工作位置（通常称为"零间隙"位置），以克服压延过程中辊筒的浮动现象。辊筒的浮动现象是由辊筒轴颈和轴瓦之间的间隙引起的。其所以需要留有一定的间隙是为了确保轴颈和轴瓦之间的相对转动和润滑，这也是通常压延机采用滑动轴承的理由。不过在这种情况下，辊筒在变动的载荷下转动时轴颈能在间隙范围内移动，产品厚度的均匀性必然受到影响。

2. 辊筒表面温度的变动

在压延机辊筒上，两端温度常比中间的低。其原因一方面是轴承的润滑油带走了热量；另一方面是辊筒不断向机架传热。辊筒表面温度不均匀，必然导致整个辊筒热膨胀的不均匀，这就造成产品两端厚的现象。

为了克服辊筒表面的温差，虽可在温度低的部位采用红外线或其他方法作补偿加热，或者在辊筒两边近中区采用风管冷却，但这样又会造成产品内在质量的不均。因此，保证产品横向厚度均匀的关键仍在于中高度、轴交叉和预应力装置的合理设计、制造和使用。

四、冷却定型阶段因素

1. 冷却温度

制品在卷取时应冷却至 20～25℃左右。若冷却不足，薄膜会发黏，成卷后起皱和摊不平，收缩率也大；若冷却过分，辊筒表面会因温度过低而凝有水珠，制品被沾上后会在储藏期间发霉或起霜，春潮湿季节尤需注意。

2. 冷却辊流道的结构

为了提高冷却效果并进行有控制性地散热，一般都采用强制冷却的方法。但冷却辊进水端辊面温度往往低于出水端。所以制品两端冷却程度不同，收缩率也就不一样，薄膜成卷后也会起皱和摊不平，硬片则会产生单边翘曲。解决的方法是改进冷却辊的流道结构，使冷却辊表面温度均匀。

五、压延生产中出现的不正常现象产生原因及解决办法

软质聚氯乙烯薄膜压延生产中出现的不正常现象、产生原因及解决办法，如表6-8所示。

表6-8　软质聚氯乙烯薄膜压延生产中出现的不正常现象、产生原因及解决办法

序号	不正常现象	产生原因	解决办法
1	薄膜表面有气泡	存料旋转不佳 压延温度太高 物料包辊不佳 Ⅲ辊与Ⅳ辊之间速比太小	改善存料旋转状态 适当降低压延温度 改善物料的塑化 增大Ⅲ辊与Ⅳ辊之间速比
2	产品透明度不好，有云纹状	Ⅱ辊、Ⅲ辊之间存料太多 压延温度太低 Ⅲ辊与Ⅳ辊之间速比太大	减少Ⅱ辊、Ⅲ辊之间存料 提高压延温度 减小Ⅲ辊与Ⅳ辊之间速比
3	表面起皱	Ⅲ辊与Ⅳ辊之间存料太少	增大辊隙，增加存料量
4	表面有喷霜现象	配方中润滑剂用量过多或不当	调整配方，选择合适的润滑剂
5	横向厚度误差大，三高两低频繁	辊筒表面温度不均匀，轴交叉太大	用辅助加热，补充加热，调整轴交叉
6	高低不平，呈波浪形	冷却不均匀，温差太大	改善冷却，降低冷却速度，进行缓冷
7	表面毛糙，不平整、易脆裂	压延温度低 塑化不均匀 冷却速度太快	提高压延温度 改善物料塑化的均匀性 降低冷却速度
8	有冷疤与孔洞	温度太低 塑化不良，存料过多 存料旋转不佳	提高温度 加强塑化，调整存料 改善存料旋转状态
9	泛色、脱层或色泽发花	料温低 料入冷料 压延温度过高	提高料温 加强塑炼 降低压延温度
10	焦粒与杂质	设备不洁 物料停留时间过长，发生分解 混入杂质	清理设备 改善物料混炼条件 防止杂质混入
11	力学性能差	压延温度低 操作原因导致塑化不良	提高压延温度 加强混炼塑化

续表

序号	不正常现象	产生原因	解决办法
12	薄膜发黏,手感不好	增塑剂用量过多 增塑剂选用不当 冷却不够	调整增塑剂的用量 选用适当的增塑剂 提高冷却效果
13	色差	称量不准 混炼不均匀 着色剂耐热性差 压延温度不稳定	准确计量 加强混炼 选用耐热性好的着色剂 稳定压延温度
14	卷取不良	后联装置与主机速度调节不当 张力太小或不稳定 薄膜横向厚度不均匀	调整速度 调整卷取张力 提高薄膜横向厚度的均匀性
15	放卷后摊不平	后联装置与主机速度调节不当,拉伸过大 冷却不够 冷却辊面温度不均匀 卷取时张力不当 薄膜横向厚度不均匀	调整速度,减小拉伸 提高冷却速度 改善辊面温度的均匀性 调整卷取张力 提高薄膜横向厚度的均匀性
16	收缩率大	后联装置与主机速度调节不当,拉伸过大 冷却不够 卷取时张力过大 压延温度低	调整速度,减小拉伸 提高冷却速度,充分冷却 调整卷取张力 提高压延温度
17	膜面有蜡状物或粉状物析出	配方中助剂与树脂相容性差 引离辊温度低	调整配方 提高温度
18	花纹不清晰	压花辊压力不足 冷却不够	加大压花辊的压力 充分冷却
19	有白点	稳定剂、填充剂或其他助剂分散不良	调整助剂用量,加强混合作用
20	有硬粒	树脂分子量分布不均匀 增塑剂预热温度太高 投料太快	选用分子量分布均匀的树脂 降低预热温度 改进投料方法

硬质聚氯乙烯片材压延生产中出现的不正常现象、产生原因及解决办法,如表6-9所示。

表6-9 硬质聚氯乙烯片材压延生产中出现的不正常现象、产生原因及解决办法

不正常现象	产生原因	解决办法
表面有气泡	塑化时间太长 压延温度太高	减少物料的塑化时间 适当降低压延温度
片子单边挠曲	冷却辊两端温差太大	提高冷却辊温度均匀性
表面有析出现象	配方中润滑剂用量过多或不当	调整配方,选择合适的润滑剂
横向厚度不均匀	辊筒表面温度不均匀 轴交叉太大	调整辊筒表面温度 调整轴交叉
产品表面有人字形纹	辊筒转速太快 压延温度太高	降低转速 降低压延温度
表面粗糙	塑化不良 存料太少 压延速比太小,造成脱辊	加强塑化 增加存料 调整压延速比
片子变色	压延温度太高 稳定剂配合不当或选用不当	降低压延温度 调整稳定系统
有冷疤与孔洞	压延温度太低 供料中有冷料,存料太少 存料太多,旋转不佳	提高压延温度 调整合理存料 改善存料旋转状态

续表

不正常现象	产生原因	解决办法
料片上有焦粒	物料停留时间过长,发生分解 料温或辊温太高	减少停留时间 降低料温和辊温
强度差	塑化不良 填料过多,分散不均匀 树脂相对分子质量太低	加强混炼塑化 减少填料,提高分散均匀性 选择合适的树脂
机械杂质	原料杂质过多 生产中混入杂质 设备清洗不良 回料中带入杂质	加强原料检查,增加过滤 加强环境卫生 注意设备清洁 加回料时注意清洁
色差	称量不准 混炼不均匀 着色剂耐热性差 压延温度不稳定	准确计量 加强混炼 选用耐热性好的着色剂 稳定压延温度
有黑白点	稳定剂、填充剂或其他助剂分散不良	调整助剂用量,加强混合作用
纵、横强度相差大	压延操作拉伸过大	调整后联装置与主机的速度

第六节　压延成型技术的发展

　　随着塑料工业的迅速发展,压延成型技术及设备也在不断改进和发展,压延成型正向着大型化、机械化、自动化以及拉伸扩幅等方向发展,压延制品在高质量、高产量、多样化和功能化等方面都有显著提高,压延成型用的原材料也有很大的发展。

一、原料的进展

　　聚氯乙烯树脂虽然已有几十年的生产历史,但近年来仍有新的发展,市场出现不少新的产品。这些新产品的共同特点是质量均匀,对提高压延薄膜很有利。二步本体聚合法聚氯乙烯树脂的应用有所扩大,这种原料具有特殊的颗粒结构形态,吸收增塑剂的性能很好,特别适用于制造软质透明薄膜。氯乙烯与乙烯或丙烯的共聚树脂在生产硬质制品时,可降低加工温度,热稳定性也较好。用作冷冻食品包装的聚氯乙烯硬质片材要求有较高的韧性,以往的办法是掺加氯化聚乙烯或 ABS 树脂,但制品的透明度受影响。目前用于生产透明聚氯乙烯薄膜和硬质片材的改性剂,如 MBS 树脂和聚丙烯酸酯树脂(ACR)已日益增多。

　　为了满足高速压延的要求,出现了一些新的稳定剂,例如含镉量较高的镉钡稳定剂,热稳定作用非常好。液体镉钡稳定剂析出少,特别适用于压延加工。适用于透明食品、医用硬质聚氯乙烯片材生产的多种有机锡类稳定剂也有很大的发展。近年来还开发了一定数量的压延加工专用润滑剂,如属于低相对分子质量聚乙烯的 PE 蜡等。

二、压延机的大型、高速、精密、自动化

　　压延机的大型化主要表现在压延机辊筒直径和数量的增加。例如初期压延机都为三辊,其规格大小是 350mm×1000mm 或 450mm×1250mm,而目前使用的压延机大多是直径为 600mm 以上的四辊压延机,大型压延机可达 1000mm×3300mm 或 1200mm×2740mm。

　　压延机的大型化可使产量大幅度提高。例如辊筒直径为 450mm 与 600mm 的压延机相比,后者辊筒直径增加 0.3 倍,但在相同转速下产量可提高 0.7 倍。不管从投资或维持费用来说,大型化都是有利的。如果生产速度相同,大型压延机转速可降低,对生产控制有利。此外,辊筒直径加大后还可以使辊筒的挠曲度减小,使制品的横向厚度均匀性得到提高。增大辊筒直径的另一

目的是加大辊筒的长度，以制造宽度较大的薄膜。

目前一般压延机的加工速度已达 80～100m/min，最大可达 300m/min。压延精度可达 ±0.0025mm。20 世纪 70 年代中期开始在压延生产过程中应用计算机控制，通过制品面积重量测定对生产中的制品厚度进行自动反馈与控制，使压延生产的自动化得到重大推进。计算机控制的自动化生产装置可在荧光屏上连续显示薄膜外形图像和各个辊隙的图形，通过测量仪表测得由辊筒负荷所产生的轴承力，并将它反馈给计算机系统，与规定的参数相对比较，自动控制系统即会对轴交叉等装置的参数作相应调整，从而精确地控制整个生产过程。

三、冷却装置的改进

随着压延速度的不断提高，制品的冷却已成为生产控制的关键，它对制品的性能，特别是收缩性能，影响很大。

冷却装置过去大多采用直径为 400～600mm 的辊筒，数量约 4 个，辊筒之间有较大距离，有时还在大冷却辊之间设置小冷却辊。目前的冷却辊筒特点是"小、多、近"：直径为 60～120mm，数量有 9 个以上，它们分组控温、分组驱动，辊筒之间距离仅约 2mm。冷却装置这样改进以后，因为辊筒直径小，有较好的传热效果，并且有利于消除高速运转时夹在薄膜与辊筒之间的空气。压延制品在不同温度下缓慢冷却，内应力减少，使收缩率降低。此外，由于前面几个冷却辊筒温度较高，有利于去除薄膜表面的挥发物质，因而制品手感爽滑，同时还可避免薄膜黏附在辊筒表面。

生产硬质聚氯乙烯片材时，冷却辊筒直径可以更小些，但数量要增加。

四、异径辊筒压延机

在异径辊筒压延机中，至少有一个辊筒的直径与其他辊筒不同（图 6-14）。采用异径辊筒后，压延机的分离力和驱动扭矩减少，因而具有节能、高速和提高制品精度的优点。

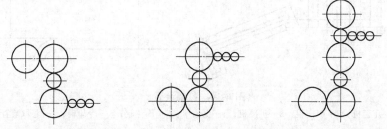

(a) 适用于加工软聚氯乙烯薄膜　(b) 适用于加工硬聚氯乙烯薄膜　(b) 适用于加工极薄的拉伸薄膜

图 6-14　不同形式的异径辊筒压延机

当辊筒直径增大时，对两个等径辊筒来说，进料角度就会减小。若要维持存料高度不变，就要增加钳住区面积。采用异径辊筒就可以避免这种现象。例如两个直径为 550mm 的等径辊筒，进料角度为 21.7°，若把其中一个辊筒的直径减为 350 mm，进料角度就增大到 25.7°。如果要求存料高度为 10mm，那么存料区的横截面积就从前者的 211mm^2 降为后者的 147mm^2，存料量可减少 30%。由于存料量减少，不但降低了压延机的驱动功率，而且空气也不易为物料包覆，这当然对提高制品质量有利。只要小径辊与上、下两大辊之间的辊隙和存料量基本相同，那么上、下两大辊对小辊的作用力便可抵消，因而小辊的挠度很小，制品厚度公差可控制到 ±0.0025mm。此外，大辊与小辊之间摩擦热减少，可缩短制品的冷却时间，因而生产速度可以提高。

五、拉伸扩幅

如果在压延机后配备一台扩幅机，就可利用较小规格的压延机生产宽幅软质薄膜。这对节约设备投资、减少动力消耗及利用现有的中、小型压延机生产较宽幅制品有一定意义。

扩幅装置是设置在轧花辊以前左右两边的环形皮带由前后两个张紧皮带轮支承，如图 6-15

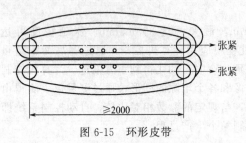

张紧

张紧

≥2000

图 6-15　环形皮带

所示。若两皮带轮中心距较大，则可在两轮之间增添适当小托辊，以使压力均匀。两边的环形皮带各有一套传动装置，由直流电动机经减速带动下面环形皮带的前皮带轮转动。前皮带轮座能前后移动，以便将环形皮带张紧。左右两边的环形皮带可沿着后部皮带轮摆动。改变环形皮带摆动的角度，便可获得不同幅宽的制品。

　　工作时，当薄膜从引离辊引出后，立即将薄膜的两边夹在左右两侧的环形皮带上，然后在环形皮带的前进中薄膜就逐步向两边扩幅。如果进入的薄膜幅宽为 2.3m，经扩幅后可达到 4.3m，切去两端边料后，可得到 4m 左右宽的成品。此装置最大扩幅率（扩幅后与扩幅前薄膜宽度之比）约为 1.85 左右，厚度之比与此值相同。扩幅装置见图 6-16。

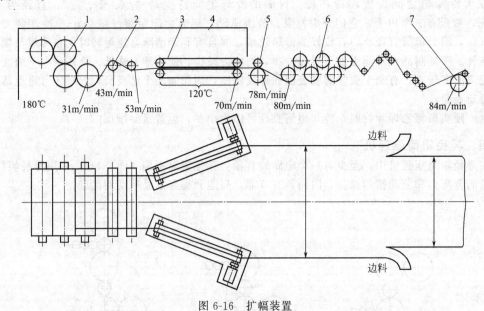

图 6-16　扩幅装置
1—压延机；2—引离辊；3—扩幅机；4—保温罩；5—压花辊；6—冷却辊；7—卷取装置

复习思考题

1. 什么是压延成型，压延成型可以完成哪些作业？
2. 塑料薄膜与片材的生产方法有哪些？
3. 压延成型有何优缺点？
4. 什么是压延效应？产生的原因及减小的方法有哪些？
5. 压延成型机按照辊筒数目和排列方式分，各有哪些种类？斜 Z 型排列和倒 L 型排列方式各自的优点如何？
6. 压延成型时压延机的辊筒为什么会产生挠度，对压延质量有何影响？说明对挠度有何补偿方法，并比较其优缺点？
7. 用四辊压延机压延塑料薄膜时各辊的温度和转速应如何控制？为什么？
8. 用四辊压延机生产薄膜时各辊间为什么保持一定的温差和速比？
9. 压延成型的辅机有哪些，各自的作用是什么？
10. 影响压延制品质量的工艺因素有哪些，它们分别如何影响？
11. 通过查阅文献资料，简述近年来压延成型工艺的最新进展。

第七章 泡沫塑料成型工艺

【学习目标】

掌握泡沫塑料的定义、组成、分类和性能特征；掌握泡沫塑料发泡方法及原理；掌握聚苯乙烯泡沫塑料、聚氨酯泡沫塑料、聚乙烯泡沫塑料、硬质聚氯乙烯泡沫塑料加工方法及工艺控制特点；了解泡沫塑料成型技术的发展动态。

第一节 概　　述

泡沫塑料是以树脂为主要原料制成的内部具有无数微孔的塑料，又称多孔塑料。它是以树脂为基料，加入一定量的发泡剂、催化剂、稳定剂等辅助材料发泡而成的一种轻质材料。采用不同的树脂与发泡方法，则可制成性能各异的泡沫塑料。目前，主要品种有聚苯乙烯、聚氨酯、聚乙烯、聚氯乙烯、脲醛等泡沫塑料。

根据软硬程度不同，泡沫塑料可分为软质、半硬质和硬质泡沫塑料。国际上通行的标准是：在 $18\sim29℃$ 温度下，在时间为 5s 内，绕直径 2.5cm 的圆棒一周，如果不断裂，则测试样就属于软质泡沫塑料；否则属硬质泡沫塑料。

泡沫塑料按其密度又可分为低发泡、中发泡和高发泡。低发泡是指密度在 $0.4g/cm^3$ 以上的；中发泡是指密度为 $0.1\sim0.4g/cm^3$ 的；而高发泡则是指密度在 $0.1g/cm^3$ 以下的。也有将发泡倍率小于 5 的称为低发泡，而发泡倍率大于 5 的称为高发泡。

按其泡孔结构的不同又可分为开孔和闭孔泡沫塑料。如果绝大多数气孔是互相连通的，则称为开孔泡沫塑料；若绝大多数气孔是互相分隔的，则称为闭孔泡沫塑料。开孔泡沫塑料具有良好的消声和缓冲功能，闭孔泡沫塑料则具有很低的热导率和吸水率。开孔或闭孔的泡沫结构是由制造方法所决定的，已形成闭孔的泡沫结构，也可借助机械施压或化学方法使其成为开孔结构。

泡沫塑料由于有气相的存在，所以具有密度低、可防止空气对流、不易传热、能吸声等优点。广泛用作消声、隔热、防震以及轻质结构材料。在交通运输、房屋建筑、产品包装、日常生活以及国防尖端领域得到广泛应用。

第二节 泡沫塑料的发泡方法及成型原理

按泡沫塑料引入气体的方式，发泡方法有机械发泡法、物理发泡法和化学发泡法三种。

一、机械发泡法

这种发泡方法（又称气体混入法）是借助强烈搅拌把大量空气或其他气体引入树脂的乳液、悬浮液或溶液中使之成为均匀的泡沫体，然后经过物理或化学变化使之胶凝、固化而为泡沫塑料。为缩短成型周期可通入空气和加入乳化剂或表面活性剂。其特点是无需特别加入发泡剂，但缺点是所需设备要求较高。通常应用于脲甲醛、聚乙烯醇缩甲醛、聚醋酸乙烯、聚氯乙烯溶液等泡沫塑料。工业上主要用此法生产脲醛泡沫塑料，可用作隔热保温材料或影视剧场中布景材料等（如人造雪花）。

二、物理发泡法

物理发泡法就是利用物理原理来实施塑料发泡的方法。包括以下四种类型。

(1) 惰性气体发泡法　是在加压情况下把惰性气体压入熔融聚合物或糊状物料中，然后减压升温，使溶解的气体膨胀而发泡。其特点是气体发泡后不会留下残渣，不影响泡沫塑料的性能和使用。但缺点是需要较高的压力和比较复杂的高压设备。通常应用于聚氯乙烯、聚乙烯等泡沫塑料。

（2）利用低沸点液体蒸发气化而发泡　是把低沸点液体压入聚合物中或在一定的压力、温度状况下，使液体溶入聚合物颗粒中，然后将聚合物加热软化，液体也随之蒸发气化而发泡，此法又称为可发性珠粒法。通常应用于聚苯乙烯、交联聚苯乙烯等泡沫塑料。

（3）溶出法　是用液体介质浸入塑料中溶解掉事先所添加的固体物质，使塑料中出现大量孔隙而呈发泡状。如将可溶性物质食盐、淀粉等先与树脂混合，等到成型为制品后，再将制品放在水中反复处理，把可溶性物质溶出，即得到开孔型泡沫制品。多用其做过滤材料。

（4）中空微球法　是在塑料中加入中空微球后经固化而成为泡沫塑料（通称组合泡沫塑料）。即将熔化温度很高的空心玻璃微珠与塑料熔体相混，在玻璃微珠不致破碎的成型条件下，制得特殊的闭孔型泡沫塑料。

以上方法中，以在塑料中溶入气体和液体后使其发泡的两种方法在生产中占有重要位置，适应的塑料品种较多。物理发泡法的优点是操作中毒性较小，用作发泡的原料成本较低，发泡剂无残留体，因此对泡沫塑料的性能影响不大；缺点是生产过程所用设备投资较大。

三、化学发泡法

化学发泡法是在发泡过程中伴随着化学反应，产生气体而发泡的发泡方法。包括以下两种类型。

（1）热分解型发泡剂发泡法　热分解型发泡剂发泡法是利用化学发泡剂加热后分解放出的气体而发泡。发泡气体是由加入的热分解型发泡剂受热分解而产生的，这种发泡剂通常称为化学发泡剂。常用的有碳酸氢钠、碳酸铵、偶氮二甲酰胺（俗称 AC 发泡剂）和偶氮二异丁腈等。

化学发泡剂的分解温度和发气量决定其在某一塑料中的应用。它的特点是只需在配方中加入发泡剂就可以发泡，而无需特殊设备；但缺点是有时成型温度和发泡剂分解温度不易匹配，会造成发泡过程不易控制。

（2）聚合物组分间相互作用产生气体的发泡法　这种发泡方法是利用发泡体系中的两个或多个组分之间发生的化学反应，生成惰性气体（如二氧化碳或氮气）致使聚合物膨胀而发泡。发泡过程中为控制聚合反应和发泡反应平衡进行，为保证制品有较好的质量，一般加入少量催化剂和泡沫稳定剂（或表面活性剂）。其特点是无需特别加入发泡剂，但缺点是反应过程复杂。

四、泡沫塑料的成型原理

泡沫塑料是由气体分散在固相聚合物中，形成无数泡孔的轻质高分子材料。无论采用什么方法发泡，其基本过程都是：①在液态或熔融态塑料中引入气体，产生微孔；②使微孔增长到一定体积；③通过物理或化学方法固定微孔结构。其共同的特点大多是待发泡的复合物必须处于液态或黏度较低的塑性状态。泡孔的形成是依靠添加能产生泡孔结构的固体、液体或气体，或者是几种物料的混合物的发泡剂。发泡剂可预先溶解于聚合物中或与固态聚合物混合均匀，当温度升高或者压力降低时，就会释放出气体从而形成泡沫塑料。即泡沫塑料的形成大体上可分为三个阶段：气泡的形成、气泡的增长和泡沫的稳定。

第三节　聚苯乙烯泡沫塑料生产工艺

聚苯乙烯泡沫塑料成型方法很多，主要有可发性珠粒法、模压发泡法和挤出发泡法。模压法是采用乳液法聚苯乙烯和热分解型发泡剂制得，是最早使用的方法。目前普遍使用的还有可发性珠粒法和挤出发泡法。

一、聚苯乙烯可发性珠粒制备方法

可发性聚苯乙烯（EPS）珠粒就是在悬浮法聚苯乙烯珠粒中加入发泡剂，使之在一定温度、压力下制成的可发性颗粒。用于可发性聚苯乙烯珠粒的发泡剂有正丁烷、丙烷、戊烷、庚烷、石油醚或二氟二氯甲烷等。常用的发泡剂为戊烷和石油醚，有时也加入少量柠檬酸单水合物与硫酸氢钠等作为泡孔尺寸控制剂。最常见的可发性聚苯乙烯是含有戊烷作为发泡剂的半透明聚苯乙烯可发性珠粒。制成的可发性聚苯乙烯珠粒经放置一周干燥后进行预发泡，再将预发泡粒子熟化处理，置于成型模中通入蒸汽加热成型即制得聚苯乙烯泡沫塑料制品。

在制备可发性聚苯乙烯珠粒时，低沸点发泡剂的加入方法可分为一步浸渍法（简称一步法）和两步浸渍法（简称两步法）。

一步法就是在苯乙烯单体的聚合过程中逐步加入引发剂和发泡剂，在单体聚合时完成发泡剂、分散剂等的添加。聚合和浸渍在同一釜中完成，聚合得到含有发泡剂的可发性聚苯乙烯珠粒。由一步法制得的可发性聚苯乙烯生产的泡沫塑料其泡孔均匀细小，制品弹性较好。由于发泡剂在聚合时一步加入，简化了操作工序。但是在聚合时加入发泡剂，发泡剂也会起阻碍聚合作用，因此这种聚合物相对分子质量相对较低。

两步法是将苯乙烯先聚合成聚苯乙烯珠粒，然后将已获得的聚苯乙烯珠粒进行筛选分级，将聚苯乙烯珠粒分成大小不同的级别。在同一级别的聚苯乙烯珠粒中加入发泡剂重新加热，使发泡剂渗入到珠粒中。冷却后就成为可发性聚苯乙烯珠粒。两步法操作工序多，发泡剂渗透也须较长时间，但其优点是聚合物分子量较高，颗粒经过筛选分成不同粒径级别，有助于提高制品质量。

两步浸渍法工艺过程：可发性珠粒浸渍的主要设备为反应釜，釜内装有搅拌器，用蒸汽加热，工作压力为 1.0MPa。配备有加料和吹干装置。操作过程如下。

（1）计量下料　将筛选后的聚苯乙烯珠粒，用鼓风机经过管道输入反应釜中，其他组分按配方规定的数量依次加入。

（2）浸渍吸收　加料完毕，在反应釜夹套内通入蒸汽加热（加热前先通入部分氮气），这时发泡剂气化，釜内压力增加，压力控制在 1.0MPa 以下，料温 80～100℃，保温 4～12h，然后降温至 40℃以下即可出料。

（3）出料包装　珠粒经自来水清洗后，于较低温度（10～20℃）下存放、滤水，然后经吹干装置吹干，再喷洒外表润滑剂以免黏结，包装封存 10 天左右即可使用。

可发性聚苯乙烯珠粒在低温（或室温）下一般储存 1 周至 1 个月。EPS珠粒内的发泡剂继续渗透扩散，形成无数细小的发泡核充满整个珠粒。在储存过程中，发泡剂同时向珠粒外扩散，使珠粒中的发泡剂会逐渐减少，储存时间越长，珠粒中发泡剂含量越少。当发泡剂含量减少到低于 4%时，就很难制得密度很低的泡沫塑料。因此，可发性珠粒在储存中必须注意密封包装和保持较低的储存温度。原料规格及配方见表 7-1。

表 7-1　可发性聚苯乙烯珠粒原料规格及配方

原　料	规　格	配　方	
		普通型	自熄型
聚苯乙烯珠粒(悬浮聚合)	分子量 5.5 万～6 万	100	100
戊烷	石油醚(沸程 20～60℃)	8	8
纯水		160～200	160～200
洗衣粉	工业级	2～3	5
通入氮气		0.03～0.05MPa	0.03～0.05MPa
四溴乙烷	相对密度 2.7～2.9		3
过氧化二异丙苯	工业级		0.5～0.3
2,6-叔丁基对甲酚	工业级		0.3
紫外线吸收剂(UV9)	工业级		0.2

二、聚苯乙烯泡沫塑料模压成型

聚苯乙烯泡沫塑料模压成型就是将乳液聚合粉状聚苯乙烯树脂与发泡剂经混合后放在模具中，通过加热和加压使其发泡成型的方法。它既可成型密度相对较高聚苯乙烯泡沫塑料，又可成型密度相对低的聚苯乙烯泡沫塑料，并且可以生产出大面积、厚壁或多层的泡沫塑料。应用在建筑、包装、日用品、工业用品等领域。

模压法的设备和操作工艺比较简单，投资少，见效快。现在大部分模压制件都直接采用 EPS 模压成型，但是对于大多数中小型企业和某些制件，模压法仍不失为一种经济、有效的泡沫塑料成型方法。尤其在高发泡体、厚壁大的平面件以及可发性材料的发泡、黏结等方面，模压发泡仍然是一种重要的加工方法，并且在不断取得新的进展。

聚苯乙烯泡沫塑料使用一步法模压成型的原料为乳液聚合粉状聚苯乙烯树脂，其工艺流程如图 7-1 所示。聚苯乙烯粉状树脂与发泡剂混合后加热加压使混合物熔结成毛坯，然后加热发泡成型制成泡沫塑料。这种泡沫塑料为闭孔泡沫，泡孔均匀，并且具有良好的介电性能，广泛用于电子工业等领域。

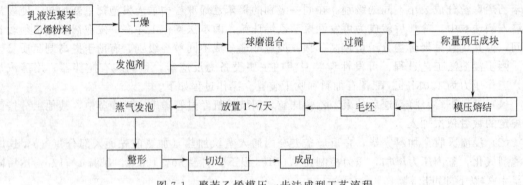

图 7-1　聚苯乙烯模压一步法成型工艺流程

1. 原料与配方

聚苯乙烯泡沫塑料的主要原料规格与配方见表 7-2。在使用偶氮二异丁腈为发泡剂时，分解的残留物为有毒物质四甲基丁二腈，并且对聚苯乙烯有增塑作用。因此，偶氮二异丁腈用量增加，增塑作用也就增加，使泡沫塑料密度受到一定影响。所以，制造密度在 $0.1g/cm^3$ 以下的泡沫塑料时，偶氮二异丁腈需和碳酸氢铵配合使用。如果仅用碳酸氢铵为发泡剂，则制成的泡沫塑料结构很差，易形成太粗的孔和孔径不均匀。这种泡沫塑料密度和两种发泡剂的使用配合见表 7-3。

表 7-2　聚苯乙烯泡沫塑料的主要原料规格与配方

原　　料	规　　格
乳液法聚合聚苯乙烯(通过 80 目/in[①] 细筛残留物)	<5%
1% 苯溶液的相对黏度	0.045Pa·s
偶氮二异丁腈	工业级
碳酸氢铵	工业级

① 1in＝25.4mm。

表 7-3　原料配比及其密度

原料配比/份			泡沫塑料密度/(g/cm³)
聚苯乙烯树脂	偶氮二异丁腈	碳酸氢铵	
100	3～3.2	—	0.20
100	3.5～3.7	—	0.15
100	4.2～4.5	—	0.10
100	2.8	2.2	0.07
100	3.4	2.6	0.05

2. 混合

乳液法聚合粉状聚苯乙烯与粉状发泡剂偶氮二异丁腈、碳酸氢铵的混合通常由球磨机来完成。球磨机的混合效果可由聚苯乙烯树脂与发泡剂的球磨细度和混合均匀度来判定。这两个指标直接影响到泡沫塑料的成型质量。混合后的物料必须经过一定规格的筛子过筛后方可使用。

3. 模压型坯

混合好的物料，按制品大小进行计量。在确定加料量时，要考虑乳液法聚苯乙烯泡沫塑料模压的压缩比，即混合后的原料堆积体积和压制成毛坯的体积之比。这一比值决定于压制时型坯的重量，并影响型坯发泡的质量。一般混合后的物料密度为 0.6g/cm³ 左右，而在压制后毛坯的密度要求在 0.9g/cm³ 以上，所以压缩比为 1：(1.5～1.6)。另外还要限制型坯的厚度，因为树脂导热性及加热方法限制了型坯的厚度，一般认为型坯厚度不要超过25mm。否则中心不易受热塑化，或是中心塑化时，表面层已经受热过度而使型坯报废。

计量好的混合物加入模具内进行预压。模具四周有细孔，当粉料被压紧时，物料中的空气就从细孔排出，使粉料压成较为密实的块料。然后将此块料送入液压机模腔内，闭模压紧后进行加热升温。加热时要严格控制升温速度，要求在 15～20min 内从室温逐渐均匀升至 145℃。升温期间，由于物料逐渐受到加热熔融和压紧，体积逐渐缩小，模具缝隙渐渐减少。此时液压机压力要保持在 19.6MPa 左右。当模具缝隙基本消除后，再在 145℃下保温 25min 左右。保温时间由压制型坯的厚度所决定，型坯厚度在 25mm 以内，每增加 1mm 厚度，保温时间约增加 1～1.5min。在加热和保温结束后，通入冷却水使模具冷却。模具温度降至室温大约需 25～30min。冷却完毕后即可顶出型坯。这时型坯呈透明状的奶黄色，密度在0.90～1.0g/cm³ 左右。

4. 发泡成型

将压制好的型坯放入发泡成型模具中，通以蒸汽加热，加热时间约 60～90min，加热温度约100℃左右。加热完毕后进行冷却并脱模，既可得到成型的泡沫制品。特别要求所制的型坯约在一周内进行膨胀发泡。型坯放置的时间过长对发泡有影响，甚至不能膨胀到预定的密度。如果压制后立即发泡，则泡沫体的表面不够光滑，四周也不易方正。由此制得的乳液法聚苯乙烯泡沫塑料性能如表 7-4 所示。

表 7-4　乳液法聚合聚苯乙烯泡沫塑料性能

性能 ＼ 密度/(g/cm³)	0.06	0.1	0.2
压缩强度/MPa	0.29	9.8	2.9
冲击强度/(kJ/m²)	1.6	2.2	3.0
热导率/W/(m·K)	0.0326(0.028)	0.384(0.033)	0.512(0.044)
收缩率(60℃,24h)/%	—	0.5	0.5
工作温度/℃	60	63	65
介电常数(10¹⁰Hz)	—	1.1	1.28
击穿电压/(kV/mm)	—	2～7	5～6

注：热导率一栏括号内数值的单位为 kcal/(m·℃·h)。

三、聚苯乙烯泡沫塑料挤出成型

聚苯乙烯泡沫塑料挤出成型工艺可分为直接挤出法和可发性珠粒挤出法两种方法。

1. 直接挤出法

聚苯乙烯直接挤出成型法又称为一步挤出成型法。它是把聚苯乙烯树脂、发泡剂以及各种添加剂的混合物，通过挤出机的特殊机头挤出后实现降压发泡，挤出的泡沫塑料再经缓慢地自然冷却即得到连续的结皮泡沫塑料板材或者型材。

直接挤出法使用聚苯乙烯树脂为原料，发泡剂由挤出机料筒中部熔融段注入。常用的发泡剂有丁烷、戊烷、氯甲烷等。注入的发泡剂在料筒内高压下与熔融物混合，到达机头窄缝口模时，压力突然降至常压，溶于混合物料中的发泡剂膨胀发泡。挤出过程中应严格控制挤出温度，挤出的泡沫板材应缓慢冷却，避免骤冷产生过大的负压，导致泡沫崩塌。由于发泡剂在料筒降压区注入，物料在熔融塑化状态下与发泡剂混合，并使压力增加。如果把挤出温度和压力控制在较窄的范围内，可以制得密度为 $0.03\sim0.08g/cm^3$ 的泡沫板材。

另外还有一种聚苯乙烯低发泡仿木异型材挤出方法，它是以 PS 为主要原料（部分也可利用再生原材料），也可加入一定量的 HIPS 作为改性材料，再加入适量的化学发泡剂、成核剂、色母粒、填充料等，经过造粒，进行挤出，使其自由发泡。可制得密度在 $0.4\sim0.8g/cm^3$ 范围的仿硬木型材。它还可以根据不同需求增加硬度、变化密度，做防火处理或做成各种颜色和木纹的材料。其生产工艺类似 PVC 挤出异型材。

直接挤出法的优点在于得到的泡沫材料的密度大小可通过改变发泡剂用量和成型工艺来控制，从而制得具有特殊结构和性能的泡沫塑料。与可发性珠粒挤出法生产的泡沫材料相比，直接挤出的泡沫材料泡沫结构完整，力学强度较好。

2. 可发性珠粒挤出法

聚苯乙烯可发性珠粒挤出法就是把可发性珠粒与成核剂一道通过挤出机连续地挤出吹塑成型，从而得到泡沫塑料纸（片）的方法。这

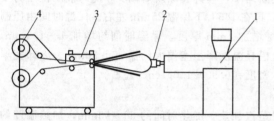

图 7-2　可发性珠粒挤出聚苯乙烯泡沫纸生产工艺
1—挤出机；2—机头；3—牵引卷取装置；4—泡沫纸卷筒

些泡沫塑料纸（片）具有微细的泡孔结构和良好的表面光泽，轻柔且有良好的隔热和防水性能，可作装饰材料，经真空成型可制成托盘、杯子和各种容器，用作食品包装等。可发性珠粒挤出法的工艺流程如图 7-2 所示。

聚苯乙烯可发性珠粒在挤出机中由于加热塑化，熔融树脂与发泡剂得以充分混合，也容易被压实，制品密度常偏高。为了降低制品密度，使挤出物料发泡后具有更多微细泡孔，在配方中加入适量的柠檬酸（或硼酸）与碳酸氢钠等作成核剂。成核剂使挤出机料筒中形成不溶于熔融物料的气体均匀地分布于混合物料中。当挤出的混合物料刚出口模时便从高压降到常压，由成核剂形成的气泡核即刻气化膨胀，形成很多的气泡孔。同时溶于熔融物料中的发泡剂便进入气泡核内使气泡继续膨胀长大，最后经过吹塑成为均匀而紧密的多孔性泡沫塑料纸（片）。在原料配制过程中，为了使粉状辅料均匀地散布在珠粒物表面和避免成核剂之间相互作用，常常加入液态石蜡、硅油和邻苯二甲酸二辛酯等油状物质或加入硬脂酸盐类、淀粉等粉状物质作为分散剂把它们彼此隔开。生产中的原料规格及其配方见表 7-5。

表 7-5　可发性珠粒挤出法生产原料规格及其配方

原　料	规　格	配方/质量份
可发性聚苯乙烯珠粒	分子量 5.5 万，发泡剂含量 5.5%～6%	100
柠檬酸	医用级(食品用)，工业级(普通用)	0.3～0.6
碳酸氢钠	工业级	0.3～0.6
液态石蜡	医用级	0.3～0.5mL

聚苯乙烯泡沫纸（片）的挤出成型通常使用单螺杆挤出机，长径比为 18～20，压缩比在 2～4 倍。压缩比过小，发泡剂在螺杆内受压不足，易使挤出物料中存在较大气泡。压缩比过大，则物料对气体的后推力增大，容易使气体从料斗处逸出。螺杆与料筒的间隙不能过大。螺杆头部选用鱼雷状结构，以利于提高混合效果并防止料流产生脉动。机头口模保证一定的压差，以防止物料在模内发泡。挤出物料离开口模立即发泡，并且泡孔均匀地膨胀。此时发泡剂气化吸热，致使树脂冷却泡壁形成一定的张力，从而有利于防止气泡并孔。吹塑成形的吹胀比在 3～6，并且配

以较快的牵引速度，使挤出物料在吹胀力作用下冷却，这样有利于聚苯乙烯大分子沿牵伸方向取向，从而提高挤出泡沫塑料的物理机械性能。挤出速度、牵引速度与冷却速度一定要严格按照比例同步进行，并随时进行适当的调整。

挤出机生产时的各段参考温度：第一段温度 80~100℃，第二段温度 120~155℃，第三段温度 130~155℃，机头口模温度 95~110℃。

近年来挤出发泡成型很多采用双螺杆挤出机或者使用两台单螺杆挤出机串联挤出发泡，经挤出吹塑能够制得性能优良的聚苯乙烯泡沫塑料片材或薄膜。

四、聚苯乙烯泡沫塑料典型制品的生产

人们日常生活中所见的泡沫塑料包装制品，绝大多数是由可发性聚苯乙烯材料采用模压法生产出来的。可发性聚苯乙烯泡沫塑料包装具有质轻、比强度高和具有吸收冲击载荷的能力，隔热与隔声性能好。可发性聚苯乙烯泡沫塑料作为一种既普遍又经济的包装材料，它适用于很多不同种类的包装，尤其是需要缓冲、抗压、保温、准确定位的产品包装。广泛用于仪器仪表、家电家具、玻璃器皿、陶瓷工艺品、五金电子、机械制造等领域。

1. 成型工艺

可发性聚苯乙烯泡沫塑料包装材料的操作工艺为：模具先用 0.1~0.2MPa 的蒸汽预热 30s，然后开启其上下气箱板的出气口，以便进料时的模腔内气体顺利排出，用加料喷枪将颗粒充满型腔后再关闭出气口，接着打开进气阀门，通入压力为 0.1~0.2MPa 的蒸汽加热 10~30min，加热完毕后通入冷却水进行冷却定型。脱模取出包装材料制品后还要将其送入烘房，在 50~60℃的对流热空气中干燥 24h，生产中使用专门的泡沫塑料包装成型机，分立式和卧式等几种类型。包装成型机的加料、加热、冷却及脱模均以压缩空气作为动力源。根据液压缸在机器上工作位置的不同，分为下压式液压机和上压式液压机。

2. 成型设备

可发性聚苯乙烯泡沫塑料包装制品成型设备有 EPS 全自动泡沫成型机、EPS 半自动泡沫成型机、EPS 手动泡沫成型机等多种类型，生产中根据实际情况选用不同类型的设备。下面列出 EPS 全自动泡沫成型机的主要特点。

① 采用高分子液晶触摸屏，完成机器的开合模、进料、加热、保温、冷却、脱模、制品顶出等全自动循环过程。图形界面智能控制，设有生产工艺记忆功能和生产数量统计功能，操作人员可查找或自行设计制品的成型工艺参数，实现人机对话模式。

② 可执行全自动、半自动和手动操作三种方式。根据不同的制品，选择普通、加压、真空等不同方式进料，保证模内进料快速均匀。

③ 机器采用先进的液压系统，运行平稳、噪声小、锁模力大。

④ 机器采用数控编码器，控制开合模的行程距离，保证加料时每次的留缝一致，使加料密度更均匀。

⑤ 机器加热时采用平衡阀控制，保证每次模腔内蒸汽压力一致、温度相同。

⑥ 机器真空系统主要由真空储能罐、真空冷凝罐和高效水环真空泵等组成，制品成型速度快，粘接均匀，含水率低。

⑦ 具有多种加热、冷却、充料、制品脱模等工艺方式，以适应不同的 EPS 制品生产。

3. 成型模具

发泡成型模具是应用可发性聚苯乙烯珠粒来成型各种所需形状的泡沫塑料包装材料的一类模具。其原理是利用可发性聚苯乙烯在模具内通入蒸汽发泡成型，包括简易手工操作模具和液压机直通式泡沫塑料模具两种类型，主要生产工业品方面的包装产品。制造模具的材料包括铸铝、不锈钢、青铜等。EPS 泡沫成型机的最大蒸汽压力和空气压力在 0.5~0.7MPa。包装材料所用直通式泡沫塑料模具结构如图 7-3 所示。

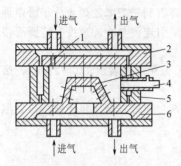

图 7-3　包装材料所用直通式
泡沫塑料模具结构

1—气孔；2—上气箱；3—模芯；
4—加料口；5—模框；6—下气箱

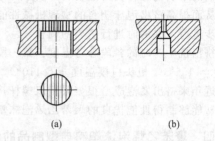

图 7-4　模具通气槽、孔结构形式

由于模具在发泡成型时模具中的压力不均，而且一直处于周期性的加热和冷却状态的交替之中，要求模具有很好的传热性能，所以大部分模具材料都采用加工方便、导热性能良好的铝合金。这类模具的设计特点如下。

① 为了让蒸汽顺利进入模腔，模具在模框和模芯某些位置上分别开有通气孔或通气槽，其结构形式如图 7-4 所示。一般在平面上，可以按每间隔 20～30mm 距离钻上直径 1.5mm 左右的通气孔，孔间距离的大小应根据制品的壁厚及形状而定。这种通气孔可以将加热蒸汽迅速引入模腔，可以将冷空气较快地从通气孔中排走。对于大平面的模具，使用图 7-4 中(a) 所示的通气槽则更为合适，因为通气槽不仅排气和给热量大，而且由于槽缝较细（常用 0.1～0.4mm），能保持气路畅通，不易被颗粒堵塞，使模具加热均匀。

② 模框保温是保证模具内受热均匀的有效措施，由于模框暴露在外，加热不足，散热又快，一般需要有保温措施。

③ 模具的气箱设有进气口和出气口，模具加料时，开启出气口，压缩空气挟带着物料从加料口进入模腔，同时压缩空气又经过气孔（或槽）从出气口被排出模腔，使物料顺利地充满模腔。在冷却时，进气口和出气口都被打开，压缩空气从进气口吹入，由出气口排出，带走模具热量，起到冷却作用。

第四节　聚氨酯泡沫塑料生产工艺

一、聚氨酯泡沫塑料成型原理

聚氨酯泡沫塑料是以聚醚树脂或聚酯树脂为主要原料，与异氰酸酯定量混合，在发泡剂、催化剂、交联剂等作用下，经充分混合反应制成的一种泡沫塑料。

聚氨酯泡沫塑料在成型过程中，始终伴随着复杂的化学反应。以微孔聚氨酯弹性体为例，其合成主要经历以下三个反应过程。

(1) 链增长反应　多官能度的异氰酸酯和聚酯或聚醚醇发生聚加成反应生成聚氨酯大分子，通过控制 NCO/OH 摩尔比，使生成的聚氨酯大分子两个末端均为异氰酸酯基团，即：

$$n\text{OCNRNCO} + (n-1)\text{HOR}'\text{OH} \longrightarrow \text{OCNRNHCOOR}' - \cdots - \text{OCONHRNCO} \qquad (7\text{-}1)$$

(2) 起泡反应　向反应体系中添加水，借助水与聚氨酯大分子的异氰酸酯基反应产生大量的 CO_2 气体，从液相逸出，形成许多微小的气泡，分布于反应生成物中，构成微孔聚氨酯泡沫体，即：

$$\text{RNCO} + H_2O \longrightarrow [\text{RNHCOOH}] \longrightarrow \text{RNH}_2 + CO_2 \uparrow$$

$$\text{RNH}_2 + \text{RNCO} \longrightarrow \text{RNHCONHR} \qquad (7\text{-}2)$$

（3）胶凝　胶凝又称为交联固化，胶凝过早或过晚都将导致微孔制品质量下降，甚至形成废品。常用的胶凝方法有以下三种。

① 多官能度化合物胶凝。三官能度以上的化合物间的反应会生成体型结构聚合物，即：

$$\left[\begin{array}{c} + NHOONHR +_x NHCOO —\cdots\top\cdots— OCONHR— \\ OCONH + RNHCONH +_y \end{array}\right]_n$$

② 形成缩二脲键的胶凝。以水为发泡剂生成的脲类化合物在高温下进一步与过剩的异氰酸酯反应，生成三维结构的缩二脲键化合物，即：

$$R'NHCONR'' + RNCO \longrightarrow \begin{array}{c} R'NCONHR'' \\ | \\ CONHR \end{array} \qquad (7\text{-}3)$$

③ 脲基甲酸酯胶凝。聚氨酯主链上的氢与过量的异氰酸酯反应，生成三维结构的脲基甲酸酯，即：

$$R'OCONR'' + RNCO \longrightarrow \begin{array}{c} R'OCONR'' \\ | \\ CONHR \end{array} \qquad (7\text{-}4)$$

为了保证聚氨酯大分子的生成、起泡和胶凝三个阶段的速度相适应，避免副反应产生，必须选择适当的催化体系。通常采用胺类和有机金属化合物催化剂并用。在催化剂的作用下，当反应式(7-1)和反应式(7-2)达到平衡，即可得到性能优良的微孔聚氨酯弹性体。

二、软质聚氨酯泡沫塑料生产工艺

软质聚氨酯泡沫塑料简称聚氨酯软泡，是具有一定弹性的柔软性聚氨酯泡沫塑料。是聚氨酯制品中用量最大的一类产品。

按生产工艺的不同，聚氨酯软泡可分为块状软泡和模塑软泡，块状软泡是通过连续法工艺生产出大体积泡沫再切割成所需形状的泡沫制品，模塑软泡是通过间歇法工艺直接将原料混合后注入模具发泡成所需形状的泡沫制品。模塑间歇法设备简单，投资少，适合小型工厂生产。缺点是劳动强度大，泡沫产品质量不稳定，须加强劳动防护。

聚氨酯软泡多为开孔结构，具有密度低、弹性回复好、吸声、透气、保温等性能，主要用作家具垫材、床垫、交通工具坐椅坐垫等垫材，工业和民用上也把软泡用作过滤材料、隔声材料、防震材料、装饰材料、包装材料及隔热材料等。按软硬程度，即耐负荷性能的不同，聚氨酯软泡可以分为普通软泡、超柔软泡、高承载软泡、高回弹软泡等，其中高回弹软泡、高承载软泡一般用在制造沙发、床垫等方面。

连续法块状泡沫塑料生产以一步法为主，有时也采用两步法。

一步法连续生产是把所有的发泡原料按配方分成几个组分（一般为4～6组分），分别用计量泵打入带有高速搅拌器并往复横向运动的发泡机混合头内，经充分混合从出料管流入连续向前移动的传送带衬纸上并均匀分布。混合物料在衬纸上开始发泡，经烘道完成发泡胶凝固化后回收衬纸，然后根据需要切断得到一定长度的泡沫块，经辊压（或不经辊压），于室温或70～120℃下熟化放置12～24h后，即可切割成各种厚度的泡沫片材。

两步预聚法连续生产软质块状泡沫塑料是先把多元醇和异氰酸酯加入带热交换装置的反应釜中，制得含有一定量的游离异氰酸基的预聚物，然后以预聚物为1个组分，胺催化剂、水、二氯甲烷为1个组分，锡催化剂、着色剂为1个组分，用计量泵同时打入混合头，经混合均匀后流入传送带衬纸上制得连续的块状泡沫，其后的操作步骤与一步法相同。

1. 原料规格及配方

（1）一步法配方　聚醚型软质泡沫塑料的原料规格及配方实例见表7-6。聚酯型软质泡沫塑料的原料规格及配方实例见表7-7。

（2）两步法配方　下面以聚醚型软质聚氨酯泡沫塑料配方为例叙述。

表 7-6　聚醚型软质泡沫塑料的原料规格及配方实例

原料组分	规格	配方/质量份	泡沫塑料性能
聚醚多元醇	羟值:(56±3)mg KOH/g 酸值:≤0.1mg KOH/g 水分:≤0.1%	100	密度:0.032~0.039g/cm³ 拉伸长度:≥0.1MPa 伸长率:≥200% 压缩强度(25%): 　≥0.003MPa 回弹性:>35% 热导率:≤0.042W/(m·K) 压缩永久变形:≤10% ILD(压陷65%,25%): 　>120N/0.0323cm²
三亚乙基二胺 聚硅氧烷表面活性剂 蒸馏水	纯度:>98% 黏度:0.015~1.3Pa·s	0.15~0.2 0.7~1.2 2.5~3.0	
辛酸亚锡 聚醚多元醇	总锡含量:28% 亚锡含量:26%	0.15~0.25	
甲苯二异氰酸酯 (TDI 80:20)	纯度:>98% 异构比:80:20	35~40(按TDI指数 为1.05计算)	

表 7-7　聚酯型软质泡沫塑料的原料规格及配方实例

原料	规格	配方/质量份	泡沫塑料性能
聚酯多元醇	羟值:(60±5)mg KOH/g 酸值:≤3mg KOH/g 水分:<0.2%	100	密度:0.04~0.042g/cm³ 拉伸强度:0.16~0.20MPa 伸长率:250%~350% 压缩强度(25%): 　0.004~0.006MPa 回弹性:≥30% 热导率: 　≤0.043W/(m·K)
三亚乙基二胺	纯度:>98%	0.15~0.25	
聚氧乙烯山梨糖醇酐单 油酸酯(吐温-80)	皂化值:45~60	5~10	
二乙基乙醇胺		0.3~0.5	
蒸馏水		2.8~3.2	
甲苯二异氰酸酯	相对密度(25℃):1.21 纯度:>98% 异构比:65/35	36~40(按TDI指数 为1.05计算)	

先按配方制备预聚物:聚醚多元醇(规格同一步法)100份、水0.1~0.2份、甲苯二异氰酸酯(异构比80/20)38~40份。制备时先在反应釜中加入聚醚多元醇和水,搅拌下缓慢加入甲苯二异氰酸酯。反应完全后,取样分析预聚体的游离异氰酸基含量(NCO%)和黏度。通常控制游离异氰酸基含量在9.4%~10%,黏度(25℃)为2~3Pa·s。随后按表7-8配方完成发泡。

表 7-8　两步法聚醚型软质泡沫塑料配方实例

原料	规格	配方/质量份	泡沫塑料性能
预聚体	NCO:9.6%	100	密度:0.03~0.036g/cm³ 拉伸强度:≥0.106MPa 伸长率:≥225% 压缩强度(50%):≥0.003MPa 回弹性:≥35% 热导率:≤0.040W/(m·K) 压缩永久变形:≤12%
三亚乙基二胺	纯度:>98%	0.40~0.45	
二月桂酸二丁基锡	含锡量:17%~19%	1	
蒸馏水		2.04	

2. 软质聚氨酯泡沫塑料生产线简述

(1) 软质聚氨酯块状泡沫塑料生产线　目前，软质块状泡沫塑料主要采用大规模连续化生产，其产量约占软质聚氨酯泡沫塑料总产量的 80% 以上，通常由发泡机、切断装置、输送设备和切片机等组成生产流水线。主要生产设备是发泡机，系由混合头、计量泵、电器控制系统、原料储罐、烘道及排风装置、传送带、衬纸供收系统等组成。图 7-5 为传统块状泡沫塑料发泡机。

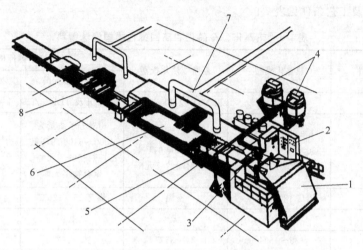

图 7-5　软质聚氨酯块状泡沫塑料发泡机
1—衬纸；2—控制盘；3—混合头；4—原料储罐；5—烘道；6—输送装置；7—排风管道；8—切断器

根据多元醇和异氰酸酯料流计量压力的大小可将发泡机分为：①高压发泡机，组分注入混合头的压力为 2~21MPa；②低压发泡机，低压下采用专用搅拌器以 4000~6000r/min 的高速搅拌使各组分混匀。这两种发泡机广泛用于块状泡沫塑料和塑模制品的生产。我国主要采用低压发泡机。

多数块状泡沫塑料发泡机都带有循环系统，使储罐中各组分能通过计量泵进入混合头或返回储料罐。发泡设备中还装有仪表控制装置，用以测量、控制和记录各组分的流量、温度及压力等，以保证准确计量、安全生产。传统块状泡沫塑料发泡机通常采用一步法，用 4~6 个料流生产，如图 7-6 所示。

(2) 软质模塑泡沫塑料生产线　模塑泡沫塑料是液体原料经搅拌器混合均匀，灌入模具中完成发泡，经后熟化处理而制得的与模具型腔相同的泡沫塑料制品。模塑制品的优点是可制成形状复杂、使用舒适、经济的模制品，并可减少人工和边角料的浪费，特别适用于家具、汽车、拖拉机、飞机等坐靠垫材料的生产。

模塑制品生产通常采用 2~4 组分模塑机。工艺路线分热熟化和冷熟化两种。热熟化工艺是在较高温度下进行熟化处理，此种泡沫塑料的配方组成与块状泡沫塑料基本相同，区别仅在于前者使用环氧乙烷封端的聚醚多元醇以及稍有不同的催化剂系统和用量。

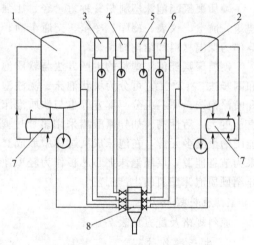

图 7-6　4~6 组分循环式发泡机
1—多元醇储罐；2—异氰酸酯储罐；3—水+胺（聚硅氧烷）储罐；4—聚硅氧烷储罐；5—辛酸亚锡储罐；6—F11 储罐；7—热交换器；8—混合室

冷熟化技术是近期发展起来的，熟化过程在室温下进行。各组分的反应活性高，室温下反应即可进行完全。近年来已发展出多种技术，用冷熟化技术生产软质泡沫塑料，回弹性（球回弹）在 60％以上，压陷系数（SAG）大于 2.3，这类高回弹性泡沫占了冷模塑泡沫塑料的大部分。因此这种泡沫塑料又称为高回弹性（HR）泡沫塑料。

热模塑泡沫塑料的许多性能与密度较高块状泡沫塑料相似，与冷模塑泡沫塑料则大不相同。后者是外观及弹性与天然泡沫乳胶相似，而强度及阻燃性则远远优于天然泡沫乳胶。这几种模塑泡沫塑料的原料及工艺条件见表 7-9。

表 7-9　热熟化、冷熟化和高回弹性模塑泡沫塑料

原料及工艺条件	热熟化模塑	普通冷熟化模塑	高回弹性模塑	
			聚合物多元醇	特殊异氰酸酯
异氰酸酯	TDI 80/20	粗 MDI 及 TDI 80/20	粗 MDI 及 TDI 80/20	特殊的 TDI 65/35
多元醇	相对分子质量为 2800～3500 的环氧乙烷封端的三元醇	相对分子质量为 4500～6500 的环氧乙烷封端的三元醇	相对分子质量为 4500～6500 的环氧乙烷封端的三元醇＋聚合物多元醇	相对分子质量为 4500～6500 的环氧乙烷封端的三元醇
熟化	烘房 180～240℃	室温	烘房 25～120℃	烘房 75～120℃
后熟化	无	无	有	有
模具温度	35～45℃	25～35℃	35～45℃	35～45℃

模塑泡沫塑料生产线通常布置成椭圆形，并由一系列的操作工序所组成。生产操作从模具的调整开始。冷熟化模塑泡沫塑料的操作工序如下：①将一定数量的发泡物料从模塑机灌入模具；②将模具关闭好，完成发泡；③泡沫塑料在模具内于室温下熟化一段时间；④脱模，并将脱模后的泡沫塑料辊压，防止其在冷却时发生收缩；⑤将模具清洁，并喷涂脱模剂；⑥模具通过预热炉以获得适宜的模具温度，并进入下一个循环的模塑。

三、硬质聚氨酯泡沫塑料生产工艺

硬质聚氨酯泡沫塑料是一种重量轻、比强度高、隔热性能好的合成材料，广泛应用于造船、建筑、航空、仪表、冷库、冷箱、交通车辆、石油工业、化工设备、军工科研、室内空调、家具等作为保温材料和结构材料。

硬质聚氨酯泡沫塑料的生产方法与软质泡沫塑料基本相同，按聚合物生成过程可分为一步法和两步法。生产工艺可分为块状泡沫、浇注泡沫、层压泡沫和喷涂泡沫四种。常用的为层压泡沫和喷涂泡沫。原料组分、配方等也与软质泡沫塑料基本相同，区别在于硬质泡沫塑料所用的原料官能度大，活性高。如异氰酸酯采用多亚甲基多苯基多异氰酸酯（PAPI），多元醇采用 3～8 官能团的聚醚多元醇，在泡沫成型过程中形成交联的网状结构，因此制得的泡沫塑料质地坚硬。近来为节省能源，层压泡沫夹心芯板作为轻型建筑材料得到了较快发展。下面以喷涂泡沫为例简单介绍硬质泡沫塑料的生产工艺。

1. 原料规格及配方

原料规格及配方见表 7-10。

2. **生产操作过程**

喷涂法系将各原料组分分别由计量泵打入喷枪内混合，使用干燥的高压空气作搅拌动力或用风动电动机带动搅拌器，混合物料再用压缩空气喷涂至目的物，一般在 5s 左右完成发泡，得到硬质喷涂泡沫塑料。喷涂发泡广泛用于野外现场施工，如输油管道和建筑保温的现场施工等。

表 7-10　喷涂硬质泡沫塑料及原料配方（一步法）

原　料	规　格	配方/质量份	泡沫塑料性能
含磷聚醚多元醇	羟值：(350 ± 30)mg KOH/g 酸值：<5mgKOH/g 水分：$<0.1\%$	65	密度：$0.046\sim0.052$g/cm^3 压缩强度：$0.25\sim0.45$MPa 拉伸强度：$0.18\sim0.23$MPa 伸长率：$7\%\sim15\%$ 热导率：0.026W/(m·K) 自熄性：离开火源 2s 内熄灭 吸水率：2kg/m^2 使用温度：$-90\sim+120$℃
甘油聚醚多元醇	羟值：(650 ± 20)mg KOH/g 酸值：<0.2mg KOH/g 水分：0.2%	20	
乙二胺聚醚多元醇	羟值：(750 ± 50)mg KOH/g 酸值：<0.3mg KOH/g 水分：$<0.5\%$	15	
三(β-氯乙基)磷酸酯	工业级(阻燃剂)	10	
聚硅氧烷表面活性剂		2	
三氯氟甲烷	沸点：23.8℃	$35\sim45$	
三亚乙基二胺	纯度：$>98\%$	$3\sim5$	
二月桂酸二乙基锡	锡含量：$17\%\sim19\%$	$0.5\sim1.0$	
多亚甲基多苯基多异氰酸酯	纯度：$85\%\sim90\%$	160(计算值)	

3. 聚异氰脲酸酯及其改性泡沫塑料

异氰酸酯在三聚催化剂作用下发生三聚反应形成的环状聚合物称为异氰脲酸酯，它具有优良的耐热性和阻燃性，但由于聚合物主链刚性大，交联密度高，脆性大而无实用价值。经改性在异氰脲酸酯环之间引入氨基甲酸酯、碳化二亚胺、噁唑烷酮、酰亚胺、酰胺等链，提高其物理机械性能。其中聚氨酯、改性的聚异氰脲酸酯硬质泡沫塑料已投入工业化生产，并可按传统硬质聚氨酯泡沫塑料的发泡方法加工成块状、浇注、层压和喷涂等泡沫塑料。层压泡沫夹芯板材作为新型构件材料在建筑工业中日益广泛采用。图 7-7 为层压板材生产流程。

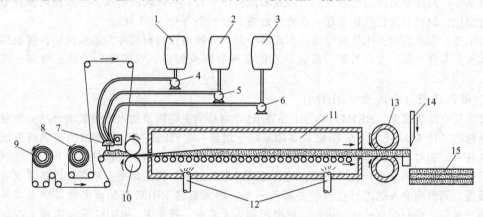

图 7-7　层压板材生产流程

1—异氰酸酯储罐；2—多元醇储罐；3—催化剂储罐；4~6—计量泵；
7—混合头；8,9—上、下层垫衬；10—计量辊；11—加热炉；
12—吹入热空气；13—牵引辊；14—切刀；15—夹层泡沫板材

四、聚氨酯泡沫塑料典型制品生产

1. 反应注射成型

反应注射成型简称 RIM，是指两种或两种以上具有高反应活性液体在成型过程中产生化学反应的一种注射成型方法。这种方法所用原料不是聚合物，而是将两种或两种以上液态单体或预聚物，以一定比例分别加到混合头中，在加压下混合均匀，立即注射到闭合模具中，在模具内聚合固化而定型成制品（图7-8）。使用不同的催化剂、发泡剂和改性剂，可制得软硬不同、密度不同的各种泡沫塑料。反应注射成型可用异氰酸酯和聚醚制成聚氨酯半硬质塑料的汽车保险杠、翼子板、仪表板等。由于所用原料是液体，用较小压力即能快速充满模腔，因此降低了对合模压力的要求及模具造价，特别适用于生产大面积制件。此外，也用作家用电器外壳、建材、家具、运动器材等。此法具有设备投资及操作费用低、制件外表美观、耐冲击性好、设计灵活性大等优点，反应注射成型还可制得表层坚硬的聚氨酯结构的泡沫塑料。

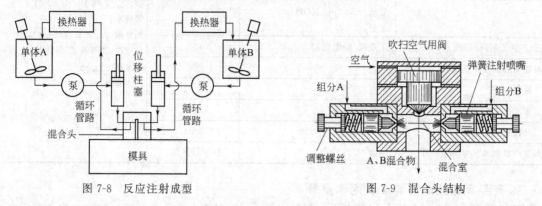

图 7-8　反应注射成型　　　　　　　　图 7-9　混合头结构

　　反应注射成型实际就是化学反应过程和注塑过程的组合。它要求各组分一经混合，立即快速反应，并且物料能固化到可以脱模程度。因此，要采用专用原料和配方，有时制品还需进行热处理以改善其性能。成型设备的关键是混合头（图7-9）的结构设计、各组分准确计量和输送。此外，原料储罐及模具温度控制也十分重要。聚氨酯泡沫塑料的反应注射成型主要采用高压混合设备，将储罐中已配制并恒温的甲组分（多元醇及其他添加剂）和乙组分异氰酸酯分别经计量阀计量由活塞泵以高压喷射进入混合头后，经过激烈撞击混合，再以较低的压力注入密闭模具中，很快发泡固化，脱模后进行熟化处理，经表面修整、修饰即得到RIM制品。

　　为了进一步提高制品刚性和强度，在原料中混入各种增强材料时称为增强反应注射成型，产品可作汽车车身外板、发动机罩。新近开发的品种有环氧树脂、双环戊二烯聚合物和有机硅树脂等。

　　2. 增强反应注射成型（RRIM）

　　增强反应注射成型（RRIM）是为了提高RIM制品的正切模量加入增强玻璃纤维而发展起来的，也称第二代RIM技术。在RIM设备的基础上增添一些辅助装置，把磨细的玻璃纤维加入多元醇组分中，亦可加入到异氰酸酯中。为了保证玻璃纤维与聚氨酯能有较好的亲和力，玻璃纤维一般是用化学偶联剂来进行表面处理。随着玻璃纤维的加入，料液黏度会增高，设备系统的压力也要提高，同时混合头的进料孔径也要增大一些。增强后的RRIM制品，刚性显著提高，达到中等模量水平，同时耐热性亦有增加，成型周期大大缩短。近年来，RRIM设备有很大改进，日趋完善，制品产量亦不断增长。

　　3. 生产中的安全技术措施

　　聚氨酯泡沫塑料在生产中使用的几种原料和助剂具有一定的毒性，特别是有机异氰酸酯类。对其毒性是每个操作人员都必须了解的。异氰酸酯属有毒类的化学物品，反应活性极大，挥发后产生的有毒气体能刺激眼睛和呼吸系统。一般症状为流泪、口干及喉痛，严重的可引起呼吸道感染，造成气喘病。直接接触皮肤和黏膜可引起灼伤。另外对异氰酸酯敏感的人，一嗅到或接触到其蒸气就会引起严重的过敏反应。生产时必须采用严格的安全技术措施，具体列举如下。

　　① 操作时应十分谨慎，注意清洁。在操作和储存中须严格避免与胺、醇、水、羧酸等含活

泼氢的化合物接触，盛装异氰酸酯的反应设备和容器必须干燥并与水、湿空气隔绝。

② 操作时工作人员必须佩戴橡胶手套和眼罩，衣着防护罩衣。操作时宜处于上风口，避免接触皮肤和吸入蒸汽。

③ 当有异氰酸酯少量溢出时，立即用棉丝擦去，并用液体中和剂（配方列于下方）清洁地面。溢出量大时，应立即戴上防护面罩，用固体中和剂（配方列于下方）覆盖，几分钟后扫起，用水冲洗地面。

- 液体中和剂配方：乙醇 50（质量份），水 45（质量份），浓氨水 5（质量份）。
- 固体中和剂配方：锯末 23.0（质量份），白土（硅藻土）38.5（质量份），水 11.5（质量份），乙醇 19.4（质量份），三乙醇胺 3.8（质量份），浓胺水 3.8（质量份）。

④ 生产车间应有良好的通风条件和排风设备。空气中甲苯二异氰酸酯的浓度规定不得超过 $0.02\mu L/L$。当吸入量其蒸气时，如果时间短吸入量少，应立即到空气新鲜的地方；当吸入量大时，则应进行人工呼吸或输氧，并请医生治疗。

⑤ 当皮肤接触异氰酸酯时，应先用乙醇洗，然后再用肥皂洗，最后用淋浴洗净。当溅到眼睛时，应立即用冷水冲洗 15min，洗净后立即请医生治疗。

⑥ 当衣服上污染有异氰酸酯时，须用液体中和剂处理，然后用水彻底洗净。

第五节　聚乙烯泡沫塑料生产工艺

一、聚乙烯交联发泡过程

聚乙烯属结晶型聚合物，呈线型结构。在熔点温度以下几乎不流动，而在熔点温度以上呈流体时，其黏度又急剧下降，致使发泡过程中产生的气体很难被包住。此外，聚乙烯从熔融态转变为结晶态要放出大量的结晶热，而熔融聚乙烯的比热容较大，因此从熔融状态转变到固体状态的时间比较长。加上聚乙烯的透气率较高，适于发泡的温度范围较窄。其中低密度聚乙烯比高密度聚乙烯更容易渗透气体，最容易透过的气体是二氧化碳。这些因素皆会使得发泡气体易于逃逸。除挤出发泡制得无交联的高倍率发泡材料外，欲制得更高发泡倍效（在 10 倍以上）的泡沫塑料，必须在聚乙烯分子间进行交联，使分子间相互交联成为部分网状结构，以增大树脂黏度，减缓黏度随温度升高而降低的趋势。

通常采用的交联方法有化学交联和辐射交联。化学交联一般采用有机过氧化物作交联剂，因价廉、操作方便，工业上广泛使用。辐射交联是聚乙烯在高速电子射线或 γ 射线辐照下，发生交联反应形成网状大分子。辐射交联设备投资大，但片材质量好，一般只用于生产 5～10mm 厚的交联聚乙烯泡沫片材。

一般用于交联发泡的聚乙烯平均相对分子质量在 2.5 万左右，包含有约 900 个链节，只要其中有 7～8 个链节产生交联就会使整个聚乙烯分子的性质发生改变。交联后聚乙烯熔融物的黏度和弹性显著提高，适宜发泡的黏弹性范围可由化学交联剂的添加量或控制辐射剂量来调节，以保持泡孔结构、制备高倍率发泡的泡沫塑料。辐射交联的高密度聚乙烯泡沫塑料具有光滑、均一的表面，闭孔和树脂的内在性质赋予其良好的机械性能、耐冲击性和绝缘性能。

二、聚乙烯泡沫塑料成型方法

1. 挤出法

挤出法是将含有发泡剂的聚乙烯熔融物料通过挤出机头口模挤出，在熔融物料从高压降为常压时，使溶于熔融物料中的气体膨胀而完成发泡的。按照发泡剂的种类和加入方式的不同，分为下列三种情况：①在聚乙烯树脂中加入热分解型发泡剂；②在挤出机中部熔融段加压注入低沸点液体发泡剂；③用浸渍法制备含有挥发性发泡剂的可发性珠粒，然后再挤出发泡。第①种情况称为化学发泡法，多用于低发泡制品，如电缆电线绝缘层的制备；第③种情况需在挤出之前制备可发性珠粒，工艺较复杂，多用于泡沫包装。以下重点介绍第②种情况，它也被称为挤出物理发泡法。

用挤出物理发泡法可生产无交联高发泡聚乙烯泡沫塑料。因为在挤出发泡中，挤出物料的温度可以精确地控制在聚乙烯熔融温度附近的较低温度下，即在低于聚乙烯熔融温度、高于聚乙烯软化温度的温度范围内膨胀发泡，此时挤出物料有较大的熔融黏度，加上挥发性发泡剂在气化膨胀的同时吸收挤出物料的热量，又进一步提高其熔融黏度，稳定形成的气泡，从而制得泡沫塑料。常用的发泡剂有脂肪烃类（如丙烷、丁烷、戊烷和石油醚等）和氟碳化合物（如二氯四氟乙烷）。

挤出物理发泡法工艺简单，只要在挤出机中部的熔融段注入沸点为-30～20℃的挥发性发泡剂即可挤出发泡。与挤出聚苯乙烯泡沫塑料相似，为了使气泡微细、结构均匀，可加入少量成核剂。例如加0.01～1质量份的有机酸、碳酸盐或酸式碳酸盐、粉末状二氧化硅等。

挤出温度选择在比熔融温度低5℃至软化温度之间，挤出温度选择适当可制得发泡倍数为20倍的聚乙烯泡沫塑料。

生产中先将混合均匀的原料从料斗喂入挤出机，在机筒中熔融塑化，再从挤出机中部的注入口用计量泵将二氯四氟乙烷发泡剂注入熔融物料中，经螺杆搅拌与物料完全混合。温度均匀的熔融物料从机头口模挤出，经吹塑发泡得到表面有珍珠状的光泽而内部泡孔结构均匀的聚乙烯泡沫片材。用此法制得的聚乙烯泡沫塑料密度为$0.03～0.16g/cm^3$，品种除片材外还有板、管、棒材等。

2. 常压发泡法

将聚乙烯、热分解型发泡剂、交联剂和其他添加剂在聚乙烯软化温度以上到交联剂、发泡剂分解温度以下的温度范围内进行干混炼，再用挤出机加工成可发性片材，然后把片材加热到较高温度先进行交联，接着在常压下发泡剂分解自由发泡的成型方法称为常压发泡法或挤出后常压交联发泡法。

3. 模压发泡法

模压发泡中，混炼及成型片材工序与常压发泡法相同，区别仅在于其后的发泡方法。模压法是将可发性片材置于液压机的模具中加压加热，先使交联剂分解产生交联，达到一定交联度后，温度进一步升高，使发泡剂分解。通常压力为5.0～21.0MPa。

此时有两种开模方式。

（1）热开模法　待发泡剂分解完全后，解除液压机压力，使热熔融板材膨胀弹出，并在2～3min内完成发泡。熔融物料的快速膨胀发泡有利于形成细小的泡孔，但不能达到太高的发泡倍率。因发泡剂分解产生的气体压力与物料的黏性和弹性之间难以达成平衡，发泡时微小的阻力都会导致泡沫塑料龟裂，所以要特别注意控制熔融体的黏弹性。有时也称该法为模压一步法。我国用此法大量生产聚乙烯高发泡钙塑装饰材料，如天花板等。

（2）冷开模法　将完成交联发泡的模具冷却到65℃左右，开模取出泡沫块，立即送入127～177℃的烘箱中加热进行二次发泡；亦可将热压泡沫块置于容积比其大的模具中二次加热膨胀，冷却后开模得到具有闭孔结构，泡孔细微均匀、力学强度优良的聚乙烯泡沫塑料板材。用热压釜代替模具在氮气压力下，将可发性片材加热，当交联剂和发泡剂分解时，可通过氮气压力控制其膨胀。然后将这些内部含有大量气体并已部分膨胀的板状物由压力釜中取出，在常压加热二次发泡即得到高倍率发泡的泡沫板材。

三、聚乙烯泡沫塑料典型制品生产

挤出后常压交联发泡聚乙烯塑料的生产过程如下。

（1）配方及工艺　交联聚乙烯挤出泡沫生产通常采用挤出后常压交联化学发泡的方法，如图7-10所示。一般常压发泡的工艺过程是经由混炼、挤出坯料、加热交联和发泡。首先将聚乙烯

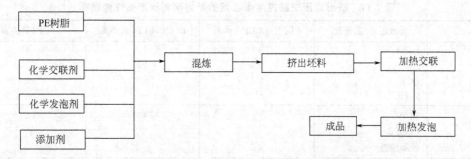

图 7-10　聚乙烯挤出后常压交联化学发泡工艺流程

树脂、化学交联剂、化学发泡剂及其他助剂均匀地混炼，然后将此混炼物料通过挤出机挤成一定宽度的未交联、未发泡的可发性坯料。混炼与挤出坯料时的温度要求控制在聚乙烯树脂熔点以上，既不能使交联剂分解，又不能达到发泡剂的分解温度。混炼设备可采用双辊混炼机、高速密炼机、挤出机等。混炼物料经挤出成坯料后，须将坯料直接送入加热装置中进行交联和发泡，一般采用先交联、后发泡的两步加热法，若采用一步加热法则需要增加交联剂的用量。经交联和发泡后坯料的厚度、宽度均会有所增加。

基本配方：LDPE 树脂（MFR＝1.0g/10min)100 份，化学交联剂 DCP 0.5 份，化学发泡剂 AC 10 份，白油 0.5 份。

工艺过程：首先将配方中的各组分投入高速捏合机进行混合，再将混合物料喂进挤出机中塑化并成型。此时为防止交联剂与发泡剂分解，必须严格控制挤出工艺条件。对于交联剂用 DCP 时，以 135～143℃挤出为宜，在此温度下聚乙烯树脂不会发生交联。然后使挤出物料在经过低温烘道加热时发生交联反应，再经高温烘道加热时发泡，最后经过风冷或水冷成为制品。交联、发泡时的加热温度和加热时间需按工艺要求设定。例如，将片材进行红外线辐射加热时，第一段应在 200℃温度下加热 5min，此时片材表面发生交联；第二段应在 230℃温度下加热 3min，于是片材整体交联和发泡同时完成。

（2）设备特点　平板挤出法采用的是 T 型机头，因为聚乙烯树脂中含交联剂，故机头可按硬质聚氯乙烯（RPVC）设计。生产较宽的板材可采用衣架式机头，生产较窄的板材则采用鱼尾式机头。一般不采用歧管式机头，这是因为这种机头有死角，树脂易过热分解。对于厚度为 1～10mm 的板材，一般采用三辊冷却定型。在 T 型机头的出口处也设有冷却定型夹套。

交联发泡装置类似一个加热炉，可采用远红外预交联，以热风或热的液体作介质。作为传送装置的传送带，有的厂家用不锈钢网或铜网制作，也有的厂家用聚四氟乙烯制作，而且用气垫托住已交联的坯片，使其在空气中能自由发泡。

采用金属丝网的优点是：它与坯片接触面积小，不易黏片，发泡阻力小；网孔多，便于从下部加热。网目宜取 50～80 目。网的上下方设置许多平行排列的缝形喷嘴，吹出热风，风速在 5～10m/s 左右，温度控制在 180～230℃，下方风速大于上方风速，可以减小阻力，坯片在炉中停留 2～10min 即可完成交联与发泡。

表 7-11 列出了挤出常压交联发泡聚乙烯的配方实例和产品性能指标。

挤出常压交联发泡工艺虽可连续生产，但其产品的厚度受到一定的限制，一般为 15～20mm。如要制成更厚的板材，通常采用将几块板材热熔粘贴在一起的方法。厚板难于一次挤出成型的原因主要是传热速度较慢，容易造成制品外熟而内生。交联聚乙烯泡沫塑料由于在熔点以上时仍有良好的热稳定性，可将几块板材重新用红外线或热风加热，再连续辊压热熔黏合成为厚板。常压发泡法难以制成型材，但可以用挤出涂覆法贴合聚乙烯膜或布、纸，加工成类似人造革的材料，也可辊筒轧花。

表 7-11　挤出常压交联发泡聚乙烯的配方实例和产品性能指标

项　目	发泡组分/质量比	LDPE/LLDPE 体系	LDPE/LLDPE 体系	LDPE 体系
预混合	LDPE	40	40	40
	AC	26	26	23
	DCP	0.7	0.7	0.7
	ZnO	0.5	0.5	0.5
干混合	LDPE	50	40	40
	LLDPE	10	20	
	硬脂酸钙	0.2	0.2	0.2
泡沫特性	密度/(kg/cm³)	17.5	17.5	24.5
	拉伸强度/kPa	215	236	174
	压缩强度/kPa	27.5	236	174
	撕裂强度/(N/m)	1410	1410	1168
	伸长率/%	128	128	172
	颜色	雪白	雪白	雪白

第六节　聚氯乙烯泡沫塑料生产工艺

一、聚氯乙烯发泡及成型方法

聚氯乙烯泡沫塑料是以 PVC 树脂和一定量的发泡剂、稳定剂、溶剂等，经过捏合、球磨、成型、发泡而制成的泡沫塑料。泡沫塑料制品按其工艺配方不同，可制成软质和硬质性能不同的泡沫塑料。软质泡沫塑料在配制时加了入较多的增塑剂，成型后具有一定的柔软性。而硬质聚氯乙烯泡沫塑料则是在配制时加入能溶解树脂的溶剂，在成型过程中溶剂由于受热挥发从而成为质地坚硬的泡沫制品。按泡孔结构又可分为开孔和闭孔两种。硬质聚氯乙烯泡沫塑料一般为均匀闭孔结构。

1. 软质聚氯乙烯塑料发泡工艺

(1) 物理发泡法　采用溶解气体为发泡剂。由于聚氯乙烯树脂本身不溶解惰性气体，所以必须利用能溶解惰性气体的大量增塑剂来配制聚氯乙烯糊或溶液。其成型方法有间歇法和连续法两种。

(2) 化学发泡法　以加入热分解型发泡剂的化学发泡法，其生产的软质聚氯乙烯泡沫塑料主要用于制鞋方面。首先按照配方在聚氯乙烯中加入各种添加剂配制成塑料糊，经混炼成片与挤出造粒，然后采用模压、注射、挤出和压延等方法成型。

2. 硬质聚氯乙烯泡沫塑料生产工艺

硬质聚氯乙烯泡沫塑料（尤其是交联型）强度高，电性能、耐酸、耐碱及耐溶剂性能优良，水蒸气透过率低，具有自熄性，使用温度也较高。硬质聚氯乙烯泡沫塑料主要分为高发泡和低发泡硬质聚氯乙烯泡沫塑料两种，高发泡制品一般发泡剂用量为 8～15 份，低发泡制品发泡剂用量为 0.5～5 份。硬质聚氯乙烯泡沫型料主要用于绝缘、保温、隔声、防震、包装材料以及水上漂浮和救生材料。

硬质聚氯乙烯泡沫塑料主要采用压制（模压）成型工艺，生产中先将配方中的固体组分（发泡剂、稳定剂、阻燃剂等）混合置于球磨机中研磨 3～4h，研磨后过筛（用 60 目筛网），然后迅速加入增塑剂磷酸三甲酚酯和溶剂，搅拌均匀，装入模具内，将模具置于液压机加热和加压进行塑化处理。一般压力为 20MPa，加热蒸汽压力为 0.6MPa。塑化成型时间视制品尺寸大小而定，塑化完成后冷却脱模，将制品放入沸水或 60～80℃ 的烘室内继续完成发泡。最后将制品放入 65℃±5℃ 的烘房中热处理 48h 方能定型为泡沫塑料制品。

硬质泡沫塑料在生产过程中有大量溶剂挥发，因此车间应保持通风良好，并设有防火、防爆装置，以保证生产安全。

二、聚氯乙烯泡沫塑料典型制品生产

挤出仿木纹结构的低发泡 PVC 异形材成型方法，是在结皮法基础上，利用改进型的普通单螺杆挤出机和专用发泡模具，一次性挤出木纹结皮结构低发泡异型材和板材的成型工艺。这是 20 世纪末开发出来的一次成型新技术。围绕一次性挤出木纹产品，研究者从各方面都表现出极大的兴趣。下面以挤出仿木纹结构的低发泡 PVC 异形材为例，介绍其生产工艺过程。

1. 仿木纹原理及其应用

仿木纹塑料异形材是通过两种以上不同塑料熔体的颜色差、黏度差、流速差和结构差来突出界面变化，生产出各种逼真的木纹、年轮和针眼。在原材料的备制过程中生产出两种以上不同颜色的粒料，采用不同比例加上适当的工艺控制，可仿制出红木、柏木、榆木、水曲柳等木纹的发泡异形材和板材。其仿真效果取决于配比和工艺条件的选择。配以热转移印刷技术，可以生产出更多种颜色和花纹的异形材线条。

聚氯乙烯低发泡异型材把以往的结晶型和无定形结构变成了微泡组织结构，非常类似木材细胞的结缔组织。这样的产品就具有与木材相似的密度和内部结构。基于聚氯乙烯树脂的高调配特性，采用不同树脂、配方、加工工艺，可设计出各种木材纹理甚至不同的年轮、针眼的仿木塑料产品，其外观和性能与天然木材极为相似，很多方面甚至优于木材。被誉为合成木材。

在塑料单螺杆塑化挤出过程中，如果两种塑料的熔融黏度不同，就会有先后挤出之分，流动速率不同。另外，当一种过量的黏性熔体 A 和一种少量的黏性熔体 B（色母料）相混合时，只有 B 料黏度远小于 A 料黏度时才能充分混合、熔融、着色均匀，而且一般要求 B 料在经过螺杆均化段之前先于 A 料熔化。相反，若 B 料与 A 料熔融不同步、混合不均匀，则挤出制品的颜色就不会均匀一致，即出现色花、色拉现象，变幻不均，呈现出各种纹理。

目前已开发出仿木塑料装饰线条的产品有角线、挂镜线、门套线、半圆线、踢脚板、艺术品装潢边框、天花板装饰灯池等。这些产品不仅保留了 PVC 材料的力学性能，而且具有与木材相似的外观和特性。PVC 低发泡异型材质轻、坚固，密度在 0.5～0.8g/cm³ 之间，与原木的密度相差无几；软质木材到硬质木材的密度一般在 0.4～0.7 g/cm³ 之间。聚氯乙烯低发泡异型材的不吸湿、不开裂、不翘曲、无方向性是木材无法比拟的。阻燃、防腐又防蛀，兼具保温、隔声等功能。加工上可以采用钉、钻、刨、锯、粘接、雕刻等常规的木材加工方法，而且根据要求还可以做到表面耐磨与防烫。进行加热造型、焊接、印刷、烫金、转印、覆膜等诸多二次加工。生产制作经济，使用简捷方便。所以说它似木非木，可广泛应用于化工、建筑、装修等工业与民用领域。

2. 仿木纹模具结构与设计

设计 PVC 发泡异型材挤出模比设计未发泡的实心型材挤出模更加困难，因为在熔体离开口模时，除了出模膨胀和速度分布重排外，还有物料的发泡膨胀。这种发泡膨胀过程与发泡剂类型、配方选择、填料比例、温度控制及混合程度等许多因素有关，它是一个系统工程。

首先在模具设计中机头的流道尽量采用流线型，以免流道中有滞料现象。压缩比在 4～6。机头的口模平直段应有足够的长度，以形成高阻力，提高物料挤出时的出口压力，从而抑制泡孔在口模内形成并增长。一般口模平直部分长度 L 与制品壁厚 T 的关系为 $L/T=10～12$，发泡倍率 1.5～1.8。型材采用分段定型的方法效果较好。定型模流道截面积与机头口模截面积之比为 1.8～2.2。

其次对口模中的平行区部分长度和制品横截面积的大小应综合考虑。一般要求口模平直区部分长度尽可能短。但平行区部分短会减少口模出口处的流动阻力，降低模内熔体压力，导致熔体提前发泡。这种情况下要保持口模内熔体的高压，只有缩减口模出口的流道面积，即缩减制品横截面积，而后者的尺寸往往是固定的。因此综合解决的方法是：对横截面积小的制品口模，其平行区部分长度可短一些；对横截面积较大的制品口模，其平行区部分长度应略长一些。横截面积很大的制品则不适宜采用自由发泡工艺成型，一般采用向内发泡工艺。

对于加工横截面形状复杂、精度要求较高的组合式发泡异型材，尤其要注意口模中熔体压力的合理分布和流道结构的正确过渡。由于截面形状复杂、精度要求高的发泡异型材难以定型，特别是在一些边棱拐角区域。在定型时要求挤出型坯的强度较高，发泡膨胀速率缓和可控。为此，模具设计时一改传统的发泡挤出口模横截面要求向口模出口方向均匀地减小的规律，采用二级或多级减压结构，以控制口模中的熔体压力。在机头流道中设置分布混合流道，即螺旋式静态混合器，它同时起到一级减压作用。又可在口模主流道上设置其中一段使其横截面向口模出口方向逐渐增大，使熔体流经此处时内压有所降低（这种压力下降的前提是不允许含气熔体在口模内大规模发泡的），挤出熔体的发泡过程并不是急剧变化和难以控制的。从而保证了横截面结构复杂的发泡型坯也能向定型模平稳可靠地过渡，保证边棱拐角处质量良好。

仿木纹模具设计可利用大孔径的分流板，根据层流理论，在通常情况下，分流板上的过滤孔是同心分布，而且中心疏、周边密。以控制料流均匀和稳定。为了适应色拉、云纹工艺，需把分流板上的孔径扩大，使孔洞分布均匀，采用同心分布或六角分布，以求料流稳定挤出但不充分均匀。物料挤出口模后经过冷却定型，便可以制作出具有纹理层次的效果，如图7-11所示。

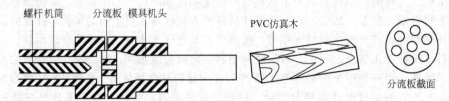

图 7-11 用大孔径的分流板制作仿木纹、水纹、云纹的方法

也可以采用多孔模具，挤出机不用过滤板，而是把模具设计成多孔状。熔融物料经过多孔模具是成束挤出的，将成束挤出物料强迫并拢并通过定型冷却装置。这样制作的材料不但表面有纹路，而且内部还有木质纹理，如图7-12所示。

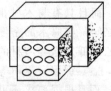

图 7-12 多孔模具

带年轮的PVC低发泡异型材截面年轮主要也是在特殊成型模具上。把模具设计成多个同心管模，物料呈多层环状挤出，从材料断面上观察，就像树木的年轮分布。由于熔融物料的不规则性流动，正好赋予其逼真、多变的年轮效果。如图7-13所示。

在成型时，从挤出机挤出的带有不同深浅颜色的发泡熔体通过特制模具被分流成不规则同心圆环，并且在最外侧周边开有部分重叠的斜孔，挤出的发泡物料经压辊和定型模套的共同作用，进一步经水浴冷却成型。因每一个圆环流出的熔体的周边温度均低于芯部温度，发泡剂溶解程度较小，从而使其表层密度略大于芯层密度。再经压辊压合，其压合部分颜

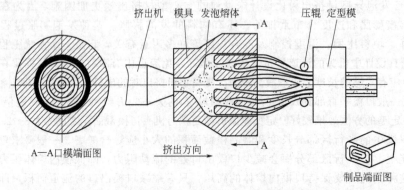

图 7-13 带年轮状合成木材的成型模具结构

色叠加，从而变得较其他部位颜色更深。每一个圆环熔接处均如此，也就在截面形成了明显的年轮。开几圈圆环就会有几层年轮，表面不均匀斜孔的不均匀物料叠加也就形成了表面疏密有致、层次深浅不一的木质纹路。

为适应发泡异型材生产的工艺要求，发泡异型材挤出模可有以下结构类型。

（1）纵向高阻力实芯型材挤出模　此种挤出模适用于横截面积小的异型材，如图 7-14 所示。与致密同类型异型材挤出模相比，在其模套内圈出口处有一短（约 1～2mm 长）而窄（约为流道高度的 10%）的阻流区，用以大大降低熔体在出口区的压力，以此引发发泡过程。

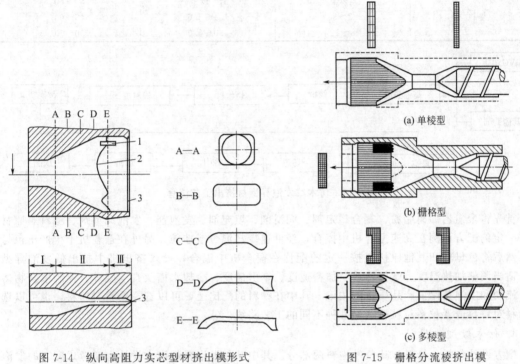

图 7-14　纵向高阻力实芯型材挤出模形式
Ⅰ—供料区；Ⅱ—过渡区；Ⅲ—口模成型区
1—导向槽；2—变化的口模成型段长度；3—阻力区

图 7-15　栅格分流棱挤出模
（a）单棱型
（b）栅格型
（c）多棱型

（2）分流锥孔板式挤出模　这种挤出模类似于一般异型材挤出模。分流锥用于保证熔体在挤塑机中产生适当的压力。更换口模板，允许用同一挤出模生产几种相似类型的发泡异型材，同时口模板材处的流速也易于控制。

（3）发泡中空型材挤出模　这种挤出模与一般异型材挤出模的结构并无两样，只在一些细节上略有差别：①在口模孔中设有一阻力区；②口模成型段较短，一般长度 $L=(5～10)T$（T 为制品壁厚）；③芯模支承区与口模间隙之间的压缩比较大，一般为 10～15。

（4）栅格分流棱挤出模　此种挤出模设计如图 7-15 所示，特别适用于生产横截面积大、壁较厚且分布不均匀的发泡异型材。由栅格阻流器形成的各独立料流在口模中汇集并熔合，这样的栅格也适用于分流棱，它们能影响熔体流动分布，大大改变某些选定区域中发泡异型材的密度。

在缺乏实际经验的情况下，想要设计挤出发泡异型材模具，表 7-12 中的经验数据可作为选定口模尺寸的参考。这类口模在设计时要留有更多的修改余量。

3. 仿木纹工艺流程

仿木纹发泡异型材的挤出工艺和普通异型材挤出工艺没有太大区别，关键是挤出发泡异型材的模具设计和原材料的配方变化上。其工艺流程如图 7-16 所示。

表 7-12　PVC 发泡异型材定型尺寸与口模尺寸的关系

最终型材尺寸/mm		口模孔尺寸	
		设计尺寸/mm	相对于最终尺寸/%
宽度	10～30	6～18	50～60
	30～60	21～42	60～70
	60～100	48～80	70～80
	100～150	90～130	80～90
	150 以上	150	80～100
厚度	3 以下	1.5 以下	50～60
	3～8	1.4～3.6	45～60
	8～12	4.0～6.0	50～70

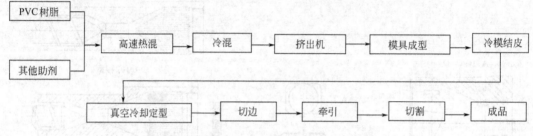

图 7-16　仿木纹发泡异型材挤出工艺流程

　　首先将聚氯乙烯树脂粉、复合稳定剂、润滑剂、填充剂、发泡剂、发泡调节剂、颜料等原材料按一定的配方比例在高速捏合机中捏合，经低速冷却混合或造粒。另外在造粒机上生产出色母粒，然后将色母粒和其他原材料按一定的配比在捏合机中混合，投入挤出机中挤出低发泡异型材。适当调整加热温度、螺杆转速、加料速度、牵引速度、冷却水槽及真空度等。控制聚合物熔体的流动和发泡是保证产品质量的关键。其中在物料的配比上，可以选择粉料对粉料，也可以选择粉料对粒料或者粒料对粒料这样几种不同的工艺路线。

　　4. 仿木纹配方设计

　　配方设计包括色母料和基色发泡料两部分。其中基色发泡料的配方设计主要考虑配方的发泡效果、产品性能以及产品的基色调，色母料的配方设计主要考虑与基色发泡料的相容性、分散性、木纹的色调以及木纹的效果。

　　利用物料熔融流动性的差异，即在混合物料中加入两种以上的着色料，它们能与 PVC 相容，但流动分散性不同。在塑化挤出时，这种流动性能上的差异性再经过特殊模具作用就表现了出来，颜色上的分布不均使制品形成了波纹、条纹、木纹等图案外观纹路及内部纹理结构。流动分散性的不同可通过加工改性剂、润滑剂等来调整。表 7-13 给出了基色发泡料和色母料的配方组成。

表 7-13　基色发泡料和色母料配方组成

基色发泡料（A 料）		色母料（B 料）	
原　料	用量/质量份	原　料	用量/质量份
PVC 树脂（SG～6）	100	载体树脂	100
稳定剂	3	稳定剂	4
改性剂	4	WE-3	6
硬质酸锌	2	着色剂	18
高分子蜡	0.5		
发泡剂	0.6		
轻质活性 $CaCO_3$	10		

先将 B 料混合，塑化造粒，然后将 A 料与 B 料按 98∶2 左右的比例在高速混合机中捏合到一定的温度和时间，之后冷却降温，经塑化挤出即可。

着色料的颜色搭配很讲究，应根据实践经验、设想以及色彩理论来确定颜色种类与数量比例，如红、黄、白、棕等。树脂载体选用氯化聚氯乙烯或甲基丙烯酸甲酯-丙烯腈-丁二烯-苯乙烯四元共聚树脂。选用氯化聚氯乙烯主要是由于它的熔融黏度比聚氯乙烯大，而且与聚氯乙烯相容。但氯化聚氯乙烯吸湿性大，应在使用前充分干燥。

将两种以上熔融流动性相同或相近但色泽、数量不同的 PVC 粒料相掺合，注意不要让两种物料达到非常均匀的混合程度。设计配方见表 7-14。

表 7-14　C 料、D 料、E 料配方组成

C 料		D 料		E 料	
原料	用量/质量份	原料	用量/质量份	原料	用量/质量份
PVC 树脂(SG-7)	100	PVC 树脂(SG-7)	100	PVC 树脂(SG-2)	100
稳定剂	3	稳定剂	3	稳定剂	3
改性剂	4	改性剂	4	改性剂	4
金属皂类	2	金属皂类	1.5	金属皂类	1.0
WE-3	0.4	WE-3	0.6	WE-3	0.6
发泡剂	0.6	$CaCO_3$	5	$CaCO_3$	5
$CaCO_3$	10	宝红	0.1	塑料棕	3
中铬黄	1.0				

先把 C、D、E 三种物料分别塑化挤出造粒，然后按 C∶D∶E=8∶1∶1 的比例，再把 C 种物料投入料斗中，同时将 D 料、E 料脉冲式撒入 C 料之中共同塑化挤出。制品的色彩纹理与它们的比例多少、混合程度关系很大。可根据设想和实际的颜色随意调整比例，制品就会产生出变幻多彩的木纹效果。

改变原料颜料和色母料的配合，结果见表 7-15。根据不同原料颜料和色母料的组合，可以达到不同的木纹组合效果。

表 7-15　颜料与色母料组合的木纹产品效果

序号	组　合	效　果
1	钛白粉(1 份)、中铬黄(0.02 份)、橙色粒料(1 份)、黄色粒料(0.2 份)	基色亮黄,有不规则橙黄色木纹
2	中铬黄(0.02 份)、炭黑(0.001 份)、棕色粒料(0.5 份)、橙色粒料(0.5 份)、黄色粒料(0.5 份)	基色暖黄,木纹棕黄
3	中铬黄(0.6 份)、宝红(0.05 份)、炭黑(0.005 份)、棕色粒料(2 份)、橙色粒料(0.5 份)、黄色粒料(0.5 份)	基色橙红偏暗,仿红榉
4	中铬黄(0.2 份)、宝红(0.36 份)、炭黑(0.05 份)、棕色粒料(3 份)、橙色粒料(0.5 份)、黄色粒料(0.5 份)	基色深棕红,仿酸枝

采用红、蓝、黑、白等颜色的绒毛或绒片加入到物料中，经过塑化挤出，可达到花岗岩、大理石、水磨石的天然效果。

第七节　泡沫塑料成型技术的发展

泡沫塑料也可以理解成是由气泡填充的高分子材料。它具有质轻、隔热、吸声、减震等特性。且介电性能优于基体树脂，用途很广。由于现代技术的发展，几乎各种塑料均可做成泡沫塑料，发泡成型已经成为塑料加工中一个重要领域。现代发展起来的结构泡沫塑料，以芯层发泡、皮层密实为特征，外硬内韧，比强度高，能耗低，日益广泛地代替木材用于建筑和家具领域中。

聚烯烃的化学或辐射交联发泡技术取得成功，使泡沫塑料的产量大幅度增加。经共混、填充、增强等改性塑料制得的泡沫塑料，具有更优良的综合性能，能满足各种特殊用途的需要。例如用反应注射成型制得的玻璃纤维增强聚氨酯泡沫塑料，已用作飞机、汽车、计算机等的结构部件；而用空心玻璃微珠填充聚苯并咪唑制得的泡沫塑料，质轻而耐高温，已应用于航天器上。

在仿木结构低发泡成型技术的推广和应用方面，有 PVC 低发泡型材、PS 低发泡木塑复合材料、PU 结构泡沫合成木材等。在功能泡沫塑料方面，有抗静电泡沫塑料、耐高温泡沫塑料、化肥缓释泡沫塑料等。这不仅有着广泛的社会意义和经济价值，而且在向着更小微孔和更大气泡两个方向发展。

进入节能环保时代，泡沫塑料具有更加广泛的应用领域和市场空间。开发出了氟立昂替代发泡技术，聚氨酯全水发泡技术，生物降解发泡技术。最近开发出一种新的环保材料，可取代现有的泡沫塑料，以消除白色污染的祸患。这种材料称为生物泡沫塑料，它主要是由天然的可循环物质制成。其中 70% 的成分是由粟米、大豆和蓖麻等多种油料制品提炼而成，石油提取物仅占 30%。生物泡沫塑料可以用于轻型包装材料，由于它能够在大自然中迅速进行生物降解，是取代普通泡沫塑料的佳品。生物泡沫塑料与历时数百年也不会降解的普通泡沫塑料不同，它可在不到两个月内化解在大自然中，而且其生产成本低，不会产生有毒物质。

军事方面有吸波隐身泡沫塑料、失能泡沫塑料等。有趣的失能泡沫塑料是一种由聚氨酯材料制成的泡沫，将它喷洒在雷场上，可以马上变成坚硬的塑料，无需排雷就可在雷区为部队打通前进的道路。它适用范围广，不仅可以被喷洒在陆地上，也可喷洒在海滩上，对许多种类的地雷都有很好的防备效果。而且成型速度快，只要将泡沫喷洒到雷区的地面或海滩上，几分钟内就可以变成坚硬的塑料，为坦克、车辆和人员铺设出"安全通道"。由于聚氨酯是一种廉价材料，这种泡沫塑料的使用具有重要的军事战略意义。

"材料是技术进步的核心内容"。历史经验证明，只有新材料的不断发展，才能使一些有价值的想法逐渐变成现实。新技术、新材料的不断涌现，为泡沫塑料成型工艺在节能和环保方面提供了广阔的活动舞台。

复习思考题

1. 什么叫泡沫塑料？常用于加工泡沫塑料的树脂有哪些？泡沫塑料如何分类？
2. 泡沫塑料发泡方法有哪几种？
3. 什么叫机械发泡法？其特点如何？
4. 什么叫物理发泡法？常用的发泡方式有哪些？其发泡原理及特点如何？
5. 什么叫化学发泡法？常用的发泡类型有哪两种？各自的发泡原理如何？各适合于何种类型的塑料？
6. 泡沫塑料的形成可分为哪几个阶段？各如何控制？
7. 聚苯乙烯泡沫塑料的成型方法有哪些？
8. 什么叫可发性聚苯乙烯珠粒？其制备方法如何？
9. 聚苯乙烯泡沫塑料模压成型的工艺过程如何进行？
10. 聚苯乙烯泡沫塑料挤出成型有何特点？
11. 如何生产可发性聚苯乙烯泡沫塑料包装材料？
12. 什么叫聚氨酯泡沫塑料？其发泡方法有哪几种？
13. 试述软质聚氨酯泡沫塑料的生产工艺，比较软质模塑泡沫塑料与软质块状泡沫塑料生产上的异同点。
14. 硬质、半硬质聚氨酯泡沫塑料生产与软质聚氨酯泡沫塑料相比有何特点？
15. 聚氨酯泡沫塑料生产中必须采用哪些安全技术措施？
16. 聚乙烯交联发泡过程有何特点？比较挤出法、常压法和模压发泡法生产聚乙烯泡沫塑料的异同点。
17. 简述挤出常压法化学交联发泡聚乙烯泡沫塑料的生产工艺流程。
18. 软质聚氯乙烯塑料发泡方法有哪些？简述模压法聚氯乙烯泡沫塑料的生产工艺流程。
19. 硬质聚氯乙烯塑料发泡与软质聚氯乙烯塑料发泡有何不同？
20. 画出仿木纹结构的低发泡 PVC 异形材挤出工艺流程图。

第八章　其他塑料成型工艺

【学习目标】

掌握模压、层压、传递成型生产工艺过程及工艺控制要点；掌握搪塑、滚塑成型工艺过程及特点；掌握塑料热成型加工方法和特点；了解冷压烧结成型的生产工艺过程；了解金属表面涂覆塑料的常用方法。

第一节　模压与传递成型

模压成型又称压制成型或压缩模塑，是将粉状、粒状或纤维状的物料放入成型温度下的模具型腔中，经闭模加压使其成型并固化的方法。

传递成型又称传递模塑成型，模塑时先将塑料在加热室加热软化，然后压入已被加热的模腔内固化成型。广泛用于封装电器元件及大型制品方面。

模压成型与传递成型的主要区别是：热固性塑料传递成型是先合模而后浇注成型，而模压成型则是先加料后合模，在型腔中加热、加压成型。传递成型模具有浇注系统，而模压成型模具没有浇注系统。传递模一般开设有排气槽，而模压成型时有排气动作，一般不另设排气槽。模压成型和传递成型都属于压塑成型，主要用来加工热固性塑料。

一、模压成型

模压成型在压制热固性塑料时，模具一直是处于高温状态，置于型腔中的热固性塑料在压力作用下，先由固体变为液体，并在这种状态下充满型腔，从而取得所赋予的形状。随着交联反应程度的增加，液体的黏度逐渐增加以至变成固体，最后脱模即为制品。热塑性塑料的模压，在前一阶段的情况与热固性塑料相同，但是由于没有交联反应，所以在充满型腔后，须进行冷却使其固化才能脱模得到制品。热塑性塑料制品的成型往往采用注射等方法更为经济，由于热塑性塑料模压时模具需要交替地加热与冷却，生产周期长。只有在模压较大平面的塑料制品时才采用模压成型，现着重讨论热固性塑料的模压成型。

完备的压缩模塑工艺是由物料的准备和模压成型两个过程组成的，其中物料的准备又分为预压和预热两个部分。预压一般只用于热固性塑料，而预热可用于热固性和热塑性塑料。模压热固性塑料时，预压和预热两个过程可以全用，也可以只用预热一种。单进行预压而不进行预热很少见。预压和预热不但可以提高模压效率，而且对制品质量也起到积极的作用。如果制品不大，同时对它的质量要求又不很高，则准备过程也可省去。

模压成型的主要优点是可模压较大平面的制品和利用多模腔进行大批量生产，其缺点是生产周期长，效率较低，不能模压尺寸准确性要求高的制品。这一情况以多模腔模压成型较为突出，主要原因是在每次成型时制品毛边厚度不易得到一致。常用于压缩模塑的材料有：酚醛塑料、氨基塑料、不饱和聚酯塑料、聚酰亚胺等，其中以酚醛塑料、氨基塑料的使用最为广泛。模压制品主要用于机械零件、电器绝缘件、交通运输和日常生活等方面。

1. 模压成型的准备

（1）预压　将松散的粉状或纤维状热固性塑料预先用冷压法（即模具不加热）压成质量一定形状规整的密实体叫预压，预压得到的物料称为预压料，也叫压片、锭料。预压是在预压机中进行的，压坯形状有圆柱形、长方形、扁球形以及其他特殊形状。究竟采用何种形式为好，应根据加工条件而定。一般以能用整数又能紧凑地装入模具中为标准。

（2）预热　为了便于模压过程的顺利进行，有时须在模压前将塑料进行加热。如果加热的目的是去除水分和挥发分，则称为干燥。如果加热的目的是为了提供热料以利于模压，则称为预热。热固性塑料在模压前的加热通常都兼具预热和干燥双重意义，但主要是预热。

2. 模压过程及操作方法

模压生产的工艺流程如图8-1所示。其过程可分为加料、闭模、排气、固化、脱模、模具清理及后续处理等。如果制品有嵌件需要在模压时封入的，则在加料前应将嵌件安放好。

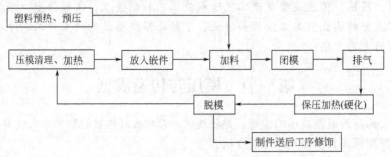

图 8-1　模压生产工艺流程

模压工艺流程及操作规则的拟定，应以能使原材料、能量及设备的消耗定额降低，成型周期缩短，模压压力减小而又能取得合格的制品为准则。采取预压、预热、排气、提高模压温度等均有助于上述问题的解决。

（1）安放嵌件　一般嵌件只需用手（如模具温度很高，操作时应戴上手套）按固定位置安放，特殊的需用专门工具安放。安放时要求准确和平稳，以免造成废品或损伤模具。模压成型时，为防止嵌件周围的塑料出现裂纹，常采用浸渍胶做成垫圈来增加嵌件与塑料的黏结强度。

（2）加料　在模具内加入模压制品所需分量的塑料原料称为加料，如图8-2所示。如果是预

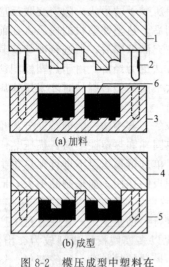

(a) 加料

(b) 成型

图 8-2　模压成型中塑料在成型前后的比较

1,4—阳模；2—导合钉；
3,5—阴模；6—塑料

压物，则一般就用手加；如所用的物料为粉料或粒料，则可用勺加。加料的定量方法有质量法、容量法和计数法三种。质量法准确，但较麻烦。容量法虽不及质量法准确，但操作方便。加入模具中的塑料宜按塑料在型腔内的流动情况和各个部位需用量的大致情况作合理的堆放。否则容易造成制品局部疏松的现象，这在采用流动性差的塑料时尤为突出。采用粉料或粒料时，宜堆成中间稍高的形式，以便于空气排出。

（3）闭模　加料后及时闭模，在阳模尚未触及塑料之前，模压应采用低压快速形式，以缩短模塑周期和避免塑料过早的固化或过多的降解。当阳模触及塑料后，速度即行放慢。不然很可能提早在流动性不好的较冷塑料上形成高压，从而使模具中的嵌件、成型杆件或型腔遭到损坏。此外，这时放慢速度还可以使模内的气体得到充分的排除。显然速度也不应过慢，总的原则是不使阴、阳模在闭合中途形成不正当的高压。闭模所需的时间自几秒到数十秒不等。

（4）排气　模压热固性塑料时，在模具闭合后，有时需要再将塑模松动一段时间，以便排出其中的气体，这道工序即为排气。排气不但可以缩短固化时间，而且还有利于制品性能和表观质量的提高。排气的时机和次数应视需要而定，时间过早达不到排气的目的，时间过迟则物料表面已固化，使气体排不出来。通常排气的次数为1～2次，每次时间在几秒至二十秒不等。

（5）固化　热塑性塑料的固化只需将模具冷却，使制品获得一定强度而不致在脱模时变形即

可。热固性塑料的固化是在模塑温度下保持一段时间，以待其性能达到最佳为度。固化速率不高的塑料，有时也没有必要将整个固化过程放在塑模内完成，只需制品能够完整地脱模即可结束固化，因为拖长固化时间会降低生产率。提前结束固化时间的制品须用后烘的办法来完成固化。通常酚醛模塑制品的后烘温度范围为90~150℃。时间从几小时至几十小时不等，两者均视制件的厚薄而定。模内的固化时间一般由几十秒至数分钟。固化时间取决于塑料的类型、制品的厚度、物料的形式以及预热和模塑的温度，一般须由实验方法确定。过长或过短的固化时间对制品的性能都是不利的。

（6）脱模　固化完毕后使制品与塑模分开的工序为脱模。脱模主要是靠推顶杆来执行的。模压小型制品时，如模具不是固定在压板上的，则须通过塑模与脱模板的撞击来脱模。有嵌件的制品，应先使用特种工具将成型杆件拧脱，而后再行脱模。热固性塑料制品，为避免因冷却而发生翘曲变形，则可贴放在与模具型腔形状相似的型面上，在加压的情况下冷却。如恐冷却不均而引起制品内部产生内应力，则可将制品放在烘箱中进行缓慢冷却。热塑性塑料制品是在原用塑模内冷却的，所以不存在上述的问题，但要对冷却的速率严加控制。在脱模后，须用铜铲或铜刷清除留在模具内的残留物，然后再用压缩空气吹净阴阳模和台面。

（7）后处理　为了进一步提高模压制品的质量，在制品脱模后，通常须要在较高的温度下进行后处理，后处理温度的高低视塑料的品种而定。在后处理热烘过程中，由于挥发性物质的进一步排出，会使制品因收缩而改变尺寸，严重时还会产生翘曲和龟裂，因此还得严格控制后处理条件。

3. 影响模压成型的因素

（1）模压压力　模压压力是指模压时迫使塑料充满型腔并进行固化而由压力成型机对物料所施加的压力。模压压力能使物料在模腔中加速流动，增加物料的密实性，克服塑料在缩聚反应中放出的低分子物及其他挥发物所产生的压力，避免出现肿胀和脱层等缺陷。在整个模塑周期内，物料所受的压力与塑模的类型有关，并不一定都等于模压压力。

压缩率高的塑料通常比压缩率低的塑料需要更大的模压压力。预热的塑料所需的模压压力均比不预热的小，在一定范围内提高模具温度有利于降低模压压力。但不适当地增加预热温度，塑料会因提前发生交联反应，导致熔体黏度上升，抵消了较低温度下预热增加流动性的效果，反而需要更大的模压压力。如果其他条件不变，则制品深度越大，所需的模压压力也应越大。

制品的密度是随模压压力的增加而增加的，密度的增加在一定程度上是有限的。密度大的制品，其力学强度一般偏高。从实验得知，单独增大模压压力并不能保证制品内部不带气孔。使制品不带气孔的有效措施就是合理设计制品，模压时应放慢闭模速度，进行预热和排气等。但降低模压压力会增加制品带有气孔的机会。一般来说，增大模压压力，除增加流动性外，还会使制品更密实，成型收缩率降低，产品性能提高。但模压压力增大太多时，不仅影响模具使用寿命，而且增加设备功耗，甚至影响制品的性能；而模压压力过小时，不足以克服交联反应中释放出的低分子物的膨胀，也会降低制品质量。

从以上的论述可以看出模压压力所涉及的因素是十分复杂的，表8-1虽列出各种热固性塑料的模压压力范围，也只能作为参考数据，在每一种具体情况下，模压压力必须通过反复试验的方法才能取得最佳效果。热塑性塑料对模压压力的要求基本上与上述情况相同，只是没有固化反应及有关的化学收缩。

（2）模压温度　模压温度是指模压成型时所规定的模具温度。它是使塑料流动、充模及固化成型的主要条件。热塑性塑料在模压中的温度是以模压温度为上限的。热固性塑料在模压中温度高过模压温度是由于塑料固化时放热而引起的，树脂需要在一定的温度范围内才能进行固化，低于某一温度，压力再大也难以固化，在固化温度范围内，模压温度越高，模压周期越短。

不同的塑料有不同的模压温度，表8-1列出了部分热固性塑料模压时的温度和模压压力范围。薄壁制件取温度的上限（深度成型除外），厚壁制件取温度的下限。同一制件有厚薄断面分布的取温度的下限或中间值，以防薄壁处过熟。

表 8-1　热固性塑料的模压温度与模压压力

塑料类型	模压温度/℃	模压压力/MPa
酚醛塑料	140～180	6～42
三聚氰胺甲醛塑料	140～180	14～56
脲甲醛塑料	130～160	14～56
不饱和聚酯塑料	85～150	0.3～3.5
邻苯二甲酸二丙烯酯	120～160	3.5～14
环氧树脂	140～200	0.7～14
有机硅	150～190	7～56

（3）模压时间　模压时间就是指物料在模具中从加热、加压到完成固化为止的这段时间。模压时间与树脂种类、挥发物含量、制品形状及厚度、模具结构、模压工艺条件（压力、温度）以及操作步骤（是否排气、预压、预热）等有关。模压温度升高，固化速度加快，模压时间减少。模压压力加大，模压时间也会减少。

模压时间的长短对制品的性能影响很大。时间太短树脂欠熟，固化不完全，制品物理机械性能差，外观无光泽，制品脱模后易出现翘曲变形等现象。时间太长会增加能耗，降低生产效率，使塑料过热，制品收缩率增加，物料间产生内应力，制品表面发暗并起泡，从而降低产品性能，严重时制品还会破裂。

二、传递成型

1. 传递成型的概念

传递成型又称压铸或压注成型。传递成型设有单独的加料室，成型前模具先闭合，物料在加料室内完成预热，呈黏流态，在压力作用下高速挤入模具型腔，硬化成型。传递成型是热固性塑料模塑成型的一个重要方法，模具安装在液压机上压制，所以在工艺上与压制成型有许多相似之处，但模具结构与注射模具相似，具有浇注系统。

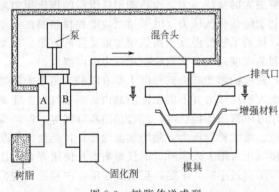

图 8-3　树脂传递成型

2. 传递成型工艺及设备

（1）传递成型工艺　传递成型生产工艺过程见图 8-3，每一道工序一般可以实现流水作业。模具在流水线上的循环时间，基本上反映了制品的生产周期，小型制品一般只需几秒钟，大型制品的生产周期可以控制在 1h 以内完成。传递成型的成型方法是：首先将纤维增强材料置于上、下模之间，合模并将模具夹紧；而后在压力下注射树脂，等树脂固化后打开模具，取下产品。树脂胶凝过程开始前，必须让树脂充满模腔，压力促使树脂快速传递到模具内，浸渍纤维材料。树脂注射压力范围在 0.4～0.5MPa，当制造高纤维含量（体积比超过 50%）的制品时，如航空航天用零部件时，压力甚至要求达到 0.7MPa。

纤维增强材料有时可预先用黏结剂等方法在一个模具内预制成大致形状，再在第二个模具内注射成型。为了提高树脂浸透纤维能力，还可选择真空辅助注射。注意树脂只要将纤维材料浸透，树脂灌注口就必须马上封闭，以便树脂固化成型。注射与固化可在室温或加热条件下进行。

（2）传递成型模具　传递成型模具可用复合材料与金属材料制作。模具分玻璃钢模、玻璃钢表面镀金属模和金属模三种。玻璃钢模具容易制造，价格较低，聚酯玻璃钢模具大约可使用 2000 次，环氧玻璃钢模具可使用 4000 次，表面镀金属的玻璃钢模具可使用 10000 次以上。若采用加热工艺，宜用钢模。金属模在传递成型工艺中较少使用，一般来讲，传递成型的模具费仅占成本的 2％～16％左右。

（3）成型设备　传递成型设备主要是树脂压注机。树脂压注机由树脂泵、注射枪组成。树脂泵是一组活塞式往复泵，最上端是一个空气动力泵。当压缩空气驱动空气泵活塞上下运动时，活塞泵将桶中的树脂经过流量控制器、过滤器定量地抽入树脂储存器，侧向杠杆使催化剂活塞泵联动，将催化剂也定量地抽至储存器。压缩空气充入两个储存器，产生与泵的压力相反的缓冲力，保证树脂和催化剂能稳定地流向注射枪头。注射枪口后有一个静态紊流混合器，可使树脂和催化剂在无气状态下混合均匀，然后经枪口注入模具，混合器后面设计有清洗剂入口，它与一个有0.28MPa压力的溶剂罐相联，当机器使用完后，打开开关，溶剂自动喷出，将注射枪清洗干净。

传递成型的原材料包括树脂、增强材料和填料。传递成型对模塑料的要求是：熔融物料在低于固化温度时应具有良好的流动性，而当达到固化温度后，又具有较快的固化速率。能符合这种要求的模塑料有酚醛、三聚氰胺甲醛和环氧树脂等。

传递成型技术适用范围很广，目前已广泛用于建筑、交通、电信、卫生、航空航天等工业领域。已开发的产品有小型飞机与汽车壳体及部件、客车坐椅、仪表壳、娱乐车构件、螺旋桨、8.5m长的风力发电机叶片、天线罩、机器罩、浴盆、沐浴间、游泳池板、坐椅、水箱、电话亭、电线杆、小型游艇等。

第二节　层压成型

一、层压成型的基本概念

广义的层压成型是指用或者不用黏结剂，借助加热、加压的方法，把相同或者不相同的两层或多层材料结合成整体的加工方法。其中包括聚氯乙烯板材等热塑性的层压成型和以热固性塑料浸渍和涂拭为主的层压成型。

狭义的层压成型是将多层附胶材料叠合在一起并送入压机中，在一定温度和压力下经过一段时间压制而成为层压塑料制品。它是增强复合材料成型工艺中发展较早、也较为成熟的一种成型方法。该工艺主要用于生产电绝缘板和印刷电路板材等方面。

本节主要讲述热固性层压成型。层压工艺过程大致包括预浸胶布制备、胶布裁剪叠合、热压、冷却、脱模、后处理加工等工序。这种制品质量好，性能较稳定，不足之处是间歇式操作。它的基本工艺过程包括叠料、进料、热压、出料等过程，热压中又分预热、保温、升温、恒温、冷却五个阶段。该工艺虽然比较简单，但如何控制制品的质量却是个较为复杂的问题，因此在工艺操作上的要求是严格的。此法的不足之处在于只能生产板状材料，而且规格尺寸受压机热压板的大小所限，不可能生产大于热压板的制品。

二、常用树脂、基材与填料

层压塑料制品所用的树脂绝大部分为热固性塑料。常用的有酚醛树脂、环氧树脂、有机硅树脂、氨基树脂、不饱和聚酯树脂等，此外也有少数其他品种树脂，如二苯醚甲醛树脂、芳烷基醚甲醛树脂、糠醛丙酮树脂、聚酰亚胺树脂等。

浸有或者涂有树脂的基材通常称为附胶材料。常用的基材有纸张、棉布、木材薄片、玻璃布或玻璃毡、石棉纸或石棉毡等，还有合成纤维的织物以及碳、硼纤维及陶瓷纤维等。另外，为了改善其性能和降低成本，还可以加入碳酸钙、滑石粉以及氧化铝等填料。

根据树脂的性质及其在复合塑料中的作用，其形态可以是粉状、粒状、片状、有机溶液、水溶液、悬浮液、乳浊液等，而且液态材料种类不同，其黏度也各不相同，树脂的处理方法及应用也不同。所以，选用树脂是一个很重要的先决条件。

三、附胶材料的制备

附胶材料是用纤维填料或棉布、纸张等经树脂浸渍或涂拭后制得的层压预制品。为了使树脂与纤维填料之间有较强的黏附性，常采用偶联剂来进行处理。

1. 基材的表面处理

为了使玻璃纤维增强的塑料制品性能得到提高，就必须改善它们之间的黏结力，通常是对玻璃纤维进行表面处理，处理的方法主要有以下三种。①洗涤法：用各种有机溶剂洗涤玻璃纤维或织物表面上的浆料。②热处理法：利用高温除去玻璃纤维或织物表面上的浆料。③化学法：采用偶联剂来改善其性能。

2. 基材的浸渍或涂拭

除木材厚片外，其他基材的浸渍或涂拭基本相同，大多采用机械法，在小批量生产时可采用手工涂胶。无论用哪一种方法，涂胶都应保证基材得到预订量的树脂溶液，而且树脂要均匀地涂覆在基材的各部位，并尽可能使附胶材料少含空气。

对基材的浸渍或涂拭有影响的因素包括树脂溶液的浓度、树脂黏度、挤压辊（或刮刀）对基材施加的压力、基材运行的速度和吸附树脂溶胶的能力等。基材一般吸收树脂量约为20%～80%，如果树脂量要求高时，需经二次或三次浸渍才能达到需要的树脂量厚度。

3. 附胶材料的干燥

用液态树脂浸渍或涂覆的基材必须经过干燥，才能制成附胶材料。干燥的目的是：①除去水分或溶剂；②促进热固性树脂的化学反应，使之达到适当的流动性而便于成型。为了达到以上两个目的，对干燥温度、时间和附胶材料的运行速度及通入干燥室内的空气速度必须严格控制。通常干燥是连续进行的，设备分为卧式干燥机和立式干燥机。

4. 附胶材料的树脂含量与测定

基材上树脂的多少直接影响到层压塑料的性能。所以在生产中控制树脂含量是十分重要的，一般附胶材料的树脂含量见表 8-2。

表 8-2　附胶材料的树脂含量

基 材 种 类	树脂种类	树脂含量/%（以干基底材为基准）
纸张	脲-三聚氰胺甲醛	50～53
棉布	酚醛	30～45
石棉布	酚醛	40～50
玻璃布	酚醛	30～45
玻璃布	三聚氰胺甲醛	30～45
玻璃布	不饱和聚酯	35～45
纸张	酚醛	30～60

基材上树脂含量的测定通常采用 β 射线测厚仪进行。根据涂覆前与涂覆后的密度不同测出树脂的含量，并调节涂覆或浸渍树脂的含量高低。

四、层压制品的成型

层压板材是典型的层压制品之一，其工艺过程如下。

1. 叠料

叠料时首先对所用附胶材料进行选择，选用的附胶材料应是浸渍均匀、无杂质、树脂含量符合要求，而且树脂的固化程度也应达到规定的范围。接着是剪裁与叠层，即将附胶底材按制品的预定尺寸（长度均比制品要求的尺寸大出 30～80mm）裁成片，并按预定的方向叠成板坯。制品的厚度看起来是决定板坯所用附胶材料的张数，但实际上由于附胶材料质量的变化，往往并不准确。因此一般采用张数和重量相结合的方法来确定制品的厚度。

为了改善制品的表观质量，也有在板坯两面加专用附胶底材，每面约加 2～3 张。表面胶布专用材料俗称为"面子"，不同于一般附胶材料，它含有脱模剂，如硬脂酸锌等，而且含胶量也较大，这样制成的板材不但外表美观，防潮性能也好。

将附胶材料叠成片时，其排列方向可按同一方向排列，也可以按互相垂直排列。用同一种方向叠片排列，制品性能各向异性；用互相垂直叠片排列，制品性能各向同性。

2. 进料

将多层下动式压机（图8-4）的下压板放在最低位置，而后将装好的叠合单元推入压机的多层浮动热板中间，再检查板坯在热板中的位置是否合适，然后闭合压机，开始升温、升压进行压制。

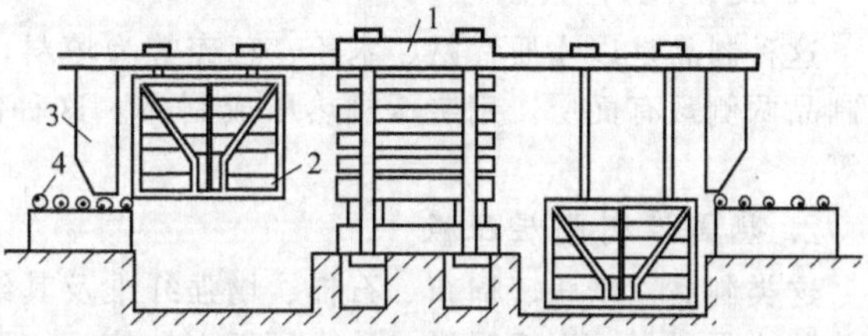

图8-4 多层下动式压机

1—主机；2—上料架；3—液压推架；4—导辊

3. 热压

开始热压时，温度与压力均不宜太高，否则树脂容易流失，在压制玻璃布层压板时还要担心出现滑移现象。压制时，如果聚集在板坯边缘的树脂已经不能再被拉成丝，即可按照工艺要求提高温度与压力。温度和压力是根据树脂的特性用实验方法来确定的，热压温度控制一般分为五个阶段。

（1）预热 温度是指从室温到固化反应开始的温度。预热阶段中，树脂发生熔化，并进一步浸透底材，同时也排除了一部分挥发物。施加的压力在全压的1/3到1/2左右。

（2）保温 使树脂在较低的反应速度下进行固化反应，直到板坯边缘流出的树脂不能再拉成丝时为止。

（3）升温 这一阶段是从固化开始的温度上升到压制成型规定的最高温度为止，升温不宜太快，否则会使固化反应速度加快而引起成品分层或产生裂纹。

（4）恒温 当温度升到规定的最高值后保持恒定的阶段。这一阶段的作用是保证树脂充分固化，而使制品性能达到最佳值。保温时间取决于树脂的类型、品种及厚度。

（5）冷却 即板坯中树脂已充分固化后进行降温准备脱模的阶段。降温可以自然冷却，也可以在热板中通冷却水。降温冷却应在保持压力的情况下直到冷却完毕。

五个阶段中施加的压力随所用树脂的类型而定。例如酚醛层压塑料板层压压力为（12±1）MPa，聚邻苯二甲酸二丙酯树脂层压板选用压力为7MPa左右。压力的作用是除去挥发物、增加树脂的流动性，使玻璃布进一步压缩，防止玻璃布增强塑料在冷却过程中变形等。

4. 制品取出和二次加工

当压制好的板材温度已降到60℃时，即可依次推出压制单元，取出产品。二次加工的目的是去除压制板材的毛边。一般在3mm以下的板材用剪裁机，大于3mm以上的板材用锯板机进行。

5. 热处理

热处理是使树脂充分固化的补充措施，目的是提高制品的力学强度、耐热性和电性能。热处理的温度应根据树脂的类型不同而异。表8-3是几种层压板材压制成型的工艺条件。

表8-3 几种层压板材压制成型的主要工艺条件

附胶材料	压制条件		
	温度/℃	压力/MPa	保持时间/min（每厚1mm需要的时间）
纸基三聚氰氨甲醛	135~140	10~12	2~4
纸基酚甲醛	160~165	6~8	3~7
棉布基酚甲醛	150~160	7~10	3~5
石棉布基酚甲醛	150~160	10	10~15
木材基酚甲醛	140~150	15	1mm时为8min,其余按每增1mm加5min计算
玻璃布基酚甲醛	145~155	4.5~5.5	4~7

五、层压成型板材的种类及应用

1. 胶合板材

这种制品是以木质片材、木粉、稻壳等为填料，以热固性树脂为载体，常用不饱和聚酯等，在制品两侧敷有面层，用层压机热压成制品。这种制品强度较低，通常用作建筑材料、家具材料等。

2. 热固性树脂层压板

这类制品以纸张、棉布、石棉、增强纤维及其织物为增强材料，浸渍热固性树脂，经干燥、剪裁制成预浸料，以叠层形式放入压板中加热、加压，使其熔融，交联固化成具有一定厚度的制品。这种制品力学性能、电性能良好、可用于结构板材。

3. 覆铜箔层压板

覆铜箔层压板是利用厚度为 $1\sim2mm$ 的复合材料板材为基板，单侧或双侧利用热压成型复合上铜箔，也有用热固性复合材料板材和热塑性复合材料板材相复合后再复合上铜箔的，采用单一树脂基材覆铜板更为普遍。这种制品大量用做印刷电路板。

军工、通信、电脑、数字电路、工业仪器仪表、汽车电路等电子产品线路板所用的覆铜层压板既有纸基的也有布基的。玻璃布层压板具有高强度、耐热好、吸湿低等优点，主要用作结构材料，用于机械、飞机、轮船及化学工业中。石棉布层压板主要用于制造耐热部件和化工设备。合成纤维纸基板更多的用于耐热、耐酸、耐腐蚀的部件。

第三节　搪塑成型

搪塑成型又称为涂凝模塑或者涂凝成型。它是用塑料糊制造空心软质制品的一种方法。其优点在于设备费用低、生产速度快、工艺比较简单。缺点是制品的厚度、重量等准确性较差。目前多以聚氯乙烯塑料糊搪塑成型中空塑料制品等。

一、搪塑工艺过程

搪塑工艺的操作是先将配制好并经过脱泡后的塑料糊注入预先加热至 130℃ 左右的阴模中，并使整个模具内壁均为塑料糊所浸润，同时对模具稍加晃动，以避免模具的凹陷或凸出部位的空气未排除而形成气泡。待塑料糊灌满模具后，停留约 $10\sim30s$，再将模腔内的塑料糊倒回盛料容器中，能流出多少就让其流出多少。此时模腔壁面留下一层约 $1\sim2mm$ 厚的塑料糊已部分发生胶凝作用。随即将模具送入烘箱内于 160℃ 左右加热 $10\sim40min$（视制品大小和厚度而定），然后把模具从烘箱中取出放入水中冷却 $1\sim2min$ 或采用风冷冷却至 80℃ 以下，冷却后即可用抽真空或者手工的方法从模具内剥出制品。

二、塑料糊在热处理过程中的物理变化

塑料糊由悬浮体变为制品一般要经历"胶凝"和"熔化"这样两个阶段的物理变化。一般也叫做热处理。

1. 胶凝阶段

胶凝阶段是从塑料糊受热开始，直到塑料糊形成的薄膜表现出一定的力学强度为止。在这一阶段中，塑料糊由于受热，树脂不断地吸收分散剂并发生溶胀作用。随着胶凝过程的进行，塑料糊液体部分逐渐减少，使其黏度逐渐增大，树脂颗粒间的距离逐渐缩小，成为连续相，把残余的液体包含在凝胶的颗粒之间。在更高的温度和较长加热时间的条件下，残余的液体挥发或被吸收（指有机溶胶和有机凝胶），此时塑料糊就成为一种表面亚光而具有弹性的固相物料，则胶凝阶段达到终点。通常热处理温度在 100℃ 以上。

2. 熔化阶段

熔化阶段是指继续加热塑料糊，从凝胶终点发展到力学强度达到最佳值的状态的过程。在这

一阶段，溶胀的塑料颗粒首先在互相接触的界面上发生黏结，即开始熔融。随着液体组分的挥发，界面越来越小，最后全部消失。这样塑料就由颗粒形式逐渐成为连续的透明体或半透明体，形成十分均匀的单一相，冷却后仍能继续保持这种状态，并且有较高的力学强度。塑料糊熔化阶段终点的加热温度应控制在175℃左右。

在实际操作中，塑料糊的热处理都是在烘箱中进行的。加热温度和热处理时间则取决于所用塑料糊的性质和搪塑制品的厚度。一般加热温度须经过试验来确定，尤其是要准确控制熔化阶段的终点温度。在保证不降低制品性能的前提下，热处理时间越短越好。当塑料糊的各部分都达到熔化终点温度，即完全熔化时，也即达到热处理终点。如果温度过高，会出现塑料降解、增塑剂损失以及制品表面不平整等现象。温度过低则塑料熔化不完全，又难以获得好的力学强度。

有机溶胶（凝胶）等塑料糊在加热过程中由于有液体的挥发，一般宜采用快速加热。当挥发性分散剂逸散到最少时，热处理温度已很快上升到最高值，这样就能更好地发挥分散剂对聚合物的溶解作用。尽量避免由于加热太慢致使塑料在尚未达到一定力学强度之前已经变干而使制品产生裂纹。当然，加热也不能过快，否则会因稀释剂不能够平稳逸出而使制品产生气泡。

三、搪塑玩具的生产工艺

聚氯乙烯塑料玩具娃娃配方：悬浮法聚氯乙烯70份、乳液法聚氯乙烯30份、邻苯二甲酸二辛酯45份、邻苯二甲酸二丁酯43份、硬脂酸钙1.7～2.0份、硬脂酸锌0.7～1.0份、色料适量、填料适量。

搪塑工艺对塑料糊的要求是黏度要适中，一般在10Pa·s以下，使其灌入模具后整个型腔表面都能充分浸润，并能使制品表面细微凸凹或花纹均显现清晰，黏度过大是达不到这些要求的，而黏度过低又使制品厚度太薄。搪塑玩具制品要求使用无毒配方（不能使用铅盐类稳定剂），制品柔软而富有弹性，有适当的透明度（接近于人的肤色，使玩具栩栩如生），良好的耐光性，表面不易污染，容易用肥皂水清洗，增塑剂不易迁移（玩具人头部、面部的色彩如在存放中增塑剂发生迁移，将会造成成批的废品）；有足够的强度和伸长率，不致容易撕裂；有时为使制品呈半透明状，加入少量吸油值低的碳酸钙作填料；所用的色料色彩应鲜明，不溶于水，如加少量镉红，可使玩具肤色近似于儿童皮肤的桃红色，因不溶于水，即使儿童舔了也无妨。

按工艺过程中所述的温度、时间数据制得的是中等大小的产品，如制品很大，则成型时间应当相应增长些。而制品厚度取决于塑料糊的黏度、灌注时模具的温度和塑料糊在模具中停留的时间等。如果为了准确地控制制品厚度，也可采用重复灌注法。重复灌注法还可以生产内外层不同的制品，使内层发泡而外层不发泡。

搪塑制品的造型设计及模具的型腔设计基本原则与注射成型相同。所用模具的材料强度没有注射模具要求的那么高。值得注意的是：造型设计不能有过深的凸出、凹入或尖角，突出或转弯部分的最高点不能超过主体部分。例如生产玩具头像时，鼻子伸出高度不应超过头部，否则容易由于塑料灌注不满而产生气泡或缺陷；不能有明显缩颈；灌料口径不能小于主体最大处的一半，否则脱模困难。

搪塑玩具既可采用间歇式生产，又可采用连续化生产。采用间歇式生产时，只要在恒温烘箱中加热塑化即可。连续化生产可使用隧道式加热塑化装置，模具灌好塑料糊后由一端经输送带进入加热塑化箱，缓慢地向另一端移动，在移动中完成全部"熔化"过程。从另一端来的模具进入水浴中冷却，然后脱模取出制品。脱模后的模具经清洗、干燥即可进行第二次灌模，如此循环生产。连续化生产需精确地控制工艺条件，可大大提高生产效率。搪塑模具的多少也决定了生产量的大小。

搪塑所用的模具大多是整体的阴模并且是从一端开口的，一般都是用电镀法制得。制造过程是先用黏土捏成制品形状，再用石膏翻成阴模（为了方便脱模，也可将石膏阴模做成几个组合块），然后在石膏阴模内浇铸熔化的石蜡（由60%～70%的熔点为40～60℃的石蜡和40%～30%的硬脂酸所组成）制成蜡质阳模。蜡模经仔细修整后涂以石墨或进行化学镀银（指表面要求较高者），再镀铜。铜层厚度达1.5mm左右即可。加热把蜡熔化倒出，进行清洗，锯去浇口，然后进行表面抛光及镀镍。电镀法制得的模具在180～200℃下退火两小时后即可使用。

第四节　滚塑成型

一、滚塑工艺特点

滚塑成型又称旋转成型、旋转模塑、回转成型或旋转浇铸成型。它是将一定量的粉状或糊状塑料加入到模具中，然后加热模具并使之沿着相互垂直的两根轴交互连续旋转，模具内树脂在重力和热量的作用下逐渐均匀地涂布、熔融并黏附于模具内表面上，从而形成所需要的形状，经冷却固化后开模取出制品，经整修即得到无缝的中空塑料制品。滚塑与离心浇铸有些类似，但由于滚塑对转速要求不高，设备比较简单，特别适用于小批量生产大型及特大型的中空容器，滚塑制品的厚度比挤出吹塑制品要均匀，废料少，产品几乎无内应力，也不易发生变形、凹陷等缺点。滚塑工艺是在20世纪50年后发展起来的，最初主要用聚氯乙烯糊生产小型中空制品，如塑料玩具、皮球、瓶、罐等，随着聚乙烯粉末化技术的成熟，日益成为粉末塑料成型工艺中极有竞争力的成型方法。滚塑成型成为小批量生产中、大型或超大型全封闭与半封闭的空心无缝容器最好的成型加工方法。近年来，用粉状塑料代替液态或糊状塑料，采用滚塑工艺来生产大型容器的技术发展很快，使用的塑料品种有聚乙烯、改性聚苯乙烯、聚酰胺、聚碳酸酯和纤维素塑料等，也有采用复合塑料生产夹层结构制品的。滚塑所用的模具，小型制品常用铝或钢制成瓣合模，而大型制品则采用薄钢板制成或冲压焊接制成。

二、小型滚塑制品的生产

用聚氯乙烯糊塑料生产小型制品时，先将一定量的塑性溶胶树脂加入到一个型腔可以完全闭合的模具中，然后将模具合拢并将它固定在能够使其顺着两根或几根互相垂直的轴同时进行旋转的机器上（图8-5），模具一边旋转，一边用热空气或红外线对它进行加热。模具主轴的旋转速度为5～20r/min，副轴的旋转速度为主轴的0.2～1倍，并且可以调整。模具内的半液态物料依靠自身重量停留于底部。当模具不停地旋转，模腔表面就会不断地附着一层又一层的半液态物料。随着模具的旋转，直到积存的半液态物料用尽为止，在内壁就会形成均匀的熔融层，并逐渐由胶凝而达到完全熔化。随着所用树脂的性质和制品

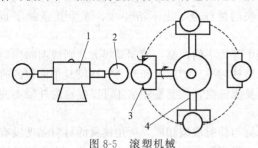

图8-5　滚塑机械

1—旋转机；2—模具；3—副轴；4—主轴

厚度的不同，所需要的旋转和加热时间约为5～30min。待塑料完全熔化后及时冷却，然后开模取出完整的空心制品。

在成型过程中，加热不能过快，否则制品厚度不易均匀。采用黏度低的树脂可提高制品厚度的均匀性，旋转速度适当加快也能增加树脂的流动性，使制品厚度更加均匀。

三、大型中空制品的生产

与其他成型方法相比，滚塑更适合成型无接缝大型塑料制品。滚塑成型使用粉状颗粒原料，是粉末塑料成型工艺中极有竞争力的成型方法。但同时它对粉料的颗粒大小、表面光滑程度都有较高要求，同时要求原料具有极高的流动性和热稳定性，目前滚塑制品的90%使用滚塑专用的聚乙烯原料生产。为使制品具有一定的韧性，在原料的使用中，常将高压聚乙烯（LDPE约占

70%）和低压聚乙烯（HDPE 约占 30%）混合使用。LDPE
的用量增加，制品的拉伸强度降低，但断裂伸长率增加。使
用粉状原料，在成型过程中塑料的熔融流动性好。使用的成
型设备如图 8-6 所示。主轴 5 系由电动机经减速机械带动，
联轴器 4 是可经常拆卸的。主轴 5 的转动可同时带动模架 2
和模具 3 旋转，其转速通常为 7～28r/min。转速过高可导致
制品厚薄不均。主轴 5 的转动同时通过其他传动减速机械带
动副轴 1 转动，副轴 1 的转动速度为主轴 5 的一半左右。整
个装置固定在支承架 6 上，并通过导轮 7 来回移动。成型时

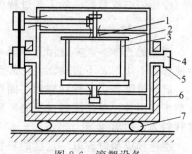

图 8-6　滚塑设备
1—副轴；2—模架；3—模具；4—联轴器；
5—主轴；6—支承架；7—导轮

将配好的聚乙烯粉料加入模具中，关闭模具后固定在模架
上，将整个装置推入已加热的烘箱中，使联轴器与传动机械
啮合。关闭烘箱，开动电动机，模具即在烘箱内朝着两个方向同时旋转。烘箱温度维持在 230℃
左右。温度较高可加速物料的熔融，缩短生产周期，易于排出气泡，制品表面光滑；但温度过高
又容易使制品变色、降解等。

　　保温及旋转时间视制品的大小及厚薄而定。待物料全部熔融后，从烘箱中推出支承架，模具
在转动下自然冷却或经喷水冷却后才能开模取出制品。

　　在实际生产中，聚乙烯粉料在配制时加入 1%～2% 的抗氧剂，可防止其在较高温度下发生
氧化。加入 5%～10% 的石蜡，可改善其熔融流动性能，在较低的成型温度下即可制得内壁光滑
的制品，但制品的刚性有所下降。某些在加热过程中易氧化变色、变质的塑料，如聚酰胺等，整
个成型过程应在惰性气体保护下进行。选择适宜的脱模剂也是很重要的，目前比较理想的脱模剂
是有机硅类。

　　近年来，生产交联聚乙烯滚塑制品有较大的进展，其特点在于制品的耐汽油性、耐应力破坏
及抗冲击性能等都比较高，并且适用于生产带嵌件的中空制品。滚塑成型工艺与传统的中空塑料
制品成型方法（如注塑、吹塑、热成型等）相比，一个明显的特点就是树脂加热、成型和冷却过
程都在无压力的模具内进行。滚塑成型方法最大的优点是模具简单，成本低廉。它得最多的是
生产大型中空制品，但相应需要较大型生产设备和设计合理的模具。滚塑成型必须要保证其在旋
转过程中模具各部位的受热均匀，特别是在一些大型滚塑制品生产过程中，受热不均往往导致产
品局部收缩不同，冲击强度减弱，使制品质量大打折扣。

　　滚塑成型非常适合生产小批量、多品种、多颜色大型中空塑料制品，如体育用品，公路护
栏，用于公园艺术设计的发光球体、船、真空清洁器和其他各种高附加值的消费品等。在当今塑
料制品小批量多样化发展趋势下，其发展前景更为看好。

第五节　冷压烧结成型

　　冷压烧结成型又叫冷压模塑，和普通压缩模塑的不同点是在常温下使物料加压模塑。脱模后
的模塑品再行加热或借助化学作用使其固化。该法多用于聚四氟乙烯的成型，也用于某些耐高温
塑料，如聚酰亚胺等。

　　冷压烧结成型类似粉末冶金烧结成型的方法。主要用于聚四氟乙烯和超高分子量聚乙烯等塑
料的成型。聚四氟乙烯大分子中，由于碳-氟键的存在，增加了链的刚性。聚四氟乙烯是结晶聚
合物，其晶区熔点很高（327℃），加上分子量很大和分子链的紧密堆集等，使得它在高温下的熔
融黏度很高，甚至加热到分解温度（415℃）时仍不能变为黏流态。虽然它是热塑性塑料，却不
能用一般热塑性塑料的成型方法来成型。因此只能用类似粉末冶金烧结成型的方法，这种方法通
常称为冷压烧结成型或模压烧结成型。采用这种成型方法只适宜生产形状简单规整的制品，如棒
材、板材、管材等。

冷压烧结成型的一般工艺过程为制坯、烧结、冷却三个步骤。其操作过程简单介绍如下。

一、制坯

树脂的选择一般多选用悬浮聚合的聚四氟乙烯粉料。因为其本身的流动性差，如颗粒太大，会使加料不均匀，不容易压实，甚至会开裂。

捣碎过筛是由于粉状树脂在储存和运输过程中，可能产生压实结块或成团，会给加料和冷压成型带来困难，并使压制型的毛坯密度不均匀，影响产品质量，故在使用前需捣碎成松散的纤维状粉末，然后过筛。

冷压预成型时称取一定量的粉状树脂，均匀地加入模槽，用刮刀刮平，使树脂均匀分布在模槽中，每次加料必须一次加完，加料完毕后闭模逐渐加压，升压速度视制品的高度和形状而定，慢速为 $5\sim10$mm/min，快速为 $10\sim20$mm/min。为避免制品产生夹层和气泡，在升压过程中要放气，最后还要保压一段时间，使压力传递均匀，各部分尽量受压一致。一般的成型压力为 $25\sim50$MPa，保压时间为 $3\sim5$min（壁厚或直径较大的制品可达 $10\sim15$min）。保压完毕即可缓慢卸压，避免压力解除后的形坯强烈回弹而产生裂纹。卸压后应小心地脱模，因冷压制得的型坯强度较低，稍有碰撞就可能损坏。

二、烧结

烧结是将冷压型坯缓慢加热到聚四氟乙烯的熔点（327℃）以上，并保持一段时间再升温至 $370\sim380$℃，使分散的单颗粒树脂互相扩张，最后黏结成一个密实的整体。烧结过程是聚四氟乙烯型坯的相变过程，当烧结温度超过熔点时，大分子中的晶体结构全部转变成无定形结构，外观由白色变成胶状的弹性透明体。整个烧结过程大体如下。

1. 升温阶段

由于型坯受热后体积膨胀，同时传热性很差，故加热应按一定的速度进行升温。升温太快会使型坯的内外温差过大，造成各部分膨胀不均匀，使制品产生内应力，尤其是对大型制品的影响更大，甚至会出现裂纹。再者，型坯外层温度已达到要求而内层温度还很低，此时如果冷却则会造成"内生外熟"的现象。如再继续加温，当内层温度达到要求时，外层温度已很高，又会造成分解，不仅使表面不光、起泡或出现裂纹，还会产生有害气体，影响人体健康；升温太慢也不好，会使生产周期加长。在实际生产中，升温速度视型坯的大小、厚薄而定。大型制品的升温速度控制在 $30\sim40$℃/h，小型制品则可采用 $80\sim120$℃/h 的升温速度。用分散性树脂生产聚四氟乙烯薄板时，升温速度应放慢一些，以 $30\sim40$℃/h 为宜。

2. 保温阶段

因为晶区的熔解和分子的扩散需要一定的时间，因此必须将型坯在烧结温度下保持一段时间。保温时间主要取决于烧结温度、树脂的热稳定性和制品的厚薄等。一般将烧结温度控制在树脂熔点以上至分解温度以下的温度范围内，如悬浮法聚合物的烧结温度为（385 ± 5）℃；分散性树脂分子量小，热稳定性差，烧结温度应低些，为（370 ± 5）℃。在保证烧结质量的前提下，烧结温度高，保温时间就应该短些；热稳定性较差的聚四氟乙烯，保温时间也应短些，否则会发生分解；为了使大型厚壁制品的中心部分烧透，保温时间应长些。在生产大中型制品时通常选用热稳定性好的树脂，保温时间为 $5\sim10$h，而小型制品的保温时间为 1h 左右。

3. 冷却

烧结好的制品随即冷却。冷却过程是使聚四氟乙烯从无定形相转变为结晶相的过程，冷却的快慢决定着制品的结晶度，直接影响到制品的物理机械性能。通常聚四氟乙烯在 $310\sim315$℃ 的温度范围内结晶速率最大，温度降到 260℃，结晶速率很小，甚至不结晶。因此，如果快速冷却到 260℃ 以下，制品的结晶度小（50%～60%）、韧性好、断裂伸长率大、拉伸强度低并且收缩率小。这种快速冷却在工业上称为淬火。若缓慢冷却，制品的结晶度大（63%～68%）、表面硬度大、耐磨、拉伸强度较高、断裂伸长率小，但收缩率较大。

实际上冷却速度还取决于制品的尺寸大小。大型制品，如果冷却太快，内外层温差大，冷却不均匀，会使制品产生收缩不均，甚至产生裂纹。因此，大型制品一般不宜淬火。降温（冷却）速度应控制在 5～15℃/h，并在结晶速度最快的温度范围（300～340℃）内保温一段时间，冷至150℃后取出制品放入石棉箱内缓慢冷至室温，总的冷却时间约需 8～12h。中小型制品以 60～70℃/h 的速度降温至 250℃后取出，总的冷却时间为 5～6h。小型制品还应根据其用途决定是否需要淬火。

三、产品检验及二次加工

冷却好的制品应该经质量检验后包装入库。

聚四氟乙烯塑料棒材和板材可以利用金属切削加工的方法来制备聚四氟乙烯薄膜和其他制品。但在车、铣、刨、钻等二次加工时要注意冷却，防止物料分解。

第六节　塑料的热成型

一、热成型概述

热成型是利用热塑性塑料片材等受热软化的性能来制造塑料制品的一种方法。成型时，先将裁成一定尺寸和形状的片材夹在框架上并将其加热到高弹态，而后凭借施加的压力使其贴近模具的型面，因而取得与型面相仿的形状。成型的片材冷却后，即可从模具中取出，经过适当的修整，即成为制品。

热成型片材的特点是薄壁，而制成品的厚度由于拉伸会比原来的片材更薄。如果需要，热成型制品的表面积也可以很大。热成型制品大多是属于半开放型的，其深度有一定限制。通常使用的塑料品种主要有聚苯乙烯、聚甲基丙烯酸甲酯、聚氯乙烯以及 ABS、高密度聚乙烯、聚丙烯、聚酰胺、聚碳酸酯和聚对苯二甲酸乙二酯等。作为原料的片材一般用压延或挤出法制造。也有直接从挤出片材热成型的连续生产技术。与注射成型相比较，热成型具有生产效率高、设备投资少和能够制造面积较大的制品等优点，而缺点则在于采用的原料（片材）损耗大及制品的后加工多。

热成型技术以前只能被应用于一些特定的场合，如所需部件较少、成型制品较简单的加工领域。对制品的质量和数量均有较高要求时，一般都考虑采用注射成型工艺。随着热成型技术的不断发展，这种情况已经成为过去。无论产品是大还是小，结构简单还是复杂，热成型技术越来越成为人们的首选方法。在市场上，热成型产品越来越多，小到一次性杯、碗、碟、盘，大到玩具、帽盔、汽车部件、建筑装饰件、化工设备、雷达罩及机舱盖等。

二、热成型的方法

热成型的方法有很多，按照制品的类型和操作方式的不同，热成型的方法可以有很多变化，但归根到底都是以真空、气压或机械压力三种方法为基础加以组合或改进而成的。

1. 真空成型

真空成型是热成形最普遍采用的方法。首先设定温度经过吸塑机烤箱加热塑料片材，将受热软化的片材压在特定的铜模或铝模上，从模具底部抽真空。形成真空后，片材被吸与模具型腔面贴合，使受热软化的片材紧贴模具表面而成型 [图 8-7(a)]。经冷却、脱模、冲压裁断及修整后，即成为制品。虽然吸塑成型包装机的结构形式各不相同，但其原理是一致的。这种方法成型简单、速度快、操作容易。由于抽真空所造成的压差不太大，只适用于薄壁和外形简单的制品。其制品表面粗糙，尺寸和形状的误差较大。

2. 气压热成型

采用压缩空气或蒸汽压力，迫使受热软化的片材紧贴于模具表面而成型 [图 8-7(b)]。由于气压比真空成型压力大，可制造外形较复杂的制品。气压大小取决于模具和设备的坚实程度。与真空成型相比，加压成型不仅可用于较厚的片材，生产较大的制品，而且可以采用较低的成型温度，同时还具有生产周期较短的优点。它是热成型中最简单的一种，与模具表面贴合的一面光滑程度较高。成型片材与模具表面在贴合时间上越后的部位，其厚度会越薄。

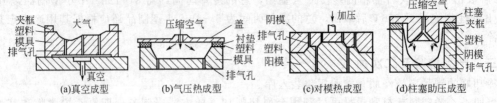

图 8-7　常见热成型

3. 对模热成型

成型时将片材用框架夹持于上下模间，并用可移动的加热器加热，当片材被加热到足够的温度时移去加热器，受热软化的片材放在两个配对的阴、阳模之间，借助机械压力进行成型 [图 8-7(c)]。合拢时上下模由液压操纵，而在合拢过程中，片材与模具间的空气则由设置在模具上的气孔排出。经冷却、脱模和修整后，即成为制品。此法的成型压力更大，可用于制造外形复杂的制品，但模具费用较高。为保证制品质量，设计模具时要注意不要因在连续生产中上下模间的压力波动而使制品的厚度随之变化，上下模必须能将片材压实。有关厚度变化的问题，可在上下模合拢处设置一个固定扣合点即可解决。压实问题通常是将一个模面的表面改用较软的材料，如泡沫橡胶即可。软质材料的表面在外形上不必苛求，只需粗略地能与对模相互配合即可。制品的特点是复制性和尺寸准确性都较好，能够压制复杂的产品，甚至可以刻字及制成有花纹的表面。其厚度分布在很大程度上依赖于制品的式样。它不同于一次加工的模压成型，此法适用于所有热塑性塑料。

4. 柱塞助压成型

首先用夹持框将片材压紧在阴模上，由加热器将片材加热至足够的温度。在封闭模底气门的情况下，将柱塞或阳模压入模内，对受热片材进行部分预拉伸，当柱塞向模内伸进时，由于片材下部的反压使片材包住柱塞而不与模面接触。柱塞压入程度以不使片材触及模底为度，再用真空和气压进行成型 [图 8-7(d)]。即在柱塞停止下降的同时，柱塞助压真空成型即从模具底部抽气，使片材与模具型面完全贴合。而在柱塞助压气压成型时，柱塞模板则与模具口沿紧密相扣，并从柱塞边通进压缩空气使片材与模面完全贴合。当片材已经成型时，两种方法都将柱塞提升到原来的部位。它可以制得深度大、壁厚分布均匀的制品。成型的片材，经冷却、脱模和修整后，即成为制品。制品的质量在很大程度上决定于柱塞和片材的温度以及柱塞下降的速度。柱塞下降的速度在条件允许的情况下，越快越好。

为使制品厚度更均匀，在柱塞下降前，可先用 0.01～0.02MPa （或更大）的压缩空气由模底送进，使热就的片材上凸为适当的泡状物；而后在控制模腔内气压的情况下将柱塞下降，当柱塞将受热片材引伸到接近阴模底部时，停止下降，模底抽气，使片材与模面完全贴合，完成成型。这种成型方法通常称为气胀柱塞助压真空成型。如果不用模底抽气而将压缩空气由柱塞端引入使片材成型的方法则称为气胀柱塞助压气压成型。凭借调节片材的温度、泡状物的高低、助压柱塞的速度和温度、压缩空气的施加与排除以及真空度的大小，即能精确控制制品断面的厚度，并使片材能均匀引伸。由此法所得制品的壁厚可小至原片厚度的 25%，重复性好，通常不会损伤原片的物理性能，但应力有单向性，所以制品对平行于拉伸方向的破裂是敏感的。

5. 固相成型

固相成型是热塑性塑料型材或坯料在压力下用模具使其成型为制品的方法。片材加热至温度不超过树脂熔点，至少低于熔点 10～20℃，使塑料在玻璃化温度以上、熔点以下的高弹区域加工。成型过程在塑料的熔融温度以下，使材料保持在固体状态下成型。常用于 ABS 树脂、聚丙烯、大分子量高密度聚乙烯。其中对非结晶类的塑料在玻璃化温度以上、黏流温度以下的高弹区域加工的常称为热成型，而在玻璃化温度以下加工的则称作冷成型或室温成型，也常称作塑料的冷加工方法或常温塑性加工。该法有以下优点：生产成型周期短，制品的韧性和强度等都高于一般热成型产品，设备简单，成本降低，可生产大型及超大型制品。缺点是难以生产形状复杂、精密的制品，生产工艺难以控制，制品易变形开裂。固相成型包括片材辊轧、深度拉伸或片材冲压、液压成型、挤出、冷冲压、辊筒成型等。

6. 双片材热成型

双片材热成型常用来生产中空制品。成型时，将两块已经热至足够温度的塑料片材放在半合模具的模框上并将其夹紧。然后将吹针插入叠合的两片材之间，用压缩空气吹进两片材之间的中空区域。同时打开设在两半合模上的抽空气门进行抽空，这样片材就贴合于两半合模的内腔。经冷却、脱模和修整后即成为中空制品。用这种方法生产中空制品的特点是，成型快、壁厚均匀，可制大型中空产品。两个片材叠合在一起，中间吹气，还可制作双色和厚度不同的制品。

三、热成型设备

热成型设备包括夹持系统、加热系统、真空和压缩空气系统及成型模具等。成型设备可分为手动、半自动和全自动几种类型。成型设备又按供料方式分为分批进料与连续进料两种类型。

一般情况下，连续进料式的设备多用来生产薄壁小型的制件，如杯、碗、盘等，而且都是属于大批量生产性质的。这类设备也是多段式的，每段只完成一个工序，如图 8-8 所示。其中供料虽属连续性的，但其运转仍然是间歇的，间歇时间从几秒至十几秒不等。为节省热能和供料方便，也有采用片材挤出机直接供料的，如图 8-9 所示。为缩短工序，方便操作，也有将被包装物纳入多工位连续进料式生产线的。在生产时，将被装物料投入所成型的容器中，盖上塑料薄片进行热封合，成型包装一起完成。

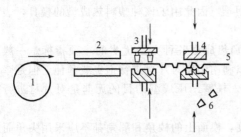

图 8-8　连续进料式的设备流程
1—片材卷；2—加热器；3—模具；
4—切边；5—废片料；6—制品

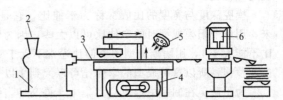

图 8-9　挤出机供料连续成型设备
1—挤出机；2—塑料进口；3—片材；4—真空
泵与真空区；5—冷却用的风扇；6—冲床

采用片材挤出机直接供料的成型机通常都不附设加热段。由于挤出机的供料是连续的，而成型却是间歇的，因此在成型机的结构上应该有所考虑，以便克服这种矛盾。多数是将设备中的成型区段设计成移动式的，以便在每次成型过程中能够在一定位置随着挤出的片材向前移动。而当完成一个工作周期后，成型区段又能立即后撤到原来的位置以便进行下一周期的操作。用挤出机供料的成型机虽对大批量和长期性的生产较为有利，但还存在两个主要缺点：①挤出速率一般都快于热成型速率，因此每一生产周期常比其他成型机的长；②生产上的不可控因素增多，而且各段工作又有同步的要求，会给生产管理和维修带来较大的麻烦。

随着热成型技术应用范围的不断扩大，设备技术的不断创新，都在努力如何让设备在热成型加工中更好地满足具体的加工要求。新建成的热成型生产线的热成型速度据说能接近注塑速度，即 40 批/min，带有 24 个杯形的冲孔工具，冲孔直径在 75mm。热成型设备还能够使用具有 45 个模腔的模具，每小时生产出 100000 个 PP 杯子，而且还带修剪功能，生产出的产品的偏差也非常小。

四、热成型模具

模具是热成型加工的重要组成部分。由于热成型模具的价格往往只是注塑成型模具价格的 1/5 左右，使得许多注射成型的制件正逐渐被热成型制件所替代，而且热成型制件的尺寸也越来越大。人们希望每批生产出更多的制品以降低成本，使用模腔更多的模具。热成型模一般包括阳模和阴模。是通过机械加工或铸造成预先设计的特定形状，以便受热的片材能包覆或进入这些热成型模，成为同一形状的制品。

由于热成型用的压力不很高，因此对模具刚度的要求比较低。热成型模可采用各种材料制成，如木材、石膏、塑料（酚醛、环氧树脂、聚酯、氨基塑料等）以及钢与铝合金。木材和环氧树脂虽不耐用，但最便宜，可用于小批量生产、原模制造和产品实验。钢热成型模有时用于中批量生产的就地切边热成型模，此时硬的钢冲头有双重作用，因为它也是成型阴模的壁。铝合金热成型模要比钢模便宜些，虽然受热后不耐久，却有重量轻、容易加工和修理、导热性好等优点。这也是在冷却过程中很重要的优点。为了更耐用，可以加上氟塑料涂层或硬涂层。试制产品时，一般用硬木或石膏材料作模具，产量不大的用塑料，高产量或高质量（表面光滑程度高或结构较为精细的）的可以用铝或钢，也可以用木材、塑料和金属的组合模。

在采用多腔模成型时，最好用阴模，这样模腔之间的间隔既可以紧凑些，同时也能防止片材在模塑过程中与模腔面接触时起皱。另外阴模成型脱模也比较容易，但制品底部断面较薄是其缺点。阴模成型通常有模塞将片材推进热成型模，模塞可由木材、毛毡、环氧、尼龙、铝合金或合成泡沫塑料制成。在形状上类似于制件，但更小，有间隙、没有制件的特征细节。模塞助压常由铝合金或合成泡沫塑料制成，后者的优势在于不需要另外加热。模具表面光滑程度与否与制品表面的光滑程度度有着直接关系。高度抛光的模具将制得表面光泽的制品，闷光的模具则制得无光泽的制品。但各种塑料有自己的热强度和拉伸强度以及对模面的黏结特性，所以对模具表面的要求也不尽相同。例如聚烯烃用光滑模面成型就相当困难，因此用于该种塑料热成型的模具，表面应适当糙化。

模腔深度与宽度的比值常称为牵伸比，它是区别热成型各种方法优劣的一项指标。一般说来，用单个阳模成型时的牵伸比可以大些，因为可以利用阳模对片材进行拖曳或预伸，但是牵伸比不能大于 1，用阴模成型的牵伸比通常不大于 0.5。柱塞助压成型的目的无非是对片材进行拖曳或预伸，所以这种成型的牵伸比可以大到 1 以上。

为了避免在制品中形成应力集中，提高冲击强度，模面上的棱角和隅角都不应采用尖角而应改用圆角。圆角的半径最好等于或大于片材的厚度，但不能小于 1.5mm。模壁都应设置斜度以便脱模。阴模的斜度一般为 0.5°～3°，而阳模则取 2°～7°。作为成型时进出气体而在模具中开设的气孔直径，其大小随所用片材的种类和厚度略有不同。压制软聚氯乙烯和聚乙烯薄片时约为 0.2～0.6mm，其他薄片为 0.6～1.0mm。对于硬而厚的片材，则可大到 1.5mm。孔径过大时常会使制品表面出现赘物。从减少气体通过气孔的阻力和便于成型来考虑，也有将通气孔在模具底面的一端改成大直径的，其大小约为 5～6mm，或者采用长而窄的缝隙。通气孔设置的部位大多数是在隅角的深处、较大平面的中心以及偏凹的部位。部分精细真空孔的设置距离可近至 5mm。大平面模具真空孔的距离则可为 20～80mm。

无论是包覆于阳模或是进入阴模，在片材与热成型模之间的空气都必须通过真空、气压或二者结合迅速排除。所有角落和凹凸处的空气都必须排除。最常见的是通过小孔真空排气。真空抽气通道通过各种各样的方式将主体与真空腔连接起来，从背后钻一个更大的孔直到接近热成型模表面可以减少对真空通道的限制，当真空孔的长度减小时，钻孔的难度就会成比例下降。窄缝作为真空孔的替代品也可以节省时间。多孔金属热成型模不需要缝或孔，已有一些成功应用，但冷却时间要增加。真空孔的加工方法视模具材料而定。石膏、塑料、铝等用浇铸法制造的模具，通常可在浇铸过程中，于需要设置真空孔的各部位放置细小的铜丝，在完成浇铸后抽去即可得到孔眼。木材、金属、电解铜等模具则需用钻头打孔。对于直径较小的孔，用粗钻头先钻至距模具表面3～5mm处，再以小直径钻头钻穿。

热成型制品的收缩率约在0.001～0.06。为求得制品尺寸的精确，设计模具时应对收缩率给予恰当的考虑，当制件的形状较复杂时，最好采用真空和气压成型。机械助压可消除制件厚度的不一致，增加制件的精确性。

五、工艺因素分析

热成型一般包括片材的夹持、加热、成型、冷却、脱模和清理等几道工序。其中以成型部分最为复杂，它们随加工方法的不同又会有较大的差别。无论是使用卷筒式加热成型过程来生产一次性的杯碗容器，还是使用切片加热成型过程生产电冰箱冷藏柜的内衬，都需要遵循以上同样的基本步骤。热成形工艺看起来比较简单，但这种工艺所牵涉的因素太多。随着对热成型过程深入地分析，就很快会发现它变得越来越复杂。从确定使用哪种加热成型设备和技术以最大限度地满足生产的需要，到选定树脂和压出片材的初始条件，一直到掌握如何得到最佳的控制条件、零件细节以及所期望的产品外观和性能等，每个步骤都充满了挑战。为了取得满意的制品，有必要了解这些因素。这里就热成型中片材的加热、成型和制品的冷却脱模所牵涉的主要工艺因素作些简要分析。

1. 加热

一般将片材加热到成型温度所需的时间，大约占整个成型工作周期的50%～80%。因此如何缩短加热时间就有着重要的意义。加热或冷却的时间，随片材厚度和比热容的增大而变长，随片材的热导率和传热系数的增大而减少，但都不是单纯的直线关系。例如，在相同条件下，对不同厚度的片材进行加热，其情况见表8-4。

表 8-4　加热时间与片材（聚乙烯）厚度的关系

片材的厚度/mm	0.5	1.5	2.5
加热到120℃需要的时间/s	18	36	48
单位厚度加热时间/(s/mm)	36	24	19.2

注：实验条件为加热器的温度510℃，加热功率4.3W/cm²，加热器与片材间的距离125mm。

塑料片材的厚薄公差通常不应大于4%～8%，否则应延长加热时间。要求让热量传至厚壁内部，使片材热透而具有均匀的温度，以确保制品质量。

在成型时，片材各部分的牵伸比会随模具的形状不同而有所改变。为了防止各部分因牵伸比的不同而造成厚薄不均，可用纸剪花板等措施有意将成型时牵伸较为强烈的部分遮蔽一下，让这些部分能少接受一些红外线的照射，从而使该处的温度稍微变低些。这样就能使制品的厚薄均匀性得到一些改善。

2. 成型

在成型过程中，造成制品厚薄不均的主要原因是片材各部分所受的牵伸比不同。在解决不均匀的问题时，虽然可以用纸剪花板遮蔽加热部位和模具上通气孔的合理分布来得到一定改善，但这些方法都会使制品的尺寸稳定性下降。这种由不同牵伸而引起的厚薄不均在各种成型方法中不尽相同，其中以差压成型法最为严重。影响制品厚薄不均的另一因素是牵伸或拖曳片材的快慢，也就是抽气、鼓气的速率或模具、框架、辅助柱塞等的移动速率。一般说来，速率应尽可能地快，这对成型本身和缩短成型周期有利，因而有时甚至将通气孔改为长而窄的缝隙。例如在电冰箱内衬成型时，用正常的真空孔，抽气时间需2～5s，改用长窄缝隙后，抽气时间可降到0.5s。当然，过大的速率常会因流动不足而使制品在凹处或凸处的牵伸比过大，局部呈现厚度过薄的现象。但过小的速率又会因片材的先行冷却而出现应力发白、裂纹等。牵伸速率依赖于片材的温度，因此，薄型片材的牵伸一般都应快于厚型的。因为薄型的温度在成型时下降较快。深牵伸制品在成型前通常都靠抽气或吹气使之成为均匀的预伸泡状体，以确保制品断面的均匀性。泡状体的厚度应接近制品底部要求的厚度。因为成型时，一旦柱模或柱塞与塑料接触，其所受拉伸是很低的。当泡状体达到规定要求后应保持几秒钟让其自行调整形状，使片材热而厚的部分继续延伸则冷而薄的部分取得轻微的收缩。从而达到均匀化断面的目的。

成型时，如果在所有方向上的牵伸都是均匀一致的，则制品各方向上的性能就不会出现不同。但是这种牵伸在实际情况中是很难成立的。如果成型中的牵伸偏重在一个方向上，则制品会因分子定向而出现各向异性。在正确的成型温度下，如果单向牵伸的数值和双向牵伸的差值都保持在一定范围以内（具体数值随塑料品种而异），则制品的各向异性程度就不会很大。提高成型温度和降低牵伸速率都具有减少分子定向的作用。

3. 冷却脱模

由于塑料的导热性差，随着成型片材厚度的增加，冷却时间就会延长，想缩短成型周期就必须采用人工冷却的方法。冷却方法分内冷和外冷两种，它们既可单独使用也可组合使用，这得根据制品的需要而定。通常大多采用外冷却，因其简单易行。不管用什么方式冷却，重要的是必须将成型制品冷却到变形温度以下才能脱模。例如，聚氯乙烯为 $40 \sim 50℃$，醋酸纤维素为 $50 \sim 60℃$，聚甲基丙烯酸甲酯为 $60 \sim 70℃$。冷却不足，制品脱模后会变形。但过分冷却在有些情况下会由于制品收缩而包紧模具，造成脱模困难。

除塑料片材因加热过度而引起分解或因模具表面过于粗糙外，片材很少有黏附在模具上的现象。如偶尔出现这种现象，可在模具表面涂抹脱模剂以消除这一弊病。但用量不宜过多，以免影响制品的光滑程度和透明度。脱模剂的常用品种有硬脂酸锌、二硫化钼和有机硅油的甲苯溶液等。

4. 片材厚度

由于成型方法和制品的种类很多，想要仔细了解片材成型为制品后各部位厚度发生的具体变化是困难的。普通吸塑片材厚度在 $0.2 \sim 5.0mm$，主要采用 PVC、PP、PS(HIPS)、PET（包括 APET 和 PETG）、PE、BOPS 和生物降解塑料等各种材料。广泛应用于食品、医药、电子、玩具、电脑、日用品、化妆品和机械五金等行业。特殊吸塑片材厚度在 $0.2 \sim 8.0mm$，主要是采用 PVC、PP、PS(HIPS)、PET（包括 APET 和 PETG）、ABS、PC、PE 和 PMMA 等各种材质。主要产品有冰箱内胆、广告灯箱、花盆底盘、背投电视后壳和各种机械面板等。

成型用片材的厚度和面积的正确选择依赖于制品实际断面的最小厚度和形状。这里从面积比的概念介绍片材厚度的计算方法。面积比是与牵伸深度相联系的，可用制品面积和原片面积之比来表示。如果所制制品的总面积为 $600cm^2$，片材的面积为 $300cm^2$，其面积比为 $2:1$。制品的厚度平均为片材厚度的一半，因此，知道面积比即能粗略地算出所需片材的厚度。

第七节　涂覆成型

涂覆成型是为了防腐、绝缘、装饰等目的，采用液体或粉末形式在织物、纸张、金属物或板片等物体表面涂盖一层塑料的方法，也称涂层和涂布。它利用塑性溶胶或有机溶胶涂盖基材的表面，制成仿皮革制品、漆布或塑料壁纸等，或采用粉状树脂牢固地遮盖在金属物的表面。而金属的塑料涂层制品，在某种程度上既保持金属原有的特点，又兼备塑料的特性。它具有耐腐蚀、耐磨损、电绝缘性和自润滑性好等特点。这些涂覆制品性能好、成本低，近年来发展很快，应用范围也不断扩大。涂覆法最常用的热塑性塑料有聚氯乙烯、聚乙烯、聚酰胺、聚三氟氯乙烯等。常见的塑料涂层制品有人造革、漆布、塑料壁纸及各种金属涂覆制品。塑料涂层不仅具有表面保护功能，而且还有装饰效果。

涂覆成型工艺包括涂层、热熔喷涂、流化喷涂、火焰喷涂、静电喷涂和等离子喷涂等。布（或纸）基的涂层工艺通常分为压延法或涂覆法。在金属表面涂覆塑料的方法常用的有火焰喷涂、热熔喷涂、流化喷涂、悬浮液涂覆和静电喷涂等，下面对此作简要介绍。

可用于金属涂覆的塑料品种很多，常用的有聚氯乙烯、聚乙烯和尼龙等。涂覆用的塑料都是粉状的，细度在 $120\sim180\mu m$ 之间。为了提高涂层与金属部件之间的黏结力，涂覆前需要对金属进行表面处理。处理的方法有喷砂、化学处理以及其他的机械处理方法。通常使用效果较好的是喷砂处理，因喷砂处理后金属表面粗糙，增大了接触面，会提高黏结力。砂粒的品种及外形对涂层质量有很大影响，例如对黄铜、紫铜、铸铝等硬度较低的工件，宜采用黄砂，砂粒直径应在 $1\sim1.5mm$。对钢件则宜选用硬度高并有尖角的石英砂，砂粒直径在 $1.5\sim2.5mm$。喷砂用的压缩空气必须经过油水分离以除去油和水，空气压力约为 0.5MPa。喷砂后的工件表面要用清洁的压缩空气吹去灰尘，并在 6h 内喷涂塑料，以免因氧化而影响涂层的附着力。如果工件表面经过清洗、喷砂处理后，仍不能使塑料涂层黏附得很好，则在喷涂前最好先涂上一层适当的树脂，而这种树脂应对涂层和工件都有比较好的黏合作用。

经过处理后的金属表面应无尘、干燥、无锈及油渍等。涂覆好的工件应趁热放入冷水中骤冷至水温时取出。急冷后可降低塑料涂层的结晶度，提高含水量，从而使涂层韧性好、表面光亮、黏结力增强，而且可以减少内应力，避免涂层脱落。一般情况下，塑料涂层与各种金属黏结的牢固程度，按钢、铸钢、铸铁和有色金属这样的顺序依次减弱。为了减少由于塑料在冷却时收缩比金属大而引起涂层在边缘处开裂，通常将工件边缘做成圆角，其半径以 5mm 左右为好。以下简要介绍几种主要的涂覆方法。

一、火焰喷涂

火焰喷涂是将流态化树脂粉末通过喷枪口锥形火焰使之熔化而实现喷涂的一种方法。一般火焰喷涂的涂层厚度约为 $0.1\sim0.7mm$。采用粉状塑料进行火焰喷涂时，工件应预热。可以用烘箱预热，也可以用喷枪直接预热。喷涂不同的塑料其预热温度也各不相同（见表8-5），有时还要根据气候条件和工件大小适当调整预热温度；夏天和厚壁工件预热温度应低一些。用塑料溶胶进行火焰喷涂时，工件一般不预热。

表 8-5 火焰喷涂时工件的预热温度

塑料种类	尼龙 1010	低压聚乙烯	氯化聚醚
工件预热温度/℃	250	220	200

喷涂时的火焰温度既不能太高，也不能太低，太高易烧毁过多的塑料或损伤塑料的性能，太低则会影响黏附效果。一般在喷涂第一层塑料时温度调到适用范围中的最高温度，这样可使金属与塑料涂层之间有较高的黏结力。在喷涂以后各层时，温度可略为降低。喷枪口与被喷工件距离在 $100\sim200cm$。当第一层塑料粉末塑化后，即可大量出粉加厚，直至需要的厚度。如果工件为平面，则将平面放在水平位置，手持喷枪来回移动进行喷涂；如果工件为圆柱形或内孔，则须在转台上作旋转喷涂。工件旋转的线速度为 $20\sim60m/min$。当喷涂层厚度达到要求而停止喷涂时，工件应继续旋转，直至熔融的塑料凝固为止，然后再进行急冷。

火焰喷涂的优点是设备投资不大，对罐槽内部和大型工件的喷涂比用其他方法有效，因此是工业上常用的重要加工方法。但也存在喷涂过程中带有刺激性的气体，生产效率不太高和需要相当熟练的操作技术等缺点。

二、热熔喷涂

热熔喷涂就是用压缩空气将塑料粉末经过喷枪、喷射到预热过的工件表面，塑料熔化、冷却形成覆盖层，必要时还要经过后加热处理的涂覆方法。也叫热熔敷法。工件的预热温度是热熔喷涂工艺的关键。预热温度过高时，常会导致金属表面严重氧化，涂层黏着性降低，甚至可能会引起树脂分解和涂层起泡变色等现象。预热温度过低，树脂流动性差，不易得到均匀的涂层。涂覆聚氯乙烯、高密度聚乙烯、尼龙1010以及氯化聚醚这四种塑料时，工件的预热温度可参考表8-6。

表 8-6   热熔喷涂法工件的预热温度

塑料种类	低压聚乙烯	尼龙 1010	氯化聚醚	聚氯乙烯
工件预热温度/℃	310	290	230	170

热熔喷涂法往往要经过多次喷涂才能获得所需要的厚度，因此要反复喷涂多次。在每次喷涂后均需加热使涂层完全熔化、发亮，然后再喷涂第二层。这样不仅可使涂层均匀、光滑，而且还能显著提高力学强度。高密度聚乙烯加热处理温度为170℃左右，氯化聚醚为200℃左右，时间以一小时为宜。由热熔喷涂所得到的涂层质量好，外表美观，黏结力强，树脂损失小，工艺条件容易控制，气味小，其喷枪不需带燃烧系统，结构简单，可利用普通喷漆用喷枪。

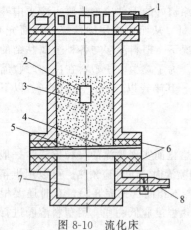

图 8-10   流化床

1—抽吸接头；2—被涂物体；3—流化室中的流化塑料粉；4—过滤网；5—透气板；6—密封垫；7—空气室；8—入气口

三、流化喷涂

流化喷涂是将预热的工件浸入悬浮有树脂粉末的容器中使树脂粉末熔化而黏附在表面上的涂覆方法。又称沸腾喷涂，其工作原理是将粉状塑料置于一个内部装有一块只让空气通过而粉末不能通过的多孔隔板的流化床（或称沸腾床）的上部（见图8-10）。当压缩空气由流化床底部进入时就能将粉末吹起并悬浮于多孔隔板的上部空间处于"沸腾"状态。这时将预热过的工件浸入其中，塑料粉末就会因受热熔化而附着在工件表面形成涂层，取出后加热处理2~5min得到涂层制品。

流化喷涂中工件所得涂层厚度决定于工件进入流化室的温度、比热容、表面系数、喷涂时间和所用塑料的种类，但在工艺中能够加以控制的只有工件的温度和喷涂时间两种，在生产中均须由实验来决定。喷涂时，要求塑料粉流化平稳而均匀，没有结块和涡流现象以及散逸的塑料微粒较少等。为了达到这种要求，技术上应采取相应的措施。添加搅拌装置时可以减少结块和涡流，而在塑料粉中加入少许滑石粉则对流化有利，不过滑石粉会影响涂层质量。防止塑料微料的逃逸是严格控制空气的流速和塑料粉颗粒的均匀度。逃逸总是难免的，所以流化床上部应设回收装置。适于用作流化喷涂的塑料有聚乙烯、聚氯乙烯、聚酰胺等。

流化喷涂的优点是能涂覆形状复杂的工件，涂层质量高，一次就能涂覆较厚的涂层，塑料粉末几乎没有损失，工作环境清洁等。缺点是难以加工大型工件。

四、悬浮液涂覆

悬浮液涂覆是将聚三氟氯乙烯、氯化聚醚、聚乙烯等悬浮液先用适当方法涂覆在工件上，然后经加热塑化使其成为黏结较牢的塑料涂层。悬浮液涂覆的工艺流程如图8-11所示。

从图中可以看出整个工艺过程与上述三种基本相同，区别主要在于涂覆。悬浮液的涂覆可采用以下几种方法。

（1）喷涂 将树脂悬浮液灌注入喷枪料筒内，以表压不大于0.1MPa的压缩空气使涂液均匀地喷涂在工件表面上。为了减少悬浮液的损失，应尽量降低压缩空气的压力。工件与喷嘴之间的距离应保持在10~20cm为宜，并且让喷射面尽量与料流方向保持垂直。

（2）浸涂 将工件浸入塑料悬浮液中，数秒钟后将其取出静置。让多余部分料液自行流下后，即有一层悬浮液附着在工件表面。此法适用于体积较小而内外面都需要全部涂覆的工件。

（3）涂刷 用毛刷或毛笔将悬浮液直接涂拭在工件表面而使其带上涂层的过程称为涂刷。这

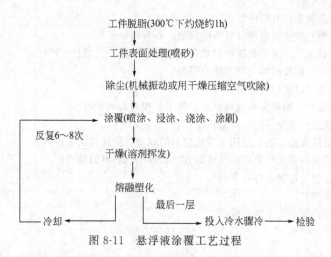

图 8-11 悬浮液涂覆工艺过程

种方法适用于一般的局部涂覆或涂覆面较窄的单面涂覆。由于手工操作，涂刷层经塑化后表面不够平整光滑，而且每次只能涂刷上较薄的一层，加上效率低，生产中很少采用。

（4）浇涂 将悬浮液倾倒在转动的中空工件中，使其内表面完全被悬浮液所覆盖，然后把多余的液料倒出而使其形成涂层的方法称为浇涂。此法适用于小型反应釜、管道、弯头、阀门、泵壳以及三通等工件的涂覆。

五、静电喷涂

静电喷涂是利用高压静电造成静电场，将被喷涂的金属工件作为高压正极，塑料粉末经传送系统输入喷枪由作为高压负极的喷口喷出，塑料粉末喷出时带有负电荷，在静电场作用下向工件飞去，吸附在工件表面而沉积为均匀的粉末层。在电荷消失前，粉末层附着很牢固，经加热塑化和冷却后，即可得到均匀牢固的塑料涂层。

静电喷涂对被涂金属工件的表面处理方法和工艺要求与火焰喷涂相同。适用于静电喷涂的粉状塑料有聚乙烯、聚氯乙烯、聚丙烯和聚酰胺等。如果涂层不需要很厚，静电喷涂不要求工件预热，则可用于热敏性物料或不适于加热的工件涂覆。绕过工件的粉末会被吸引到工件反面，所以溅失的粉料要比其他喷涂少得多，而且只需在一面喷粉，就可把整个工件涂覆。但大型工件还是必须在两面喷涂。带有整齐内角和深孔的制件，不易完全为静电喷涂所涂覆，因为这些区域存在静电屏蔽而排斥粉料，妨碍涂层进入角或孔内，除非喷枪可插入其中。此外，静电喷涂所要求的颗粒较细，因为较大的颗粒易从工件上脱落，采用 150 目以上的颗粒，静电作用会更有效。

静电喷涂也可用于对塑料制品的喷涂，但原料不是采用粉状塑料，而是采用液状塑料或塑料溶液。涂层对塑料制品起表面装饰作用。

该法容易实现自动化，生产效率高，也不需要大型储器，一次喷涂即可得到较厚的涂层，并且涂层的厚薄均匀，涂层与金属的黏结力强。

六、等离子喷涂

等离子喷涂是采用等离子喷枪使流经等离子发生区的惰性气体（如氩气、氮气、氮气的混合气体）成为 5500～6300℃ 的高速高能等离子流，卷引粉状树脂以高速喷射至工件表面熔结成涂层的一种先进的工艺方法。

复习思考题

1. 什么叫模压成型工艺？其生产工艺过程如何进行？
2. 模压成型中的预热和干燥是否相同？为什么？
3. 什么叫预压？预压的作用有哪些？

4. 模压成型工艺控制条件有哪些？

5. 什么叫传递成型？传递成型模具有哪些类型，各有何特点？

6. 什么是层压成型工艺？主要有哪些塑料可采用层压成型工艺进行生产？

7. 层压成型生产中，附胶材料上胶方法有哪些？

8. 层压板材生产工艺过程如何进行？

9. 什么叫搪塑成型？可制得哪些塑料制品？其工艺控制有何特点？

10. 什么叫滚塑成型？其制品的生产有何特点？

11. 什么叫冷压烧结成型工艺？适用于哪些塑料的成型？简述其工艺过程。

12. 塑料的热成型如何定义？常用的热成型方法有哪些？各有何特点？

13. 热成型工艺过程及控制条件有哪些？

14. 什么叫涂覆成型？

15. 在金属表面涂覆塑料的方法有哪些？

第九章 塑料的二次加工

【学习目标】

掌握塑料二次加工的概念与作用；掌握塑料机械加工的基本知识；掌握塑料的粘接与焊接；了解塑料的修饰。

塑料的二次加工，通常是指在保持塑料材料或模塑制品的冷固状态下，改变其形状、尺寸和表面状态使之成为最终产品的各项作业。其作用有两点：一是作为成型的补充，例如单件或小批量生产塑件时，模具成本高，使用二次加工就能做到大大降低成本的效果；二是可提高制品性能和增加制品使用功能，如塑件表面涂饰后其抗老化性能可得到提高。随着塑料制品使用范围的不断扩大，各种二次加工技术在满足各应用领域的多样化要求方面，将发挥越来越大的作用。

目前塑料制品已采用的二次加工技术多种多样，但按其作业特点和在制品生产过程中所起的作用，大致可分为机械加工、连接加工和修饰加工三类方法。

第一节 塑料的机械加工

塑料机械加工是指用切削金属和木材的加工方法，对塑料型材和坯件等半成品进行二次加工的总称。

塑料的机械加工有其自身特点：塑料的导热性差，机械加工中产生的热量不易传导散发，极易引起局部过热，从而导致塑料变色、降解，甚至发生燃烧；塑料的弹性模量低，不能承受过大的力；塑料具有黏弹性，机械加工中产生的弹性形变，给制品尺寸的精确控制带来很大困难；含有无机填料的塑料切削时刀具因受到高频冲击而容易变钝，塑件容易出现分层和碎裂。

经过机械加工的塑料产品，其表面的完整性常遭到破坏，这将降低制品对外部因素的抵抗力。一些纤维增强塑料经过机械加工，纤维的连续性会受到破坏，这将使制品的机械强度明显下降。此外，机械加工还会增加塑料制品生产的工时和原材料消耗。因此，在塑料制品生产的过程中，应采取多种措施尽量减少机械加工量，对提高生产效率和降低成本都是必要的。

塑料可采取的机械加工方法很多，以下仅对生产中常用的几种塑料机械加工方法作简要介绍。

一、车削、铣削

1. 塑料的车削

车削在塑料的二次加工中主要用于车圆柱、车锥体、车平面的和车螺纹等，也用于截断管、棒等型材和模塑制品上的粗大多余物及修整模塑制品上的毛边和毛刺。塑料因品种和组成的不同切削性能有较大差异，以下仅对热塑性塑料和热固性塑料的车削加工特点作简要介绍。

（1）热塑性塑料的车削 热塑性塑料的车削特点，与其和热固性塑料相比有强度低、热膨胀系数大和模量小等有密切关系。强度低，表现在车床上切削这类塑料工件时，不能用大的夹紧力，车削时只需采用较小的切削力，故切削这类塑料时消耗的功少，产生的热量也相应减小。由于塑料的导热能力远低于金属，切削过程中的摩擦热将主要传给金属刀具，传给塑料工件的热量虽然较少，但因很难进入工件内部，使其表面温度显著增高。例如，在无冷却措施的情况下，精车尼龙工件时其切削区内最高温度可达 120℃，而粗车时可高达 200℃。

膨胀系数大，给车削加工热塑性塑料工件的尺寸精度控制带来很大困难，这是因为在车削过程中，即使温度变动不大，也会因较大的膨胀量使产品尺寸发生明显变化。其次，较大的热膨胀将使摩擦力变大，产生更多的摩擦热，这就使车削过程中的温度变化更大；再结合热塑性塑料的熔融温度都不太高的特点，有可能使切削区的塑料因温升而变软。已经变软的塑料切屑，会黏附到刀具的前刃面和后刃面上，从而使正常的车削过程难以进行，加之塑料的变软会使工件的塑性形变量增大，这不仅会导致产品表面的光滑程度下降，而且有可能使车削后的工件表面出现裂纹。

热塑性塑料的弹性模量小，使其工件在切削力作用下产生较大的弹性变形，这将使细而长的工件在径向切削力作用下发生明显的弯曲形变，这是这类工件在车削时尺寸精度很难达到要求的重要原因。在相同的车削条件下，刃口钝的刀具对工件所施加的切削力比刃口锋利的刀具大得多，结合热塑性塑料弹性模量小的特点来看，不能指望用这两种刀具切削而取得相同的加工效果，这就是为什么在车削热塑性塑料工件时，应经常保持刀具刃口锋利的原因。

（2）热固性塑料的车削　车削热固性塑料工件时，其工艺过程的基本特征与热塑性塑料大致相同，但由于这类塑料与热塑性塑料相比有强度高、硬度大、耐热性好和多用无机物增强与填充等特点，所以其车削过程的特征又和热塑性塑料不完全相同。

高的耐热性、大的弹性模量和较小的热膨胀系数，使热固性塑料工件在车削时允许有较大的温升，而且温升对工件的加工精度影响也比较小，这就使其车削速度可以比热塑性塑料高。但强度很高、硬度也很大的热固性塑料，车削时由于需用很大的切削力，致使摩擦热引起的温升远比车削热塑性塑料时高，这又限制了车削速度的提高。实验表明，车削某些高强度热固性塑料时，切削区短时间内的最高温度可高达 600℃。所以对这类塑料工件的车削过程除加强冷却外，需采用高速钢和硬质合金刀具，或采用金刚石车刀和陶瓷车刀。

用玻璃纤维和玻璃布增强的热固性塑料，在车削过程中不仅刀具受力大，而且由于工件是由软硬相差很大的两种材料复合而成，对一个工件的加工就变成对两种材料的不连续切削，因刀具每分钟会受到高达百万次的冲击，致使切削条件严重恶化。这就是车削增强热固性塑料的刀具比车削纯硬质材料更容易磨损的原因。此外，由于热和冲击的联合作用，被车削增强热固性塑料工件比较容易发生分层和撕裂，这种情况在工件的边缘和外层更为常见。基于上述原因，无机物增强热固性塑料的车削不能用过高的切削速度。

2. 塑料的铣削

铣削是在铣床上用铣刀对塑料工件进行切削加工的作业。借助铣削加工可将塑料制品截断、开槽、铣平面和各种曲面。铣削加工实质上是多个小车刀组合在一起的多刃工具加工，所以前述车削塑料的一般特征和热塑性与热固性塑料的车削加工特点，也大致适用于塑料的铣削。与车削相比，铣削有切入过程是周期性断续进行、切削厚度渐增或渐减以及排屑困难等加工特点。

在单件或小批量塑件铣削加工时，可在金属或木材的铣床上完成；在大批量塑件需要铣削加工的情况下，为达到高的生产效率和取得更好的加工效果，应当采用塑料专用的铣床。这种塑料专用的铣床，其主运动速度和进给速度通常比金属铣床高，而且配有适合塑料工件的夹紧装置和便于排除塑料切屑和粉尘的装置。用热固性层压塑料机械加工齿轮，是大批量塑料工件用塑料专用铣床进行铣削加工的典型实例。

二、钻削、螺纹加工

1. 塑料的钻削

钻削在广义上应包括钻孔、铰孔和镗孔三种机械成孔作业。钻孔是在工件上加工孔眼的操作，所用刀具是钻头。铰孔是将工件上已有的孔壁加光或将孔径修整到所需尺寸的操作，所用刀具是铰刀。用一种壁长可调的单刃刀具使孔眼扩大的操作称为镗孔。塑料工件的钻孔和铰孔可在各式钻床上完成，镗孔虽然也可使用钻床，但必须有特定的刀具夹持架，故镗孔最好在镗床或车床上进行。塑料工件的铰孔操作与钻孔相仿，但困难远比钻孔小；塑料工件镗孔在主要方面与车削相同，故以下主要介绍塑料钻孔的特点。

塑料钻孔的特点与其导热性差而热膨胀系数和弹性恢复都比较大有密切关系。首先，钻孔过程中已成的孔壁常发生向内的膨胀，从而使继续深钻时的钻削力和力矩都明显增大，而力和力矩的增大又促使钻头与孔壁间的摩擦热量剧增，热塑性塑料的软化和降解温度都不高，如果控制不当，钻孔过程中出现胶着、聚合物降解乃至烧焦就在所难免。其次，深钻热塑性塑料工件时，钻屑会因熔融而粘在孔壁或钻头上，这种情况的出现将使钻削力和力矩进一步增大，并使所成的孔壁表面质量变差，过大的钻削力和力矩，常常是造成孔边开裂和已成孔事后开裂的主要原因。此外，钻削金属工件时常观察到"扩孔"现象，但钻削塑料（特别是热塑性塑料）工件时常观察到"缩孔"现象，这是塑料的冷却收缩大和解除外力后弹性恢复量也大，双重效应起作用的结果。还有，塑性很小的塑料和非均质塑料的工件，特别是玻璃纤维及其织物增强的塑料工件，在钻孔时多形成破碎的钻屑，从而使钻头继续深钻时受到强烈的磨料磨损。在层压塑料工件上钻孔时，应尽可能避免在与层间平行的方向上进钻，若必须在这一方向上成孔，就应当用夹具夹紧钻孔部位，以防出现层间开裂。

钻孔主要用于在塑料制品上加工螺栓通孔、铆钉孔和销孔，也用于得到铰孔前和攻丝前的底孔以及模塑制品的侧孔。很多注塑、模压、浇铸塑料制品上的孔，需采用钻削加工才能达到产品对孔所要求的尺寸精度和光滑程度。

2. 螺纹的机械加工

机械加工螺纹常称为切螺纹，是指用刀具机械加工内螺纹和外螺纹。加工内螺纹，是在已成孔的内壁上切制出螺纹；加工外螺纹，则是在圆柱体表面上切制出螺纹。切制螺纹的操作可在车床、铣床或钻床上进行，也可完全用手工进行。常用于塑料工件上切制螺纹的刀，主要是螺纹车刀、螺纹铣刀以及丝锥和板牙等。

在热塑性塑料工件上切螺纹时，一般都用粗牙。由于热塑性塑料受力变形后有较大的弹性恢复，故攻丝用的丝锥直径应稍大于预定的螺纹直径，而且所用丝锥的沟槽应力求光滑以利导屑。在热塑性塑料工件上所切螺纹如果是与金属件上的螺纹配合，由于二者的热膨胀系数相差较大，应为其预留间隙。如果这样的组合是在温度变化大的环境中使用，最好改用其他方法连接。

三、剪切、锯切、冲切、冲孔

剪切是用铡刀借适当的机械压力将塑料片材进行剪裁的方法，如图9-1所示。用具有一定形状且带有刃口的冲模进行剪裁时则为冲切。冲模为圆杆状（通称冲头），冲切只限于在片材上形成孔眼，这种冲切即为冲孔。三种方法使用目的虽各不同，操作原理却很一致，且同为塑料成型工业中广泛使用的加工方法。

剪切常用的设备是四方剪机，冲切和冲孔常用的设备则为人力或机械压机。采用设备的大小根据加工材料的尺寸、厚度及生产率的高低等决定。三种方法中分别用的铡刀、冲模和冲头一般用工具钢制成。为节省钢材和时间，临时用的或要求不高的冲模也可用带有刃口的钢皮嵌入木块中制成。

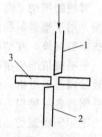

图 9-1 剪切
1—铡刀；2—固定刀；
3—塑料片材

如果被处理的塑料性能较脆，则沿着切口常会发生缺口或破裂。由于塑料的脆性随温度的提高而减小，所以对任一种塑料只要工作温度范围选择得当就会有恰当的流变性而使操作顺利进行，同时事后的表面不需再加工就能符合一般要求的质量。温度范围通常由实验确定。实验证明，温度范围不仅与塑料的品种有关，而且还依赖于塑料的厚度。厚度大温度应偏高，因为厚度大操作中单位长度切边上的抗力也大。

剪切或冲切醋酸纤维素、聚乙烯和软聚氯乙烯等片材时，如厚度不大于 1.5mm，则在

≥20℃下均可进行；厚度大于 1.5mm 的，在剪切或冲切前须加热。例如厚度为 1.5～3.0mm 的醋酸纤维素和硬聚氯乙烯片材，其剪切或冲切温度范围在 38℃ 左右；厚度为 20mm 的为 80～105℃。又如丙烯酸酯类塑料片材的操作温度约在 160℃ 左右，而抗热性的丙烯酸酯类塑料片材则在 170℃ 左右。聚甲基丙烯酸甲酯片材的剪切或冲切条件见表 9-1。上述两种切法的准确度约在 ±0.4mm。在室温下剪切或冲切较薄的片材时，其准确度可高达 0.005mm。对准确度要求较高的剪切或冲切，应对加热后的收缩有充分的估计。热固性塑料制品和层压塑料一般都不大用剪切或冲切，因为容易造成破裂。

表 9-1　聚甲基丙烯酸甲酯的剪切或冲切

厚度/mm	在 160～170℃下加热时间/min	剪切压力/MPa
6.4	8	3.25
9.5	10	3.25
12.5	12	4.2

各种薄型热塑性塑料片材的冲孔均可在常温下进行，较厚的则应在较高温度下进行，一般不超过 50℃，须结合材料特性和具体要求从实验确定，例如丙烯酸酯类塑料厚片的冲孔温度竟需 95℃。冲孔也不用于热固性塑料制品，但可用于厚度不大于 2.5mm 的层压塑料和玻璃纤维增强塑料。这种冲孔通常也都在常温下进行。如有困难，不妨提高温度，加热必须迅速而均匀，最好用红外线加热，加热温度过高或加热时间过长均能使材料发脆，故应特别注意。由于塑料都具有弹性恢复的性能，冲成的孔眼直径总比冲头小，所以冲头直径须比孔眼规定的尺寸大些。基于同样的理由，被冲的材料必须夹紧，以免冲头退回时损坏孔边。冲孔方法也用于去除模塑制品的某些特殊形样的废边，如穿孔上的废边等。

锯切在塑料二次加工中的应用比较广泛，如挤塑型材的截断、热成型用小批量坯件的裁切，以及各种模塑制品的整修等。此外，有些尺寸很大的塑料制品，是将各种型材锯切成一定形状和尺寸的构件后，再经过焊接或胶接而成。锯切塑料目前所用的方法，多由锯切木材的方法移植而来，在应用上还不能完全令人满意，其主要缺点是锯切面毛糙和锯切工具磨损快，而且锯切过程中产生的大量摩擦热，容易引起锯切面的胶着与燃烧。

常用的锯切工具是弓锯、带锯和圆锯。弓锯锯切只能手工进行，速度既低又容易使被锯板材开裂，用于塑料制品整修时，由于锯切面十分粗糙，事后的抛光加工工作量大，所以除需手工截切挤塑型材外，在塑料制品的加工中较少采用。带锯锯切可在锯床上进行，锯切面的质量比弓锯好，但毛糙情况仍很明显，当用于整修制品的截断时，仍需在锯切后抛光截断面。圆锯的锯切面质量虽稍差于带锯，但在直线锯切方面却优于带锯，所以在塑料加工中被广泛采用，但其主要缺点是锯齿容易磨损，致使加工过程中需要时常停工磨利。

不用钢锯锯切，改用薄型砂轮进行切割，不论是对热塑性塑料还是对热固性增强塑料均能取得较好的加工效果。与钢锯锯切相比，薄砂轮切割不仅速率高而且切割面质量也更为良好。此外，砂轮切割面的变质情况和切割工具的磨损情况都没有用钢锯切严重，所以是一种值得推广的塑料裁切方法。

四、激光加工

在塑料制品的二次加工中，激光不仅可用于截断操作，还可用于打孔、刻花和焊接等，其中以打孔和截断最为常见。用激光加工塑料具有效率高、成本低和加工方式变化多等突出的优点。

利用激光对塑料制品进行加工的本质是：高能量密度的光被塑料吸收后迅速转变成热能，并在极短的时间内有控制地将塑料烧蚀。如果将激光集中在塑料制品的一个点上，方向性极强的平行光束就能在其前进方向上，在光柱所达到范围内将塑料摧毁，从而在制品指定照射的部位上打成孔洞。利用激光切割有两种具体实施方法：一是塑料工件不动，将垂直于工件切割面的激光束在切割面上移动；二是激光束不动，将工件的切割面垂直于光束的方向上移动。在这两种实施方法中，塑料工件上被激光光柱照射之处均被烧蚀，从而达到使工件断开分离的切割目的。由于激光转化成热能的过程不仅部位极其集中，而且十分快速，以致转化的热能向非照射部位的传递量接近于零。

激光加工塑料制品一般都以脉冲方式进行，对厚度不大的塑料工件一次脉冲即可成孔或割断，厚度较大的塑料工件若一次脉冲不能实现所要求的加工任务，可用多次脉冲的方式来完成。由于每次脉冲的时间尚不足 0.001s，因此用激光束切割塑料工件时，工件的移动仍可连续进行。用普通聚焦系统发射出的激光束，直径约为 0.025～1.2mm，故切割的缝隙小，而且被光束烧蚀的部分表面光滑且无应力集中，故切割面不必再修整加工，加工后的塑料制品也不必进行热处理。在激光加工的过程中，激光器并不直接与塑料工件接触，只需将激光束照射到预定的加工部位即可，当塑料制品由于形状复杂用其他方法成孔与切割有困难时，改用激光加工往往能收到极好的效果。

实验表明，绝大多数的塑料都可用激光方便地进行加工，但是酚醛和环氧等热固性塑料却不适于激光加工，主要原因是它们的制品不仅不能被激光光束完全烧蚀汽化，而且在烧蚀区产生气泡和焦化物。聚氯乙烯等含卤素塑料进行激光加工时，也常出现烧焦现象并会发出气味不良的烟雾。

第二节　塑料的连接加工

连接加工通常指使塑件之间、塑件与其他材料制件之间固定其相对位置的各种作业。不管是制品的设计还是生产，采取各种可能的措施使塑料制品整体成型，无论是在质量控制上还是在简化工艺上都比较有利。然而，常常由于制品的尺寸过大或形状过于复杂，或因某些特殊的需要，塑料产品用若干型材加工件和模塑件组装制造，可能在缩短生产时间和降低生产成本上更为有利。因此，各种塑料连接加工技术在塑料制品的二次加工中占有重要地位，在某些情况下甚至成为塑料产品制造的关键所在。

为适应不同连接情况的需要，塑料连接加工可采用多种多样的方法，根据塑件连接所依据的原理，可将常用的塑料连接方法划分为机械连接、胶接和焊接三类。大部分机械连接方法属可拆卸连接技术，而粘接和焊接一般均为永久性连接方法。在粘接剂选择正确且粘接工艺控制得当的情况下，粘接可满足多方面的连接要求，而机械连接和焊接常在连接区的材料内引起应力集中。适宜连接方法的选择，常依赖于被连接件材料的类别、形状与尺寸，也与应达到的生产效率和组装产品的使用要求有关。在塑料的连接加工中，各种连接方法除单独使用外，也可将几种连接方法组合使用，如粘接和点焊、粘接与铆接或螺栓连接并用。

一、机械连接

借助机械力的紧固作用，使被连接件相对位置固定的作业，称为机械连接。大多数机械连接方法都具有可拆卸性，而且就组装效率、应用的广泛性和连接操作无污染来说，机械连接均比粘接和焊接优越。为了实现机械连接，常常需要在连接的塑件上进行钻孔和切螺纹的机械加工，由此在加工区会产生的应力集中，必然会降低塑料制品的机械性能。机械连接技术在金属件的组装中已广泛应用，人们对此都比较熟悉，故以下仅对几种常用于塑件组装的机械连接技术特点作简要介绍。

1. 压配连接

压配连接的原理，是用压力将一被连接件压入另一被连接件内时，借助过盈配合产生的弹性形变，在接触面间形成很大的正压力，由这种正压力所产生的摩擦力，将阻止被连接件间的相对运动。在各种机械连接技术中，压配连接是最简单的一种，可用于各种塑件之间和塑件与金属件之间的可拆卸机械连接方法。由于塑料的弹性模量较小，其压配件间的配合面应比相应的金属件大。压配连接的突出优点是：只要在塑料制品设计时将连接部分的尺寸按过盈配合的要求确定，各种塑料模塑制品在成型后不必进行辅助的机械加工即可直接组装。这种连接方法的工艺过程非常简单，加工费用也很低。

2. 扣锁连接

扣锁连接也称按扣连接，是一种完全靠塑料制品形状结构的特点来实现被连接件相对位置固定的机械连接方法。用扣锁连接的二圆柱形件的形状与组装情况如图 9-2 所示。当带凸台的制件在外力作用下被挤进带凹槽制件中时，因凸台和凹槽的相互扣锁而使二件在轴向的相对位置保持不变。这种机械连接方式与压配连接的不同之点是：在扣锁连接中，仅当组装或拆卸时，两个被连接件的凸、凹区才产生弹性形变，而在凸、凹区进入扣锁的位置后，弹性形变立即消失；这与压配连接件间在压配状态始终保持弹性形变显然不同。用扣锁连接的组装结构未承载时，配合处完全无应力或仅有很小的应力。扣锁连接的这一特点，使其最适合需要频繁进行组装与拆卸的结构装配。

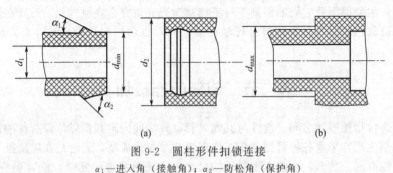

图 9-2　圆柱形件扣锁连接

α_1—进入角（接触角）；α_2—防松角（保护角）

3. 螺纹连接

螺纹连接是塑件借助机械力组装常采用的连接方法，按所用连接件和连接方式的不同，螺纹连接常分为螺栓连接和螺钉连接两种类型。前者是在被连接件上先准备好通孔，再将作为主要连接件的螺栓穿过通孔并用螺帽加以紧固，后者要求一个被连接件上带有螺纹孔，与另一个被连接件的紧固靠螺钉旋入螺纹孔实现。可用模塑成型或机械加工的方法在塑件上形成螺纹孔，也可以将带有螺纹孔的金属嵌件嵌入塑料制品之中，还可以用自攻螺钉在旋入光孔的同时形成螺纹。

对需要定期拆卸的螺纹连接，最好采用螺栓连接或带有螺纹孔金属嵌件的螺钉连接。当要求连接件承受较大的拉应力，也允许被连接的塑件有通孔时，采用螺栓连接往往是最佳选择。一般来说，用螺栓连接的塑件的壁厚应大于 4～6mm。螺栓连接件有很高的承受静载荷的能力，若能采取措施防止紧固螺帽在使用过程中松动，这种连接方法也可用在承受动载荷的组装结构之中。用作主要连接件的螺栓，可以用钢和铜等金属制造，也可以用塑料制造。塑料制螺栓有质轻、耐蚀、电绝缘、容易染成各种颜色兼作识别标志等多方面的优点，尼龙类塑料螺栓可使螺纹连接具有自锁性，而纤维增强塑料螺栓则有很高的拉伸强度。

对使用时不允许有通孔的组装结构或要求重量轻的组装结构，用螺钉连接比用螺栓连接更为可取，但应注意，螺钉连接仅在塑件的壁厚足够大时才能采用，而且不推荐用于需要频繁装、拆的组装结构，因为频繁的装、拆容易引起螺钉的螺纹磨损，致使被连接件间的紧固程度降低。塑件常用碳钢制造的普通型和自攻型螺钉进行组装。自攻型螺钉的特点是：当其旋入塑件上的光孔时，能同时切削出或挤压出螺纹。用自攻螺钉连接的塑件只需准备光孔，不必在模塑时成型出螺纹孔或成型后切制出螺纹孔，在这种连接结构中，螺钉与螺纹孔间无间隙，因此自攻螺钉连接，有连接工艺简便和连接结构对振动载荷稳定性高的优点。为保证电绝缘塑件的绝缘性能在组装后不受影响，较为可取的办法是用尼龙、聚碳酸酯和聚甲醛等塑料制得的螺钉进行连接。

4. 铆接

与压配、扣锁和螺纹连接不同，铆接是一种不可拆卸的机械连接方法。用铆接法进行连接时，要先在两被连接件上加工出相同直径的光孔，将两孔对正后插入铆钉，然后将无帽一端的钉杆变形加粗形成所需形状的锁紧头部，即可使两被连接件紧固。连接塑件所用的铆钉可用有良好塑性的金属制造，也可以用各种热塑性塑料制造。铆接具有加工效率高、费用低、连接结构抗震性好和不需要另加螺帽之类锁紧元件等优点。

塑料制品大多有压缩强度低、硬度低、线膨胀系数大和长期受载后易产生蠕变等特点，因此当用铆钉连接时，应对铆钉孔规定比金属铆钉孔更大的加工公差，选用的铆钉也应有较大的钉头，被铆接塑件的壁厚应不小于 6 mm。

采用金属铆钉的塑件铆接工艺与金属件的铆接工艺相似，可用冲铆、压缩铆和滚压铆等不同的铆接方法，但铆接操作时的冲击力和压缩力应比较低。用热塑性塑料铆钉进行铆接时，有冷铆和热铆两种不同的工艺方法。所谓冷铆，是指在常温下，向铆钉杆端部或铆钉突出被铆件的部分，施加超过铆钉用塑料屈服极限的压缩力，使其形成锁紧头的作业。冷铆的主要优点是加工效率高，而缺点有二：一是铆钉在铆接过程中会产生较大的弹性形变，而这种弹性形变的松弛会使连接强度下降；二是在铆接过程中铆钉的力学性能有受到损伤的危险。

采用热铆工艺，可在一定程度上克服冷铆的两个缺点。所谓热铆，是指将铆钉杆端部加热到铆钉用塑料的熔融温度附近，借助塑料的塑性形变来形成锁紧头。常用火焰法、热空气流法和高频电流法加热塑料铆钉杆的端部。另外，将塑料熔体压注入铆钉孔中，一次成型出完整的铆钉和锁紧头的方法可看作是一种特殊形式的热铆。压注法热铆的优点是可在铆接工具不能加工的部位实现铆接和一次可同时铆接数个铆钉孔，但因需用专门的塑料压注设备，使加工费用很高，故仅适合大批量大型塑料构件的连接加工。

二、粘接

借助同种材料间的内聚力或不同材料间的附着力，使被连接件间相对位置固定的作业称为粘接。塑料制品间及塑料制品与其他材料制品间的粘接，需依靠有机溶剂或粘接剂来实现。有机溶剂粘接，仅适用于有良好溶解能力的同种非晶态塑料制品间的连接，但其接缝区的强度一般都比较低，因而在塑料的连接加工中应用有限。绝大多数塑料制品间及塑料制品与其他材料制品间的粘接，是通过粘接剂实现的，依靠粘接剂实现的连接接称为粘接。与塑料的其他连接方法相比，粘接的主要优点有四点：一是连接工艺简便、易于掌握、连接工艺操作劳动强度小和效率高；二是不需要在被连接件上钻孔，也不必局部加热，连接区应力分布均匀可避免机械连接和焊接容易产生应力集中的缺点，而且连接区表面平整、外观整洁，无裂缝渗漏和变形；三是可连接薄型和微型塑件以及厚度相差悬殊的制品；四是接缝除具有良好的密封性外，还可根据需要具有电绝缘、导电和耐磨等性能。粘接的主要缺点是接缝容易剥离而导致整个粘接层开裂、工作温度范围窄（一般在−60～150℃范围内）和不易拆装检查与维修。粘接工艺的全过程通常包括粘接剂选择、粘接接头设计、粘接表面处理和粘接操作四方面的工作。

1. 粘接剂的选择

粘接剂是对被粘物有较强的附着力的多组分复合物，也称为黏合剂、胶黏剂，或简称为"胶"。按粘接剂主要组分粘料化学性质的不同，有无机粘接剂和有机粘接剂之分，工业上大量使用的是以有机聚合物为粘料的有机胶黏剂。有机胶黏剂的其他组分是固化剂、增塑剂、溶剂、填充剂、防老剂和各种辅助添加剂。大多数有机粘接剂配制成溶液，但也有干粉状、薄膜状、棒状和无溶剂液体产品。

正确选用粘接剂，是达到预定粘接效果的先决条件。一般地说，粘接剂的选择应从被粘接件的材料品种与性能、粘接结构的用途及工作环境和粘接工艺的可行性及经济合理性等多个方面周密考虑和细致分析后再作出决定。每种粘接剂都有其所长也有其所短，所谓的"万能胶"实际上并不存在。

塑料与金属或陶瓷、热塑性塑料与热固性塑料、耐热性高的塑料与耐热性低的塑料、极性聚合物塑料与非极性聚合物塑料等，对粘接剂都有不同的要求。在实际应用中，粘接除要满足连接的基本要求外，还需兼具密封、堵漏、绝缘和防腐等附加要求；粘接件在使用中可能受到剪切、压缩和剥离等多种形式的作用力；而工作环境的温度、湿度、真空度和高辐射情况也是多种多样的，这些都会对粘接剂的性能提出不同的要求。例如，对承受大载荷的粘接构件，选粘接剂时应将粘接强度的要求放在首位；而对化工设备中的粘接构件，则应根据所接触介质的不同选用耐腐蚀性不同的粘接剂；在高温环境中使用和在寒冷露天环境中使用的粘接构件，耐热性或耐寒性是选粘接剂要考虑的重要因素；与食品直接接触的粘接构件，所选用的粘接剂必须无毒。

塑料制品的粘接，不仅可采用液态的粘接剂，也可采用各种形式的固态热熔型粘接剂。无论用哪一种粘接剂，其固化温度都应低于热塑性塑料的玻璃化温度或热变形温度。极性塑件的粘接比较容易选胶，而适用于聚乙烯、聚丙烯和聚四氟乙烯等典型非极性塑件粘接的粘接剂很少（属于难粘材料）。塑料与金属和陶瓷材料的线膨胀系数相差较大，线膨胀系数相差大的材料制品间进行粘接时，选用的胶黏剂不仅要对二者均有较好的黏附力，而且还要求固化后的黏膜应具有较大的变形能力。

不同的粘接剂其粘接工艺，特别是胶层的固化条件，有很大的差别。有的在室温下不加压力即可固化，另一些则需要加热并加较高压力才能获得较高的粘接强度；有的固化可在瞬间完成，有的则需要较长的固化时间。因此，必须针对粘接塑料产品的结构、粘接面的大小、产品批量的多少和现有设备条件等进行综合考虑，选用工艺上最可行的粘接剂。

2. 粘接接头设计

粘接接头是指由粘接剂固化形成的胶层和胶层与被粘物界面所组成的粘接构件的连接区，见

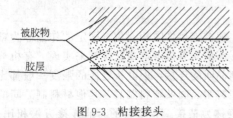

图 9-3 粘接接头

图 9-3。粘接接头承载后在粘接缝中产生的应力均可简化为如图 9-4 所示的剪切、均匀扯离、剥离和不均匀扯离四种形式。一般来说，粘接接头对剪切和均匀扯离应力的承受能力较好，而对剥离和不均匀扯离应力的承受能力较差。当粘接接头受外力作用产生的应力超过其本身的强度时，接头即出现破坏。接头破坏所发生的部位，有内聚破坏、黏附破坏、混合破坏三种类型，如图 9-5 所示。内聚破坏发生在胶层内部，这时接头的强度主要由胶层的内聚力决定；黏附破坏发生在胶层与被粘接物表面的界面上，故也称界面破坏，这时接头的胶接强度主要由粘接剂对物面的黏附力决定；混合破坏部分发生在胶层内部，部分发生在界面上，在这种情况下接头的粘接强度则由胶层的内聚力和界面的黏附力两者共同决定。由于混合破坏时，胶层的内聚力与界面的黏附力均充分发挥了作用，因而可获得最佳的接头胶接强度。

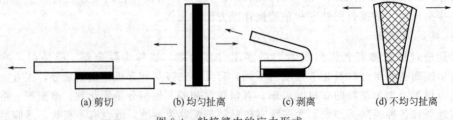

(a) 剪切　　(b) 均匀扯离　　(c) 剥离　　(d) 不均匀扯离

图 9-4 粘接缝中的应力形式

设计粘接接头时，应尽可能使接头承受剪切和均匀扯离应力，避免承受剥离和不均匀扯离应力；在可能的情况下尽量增大接头的粘接面积，以增大其承载能力；还应尽可能使外力作用在接头强度最大的方向上，或将接头安排在应力集中较小的部位，以避免黏附破坏。板材件和管材件

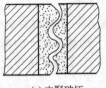
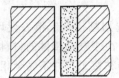
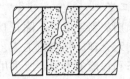

(a) 内聚破坏 　　　　(b) 黏附破坏 　　　　(c) 混合破坏

图 9-5 粘接层的破坏形式

常见的接头形式如图 9-6 所示。对于板材件，因对接接头的承载能力很差，生产中很少采用。各种搭接接头都有较好的承载能力，而且双面盖板搭接优于单面盖板搭接，承载能力与搭接宽度成正比。粘接管状件时，带连接管（或称套管）与衬管的对接和下陷式对接（或称承插对接）都有较好的承载能力，而且随套管长度或承插深度的增大，接头的承载能力成比例地增大。

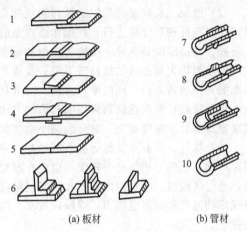

(a) 板材 　　　　(b) 管材

图 9-6 常见粘接接头形式

1—半搭接；2—下陷；3—单面盖板对接；4—双面
盖板对接；5—斜接；6—丁接；7—带连接
管对接；8—下陷式对接；9—带内
衬管对接；10—斜接

3. 粘接表面处理

被粘接件接头的表面状态直接影响到粘接剂在其上面的润湿情况，进而影响到粘接接头的强度。表面过于光滑和密实，或过于粗糙，或有污染，均会降低粘接接头的强度。实践表明，即使用同一种粘接剂粘接同一种塑料的相同制品，只是由于接头表面处理情况不同，所得粘接接头强度会出现很大差异；而且有些塑料的制品若不进行合适的接头表面处理，就根本无法进行粘接。合适表面处理方法的选择，主要取决于塑料的品种和所用粘接剂的性质。常用清洗、机械处理、物理处理和化学处理等方法对塑料制品粘接接头的表面进行处理。这几种方法可以单独使用，但联合使用可得到更好的处理效果。

清洗是为了除去塑料制品粘接表面上的各种油污、脱模剂和灰尘等脏物质，常用的清洗操作有有机溶剂擦洗、有机溶剂蒸气脱脂、碱液脱脂和超声波脱脂等。

机械处理可除去金属件粘接表面的锈斑等污物，并可得到一定的表面粗糙度。常用的机械处理操作是打磨、喷砂、喷丸。用锉刀、砂纸、砂轮和钢丝刷手工打磨，机械处理虽很简便，但处理后表面状态的均匀性差。喷砂是金属和硬塑料粘胶接件广泛采用的快速机械处理方法，这种方法不仅可较彻底地除去金属件粘接表面的锈斑等污物，而且可使各种硬性材料粘接件的表面在处理后具有均匀的粗糙度。喷丸可收到与喷砂同样的表面处理效果，但可获得更高的表面粗糙度。

物理处理是指借助放电、辐射、火焰燃烧等物理作用使非极性塑料制品表面活化的各种方法。这种处理的目的是使塑件的粘接面发生氧化或产生游离基的反应，促使在表面层内生成一定数量极性基团以便提高对粘接剂的黏附性。例如，聚四氟乙烯制品表面经放电处理后，在表层内可生成羟基、羰基和石墨化结构。

化学处理是指使粘接件的表面与各种酸、碱、盐介质接触，促进表面发生各种化学反应以形成活化层的方法。对于金属件，常用电化学氧化、草酸处理、磷酸盐和铬酸盐处理，以形成各种对粘接剂有较好黏附性的转化膜。对非极性塑料，可借助表面上的置换、氧化、接枝和交联等化学反应形成强附着的活化层。例如，用钠-氨溶液或萘钠络合物溶液处理聚四氟乙烯塑料制品，可使其表面层的部分氟原子被置换，形成极薄的碳-碳结构与极性基团层；用硫酸-重铬酸盐强氧化液处理聚乙烯制品，可使其表面氧化之后生成羟基、羰基、羧基和磺酸基等极性基团层。

4. 粘接工艺

要取得预期的粘接效果，除正确选用粘接剂、精心设计粘接接头和认真进行粘接表面处理外，还需要制定合理的粘接施工工艺。由于被粘接件的材料类型、形状和尺寸的不同，也由于所用粘接剂形态和性能的不同，所采用的粘接工艺并不完全相同，但大多数粘接作业是由配胶、涂胶、晾置、合拢、固化和检验等项操作组成。

(1) 配胶 单组分供应的粘接剂可直接使用，但以双组分或多组分供应的粘接剂，在涂胶前需按产品说明书规定的比例进行调配。配胶时要计量准确、搅拌均匀。活性期短的粘接剂，要随配随用，否则会造成粘接剂因存放时间过长而交联固化导致粘接剂失效。

(2) 涂胶 将粘接剂均匀地涂布到被粘物的粘接表面，是粘接工艺中的关键操作之一。涂胶最好在表面处理后立即进行，其操作要点是胶层厚度应合适，各处的厚薄要均匀，层内无气泡和无缺胶。胶层厚度是决定粘接接头强度的重要因素之一。胶层厚度过大，会因内部缺陷增加和体积收缩应力增大而造成粘接强度下降；胶层太薄，容易出现缺胶，也会引起粘接强度下降。不同形态的粘接剂需采用不同的涂布方法，溶液状和糊状粘接剂可用刷、喷、浸、淋、刮和辊等多种方法进行涂胶；粉状粘接剂常用喷和撒的方法使粘接面上均布粉层；膜状粘接剂的涂布就是将胶膜紧密地贴合在粘接面上。对合的两个粘接面，一般应分别涂胶。

(3) 晾置 含有挥发性有机溶剂的粘接剂，粘接面上涂布粘接剂后，都应敞开晾置一段时间，目的是让低分子物充分挥发，以免在胶层中出现气泡等缺陷。晾置环境应湿度低、无尘埃污染，且空气流通。晾置时的温度和时间视粘接剂的类型和所含溶剂的挥发性而定，总的要求是在所规定的温度和时间范围内，应保证胶层内的低分子物全部挥发，又不使胶液黏度过大而造成无法黏合。

(4) 合拢 这项操作有时也称为叠合或装配，是指将涂过粘接剂并经过晾置的两个粘接面紧密贴合，并用适当夹具固定被粘接件相对位置的操作。合拢时应注意排除粘接层层内的空气，为此可轻压这两个粘接件，使胶缝中流出少量胶液。

(5) 固化 为了实现均匀覆盖并充分润湿粘接表面，要求粘接剂在涂布时为液态或涂布后能够熔融，但为了形成牢固的粘接接头，又必须通过适当的方式，将均布在粘接面上的液态或熔融状的粘接剂转变成固态的胶层，通常将这一转变过程称为粘接剂的固化。固化是粘接工艺中最重要的操作。不同类型的粘接剂应采用不同的固化方法，以热塑性树脂为黏料的粘接剂，只需通过溶剂挥发（溶液胶）、熔体冷凝（热熔胶）或乳胶粒子凝聚（乳液胶）即可完成固化；以热固性树脂为黏料的粘接剂，其固化方法与热固性塑料相似，需通过控制固化温度、固化压力和固化时间调节树脂的交联反应程度，以使粘接接头的强度达到最佳值。

(6) 检验 粘接工艺的各项操作虽都不复杂，但影响粘接接头质量的因素却非常多，因而对重要的粘接构件，需进行可靠性的质量检验。一般检验的方法是测试随炉试件的粘接性能，目视检查粘接接头有无外观缺陷，用敲击和抽真空检查接头内有无分层、气泡和缺胶。无损检验多采用声阻法、液晶法和全息摄影法鉴定粘接接头的内在质量。

三、焊接

利用加热熔融，然后冷却硬化，使两塑件需结合部位的界面消失并得到一定强度结合缝的作业称为焊接。焊接既是一种塑件的不可拆卸的连接方法，又是一种制造塑料产品的加工技术。同种塑料的制品之间，当不适合用机械连接且难以进行粘接时，可取的连接方法就是焊接。当要求连接加工有高的生产效率和自动化程度时，也应优先考虑采取这一连接方法。在塑料产品的生产中，焊接现已成为用型材制造大型构件（如硬质聚氯乙烯大口径化工管道、储槽和容器等）和复杂结构设备的重要加工技术，也是塑料设备使用者修残补缺的常用方法。

目前已经付诸实施的焊接方法，仅适用于热塑性塑料之间的连接。热塑性塑料制品的焊接原理是：热塑性聚合物受热后可转变到黏流态，黏流态下的聚合物大分子通过链段运动，可从两个塑件的连接部位越过界面层扩散到另一塑件的连接部位之中。因此，塑料的焊接方法多以加热或提供热源的方式分类，现已广泛应用的方法是热风焊接和外热工具焊接，而尚在逐步推广的塑料焊接技术是摩擦焊接、超声波焊接、高频焊接和感应焊接。

1. 热风焊接

利用焊枪喷出的热气流使焊条熔在待焊塑件的接口处，并进而在压力下使两塑件接口熔合成一体的连接方法称为热风焊接。这种方法的焊接作业一般都是手工操作，图9-7为热风焊接，图9-8为常见焊接接口的结构。

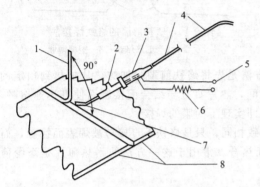

图9-7 热风焊接

1—焊条；2—加热元件；3—焊枪；4—压缩空气导入管；5—电源接头；6—温度调整装置；7—对准板材与焊条的热气喷头；8—待焊的塑料板材

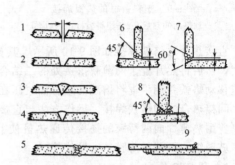

图9-8 焊接接口的结构

1—部件之间预留的间隙；2—第一根焊条的位置；3—V形结构焊毕后的情况；4—用角焊条的焊接；5—复V形焊接；6，7—角焊；8—双边角隅焊；9—搭焊

热风焊接的焊缝强度主要决定于待焊件和焊条的塑料种类、接口的结构形式、待焊面的机械加工质量和焊接温度与使焊缝结合的压力。理想条件下的焊缝强度可达到焊接件本体塑料强度的90%～100%，但多数情况下焊缝仍然是焊接结构中的强度薄弱区。

硬质聚氯乙烯塑料挤出型材和各种板材是最适合热风焊接的材料，其他如聚乙烯、聚丙烯、聚酰胺、聚苯乙烯、ABS和聚碳酸酯等塑料，用热风焊接也能得到满意的效果。这种焊接方法的主要优点是特别适用于大型塑料构件制造中的连接加工，缺点是手工操作，劳动条件差，加工效率低。

2. 外热工具焊接

利用热板、热带和烙铁等可控温度的加热工具，将两个待焊塑件的结合面加热熔融，然后抽开加热工具并立刻压拢两熔融面，直至熔融区冷却凝固，用上述方法使塑件结合的作业称为外热工具焊接。适于用这种方法焊接的塑料有硬聚氯乙烯、软聚氯乙烯、聚乙烯、聚丙烯、聚甲基丙烯酸甲酯、聚碳酸酯等。常见的外热工具焊接是热板焊接和烙铁焊接。

（1）热板焊接　电热板是热板焊接常用的工具，通常由钢、铜和铝等金属制成，因其表面直接与待结合表面接触，故应仔细抛光并镀镍或涂一层聚四氟乙烯树脂。热板焊接最适合于塑料板的对接，也常用于塑料棒、管等型材及某些模塑制品的对接和用板材焊接制管的工艺。图9-9为平板对接的热板焊接过程。

与热风焊接相比，热板焊接的主要优点是焊缝强度高、焊接速度快、焊件接口不必进行专门的机械加工，也不用焊条，而且焊接操作容易掌握，焊缝质量也比较稳定。这种焊接方法的局限性是目前还仅限于直线接缝的焊接；焊接时需对接合面施加较大的压力，而且焊缝的冲击强度也比较低。

（2）烙铁焊接　烙铁焊接主要用于塑料薄膜的热合，几乎各种塑料的薄膜用这种焊接方法都能得到满意的热合效果。按焊接时烙铁对薄膜的加热方式，这种方法的焊接有直接热合和间接热合之分。

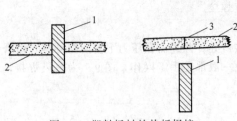

图 9-9 塑料板材的热板焊接
1—加热用的热板；2—塑料板材；3—焊缝

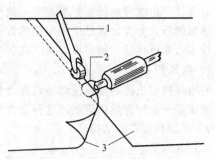

图 9-10 塑料薄膜的烙铁焊接法
1—手辊；2—电热烙铁；3—塑料薄膜

直接热合法烙铁焊接如图 9-10 所示，其操作方法是先将烙铁前端附加的热片加热到预定的温度，然后将热片置于两薄膜搭接处的二结合面之间，热片直接与结合面接触而使其迅速熔融，匀速移动烙铁并用手辊将熔融的结合面紧压在一起即实现了两膜的焊接。

间接热合法的烙铁焊接，操作方法与直接法大致相同，只是烙铁不直接与被焊表面接触，而是隔着耐热薄片向两薄膜的搭接传递热量使其相互热合。常用于这一方法的耐热薄片是涤纶薄膜、玻璃纸、氟塑料薄膜、云母片等。

3. 摩擦焊接

利用两塑件表面相对运动时摩擦所生成的热量使两个表面熔融，再在加压的情况下将两塑件连接在一起的方法，称为塑料的摩擦焊接。摩擦焊接时的两塑件相对运动方式，可以是振动也可以是转动，但转动摩擦焊接在生产中更容易实施。

两圆柱形件的旋转摩擦焊接是先将二者置于同一轴线上，在施加适当轴向压力的情况下，其中的一件静止而另一件高速旋转，在两摩擦表面出现熔融层后立即停止转动，保持或增大轴向压力，以防止冷却时空气进入接合处的熔体并提高焊缝强度。非圆截面塑料进行转动摩擦焊接时，可将两焊接面分别压到旋转金属圆盘的两侧，在塑件的摩擦面熔融后抽去金属圆盘并立即将两塑件挤压在一起。

这种塑料焊接方法的主要优点是：在摩擦过程中因空气已从接合处排走，被焊表面的高温氧化可减至最小程度，而且焊前不必对结合处表面作准备处理，因为任何杂物都会在摩擦过程中被挤出界面。塑料很低的导热性使其特别适合摩擦焊接，不仅可用于同种塑料的焊件间，而且可用于不同种类的塑料焊件间，甚至还可用于塑料和其他类型材料的焊件，这种焊接方法简单快速。但塑料与异种材料焊件间形成的焊缝强度一般都比较低。

4. 超声焊接

超声焊接也是一种塑件热熔连接的技术，只是供给结合面熔融的热量是借助超声波，用超声波激发塑料作高频机械振动而产生的。这种焊接方法的基本过程是：当超声引向待焊的塑件表面时，塑料内质点就被超声波激发而作快速的振动并以此产生机械功，由机械功转变成的热量使塑料焊件的结合面温度迅速上升直至熔融温度，由于塑料的导热性差，邻近结合面处的温度不会有明显变化。在此过程中机械功的产生，是塑料内的质点因振动而交替受压与解压以及两结合面因振动而相互摩擦的结果。用于塑料焊接的超声振动频率多在 $20\sim40\mathrm{kHz}$ 的范围内。

超声焊接的主要优点是耗能少，而且可在极短的时间内形成强度很高的焊缝。大多数热塑性塑料，包括玻璃纤维增强的热塑性塑料，都适合用超声焊接进行连接加工。由于各种热塑性塑料熔融温度差别很大，所以用同种塑件借助超声焊接制造连接结构产品比较适宜。当这种连接加工方法用于两个不同类别塑件结合时，这两种塑料的熔融温度应比较接近，相互应有较好的相容性，如聚苯乙烯塑料与 ABS 塑料，或聚丙烯酸酯与 ABS 塑料。

5. 高频焊接

借助高频电场方向不断变化，使极性塑料分子不断发生取向，取向方向变化过程中分子之间发生摩擦，从而产生热量，该热量使塑件受热升温，使极性塑件热熔连接。目前这种塑料焊接方法，还仅限于薄膜、片材和厚度较小板材焊件的连接加工。高频焊接的主要优点是加热均匀、所形成的焊缝强度高、焊接的加工效率也比较高。例如，高频焊接 2mm 厚的聚氯乙烯板件，通常只需数秒即可完成。这种焊接方法的主要缺点是需要专门的焊接设备，焊件的形状所受的限制较大，目前仅为少数几种塑料制品的连接加工所采用。

6. 感应焊接

这种焊接方法是先将起加热元件作用的金属块置于两塑料焊件的结合面之间，然后一并放进高频磁场内，使金属块内因产生感应电流而生热，当这种热量传给与之紧密接触的两焊件时，使两接触面及其周围塑料因熔融而接合在一起。感应焊接是一种非常快速和多样化的塑件热熔合连接方法，全部焊接操作可在数秒内完成，其加工效率主要受将焊件与金属块固定和从焊接设备中取出焊接产物所需时间的限制。感应焊接几乎对所有热塑性塑料焊件连接加工都能取得满意的效果，其主要缺点是焊缝中留有金属块、焊接设备的投资大、焊缝的强度也比较低。

第三节　塑料的修饰加工

通常将为改善塑料制品外观，提高其商品价值而进行的各项二次加工技术，统称为修整与装饰加工。属于这一大类加工技术的各种方法，多涉及塑料制品表面状态的改造，故又常将其统称为表面加工。不少塑料制品在成型后即可满足预定的外观要求，但也有相当多的制品，由于技术上或经济上的原因，需要成型后借助各种修饰加工来达到产品的外观要求。通过修整与装饰加工不仅能增加外观的美感，而且还能赋予塑料制品一些新的功能。例如，在 ABS 塑料制品表面镀金属后，不仅使其具有金属样的外观，而且使制品增加了耐磨、耐大气老化和抗静电的新性能。因此，修饰加工是提高塑料使用价值并增大其应用范围的不可缺少的加工技术。塑料制品可采用的修饰加工方法很多，目前生产中较为产泛应用的是机械整饰、涂装、印刷、箔压印、植绒和镀金属等。

一、机械整饰

机械整饰是指用各种机械加工技术，对塑料制品的表面状态进行改造作业的总称。除前述的车削和铣削等的精加工作业外，常用的机械整饰方法还有锉削、磨削、抛光和滚光等。

1. 锉削

锉削在本质上也是一种切削加工，但在塑料的成型加工中，这种切削加工方法很少用于机械加工造型，更多的是用于制品的整饰，如除毛刺、修整棱边、修出小的斜面、修平浇道痕迹，以及钻孔和攻丝后的孔口整修等。大批量塑料制品的整修加工，应尽量采用转鼓滚光等高效方法除去废边和毛刺，只有在其他高效方法难以奏效时，才采用手工操作的锉削加工方法。

进行锉削加工时，正确选用锉刀的类型十分重要。锉削软质或韧性的热塑性塑料制品时，应避免使用细锉，否则锉纹容易堵塞，以使用倾斜角为 45° 的单纹剁齿形粗锉为宜，粗齿和大的倾斜角有利于软锉屑的自落。锉削硬质热塑性塑料制品时，由于锉纹不易为锉屑堵塞，故允许使用细锉。除去热固性塑料模制品的废边时，宜先碎除废边的较大部分，然后再进行锉削。锉削时为将废边除净，允许锉去少量主体部分。模塑制品的平面与凸面周边和板材的角隅与棱边处毛刺的除去、锯断后的毛口清除及边角的修平等，宜选用粗纹铣齿锉。当锉削精致或较小的热固性塑料制品时，宜先用粗锉除去大部分废边，然后再用细纹锉进行修整。清理孔和圆形槽口的毛刺时，宜用圆锉或半圆锉；清理细而长槽口毛刺时，最好选用刀锉或什锦锉。

2. 磨削

用砂带、砂轮或砂纸对塑料制品表面进行整饰的加工方法称为塑料磨削。这种机械整饰方法最常用于塑料制品废边和浇口痕迹的清除，有时也用于表面的磨平和磨出斜面与圆角以及微修尺寸与糙化表面等。砂带磨削制品时，可以是干磨也可以是湿磨。湿磨的优点是无磨屑飞扬和无过热危险，磨带的使用寿命长、堵塞少和磨出的表面较为细致等；其缺点是磨削加工后的制品必须经过清洗与干燥。干磨的优缺点与湿磨正好相反，干法磨削塑料制品时，磨削设备上必须安装排尘装置，以保障操作人员的身体健康和防止粉尘浓度过高引起的燃烧与爆炸。

透明有机玻璃及其他聚丙烯酸酯塑料板表面上划痕和擦伤的磨平，一般不用砂带，而用耐水砂纸卷绕在软毡或橡皮块上进行轻缓的研磨，并且要用净水或肥皂水作润滑剂。一般要先用粗砂纸而后再用细砂纸分几次完成，每次研磨后都要用水清洗研磨表面。

机械加工后的塑料制品表面一般不需要再进行磨削加工，若必须再用磨削进行表面整饰，较为可取的方法是用砂布或砂纸慢速砂磨。砂布或砂纸上的磨粒越细，磨削量越小，磨料留下的痕迹就越轻微。经过机械加工的棱面和其他非平面部位也可以用同样的方法砂磨。砂磨过程中，应注意防止过热和磨削过的制品表面变色。

3. 滚光

滚光也称转鼓滚光，是利用转鼓对小型塑料制品进行表面机械整饰的作业。其作用是使棱角变圆、除去废边和浇口痕迹、微修尺寸与磋光表面等。转鼓通常用木材或金属板制成，内衬橡皮等软性材料，为增强磋磨效果，转鼓应当是多面体，鼓内可隔离为若干室，以便同时处理几种不同颜色与形状的塑料制品。

滚光小型热塑性塑料制品时，通常是往鼓内装入其容积 1/4 左右的制品和 1/4 左右的多棱硬木块及适当磨料。放入硬木块的作用是当转鼓转动时促使鼓内制品发生参差不齐的运动，从而增强彼此间的磋磨效果。加进磨料是为了加速对制品表面的磨削。磨料越细，滚光后制品表面的光滑程度就越高。

用转鼓滚光小型热固性塑料制品的操作与处理热塑性塑料制品大致相同，若只为除去热固性塑料制品很薄的废边，可将其装入圆筒形转鼓。依靠这种硬制品自身的磋磨作用，只需经过几分钟的转动，即可将制品上的废边完全消除。如果滚光是为了微修热固性塑料制品的尺寸，则应采用全封闭多面体转鼓，而且要往鼓内加进具有较强磨削作用的磨料，用这种方法滚光后的制品，表面上往往会出现缎带状的条纹，不会出现任何粗糙的磨削痕迹。

4. 抛光

用表面附有磨蚀料或抛光膏的旋转布轮对塑料制品表面进行机械整饰的作业，总称为抛光。按抛光目的与效果的不同，又有灰抛、磨削抛光和增泽抛光之分。

灰抛主要用于清除热塑性塑料制品不规则表面上不能用湿磨去掉的冷疤和斑痕。采用的抛轮是涂有湿轻质碳酸钙粉的细软布轮，轻质碳酸钙粉的细度在 $99 \sim 148 \mu m$ 之间，抛轮表面的线速度应为 1200m/min 左右。灰抛后的制品须经过清洗和干燥，才能进行下一步的增泽抛光。

磨削抛光是指将粗糙的制品表面整修成平滑的表面。抛轮上常用的附加物是硅灰石粉之类的矿物细粉，同时加进的蜡质类抛光助剂。由于可起润滑作用，有利于防止抛光过程中的制品表面过热。这种方式抛光所用布轮的柔软程度，视抛光的具体要求而定。为提高整饰效果，磨削抛光后的制品有时还要再经过增泽抛光。

增泽抛光的目的是将塑料制品平滑的表面整饰为有光泽的表面，所用抛轮上可以加也可以不加抛光剂。若需加抛光剂，则宜采用内含少量极细矿物性磨料的膏脂类物质，增泽抛光所用抛轮的布料，应比灰抛和磨削抛光所用布更为柔软。用增泽抛光整饰后的制品表面上若附着的膏脂物太多，可用干净又柔软的布轮作最后抛光。

二、涂装

涂装是指用涂料覆盖物体表面，并在其上形成附着膜的作业。塑料制品表面经过涂装后，不仅能使其外观增加美感，而且可延长其使用寿命和赋予制品多方面新的性能。例如，表面上涂刷木纹漆后，可使塑料制品外观具有木材的质感；在不耐日光照射的塑料制品表面涂耐候性强的涂料后，可使其适合户外使用。以下先简介塑料制品常见的涂装方式，然后再对涂装工艺作简要说明。

1. 涂装方式

按涂料在制品表面上分布情况的不同，塑料制品常采取覆盖涂装、美术涂装和填嵌涂装三种不同的涂装方式。

（1）覆盖涂装　这是一种在整个塑料制品表面上涂满涂料的涂装，也是生产中应用最广并最具代表性的涂装方式。当一个塑料制品在整体上需要用涂膜来装饰与保护时，即采用这种涂装方式。当需要改变板、管等塑料型材和人造革的表面颜色和质感，或需借助涂膜提高塑料模塑制品的电绝缘性和耐候性时，均需借助于覆盖式涂装实现。

（2）美术涂装　这种涂装方式也常称作"漆花"，是仅在塑料制品表面指定地方涂布涂料，以便由涂膜形成图案和文字的涂装方式。漆花工艺常借助截花板实现，截花板为一按设计的图案或文字镂空的薄板，涂装时将其紧贴在制品表面，用喷枪喷出的漆滴沉积到未被截花板遮盖之处并成膜后，即可得到与截花板上镂空处相同的漆膜图案或文字。若要得到多色漆花图案，就必须用多个截花板，分几次用不同颜色的涂料进行喷涂。

（3）填嵌涂装　这种涂装方式常简称为"填漆"，是用黏度适中的彩色液体涂料涂在塑料制品表面上已成型好的图案凹纹之中，从而形成低于表面的涂膜图案的涂装方式。填漆均系手工操作，加工效率很低，加之要在制品模具的成型面上事先制成凸纹图案，使总的涂装成本大为提高。由于所得彩色涂膜图案是在制品表面之下且由成型模具赋予，所以不仅图案的重现性好，而且能够长久保存，故仍为某些装饰性塑料制品的加工所采用。

2. 涂装工艺

涂装加工全过程通常由涂料选用、涂装表面预处理、涂料涂布和涂层干燥四个方面的工作组成。

（1）涂料选用　涂料通常由主要成膜物质（又称基料或漆基）、次要成膜物质和辅助成膜物质三种组分配制而成。除粉末涂料外，其他类别的涂料常称为油漆。常用天然与合成树脂及油料作为涂料的主要成膜物质，这种组分的作用是在涂膜中将各种成膜物质组分黏结成一个整体，并使涂膜附着在被涂物表面上。涂膜的基本物理机械性能在很大程度上由所采用的主要成膜物质的性质决定，涂料的命名与分类通常也以主要成膜物质的名称和类别为依据。颜料和填料是涂料的次要成膜物质，其作用是改善涂膜的硬度、线胀系数及其他物理机械性能，有一些专用的颜料和填料能赋予涂膜耐磨、导电和发光等特殊的功能。辅助成膜物质的类别很多，主要用于调节涂料的配制、涂装和使用性能。塑料制品涂装可用的涂料种类很多，有代表性的是聚氨酯漆、丙烯酸漆、乙烯基树脂漆和各种类型的环氧树脂涂料。

选择塑料制品涂装用涂料要考虑的因素很多，但归纳起来主要有以下四个方面：一是要满足制品的使用要求，如日用品的颜色、户外用品的耐候性、眼镜片表面的防结霜性等；二是要与制品用塑料的性能相匹配，如深色塑料只能选用深色涂料，线胀系数大的塑料要选用涂膜变形能力大的涂料；三是不应损害塑料制品本身的性能，如含有机溶剂的涂料，其溶剂不应使塑料溶解、溶胀和引起应力开裂；四是涂装工艺能为塑料制品所接受，如所选用的是烘干型涂料，其烘干温度至少应低于塑料的热变形温度 10℃。

（2）涂装表面预处理　为保证涂膜对塑料制品表面有适当附着力及涂膜的质量，在涂布涂料之前应对涂装表面进行必要的预处理。塑料制品涂装前的表面预处理与塑料制件粘接前的表面预处理有许多共同之处，塑料表面粘接前的各种处理方法一般均可用于涂装表面的预处理。

（2）涂料涂布　将选定的涂料均匀地涂布在经过预处理的塑料制品表面是涂装工艺的重要环节。常用的涂布方法有刷涂、浸涂、淋涂、辊涂和喷涂等，应根据塑料制品的形状、尺寸与批量大小和涂料的类别与涂装工艺性合理选用。刷涂法使用的涂装工具简单，操作机动灵活，适用于各种形状制品的涂布；但一般只能手工作业，涂层的厚度均匀性差，涂布效率低，劳动强度也大。浸涂与淋涂多用于尺寸不大的模塑制品的液体涂料涂布，涂层厚度均匀性好，涂料的利用率也比较高，但要保证大批量制品涂布质量的一致性，需采用自动化流水线作业。辊涂可像纸张印刷一样连续进行，但只适合平面型制品膜、片和人造革等的涂布。形状不规则制品、批量大的制品和面积很大的制品多采用喷涂法涂布，喷涂法又有空气喷涂、无空气喷涂和静电喷涂之分。空气喷涂和无空气喷涂只适用于黏度不太高的液体涂料，静电喷涂对液体涂料和粉末涂料都适用。

（4）涂层干燥　在涂装工艺中，将已涂布到塑料表面上的涂料薄层转变成固体膜的各种过程，均称为干燥。涂层的干燥过程即是其成膜的过程。常根据成膜机理的不同将涂料划分为非转化型、转化型和混合型三大类。非转化型涂料主要依靠溶剂挥发或熔体冷凝等物理变化成膜，以热塑性树脂为基料的溶剂型涂料和热塑性粉末涂料是这一类的代表。转化型涂料多依靠树脂的聚合或缩聚反应成膜，以热固性树脂为基料的无溶剂涂料是这一类的代表。混合型涂料的成膜过程中既有物理变化又有化学反应，以干性油和热固性树脂为基料的溶剂型漆和热固性粉末涂料属于此类。干燥温度与时间根据涂料的性质不同各不相同，既可在常温下也可在高温下完成，干燥所用时间需根据涂料具体品种及干燥温度进行确定。

三、印刷

印刷也称印刷术，是指用油墨和印版使承印物表面记载图形和文字的作业。印刷用的油墨在组成和具有装饰功能等方面与溶剂型涂料很相似。印版是图形和文字原稿的载体，也是使承印物表面有控制着墨的工具。承印物又称印件，就塑料印刷而言，印件就是塑料制品。塑料制品的印刷表面像粘接表面和涂装表面一样，为提高对油墨的附着性，在印刷前要进行必要的处理。按所用印版的不同，印刷有凹版、凸版、平版和孔版印刷四个大的类别，每个大的类别又由于制版材料、制版方法和印刷工艺的不同，可再细分为若干种印刷方法。目前塑料制品印刷采用最多的是照相凹版印刷，其次是橡胶凸版印刷和属于孔版印刷类的丝网印刷。

1. 照相凹版印刷

凹版印刷所用印版的特点是图文部分低于空白部分，凹板多制成圆筒形，称为印辊。所谓照相凹版，是用照相显影技术将原稿图文转移到镀铜的印辊表面，然后再用腐蚀的方法使图文部分下凹。图9-11为塑料薄膜照相凹版印刷。

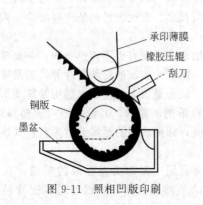

图 9-11　照相凹版印刷

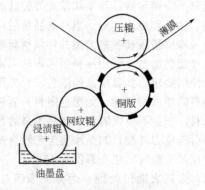

图 9-12　橡胶凸版轮转印刷

这种印刷方法的基本过程是：在墨盆中滚过的印辊整个版面都沾上一层油墨，刮刀刮去辊面上的油墨使其成为空白区，而凹下的部分仍为油墨所填满，当印辊轻压承印物薄膜时，即将凹下部分所含油墨转移到对油墨有一定附着力的薄膜面上，从而在其上形成与原稿相同的图文。

凹版印刷法印出的墨层较厚，而且可借助凹下部分的深浅变化使着墨层有浓淡之分，所以能使图文细微部分和色调很好再现；加之所用溶剂型油墨多具有速干性，故容易实现多色复杂图案的印刷。目前这种印刷方法主要用于各种塑料薄膜和其他连续卷材的大批量连续印刷。

2. 橡胶凸版印刷

凸版印刷所用印版的特点是图文部分高于空白部分。所谓橡胶凸版，是指印版由橡皮材料衬成。凸版印刷可采取平压、圆压和轮转压三种方式进行，而以轮转压较为常见，图 9-12 为塑料薄膜橡胶凸版轮转印刷。这种方法的印刷过程是：盛在油墨盘中的油墨，通过浸渍辊和网纹辊将一定厚度的墨层传递到版辊（或称铜辊）上的凸起部分，当承印物塑料薄膜通过版辊与压辊的间隙时，版辊凸起部分的墨层即转移到薄膜表面上形成与原稿相同的图文。

凸版印刷一般难于像凹版印刷那样使图文的微细部分和色调浓淡再现，但用橡胶材料制版成本较低，加之印刷时的压力低，故特别适合于在很薄的塑料膜上印出粗线条的图文，是中小批量塑料薄膜包装袋常采用的印刷方法。

3. 丝网印刷

丝网印刷在原理上不同于凹版和凸版印刷，不是靠印版上墨层的转移，而是靠油墨"漏过"印版而在承印物表面上形成图文。丝网印刷的印版常用有机纤维丝网或金属丝网制造，其制版方法与油印中刻蜡纸的原理相同，多借助特制胶膜将网上非图文部分的网眼堵塞，只保留图文部分的网眼让油墨通过，图 9-13 为在塑料制品表面进行丝网印刷的原理。这种方法的印刷过程与用蜡纸油印很相似，印刷时需先将油墨放到张挂在版框上的网版上，然后用橡皮刮板以一定的角度在网版上加压滑动，油墨通过未堵塞的网眼被挤到制品形成与原稿相同的图文。这种印刷过程可用手工操作，也可用机械来完成，当图文为多色时，应分几次分别用不同的网版和不同颜色的油墨进行印刷。

丝网印刷所用网版有很大的变形能力，故特别适合在中空吹塑容器之类的曲面制品上印刷图文。由于漏过

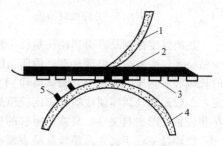

图 9-13 塑料制品曲面上的丝网印刷
1—橡胶刮板；2—油墨；3—丝网版；
4—塑件；5—图案

网目的墨层较厚，所以印出的图文有一定的立体感。但丝网版容易损坏，使用寿命短，用手工操作时印刷效率也不高，不适用于批量很大的塑料制品的印刷。

4. 箔压印

箔压印也称热转印或烫印，一是用刻有图案或文字的热模，将烫印箔（或称彩箔）上的装饰膜层，在加压的瞬间转移到塑料制品表面上的作业。以往曾将这种装饰工艺称作"烫金"，是因为它起源于在印刷品上烫以金色的图案或文字。目前烫印图案和文字的颜色已不限于金色，还可得到白、蓝、绿、红和紫等多种色彩，而且采用不同组成的彩箔，既可使制品表面得到具有金属光泽的彩色浮凸图案和文字，也可使制品表面具有各种材料的纹理，如大面积烫印木纹和大理石纹等。采用不同的压印工具，不仅能加工出在平面内的和浮凸出的表面图案和文字，还可做出微压入塑料制品表面的各种图纹。

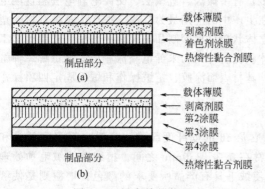

图 9-14 烫印箔的截面

图 9-14 为用于烫印的两种常见彩箔截面，用（a）图所示的箔可在塑料制品上烫印出各种材料的纹理，这种箔通常由载体、剥离剂、着色剂和粘接剂四个层膜重叠组成；用图（b）所示的箔可烫印出具有金属光泽的彩色图案和文字，图中第 2 涂膜为金属膜的保护膜层。不论哪一种箔，其载体均应具备较高的耐热性和拉伸强度，故多为聚乙烯、聚酯和醋酸纤维素等塑料的薄膜。剥离剂膜的作用是在烫印时使载体易于与其他膜层脱离，金属膜层的作用是赋予彩箔金属光泽，热熔粘接剂膜的作用是使箔中的彩膜牢固地粘贴在被烫印塑料制品的表面。

彩箔的烫印加工需在专门的烫印机上进行，图 9-15 和图 9-16 为常用的两种烫印机。烫印加工操作很简单，首先将被烫印的塑料制品置于热模下的工作台上，在对准所要烫印的位置后，再将彩箔放到制品与热模之间，压下热模并在适当压力下保持一极短时间，即可使彩膜牢固地粘贴到料制品的表面上。

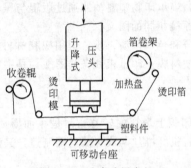

图 9-15　升降式烫印机

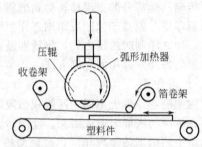

图 9-16　滚筒式烫印机

热模温度控制是否得当往往是烫印加工成败的关键，热模温度过低，压印后彩膜往往不能完全粘贴到制品表面；温度过高，烫印出的图案和文字又会因着色层的漫流而不够清晰。压印时间的长短和所施压力的大小，随被烫印制品的塑料品种和对所烫印图案与文字的精致程度要求而定，一般原则是烫印硬性塑料和比较粗放的图案，用较大的压力和较长的施压时间；烫印软性塑料和较精致图案与文字，只需作短暂的轻压即可。

烫印是一种不需要对塑料制品表面进行预处理的干性装饰方法，具有设备投资小、工艺操作容易掌握、加工过程不会造成环境污染和可快速改换颜色与图案等多方面的优点。这种方法主要用于热塑性塑料制品表面装饰，也可用于热固性塑料制品，但效果往往不十分理想。

四、植绒

植绒是指在涂有粘接剂的塑料制品表面上散布作为绒毛的短纤维后，经干燥或固化使绒毛整齐地固定在制品表面的装饰加工作业。塑料制品表面经过植绒后，可取得装饰和保护的双重效果。植绒后的膜、片既可再用热成型技术等制成各种绒面立体产品，也可直接用作室内天花板和各种外壳件的罩面装饰。植绒的具体实施方法很多，有手撒法、机械法、交流电静电法和直流电静电法等多种不同的操作，其中以直流电静电法在生产中的应用最为广泛。按作为植绒基材的塑料制品形状划分，有膜与片等平面状型材植绒和立体状单件模塑制品植绒两种方法，前者的加工过程类似于人造革生产，后者的加工过程则与立体状金属件的粉末静电喷涂相似。无论哪一种植绒方法，其加工工艺过程，一般都由绒毛预处理、基材表面涂胶、植绒操作和绒毛固定四项操作组成。

1. 绒毛预处理

用于塑料制品表面植绒的绒毛多为尼龙 6 和尼龙 66 的低纤度纤维，有时也用聚酯纤维和阻燃的改性腈纶纤维。作为绒毛的纤维，长度通常在 0.3～3.0mm 之间。植绒前的绒毛预处理主要有染色和提高其导电性的增湿，染色是为了使绒毛具有产品所要求的颜色，增湿则是使绒毛的电阻保持在 $8 \times 10^7 \sim 1 \times 10^6 \Omega$ 之间以满足静电植绒对绒毛导电性的要求。

2. 基材表面涂胶

在塑料制品植绒面上的涂胶操作，与粘接工艺中在粘接接头表面涂胶大致相同。涂胶前应先对植绒表面进行预处理，然后用刷、浸、辊和喷等方法涂布厚度均匀的粘接剂层。涂胶操作可以间歇式进行，也可以在植绒联动生产线上连续地进行，所用的粘接剂应保证在涂胶后到植绒前这段时间不失去良好的黏结性。溶剂型的聚氨酯、环氧树脂胶、水溶性的聚乙烯醇、聚丙烯酸酯胶和聚氯乙烯增塑糊是植绒加工较常用的胶黏剂。

3. 植绒操作

植绒操作是塑料植绒加工工艺的关键工序。直流静电植绒装置的工作原理如图 9-17 所示，经过预处理的绒毛自下部为栅电极的撒布器 B 下落，当通过与高压静电发生器 A 相连的栅电极时带上负电，由于绒毛有一定导电性，因而进入高压电场后，负电荷即位移到面向接地金属丝网电极 D 的一端，使其成为偶极体。借助偶极体的取向作用，绒毛在电场中下落时沿场力线整齐地落到基材 C 的涂胶层上，并只有一端与胶层接触而保持在直立位置。

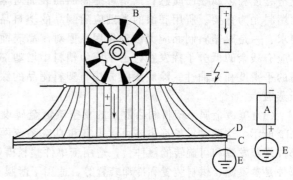

图 9-17 直流静电植绒装置原理

大量绒毛以上述方式均匀落在胶层上，即形成基材的植绒表面。影响植绒程度和植绒效果的主要因素是绒毛尺寸、胶层质量和与电场强度调节有关的各项参数。

4. 绒毛固定

植绒后可根据所用的粘接剂的性质，采取使粘接层挥发干燥或加热交联反应固化的方法，使绒毛牢固地固定在塑料制品的表面。

利用植绒技术也可在塑料薄膜表面制得丝绒般的花纹图案，其工艺过程是先在薄膜表面用粘接剂印上所需图案，然后在图案的粘接层上植彩色绒毛并将绒毛固定。

五、镀金属

塑料镀金属也称塑料制品表面"上金"，是各种使塑料制品表面上加盖金属薄层的装饰加工方法的总称。在塑料制品表面上镀金属，一是使其获得类似金属表面的外观；二是改进其表面的性能，如提高表面硬度、机械强度、耐水性、耐溶剂性、耐候性和抗静电性等；三是可成为兼具塑料和金属两者特性的复合材料制品，如在同一塑料制品上可将塑料的电绝缘性、隔热性和耐蚀性与表面金属层的导电性、可焊性和电磁屏蔽性结合起来；四是为废旧塑料的利用增加了一个新的途径，如可用各种回收的塑料注塑制品表面镀金属生产装饰件。在塑料制品表面上镀金属的方法很多，但工业上较为常用的是真空蒸镀、喷雾镀银和常规电镀。

1. 真空蒸镀

在高真空条件下将镀层材料加热蒸发，使其飞散后，再附着于塑料制品表面凝结成均匀薄层的方法，称为塑料真空蒸镀或塑料物理镀膜。真空蒸镀用的镀层材料有纯金属、合金和金属氧化物，但最常用的还是铝、铬和银等纯金属。几乎所有的热塑性塑料和热固性塑料制品均可用真空蒸镀方法加盖金属层，而且因为便于大量生产和成本较低，已广泛用于金银丝、彩箔、包装薄膜、照明灯具的反光镜、铭牌和装饰件等镀金属塑料制品的生产。

这种镀金属方法的主要特点是镀层极薄，通常小于 $0.1\mu m$，故对塑料制品的表面质量要求高，由于蒸镀是在高真空条件下进行，故要求塑料制品内最好不要有挥发物逸出。所以，为提高制品表面的光滑程度和镀膜的结合强度，在蒸镀前需涂底漆以封闭塑料表面的孔洞，在蒸镀后需涂面漆以形成镀层的保护膜。为增加底漆对塑料制品表面的附着力，在涂底漆前还需对制品表面进行预处理。故完整的真空镀膜工艺过程，应包括塑料制品表面预处理、涂底漆、蒸镀金属和涂面漆四项基本操作。

(1) 制品表面预处理　这项操作的主要目的是除去塑料制品表面上的油污、尘垢和脱膜剂等。预处理方法与涂装前处理塑料制品表面所采用的方法相同。对存有内应力的塑料制品，在表面预处理前应先通过热处理以消除其内应力，而对含有较多挥发物的制品，则应事先用抽真空等方法排除其中的低分子挥发物。

(2) 涂底漆　在塑料制品镀膜表面涂一层底漆，一是可堵塞包括泡沫塑料微孔在内的可存留气体的孔洞；二是可消除表面上的针孔、麻坑和划痕等微小缺陷，以便获得较高的镀层表面光滑程度和金属表面质感；三是可提高制品表面对蒸镀膜的附着力，这对与金属材料亲和力差的塑料尤为重要。所用底漆的类别应随制品的塑料品种而异，一般来说应满足以下三个方面的要求：一是对塑料制品应无蚀刻作用，但对制品表面又应有较强的黏附性；二是形成的漆膜既不应有残余的低分子挥发物，也不应为塑料中增塑剂之类可迁移组分所损害；三是漆膜应有较高的平滑度和柔曲性。涂底漆的方法与塑料制品的涂装方法相同，涂后应经过充分干燥才能用于蒸镀。

(3) 蒸镀金属　塑料制品常用的真空蒸镀金属设备有钟罩式和连续式两种，如图 9-18 和图 9-19 所示。这两种设备都主要由镀膜室和真空系统两大部分组成。钟罩式设备镀膜室内的主要部件是蒸发源和可旋转的镀件台，适用于单件塑料模塑制品的蒸镀；连续式设备镀膜室内的主要部件是蒸发源、供料装置和冷却装置等，适用于薄膜和线材的蒸镀。下面以用钟罩式设备在模塑制品表面上镀铝为例，简要说明真空蒸镀金属的操作。

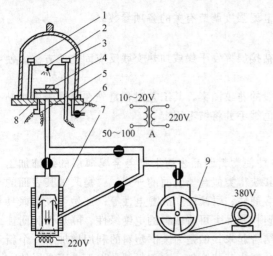

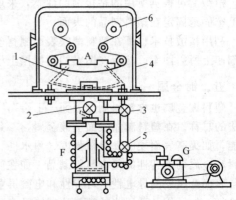

图 9-18　钟罩式真空镀膜装置

1，3—蒸发电极；2—挂在钨丝上的待渡金属；4—镀件；5—真空计；6—放气阀；7—扩散泵；8—镀件台；9—机械泵

图 9-19　连续式真空镀膜装置

A—真空镀膜室；F—扩散泵；G—旋转机械泵
1—真空镀膜室；2—高真空阀；3，5—真空阀；4—罩壳；6—传动辊

开始蒸镀前，先将塑件置于钟罩内的镀件台上，并将清洁的高纯铝材挂在蒸发源的钨丝加热圈上。放入的铝材重量可计算确定，主要与要求的镀层厚度、镀层密度、铝材与塑件的垂直距离等因素有关。关闭钟罩后，先用机械泵抽真空，再用扩散泵使罩内的真空度达到 $10^{-2} \sim 10^{-3}$ Pa，随后加热铝材使其温度升高到约 $1000\,℃$ 的蒸发点。在铝材全部蒸发后蒸镀即可停止，这一过程仅需 $5 \sim 15\,s$，铝层厚度应在 $1\,\mu m$ 以下，铝膜过厚容易脆裂脱落。铝膜结构与铝材蒸发速度、钟罩内真空度、塑件表面温度和铝蒸气对塑件表面的入射方向等有关。

(4) 涂面漆　这是在金属膜上加盖一层透明的或彩色涂料保护膜的操作。保护膜的首要作用是封闭镀膜中可能存在的针孔，以提高其防潮、耐磨、防腐和抗氧化的能力；其次要作用是使铝等金属膜着色，以便得到各种颜色的塑料真空镀膜产品。面漆的选择主要由镀膜产品的用途确定，一般要求所选漆与镀膜有良好附着力、透明度和耐磨性等；而且不能对其下面的底漆漆膜有蚀刻、溶胀和迁移作用。涂面漆的方法与涂底漆相同。

2. 喷雾镀银

塑料制品表面上的喷雾镀银常简称喷银，是由玻璃制镜技术演变而来的。用这种方法所产生的银层，是由同时喷涂到塑料制品表面上的银盐溶液和醛溶液相互进行化学反应的结果。喷雾镀银的加工工艺全过程，通常由塑料制品表面预处理、涂底漆、底漆漆膜表面的清洗与敏化处理、喷雾镀银和涂面漆五项基本操作组成，其中制品表面预处理、涂底漆和涂面漆三项操作与真空蒸镀中所述完全相同，故不再赘述。

清洗底漆漆膜表面的目的，是使其具有能够为水溶液完全润湿的性能，因底漆漆膜若不能为水所完全润湿，喷镀上的银层就会出现不匀甚至斑驳的现象。清洗的方法是用肥皂水或与其 pH 值相近的洗涤剂水溶液和热水冲漂。

敏化处理是指用还原剂溶液浸渍清洗过的底漆漆膜，其目的在于提高漆膜表面对银层的附着力、缩短银层的形成时间和改善银层的均匀性。敏化处理最常用的还原剂是氯化亚锡，处理方法是将用氯化亚锡配制的水溶液（即敏化液）喷淋在制品表面，也可以将制品浸进敏化液中。敏化处理后用蒸馏水清洗漆膜表面十分必要，一是为防止随后喷镀上的银层出现黑斑，二是为起催化作用的锡离子附着于漆膜表面提供条件。

喷雾镀银通常是用双头喷枪，将银盐溶液和醛溶液同时喷到经过敏化处理的漆膜表面。两种溶液的配方随对镀银速度、加工成本和银层质量等的不同要求而有很多变化，但都应当保证两种溶液混合后醛与银盐进行充分的还原反应，使银离子完全转变为金属银。

3. 电镀

电镀是利用电化学原理在导电物体表面上加盖金属层的工艺方法。若能使塑料制品的整体或其表面导电，金属的电镀工艺就能施行于这种本身不导电的物体，因此塑料电镀工艺的关键是使其制品表面具有导电性。可采取多种表面处理方法，使塑料制品表面具有一定的导电性，如渗入一薄层石墨或金属微粒、涂布导电涂料、真空蒸镀金属和喷雾镀银等，生产中最常用的还是借助特殊的化学镀膜方法，在需要电镀的塑料制品表面上沉积铜或镍的金属导电层。为使这种导电层能与塑料制品表面结合牢固，应在化学镀膜之前先对表面进行准备处理和粗化处理；而为使沉积导电层的化学反应能顺利并快速地进行，还需对粗化后的制品表面进行敏化与活化处理。所以，塑料制品电镀加工的工艺过程通常由塑料制品准备、粗化处理、敏化与活化处理、化学镀膜和常规电镀五项基本操作组成。

（1）塑料制品准备　用于电镀的塑料制品，最好经过专门的造型设计，使其上无锐边、尖角和盲孔，若必须有盲孔，其孔的深度不应大于直径的1/2。这种制品中应尽量不用嵌件，若一定要用，嵌件周围的壁厚应适当加大。成型电镀用制品时，应尽量避免表面上出现银丝、流痕、熔接痕和冷斑等缺陷，成型后若制品中有内应力，则需预先用热处理消除。电镀前若发现制品上有毛刺、划痕和凹坑，可用细砂纸磨平，或用其他机械整饰方法修平。制品在进行粗化处理前，还应当用各种清洗液除去其表面上的油污、尘垢和脱膜剂，以改善对水的浸润性。

（2）粗化处理　这是塑料电镀工艺的关键操作之一，其目的一是提高制品表面的粗糙度，以增大与金属镀层的接触面积；二是使制品表面由憎水性转变为亲水性，以便能为敏化与活化处理液均匀地润湿。为使塑料制品粗化，通常是先进行机械粗化处理再进行化学粗化处理，对机械粗化不易取得良好效果的制品，在化学粗化前，可采取使制品表面与合适的有机溶剂作短时接触的溶剂粗化处理。

机械粗化的处理方法很多，用砂纸打磨是最简单、也是适用范围最广的方法，但大批量的小型模塑制品多用转鼓滚磨处理，滚磨时需加三氧化二铝、碳化硅、浮石和石英砂等强磨蚀性磨料；大型制品的机械粗化多采用喷砂处理，既可是气喷砂，也可是水喷砂。现在对有些塑料制品，也用等离子气体进行表面机械粗化处理。

单用机械粗化处理达不到使塑料制品表面改变憎水性的目的，而用含化学浸蚀剂的粗化液对制品进行化学粗化处理，不仅能使表面的粗糙度增加，而且能改变表面的憎水性。化学粗化液多由具有强氧化性的铬酸、硫酸、磷酸、硝酸和重铬酸钾等配制而成，将塑料制品放在这种处理液浸泡一段时间，表面上因受到刻蚀作用而形成大量的凹槽和孔洞，而且由于聚合物大分子受到氧化和裂解作用，产生一定数量的羰基、羟基和磺酸基等强亲水基团。

(3) 敏化和活化处理　在塑料制品表面形成导电层的化学镀铜和镀镍属于自催化化学镀膜，这种化学镀膜反应只有在具有催化活性的表面上才能以较高的速度进行。因此，经粗化处理后的制品表面在化学镀之前需经敏化与活化处理，以便形成化学镀时能触发金属离子进行还原反应的催化中心。敏化处理已如前述，经敏化处理后的表面虽可直接进行化学镀银，但不能直接化学镀铜或镀镍。活化处理就是在表面上形成一极薄贵金属导电层，为化学镀铜或镀镍提供可能的操作。氯化钯、氯化金和硝酸银的水溶液均可作为活化处理液，相对而言后者的成本最低，为工业生产所采用。将用氯化亚锡敏化液处理后的塑料制品浸入硝酸银活化处理液后，氯化亚锡即与硝酸银发生氧化还原反应，从而使制品表面上沉积一薄层金属银。

(4) 化学镀膜　这项操作实质上是为实现化学还原过程，即借助金属离子在含有还原剂的水溶液中的催化还原作用，在塑料制品表面连续地沉积金属。经过敏化和活化处理的表面，密布着一层催化活性中心，当这种制品浸入化学镀液时，表面上的催化活性中心微粒就成为化学镀层的"结晶核"。在化学镀膜的初期阶段，镀液中的金属离子首先在结晶核的周围还原成金属并逐渐扩大其面积，直至形成连续的金属沉积层。化学镀铜时，由于活化处理后的表面上的银层极薄，若直接将其放入酸性镀铜液中，银膜会脱落，故化学镀铜需在碱性镀液中进行。目前生产中广泛采用的化学镀铜液，是以硫酸铜为铜的供体，以酒石酸钾钠为络合剂，以甲醛为还原剂，以氢氧化钠为碱性环境保持剂，用蒸馏水溶解配制而成。

(5) 常规电镀　塑料制品化学镀膜后表面上虽已附着一层导电金属膜，但这层膜的厚度一般只有 $0.05 \sim 0.20 \mu m$，无法满足产品在防腐、装饰、抗磨和焊接等方面的要求，还必须用常规电镀的方法在化学镀层上加盖一定厚度的金属层。表面已化学镀铜的制品，可采用与金属常规电镀大致相同的方法在其上镀铜、镍、铬、银和金等金属膜。

如果在极薄的化学镀层上直接电镀热膨胀系数很小的硬金属，由于塑料的热膨胀系数比这类金属大得多，就使硬金属层在制品经受温度剧变时出现开裂和起皮。若在镀硬金属前先镀一层较厚的软金属，而且这一软金属的热膨胀系数又与塑料比较接近并有较大的延展性，当塑料制品温度剧变时，这一软金属层即可起"热缓冲层"的作用，从而改变电镀硬金属塑料制品的耐温度剧变能力。在常用的金属中，只有铜质材料具有"热缓冲层"需具备的性能，加之一定厚度的铜层，还有利于提高塑料电镀制品的抗蚀能力，故许多塑料电镀制品在电镀其他金属之前先镀上一定厚度的铜层，然后再按在铜制品上常规电镀各种金属的方法进行二次电镀。

复习思考题

1. 与金属相比，塑料的机械加工有哪些基本特点？

2. 热塑性塑料和热固性塑料的车削加工特点与两者的热机械性能差异有何关系？

3. 为什么热塑性塑料制品钻孔时会出现胶着、孔径缩小和聚合物降解等现象？

4. 与用刀具的机械加工相比，用激光加工塑料制品有哪些明显的优点？

5. 除压配连接、扣锁连接、螺纹连接和铆接外，塑料制品还可能采取哪些连接加工方法？

6. 在装配和修理塑料制品时，采用粘接技术有哪些明显的优点？影响粘接接头质量的因素有哪些？

7. 粘接接头有哪几种破坏类型？在设计粘接接头时为什么要尽可能使接头承受剪切力和均匀扯离力？

8. 为什么目前焊接加工仅用于热塑性塑料制品的连接？

9. 热风焊接为什么要用焊条？而外热工具焊接不用焊条？

10. 用焊接硬聚氯乙烯板材的方法制造一个容积为 50m³ 储槽，应采取怎样的加工工艺流程？

11. 要切除一大型热塑性塑料注塑制品上直径 20mm 的浇道冷凝物并消除其在制品表面上的残留痕迹，应采取怎样的加工步骤？

12. 美术涂装和彩色印刷在原理上和工艺操作上有什么异同？

13. 塑料制品表面涂漆和金属件表面涂覆塑料层的目的和加工工艺有何异同？

14. 凹版印刷、凸版印刷和丝网印刷在原理上和所适合的塑料制品类型上有什么不同？

15. 烫印和用油墨印刷的主要不同之点是什么？

16. 为什么在粘接前、涂漆前和镀金属前都必须对塑料制品表面进行预处理？常用的表面处理方法有哪些？各有什么特点？

附录 常用塑料成型工艺实验

实验一 挤出吹塑薄膜成型工艺实验

一、实验目的

1. 了解塑料挤出吹胀成型原理。
2. 了解单螺杆挤出机、吹膜机头及辅机的结构和工作原理。
3. 掌握聚乙烯吹膜工艺操作过程、各工艺参数的调节及分析薄膜成型的影响因素。

二、实验原理

挤出吹膜是塑料在挤出机料筒内，借助料筒外加热及内摩擦热作用下使其熔融，同时在压力作用下塑料熔体通过环形口模连续挤出，在所挤管状物内通往压缩空气将其吹胀成膜，经牵引冷却定型即得双折塑料膜。

本实验是用平挤上吹工艺成型低密度聚乙烯薄膜，如图1所示。

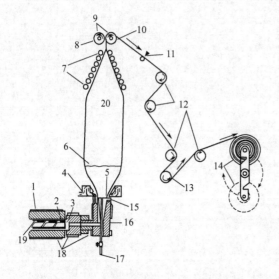

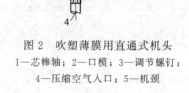

图 1　平挤上吹塑薄膜工艺

1—挤出料筒；2—过滤网；3—多孔板；4—风环；5—芯模；
6—冷凝线；7—导辊；8—橡胶夹辊；9—夹送辊；
10—不锈钢夹辊（被动）；11—处理棒；12—导辊；
13—均衡张紧辊；14—收卷辊；15—模环；
16—模头；17—空气入口；18—加热器；
19—树脂；20—膜管

图 2　吹塑薄膜用直通式机头

1—芯棒轴；2—口模；3—调节螺钉；
4—压缩空气入口；5—机颈

三、仪器设备与原料

1. 仪器设备

（1）SJ—45B 单螺杆挤出机。

（2）直角型芯棒式吹塑薄膜用机头（见图2）。

（3）冷却风环。

（4）牵引、卷取装置。

（5）空气压缩机。

（6）卡尺、测厚仪、台秤、秒表等。

2. 原料

LDPE：吹膜级，颗粒状塑料。

四、准备工作

1. 原材料准备，LDPE干燥预热，在70℃左右烘箱预热1～2h。

2. 详细观察、了解挤出机和吹塑辅机的结构、工作原理、操作规程等。

3. 根据实验原料LDPE的特性，初步拟定挤出机各段加热温度及螺杆转速，同时拟定其他操作工艺条件。

4. 安装模具及吹塑辅机。

5. 测量口模内径和芯棒外径。

五、实验步骤

1. 按照挤出机的操作规程，接通电源，开机运转和加热。检查机器运转、加热和冷却是否正常。机头口模环形间隙中心要求严格调正。对机头各部分的衔接、螺栓等检查并趁热拧紧。

2. 当挤出机加热到设定值后稳定30min。开机在慢速下投入少量的LDPE粒子，同时注意电流表、压力表、温度计和扭矩值是否稳定。待熔体挤出成管坯后，观察壁厚是否均匀，调节口模间隙，使沿管坯圆周上的挤出速度相同，尽量使管坯厚度均匀。

3. 开动辅机，以手将挤出管坯缓慢向上引入夹辊，使之沿导辊和收卷辊前进。通入压缩空气并观察泡管的外观质量。根据实际情况调整挤出流量、风环位置和风量、牵引速度、膜管内的压缩空气量等各种影响因素。

4. 观察泡管形状变化、冷凝线位置变化及膜管尺寸的变化等，待膜管的形状稳定、薄膜折径已达实验要求时，不再通入压缩空气，薄膜的卷取绕正常进行。

5. 以手工卷取代替卷取辊工作，卷取速度尽量不影响吹塑过程的顺利进行。裁剪手工卷绕1min的薄膜成品。

6. 重复手工卷绕实验两次。

7. 实验完毕，逐步降低螺杆转速，挤完机内存料，趁热清理机头和衬套内的残留塑料。

8. 称量卷绕1min薄膜成品的质量并测量其长度、折径及厚度公差。计算挤出速度V_1、膜管的直径D_2、吹胀比α、牵引比β、薄膜厚度δ、吹膜产量Q_m。

六、数据处理

1. 由1min薄膜成品的质量Q算挤出速度V_1。

2. 由薄膜成品折径d计算膜管的直径D_2和吹胀比α。

3. 由1min薄膜成品的长度，即牵引速度V_2和由前面计算出的V_1，计算牵引比β。

4. 由口模内径D_1和芯棒外径D计算口模环形缝隙宽度b，计算薄膜厚度δ。

5. 由1min薄膜成品的质量Q换算吹膜产量Q_m（kg/h）。

七、注意事项

1. 熔体挤出时，操作者不得位于口模的正前方，以防意外伤人。操作时严防金属杂质和小工具落入挤出机筒内，操作时要戴手套。

2. 清理挤出机和口模时，只能用铜刀、棒或压缩空气，切忌损伤螺杆和口模的光滑表面。

3. 吹胀管坯的压缩空气压力要适当，既不能使管坯破裂，又要保证膜管的对称稳定。

4. 吹塑过程中要密切注意各项工艺条件的稳定，不应该有所波动，如发现不正常现象就立即停车检查处理。

实验二　挤出成型塑料管材工艺实验

一、实验目的

1. 了解塑料管材挤出成型工艺过程。
2. 认识挤出机及管材挤出辅机的结构和加工原理。
3. 加深理解挤出工艺控制原理并掌握其控制方法。
4. 掌握塑料管材的性能检测方法。

二、实验原理

PVC 塑料自料斗加入到挤出机，经挤出机的固体输送、压缩熔融和熔体输送由均化段出来塑化均匀的塑料，先后经过过滤网、粗滤器而达分流器，并被分流器支架分为若干支流，离开分流器支架后再重新汇合起来，进入管芯口模间的环形通道，最后通过口模到挤出机外而成管，经过定径套定径和初步冷却，再进入具有喷淋装置的冷却水箱，进一步冷却成为具有一定口径的管材，最后经由牵引装置引出并根据规定的长度要求而切割得到所需的制品。图 3 为挤硬管成型工艺示意。

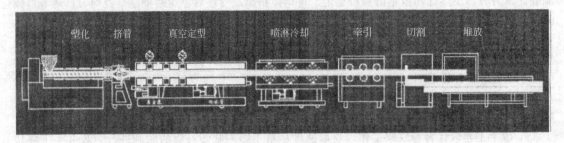

图 3　挤硬管成型工艺示意

管材挤出装置由挤出机、机头口模、定型装置、冷却水槽、牵引及切割装置等组成，其中挤出机的机头口模和定型装置是管材挤出的关键部件。

三、仪器设备与原料

1. 仪器设备

（1）SJ-45/25E 单螺杆挤出机。

（2）直通式管材机头口模。

（3）外径定径装置。

（4）真空泵。

（5）喷淋水箱。

（6）牵引装置。

（7）切割装置。

（8）卡尺、秒表等。

（9）万能材料试验机。

2. 原料（配方）

表 1 列出了指导性实验配方，学生也可自行设计配方。

表1　挤出成型实验配方

原 料 名 称	份数/phr	备　注	原 料 名 称	份数/phr	备　注
聚氯乙烯(SG-4)	100		硬脂酯酸钙	1.0	
邻苯二甲酸二辛酯	0～5		石蜡	0.5	
三碱式硫酸铅	3	原料均为工业品	轻质碳酸钙	5	原料均为工业品
二碱式亚磷酸铅	2		着色剂	适量	
硬脂酸钡	1.5				

四、准备工作

1. 原材料准备，按配方通过挤出造粒工艺制成 PVC 粒状塑料。

2. 详细观察、了解挤出机和挤管辅机的结构、工作原理、操作规程等。

3. 根据实验原料硬 PVC 的特性，初步拟定挤出机各段加热温度及螺杆转速，同时拟定其他操作工艺条件。

4. 安装模具及管材辅机。

5. 测量挤出口模的内径和管芯的外径及定径装置尺寸。

五、实验步骤

1. 按照挤出机的操作规程，接通电源，对挤出机和机头口模加热。

2. 当挤出机各部分达到设定温度后，再保温 30min。检查机头各部分的连接螺栓，并趁热拧紧。机头口模环形间隙中心要求严格调正。

3. 开动挤出机，由料斗加入硬 PVC 塑料粒子，同时注意主机电流表、温度表和螺杆转速是否稳定。

4. 待熔体挤出口模后，用一根同种材料、相同尺寸的管材与挤出的管坯黏结在一起，经拉伸使管坯变细引入定径装置。

5. 启动定径装置的真空泵，调节真空度在 −0.045～0.08MPa 之间。

6. 开启喷淋水箱的冷却水，将管材通过喷淋水箱。

7. 开动牵引装置，将管材引入履带夹持器。调节牵引速度使之与挤出速度相配合。

8. 根据对挤出管材的规格要求，对各工艺参数进行相应的调整，直至管材正常挤出。

9. 待正常挤出并稳定 10～20min 后，用切割装置截取一段 50mm 的管材。间隔 10min，重复截取两段同样尺寸的管材。

10. 实验完毕，将挤出机料筒内存料挤出干净，趁热清理机头和多孔板的残留塑料。

11. 测量所截取管材的外径和内径、同一截面的最大壁厚和最小壁厚，计算管材拉伸比 L 及管材壁厚偏差 δ。

12. 取截取的 50mm 管材，要求两端截面与轴线垂直，在 20℃ 的环境中放置 4h 以上，在材料试验机上进行扁平试验。

六、数据处理

1. 塑料管材拉伸比计算：

$$L = \frac{D_1 - D_2}{d_1 - d_2}$$

式中　L——塑料管材拉伸比；

　　　D_1——口模的内径，mm；

　　　D_2——芯棒的外径，mm；

　　　d_2——塑料管外径，mm；

　　　d_1——塑料管内径，mm。

2. 塑料管材壁厚偏差计算：

$$\delta = \frac{\delta_1 - \delta_2}{\delta_1} \times 100$$

式中　δ——管材壁厚偏差，％；

　　δ_1——管材同一截面的最大壁厚，mm；

　　δ_2——管材同一截面的最小壁厚，mm。

3. 扁平试验

将管材试样水平放入试验机的两个平行压板间，以 $10 \sim 25$mm/min 的速度压缩试样，试样被压缩至外径的 1/2 距离时停止，用肉眼观察试样有无裂缝及破裂现象，无此现象为合格。

七、注意事项

1. 熔体被挤出前操作者不得处于口模正前方，操作过程中严防金属杂质、小工具等落入进料口中。

2. 开动挤出机时，螺杆转速要逐步上升，进料后密切注意主机电流，若发现电流突增应立即停机检查原因。

3. PVC是热敏性塑料，若停机时间长，必须将料筒内的物料全部挤出，以免物料在高温下停留时间过长发生热降解。

4. 清理机头口模时，只能用铜刀或压缩空气，切忌损伤螺杆与口模等处的光滑表面，多孔板可火烧清理。

5. 本实验辅机较多，实验时可数人合作操作。操作时分工负责，协调配合。

实验三　热塑性塑料注射成型工艺实验

一、实验目的

1. 了解柱塞式和移动螺杆式注射机的结构特点及操作程序。

2. 掌握热塑性塑料注射成型的实验技能及标准测试样条的制作方法。

3. 掌握注射成型工艺条件的确定及其与注射制品质量的关系。

二、实验原理

注射过程原理：热塑性塑料在注射机料筒内受到机械剪切力、摩擦热及外部加热的作用下，塑化熔融为流动状态，以较高压力和较快速度，经喷嘴注射到温度较低的闭合模具内，经过一定时间冷却之后，开启模具取得制品。

三、设备仪器与原料

1. 设备仪器

（1）螺杆式注射机（XS-Z-60）。

（2）注射模具（力学性能试样模具）。

（3）温度计、秒表、卡尺等。

2. 原料

HDPE颗粒状塑料，也可选用 PP、PS、ABS、PA、POM等。

四、准备工作

1. 原料准备，干燥 HDPE 树脂。一般干燥条件是：烘箱温度为 80℃，时间 $3 \sim 4$h，若温度为 90℃，则仅需 $2 \sim 3$h。实际上，干燥处理的温度越低越好，但时间却需更久。干燥的原则是控制塑料的含水率低于 0.1％。

2. 详细观察、了解注射机的结构、工作原理，熟悉安全操作规程等。

3. 拟定各项成型工艺条件。

五、实验步骤

1. 加润滑油

清洁注射机运动部件的表面，用油枪在各油孔中加足润滑油。

2. 通冷却水

打开冷却水开关，对液压工作油进行冷却。对模具及料筒加料段的冷却可按具体工艺要求取舍进行。

3. 料筒预热

在低于拟定料筒温度 10℃温度下预热料筒 30min，如无异常即可将温度调到工艺要求的温度，温度不到，不得投料开车。

4. 检查设备各动作的可靠性

注射机的操作动作有点动、手动、半自动和全自动四种方式，开车前应仔细检查各动作的可靠性。

（1）点动（又称调整）　按下电钮时注射机作相应的慢速动作，松开按钮动作立即停止。这一动作可将注射座和模板停在任意位置，主要用于拆装模具、料筒以及检修设备。

（2）手动　按下按钮可使注射机按预定的速度、压力完成某一动作。这种操作多用于试模和生产的开始阶段，或采用自动生产有困难的产品。

（3）半自动　关闭安全门，工艺过程的各个动作即依照预定程序自动进行，直到启模。当重新关闭安全门后开始下一个周期。这种具有自动控制的操作方式可减轻劳动强度和避免手动时误动而造成的事故，是正常生产中常用的操作方法。

（4）全自动注射和生产过程　全部实现自动控制，即在半自动的基础上，在产品顶出脱模后能自动闭模而开始第二个周期的动作。但为保证此过程安全可靠，需配制多种辅助机构，如成品计量装置、模内异物检查装置、模具自动脱模装置、自动喷涂脱模剂装置、模温调节装置、自动加料装置和检测报警装置等。

（5）模具安装和锁模力的调节　首先将注射机的模板开距用点动调整到稍大于模具厚度，吊装模具到两模板之间，把模具的定位环嵌入注射机的定位圈内，摆正模具位置，用点动使模板将模具夹紧，均匀地紧固模具安装螺钉，至此模具安装完毕。

锁模力是指在一定温度、注射压力和注射量下，注射时不产生溢边所需的最小锁紧力。本实验所用注射机的锁模系统是目前最为普遍采用的液压-机械式锁模机构，锁模力的调节是通过转动连杆调距螺母来实现的。最佳锁模预紧状态应是模具紧闭的同时连杆刚好撑直，此时锁模力最大。

（6）顶出杆的位置调整　转动顶出杆的调距螺母，调整顶出距离到最佳位置。

（7）螺杆式注射机预塑螺杆的转速和背压调节　对于螺杆式注射机，预塑螺杆的转速一般控制在 30~60r/min，背压在 0.294~0.98MPa。

六、实验操作

1. 在较低的注射压力和注射速度下自由对空注射，观察料流是否流动平稳，是否具有合适的黏度，表面是否光滑明亮，有无变色、银丝、气泡等。如温度确定不合适，应作相应的调整。变动温度以 5~10℃的范围变化为宜，每变动一次温度需恒温 10~20min。温度调整合适后，记录各温度数值。（对空注射必须在点动形式下进行）

2. 料温测定的方法中用测温计从喷嘴插入熔体中，并均匀来回移动数次，待测温计读数稳定后再作记录。

3. 注射速度是柱塞或螺杆在注射时的移动速度，可通过秒表测定推料杆在标尺上移动一定距离所用时间计算而得。

4. 注射压力可通过注射压力调节阀调整，其大小应能使塑件外形完整、密度合适且不产生溢边为准。注射压力的数值可由压力表直接读出。

5. 成型周期是指从成型循环的某一特征点到下一循环该点再次出现时所需的时间，即完成一个完整的成型循环过程所需的时间。用秒表测定数次求平均值。（记录五次，取平均值）

6. 测定制品的收缩率，测试注射样品的力学性能

七、数据处理

测量注射模腔的单向长度，测量注射样品在室温下放置 24h 后的单向长度 L_2，按下式计算成型收缩率：

$$收缩率 = \frac{L_1 - L_2}{L_1}$$

八、实验注意事项

1. 实验者应在实验指导教师的指导下开车，不得单独操作。

2. 严禁在料筒及喷嘴温度未达到规定要求时进行注射动作。若出现注射不出物料，切勿盲目提高注射压力，以免物料爆发性喷射而灼伤人。

3. 对空注射必须在点动形式下进行。执行手动时要求一个动作尚未结束前不得启动另一个动作。

4. 测定注射压力后，应及时关闭压力表，以免因压力频繁波动而造成压力表损坏。

5. 料斗中物料下料困难时，要用塑料棒搅动，以免金属或其他硬质物质落下料筒。

6. 清理模具时，应在主机停止运转状态下进行，用铜质工具，以免损伤模具表面。

7. 严禁在主机运转时将手臂或工具伸入料斗及动、定模板之间。

8. 开车执行各动作时，要先与周围人员相互招呼，严防无意触动有关开关而使设备出现意外动作造成设备及人身事故。

9. 实验中若设备、仪器出现异常，要及时通报指导教师，不得擅自修理。

10. 停车后要切断电源，关闭冷却水阀门，经指导教师许可方可离开实验室。

11. 注射成型试样的个数不得少于两个，以保证测试实验的顺利进行。

实验四　硬质聚氯乙烯板材压制成型工艺实验

一、实验目的

1. 掌握压制法成型聚氯乙烯硬板的过程及原理。

2. 加深对 PVC 塑料的组成、各组分作用原理、配制方法及工艺性能的认识。

3. 掌握捏合、开炼等工艺过程的操作技术和安全措施。

二、实验原理

压制法制备硬质 PVC 板材，是在 PVC 树脂中加入适量的稳定剂、润滑剂和少量的增塑剂及其他添加剂组成的多组分体系。在一定的温度下经捏合、辊压、塑炼成片。再将其塑料薄片剪裁重叠于垫板上置于压机中加热加压进行压制。经过一定时间后，冷却定型，即得所需厚的硬质 PVC 板材制品。

三、原料及主要仪器设备

1. 原料配方（见表 2）

表 2　硬质聚氯乙烯板材压制成型实验配方

原料名称	份数/phr	备注	原料名称	份数/phr	备注
聚氯乙烯（SG-5）	100		硬脂酸钙	1	
邻苯二甲酸二辛酯	4～6	原料均为工业品	硫酸钙	10	原料均为工业品
三碱式硫酸铅	5～6		液体石蜡	0.5～1	
硬脂酸钡	1.5		酞菁蓝	0.005～0.01	

2. 主要仪器设备

(1) Z型捏合机。

(2) 塑料用双辊开炼机（SK-160B）。

(3) 45T压机（带加热冷却装置）。

(4) 白铁盘（或浅搪瓷盘）。

(5) 不锈钢板或铝板（300mm×300mm）。

(6) 表面温度计。

(7) 水银温度计。

(8) 天平。

(9) 性能检测设备。

三、实验步骤及操作方法

实验前按所学基础理论知识，参考有关资料拟出PVC塑料捏合、辊压、压制等工艺过程条件。

1. 捏合

按上述配方在天平上称量好各组分物料，先将树脂与稳定剂等粉状组分加入捏合机中，再在不断地搅拌下缓慢加入液状增塑剂，经过一段时间，待物料混合均匀后，将混合料倒入白铁盘中，以备辊压之用。

2. 辊压

先将辊筒机预热至拟定温度，启动开炼机，调节辊间距为1~3mm。然后将混合料加在开炼机两辊间距上部，待物料包辊后可将辊距适当增大少许进行混炼，同时在辊压过程中随时用铜刀切割翻动物料，使之交叉叠合塑化均匀。经数分钟后，再将辊距调至1~2mm进行薄通2~3次，观察物料色泽已均匀，截面上不显毛粒，表面出现光泽且显示有一定强度时，即可将物料成整片取下，平整放置，剪裁成280mm×280mm的板坯以备压制之用。

3. 压制

(1) 根据制品面积所需压强及液压机的技术规范，计算出液压机的表压。

(2) 按液压机的操作程序，检查液压机各部分的运转、加热及冷却情况是否良好，同时将液压机升温至接近压制温度。

(3) 将剪裁好的板坯重叠在不锈钢板或铝垫板之间，放入压机的加热板上预热10min左右，然后闭模逐步加压至所需表压。当物料达到模压温度时，可适当降低一点压力以免塑料过多地被挤出。保压达规定时间后，通水进行冷却。待温度降至80℃以下，方能降压脱模取出制品，修边整平，以备检测其性能之用。

四、数据处理

1. 配方及配方称量计算。

2. 液压机表压的计算。

3. 捏合、开炼、压制工艺条件的制订。

4. 制样进行下列性能的测试（按相关标准进行）。

(1) 拉伸强度的测定。

(2) 静弯曲强度的测定。

(3) 维卡耐热温度的测定。

(4) 击穿电压强度的测定。

五、注意事项

1. 开炼机的操作使用应在教师的指导下进行，操作时要戴上手套、口罩，留长发的学生要事先戴好帽子或将长发束起。严禁使用铜质以外的其他金属工具，严防扎伤、烧伤等安全事故发生。

2. 压制时温度、压力必须严格控制。上、下模温应尽量保持一致。通水冷却时，要注意防止水管内蒸汽压力过大而致使皮管接头处破裂烫伤人。

参 考 文 献

[1] 张明善. 塑料成型工艺及设备. 北京：中国轻工业出版社，1998.

[2] 黄锐. 塑料成型工艺学. 北京：中国轻工业出版社，2007.

[3] 杨春柏. 塑料成型工艺. 北京：中国轻工业出版社，2004.

[4] 邱明恒. 塑料成型工艺. 西安：西北工业大学出版社，2004.

[5] 何震海，常红梅等. 挤出成型. 北京：化学工业出版社，2007.

[6] 吴念. 塑料挤出生产线的使用与维修手册. 北京：机械工业出版社，2007.

[7] 栾华. 塑料二次加工. 北京：中国轻工业出版社，1999.

[8] 陈世煌. 塑料成型机械. 北京：化学工业出版社，2006.

[9] 赵俊会. 塑料压延成型. 北京：化学工业出版社，2005.

[10] 周殿明. 塑料压延技术. 北京：化学工业出版社，2003.

[11] 赵素合. 聚合物加工工程. 北京：中国轻工业出版社，2003.

[12] 黄虹. 塑料成型加工与模具. 北京：化学工业出版社，2003.

[13] 周达飞，唐颂超. 高分子材料成型加工. 北京：中国轻工业出版社，2000.

[14] 赵素合. 聚合物加工工程. 北京：中国轻工业出版社，2001.

[15] 王加龙. 热塑性塑料挤出生产技术. 北京：化学工业出版社，2002.

[16] 吕柏源. 挤出成型与制品应用. 北京：化学工业出版社，2002.

[17] 钱志屏. 塑料制品设计和制造. 上海：同济大学出版社，1994.

[18] [德] Kunststoffechnik. Injection Moulding Technology. VDI-Verbag，GMBH，1981.

[19] Rauwend. C，et al. Polymer Extrusion. Hanser Munich，1986.

[20] 刘守荣. 塑料成型工程学. 北京：机械工业出版社，2006.

[21] 何继敏. 新型聚合物发泡材料及技术. 北京：化学工业出版社，2008.

[22] 谢建玲. 聚氯乙烯树脂及其应用. 北京：化学工业出版社，2007.

[23] 唐路林. 高性能酚醛树脂及其应用技术. 北京：化学工业出版社，2008.

[24] 金灿. 塑料成型设备与模具. 北京：中国纺织工业出版社，2008.

[25] 高军刚. 改性聚氯乙烯新材料. 北京：化学工业出版社，2002.

[26] 张玉龙. 塑料制品低压成型实例. 北京：机械工业出版社，2005.

[27] 方禹声. 聚氨酯泡沫塑料. 北京：化学工业出版社，1994.

[28] 田雁晨. 塑料配方大全. 北京：化学工业出版社，2002.

[29] 王贵恒. 高分子材料成型加工原理. 北京：化学工业出版社，1998.

[30] 李国莱. 合成树脂及玻璃钢. 北京：化学工业出版社，1997.

[31] 王加龙. 高分子材料基本加工工艺. 北京：化学工业出版社，2004.

[32] 桑永. 塑料材料与配方. 北京：化学工业出版社，2004.

[33] 吴舜英. 泡沫塑料成型. 北京：化学工业出版社，1999.

[34] 陈昌杰. 塑料滚塑与搪塑. 北京：化学工业出版社，1997.